AES und Rucksackverfahren

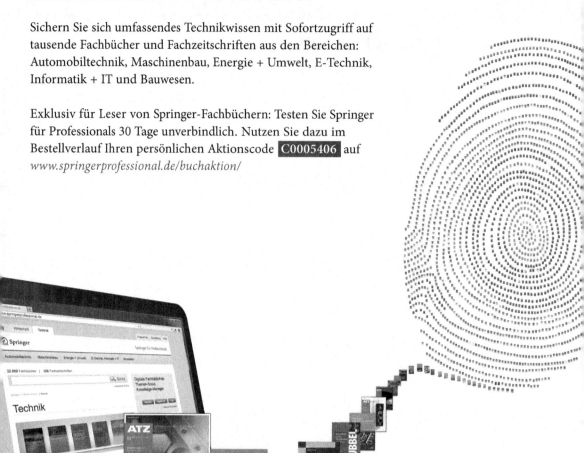

Herrad Schmidt · Manfred Schwabl-Schmidt

AES und Rucksackverfahren

Theorie und Praxis mit AVR- und dsPIC-Mikrocontrollern

Springer Vieweg

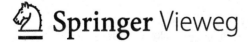

Herrad Schmidt
Institut für Wirtschaftsinformatik
Universität Siegen
Siegen, Deutschland

Manfred Schwabl-Schmidt
Boppard, Deutschland

ISBN 978-3-658-19703-2
ISBN 978-3-658-19704-9 (eBook)
https://doi.org/10.1007/978-3-658-19704-9

Die Deutsche Nationalbibliothek verzeichnet diese Publikation in der Deutschen Nationalbibliografie; detaillierte bibliografische Daten sind im Internet über http://dnb.d-nb.de abrufbar.

Springer Vieweg

Gedruckt auf säurefreiem und chlorfrei gebleichtem Papier

Springer Vieweg ist Teil von Springer Nature
Die eingetragene Gesellschaft ist Springer Fachmedien Wiesbaden GmbH
Die Anschrift der Gesellschaft ist: Abraham-Lincoln-Str. 46, 65189 Wiesbaden, Germany

Vorwort

Wer das kryptographische Verfahren AES implementieren will oder soll, kann es sich sehr einfach machen, denn das Buch [DaRi] der beiden Erfinder des Verfahrens enthält eine komplette Realisierung. Soll die Implementierung jedoch für Mikrocontroller am unteren Ende des Leistungsspektrums durchgeführt werden, kommt man schnell in Schwierigkeiten, denn die Realisierung in [DaRi] ist ein C-Programm, das in die Mikrocontroller nicht hineinpasst.

Nun wäre es wohl möglich gewesen, an besagtem C-Programm so lange herumzubasteln, bis es doch passte, aber solch eine — kann man hier sagen — Strategie wäre doch sehr risikovoll gewesen: Änderungen an einem Programm vorzunehmen, dessen Funktion nicht genau bekannt ist war noch selten von Erfolg gekrönt. Der bessere Weg war sicherlich, vorab volles Verständnis des Verfahren zu erlangen und erst dann zu implementieren, und zwar direkt in die Assemblersprache der Mikrocontroller, um die speziellen Eigenschaften ihrer Befehlssätze ausnützen zu können und so auch Mikrocontroller mit geringen Ressourcen einsetzen zu können.

Allerdings verlangt ein „volles Verständnis des Verfahrens" ein beträchtliches Mehr an Verständnis komplexer Mathematik als bei Programmierern von Mikrocontrollern gemeinhin vermutet werden kann. Aus diesem Grund hat das Buch in großen Teilen eine geschichtete Struktur. Und zwar sind drei Schichten vorhanden:

- Die obere Schicht enthält die Theorie des Verfahrens. Hier wird noch keine Rücksicht auf eine Implementierung genommen, im Gegenteil, das Verfahren wird in reiner abstrakter Form in mathematischer Terminologie dargestellt.
- Die mittlere Schicht stellt eine praktische Formulierung des Verfahrens dar, welche die Realisierung als Computerprogramm berücksichtigt. Beispielsweise werden Vektorraumhomomorphismen der oberen Schicht durch der Rechnung unmittelbar zugängliche Matrizen ersetzt.
- Die untere Schicht endlich enthält die Umsetzung in Programmcode mitsamt einer ausführlichen Erläuterung der gewählten Umsetzungsstrategien.

Die Umsetzung in Programmcode hängt natürlich stark davon ab, welcher Mikrocontroller das Ziel darstellt. Um diesen Effekt etwas zu mildern werden deshalb Programme für zwei Mikrocontroller vorgestellt, die sehr verschiedenen Welten angehören, nämlich AVR und dsPIC. Überraschenderweise ist der dsPIC, mit einer 16-Bit-CPU und einem großartigen Befehlssatz, dem 8-Bit-AVR-Controller mit seinem wenig Enthusiasmus hervorrufenden Befehlssatz nicht so weit überlegen wie man wohl annehmen konnte. Der Grund liegt darin, daß die beiden umgesetzten kryptographischen Verfahren auf der Maschinenbefehlsebene eine relativ einfache Struktur besitzen, bei der die Vorteile eines überlegenen Befehlssatzes nicht groß ausgespielt werden können.

Es sei an dieser Stelle vermerkt, daß die C-Programme in [DaRi] **keine** Grundlage für die Implementierung von AES gewesen sind.

Kein Thema des Buches sind die kryptographischen Aspekte von Verschlüsselungssystemen, also etwa ob es möglich ist, einen Geheimtext zu dechiffrieren, ohne den zur Chiffrierung verwendeten Schlüssel zu kennen, oder, falls es möglich sein sollte, welcher Aufwand dazu wohl nötig wäre. Allerdings reichen die Darstellung und Implementierung von AES für ein Buch mit anständigem Umfang nicht aus.

Hier bot sich an, zusätzlich ein Verfahren mit öffentlichem Schlüssel darzustellen und zu implementieren. Damit wäre dann auch allein auf der Mikrocontrollerebene die sichere Versendung von AES-Schlüsseln möglich.

Jedoch erfordern sowohl RSA und ähnliche Systeme als auch solche, die auf elliptischen Funktionen basieren, einen solch großen rechnerischen Aufwand, daß eine brauchbare Implementierung für die kleinen Mikrocontroller praktisch ausgeschlossen ist. Das bleibt selbst dann richtig, wenn die effizientesten Rechenverfahren eingesetzt werden, etwa die Durchführung von modularer Multiplikation mit Montgomery-Multiplikation. Das gilt nun nicht nur für die Verschlüsselung an sich, sondern beispielsweise auch für die Bereitstellung von Schlüsseln. So muß beispielsweise ein Paar von großen Primzahlen mit gewissen Eigenschaften erzeugt werden. Wie das Sprichwort es so schön sagt: Die Teufelchen verstecken sich in den Details.

Einige der Verfahren mit einem öffentlichen Schlüssel sind jedoch rechentechnisch noch praxisgeeignet zu bewältigen, und zwar sind das Verfahren, die auf dem Rucksackproblem basieren. Hier bereitet auch die Schlüsselerzeugung keine großen Probleme. Leider sind diese Chiffriersysteme nicht sicher (siehe z.B. [Sha]). Allerdings ist die Dechiffrierung eines Geheimtextes ohne den eingesetzten Schlüssel zu besitzen sehr aufwendig, und das gilt nicht nur für den Einsatz des Verfahrens, sondern auch für sein Verständnis. Zieht man daher den Einsatzzweck der im Buch behandelten Systeme in Betracht, nämlich die Verhinderung nicht autorisierten Gebrauches von Mikrocontrollersoftware, dann kann dieses Problem sicherlich ignoriert werden: Einem Raubkopierer von Mikrocontrollersoftware werden die benötigten Ressourcen wohl kaum zur Verfügung stehen.

Zum Schluss sei noch angemerkt, daß die Autoren bemüht waren, auch Querlesern einen leichten Zugang zu den verschiedenen Buchabteilungen zu ermöglichen, also etwa solchen Lesern, die an der theoretischen Darstellung nicht interessiert sind oder umgekehrt (wenn auch sehr unwahrscheinlich) nur an der Theorie interessiert sind. Das Buch enthält deshalb einiges an Redundanz, um das möglich zu machen.

Herrad Schmidt
Manfred Schwabl-Schmidt

Boppard, im Mai 2017

Inhaltsverzeichnis

1. Einleitung

Wie schon im Vorwort bemerkt wurde, sind nicht die kryptographischen Eigenschaften der behandelten Verschlüsselungssysteme das Thema des Buches, sondern ihre Darstellung und Implementierung. Allerdings ist dafür Sorge zu tragen, daß die Leser und die Autoren des Buches die kryptographische Begriffswelt in übereinstimmender Weise anwenden. Deshalb beginnt das Buch mit einer kurzen (aber wirklich kurzen) Einführung in die hier verwendeten Begriffe im Zusammenhang mit Verschlüsselungssystemen.

Weil diese Begriffe hauptsächlich in der theoretischen — weniger in der praktischen — Darstellung eine Rolle spielen, werden sie auf eine abstrakte, mathematische Weise eingeführt, was ebenfalls noch mit dazu beiträgt, Mißverständnisse zu vermeiden. Leser, die nur den praktischen Teil des Buches — also hauptsächlich die Implementierungen — zu nutzen gedenken, können die Einführung bedenkenlos übergehen.

Eine Ausnahme gibt es jedoch, nämlich das Beispiel des Verschlüsselungssystems von HILL in Abschnitt 2.2. Vom Anwender her gesehen besitzt es nämlich eine gewisse Ähnlichkeit mit dem System AES. Es ist allerdings weit weniger komplex und kann daher gut dazu dienen, sich auf AES einzustimmen, ohne mit seinen Schwierigkeiten konfrontiert zu werden. Das HILLsche System wird aber auch deshalb etwas ausführlicher behandelt, weil es sich durchaus in der Praxis einsetzen läßt. Es teilt mit AES zwar die unabdingbare Bedingung, den Schlüssel strikt geheim zu halten, bietet aber genug Sicherheit für Verschlüsselungen, die nur für eine kurze Lebensdauer gedacht sind.

In Kapitel 3 wird das Verschlüsselungssystem AES auf eine abstrakte, d.h. mathematische Weise dargestellt. Hier sollte der Leser mit der Theorie endlicher Körper und ihrer Polynomringe vertraut sein. Leser, welche diese Kenntnisse nicht oder nur andeutungsweise besitzen, finden beispielsweise in [HSMS] eine recht ausführliche Darstellung dieser Theorie.

Die Darstellung orientiert sich nur wenig an [DaRi]. So wird dort z.B. die Berechnung der Rundenschlüssel in einer Weise dargestellt, die praktisch direkt von einer Möglichkeit der Implementierung abgeleitet ist. Die Darstellung in Abschnitt 3.5 vermeidet dagegen eine solche Abhängigkeit, sie verwendet die Schlüssel vielmehr in ihrer reinen oder abstrakten Gestalt als interner Text. In der abstrakten Darstellung läßt sich auch sehr schön ableiten, daß die Strukturen von Chiffrierung und Dechiffrierung so ähnlich sind, daß beide mit einem nahezu identischen Programm implementiert werden können, siehe dazu Abschnitt 3.7.

Höhere Anforderungen an die mathematischen Fähigkeiten der Leser stellt der Abschnitt 3.1 über die Herleitung der S-Box und ganz besonders der Abschnitt 3.4 über die Spaltenmischung. Hier sei noch einmal auf [HSMS] verwiesen. Bei Durchsicht dieser Abschnitte wird besonders deutlich, daß die Sicherheit von AES auf der hoch nichtlinearen Multiplikation des eingesetzen endlichen Körpers $\mathbb{K}_{2^8}$ beruht und nicht auf der Anwendung von Permutationen wie bei DES oder *Twofish*.

Es folgt in Kapitel 4 eine Umformulierung von AES in eine mehr praktische Gestalt, die zur Grundlage der Implementierung im nächsten Kapitel wird. Hier wird vom Leser mathematisch nicht mehr abverlangt als mit Matrizen mit Koeffizienten im Körper $\mathbb{K}_{2^8}$ umgehen zu können. Dazu kann Abschnitt B.2 im Anhang Verwendung finden.

Die nächsten beiden Kapitel bringen die Implementierungen von AES, und zwar Kapitel 5 die für AVR-Mikrocontroller und Kapitel 6 diejenige für dsPIC-Mikrocontroller. Der Leser wird feststellen, daß für AVR wesentlich mehr Aufwand betrieben wird, um die Schwächen des Befehlssatzes zu umgehen. Das hat zur Folge, daß sich die Implementierungen nicht allzusehr unterscheiden, was die Effizienz der erzeugten Programme betrifft.

Schließlich wird das Thema AES abgeschlossen mit den Kapiteln 7 und 8, in welchen Verfahren beschrieben werden, die eine Schwäche von AES beseitigen, die bei der Chiffrierung langer Klartexte auftreten kann. Die Methode in Kapitel 8 kann auch dazu dienen, die *Block Cipher* AES in eine *Stream Cipher* zu verwandeln. Beide Verfahren werden allerdings nur für AVR implementiert.

Das nächste Kapitel 9 ist einer Verschlüsselung auf der Basis des Rucksackproblems gewidmet. Der theoretische Teil in Abschnitt 9.1 verwendet im Gegensatz zu AES nur relativ einfache Mathematik. Hier kann die Theorie ohne Umformungen direkt in die Implementierungen für AVR und dsPIC umgesetzt werden. Um den Abschnitt 9.2 für AVR nicht ausufern zu lassen wird dort eine etwas vereinfachte Version realisiert. Die Realisierung für den dsPIC-Mikrocontroller in Abschnitt 9.3 ist dagegen frei von Beschränkungen, soweit das bei einem Mikrocontroller eben möglich ist.

Weil der Körper $\mathbb{K}_{2^8}$ an zentraler Stelle des AES-Verfahrens steht, ist seiner Implementierung ein eigenes Kapitel 10 gewidmet. Implementiert wird für beide Mikrocontroller. Auch hier ist die Realisierung für AVR viel aufwendiger, die notwendigen Optimierungsmaßnahmen haben Beschränkungen für das erzeugte Programm zur Folge.

Es folgt in Kapitel A ein (wenn auch sehr unvollständiger) mathematischer Anhang, in dem zumindest ein Teil der im Buch verwendeten Mathematik vorgestellt wird. Es ist allerdings kein Ersatz für [HSMS]. Immerhin kann sich der Leser hier mit der mathematischen Symbolik vertraut machen, die im Buch durchgehend verwendet wird. Das gilt besonders für die Teilerrestfunktion und die Polynome und Polynomringe. Auch wird kurz die Konstruktion eines endlichen Körpers wie $\mathbb{K}_{2^8}$ vorgeführt.

Das Buch endet mit Kapitel B im Anhang, das einiges unzusammenhängende Material enthält. Für den Leser wohl am wichtigsten ist der Abschnitt B.4, in dem häufig verwendete Symbole und Bezeichnungen kurz erläutert werden.

Zum Abschluss noch eine Bemerkung zu den Implementierungen. Die Verfahren wurden für AVR direkt in die Assemblersprache der Prozessoren übertragen. Die beträchtliche (schlechte) Erfahrung der Autoren mit der Programmierung von AVR-Prozessoren führte dazu, daß gar nicht erst der Versuch gemacht wurde, einen der zur Verfügung stehenden C-Compiler zu verwenden. Denn eines der Ziele war es schließlich, umfangreiche Programme in möglichst kleine Mikrocontroller zu packen, von der Ausführungsgeschwindigkeit ganz zu schweigen.

Bei dsPIC-Controllern wurden zunächst einige C-Programme geschrieben und der erzeugte Maschinencode untersucht. Wie recht eigentlich erwartet war der Maschinencode streckenweise unbeschreiblich schlecht. Die Vorteile des sehr guten Befehlssatzes wurden nur minimal genutzt, so wurden z.B. komplexe aber dennoch schnelle Befehle im Code nicht verwendet, sondern mit Folgen einfacher Befehle simuliert. Folglich wurden auch beim dsPIC die Verfahren direkt in Assemblercode übersetzt.

2. Eine kurze Einführung in Chiffriersysteme

2.1. Definition eines Chiffriersystems

Als Erstes sollte präzisiert werden, was genau unter einer Folge von Elementen einer Menge M zu verstehen ist, denn solche Folgen sind Basisobjekte von Chiffriersystemen.

Eine Folge von Elementen einer beliebigen Menge M ist eine Abbildung $\boldsymbol{f}: N \longrightarrow M$, wobei $N \subset \mathbb{N}$. Statt $\boldsymbol{f}(n)$ für $n \in N$ wird gewöhnlich $\boldsymbol{f}_n$ geschrieben, oder die Folge wird direkt mit ihren Folgegliedern als $(f_n)_{n \in N}$ bezeichnet.
Die Menge aller Folgen von Elementen einer Menge M wird mit $\mathcal{F}_M$ bezeichnet, d.h.

$$\mathcal{F}_M = \left\{ (f_n)_{n \in N} \;\middle|\; N \subset \mathbb{N} \wedge \bigwedge_{n \in N} f_n \in M \right\}$$

Die Menge N ist die *Indexmenge*, ihre Elemente sind die *Indizes* der Folge.

Bei einer endlichen Indexmenge $N = \{n_1, \ldots, n_k\}$ kann eine Folge auch so bezeichnet werden, daß man die Folgeglieder nebeneinander in einer Reihe anschreibt, zur besseren Abgrenzung oft in Klammern gesetzt,

$$(f_{n_1}, \ldots, f_{n_k})$$

speziell bei $N = \{a, b, c, d\}$ also als (f_a, f_b, f_c, f_d). Spielt die Indexmenge keine Rolle, kommt es also nur auf die Reihenfolge der Folgenglieder an, können die Indizes auch unterdrückt werden, etwa in (o, p, q, r). Das ist also so zu verstehen, daß es eine Indexmenge $N = \{n_1, n_2, n_3, n_4\} \subset \mathbb{N}$ und eine Abbildung $\boldsymbol{f}: N \longrightarrow \{o, p, q, r\}$ gibt mit $\boldsymbol{f}_{n_1} = o$, $\boldsymbol{f}_{n_2} = p$, $\boldsymbol{f}_{n_3} = q$ und $\boldsymbol{f}_{n_4} = r$. Man läßt oftmals sogar die Kommata weg, wie in $(o\ p\ q\ r)$.

In der Kryptographie betrachtet man gerne Folgen von Elementen von $\mathbb{Z}_{26}$, dabei werden die $n \in \mathbb{Z}_{26}$ mit den Großbuchstaben des Alphabetes bezeichnet, meistens A = 0, B = 1 und so fort bis Z = 25. Texte in Großbuchstaben können dann als Folgen von Elementen aus $\mathbb{Z}_{26}$ aufgefasst werden. Der besseren Lesbarkeit wegen empfiehlt es sich jedoch, zu $\mathbb{Z}_{27}$ überzugehen und mit dem hinzugekommenen Element das Leerzeichen zu benennen, also ␣ = 26. So wird beispielsweise der Text (die Zeichenfolge)

`EIN␣KLARTEXT`

zu der folgenden Folge von Elementen von $\mathbb{Z}_{27}$:

4 8 13 26 10 11 0 17 19 4 23 19

Diese Zahlenfolge repräsentiert eine unendliche Anzahl von endlichen Folgen der Länge 12 von Elementen von $\mathbb{Z}_{27}$. Eine dieser Folgen ist $\boldsymbol{f}: \{2, 3, \ldots, 12, 13\} \longrightarrow \mathbb{Z}_{27}$ mit $\boldsymbol{f}_2 = 4$, $\boldsymbol{f}_3 = 8$ usw. bis $\boldsymbol{f}_{13} = 19$.

Heutzutage werden allerdings weniger alberne Botschaften wie `ANGRIFF␣IM␣MORGENGRAUEN` verschlüsselt sondern unter Anderem auch ganze Computerdateien beliebigen Inhalts. Man hat es dann mit Folgen der kleinsten Einheit einer solchen Datei zu tun, also etwa mit Bytes oder 16-Bit-Worten, die als Elemente von $\mathbb{Z}_2^8$ bzw. $\mathbb{Z}_2^{16}$ interpretiert werden können.

Moderne Verschlüsselungsverfahren arbeiten nicht mehr mit Folgen von als Zahlen interpretierten Zeichen (Buchstaben, Ziffern, Satzzeichen), sondern mit mathematischen Objekten. Dazu zählt natürlich AES, das mit 4×4-Matrizen mit Koeffizienten im endlichen Körper $\mathbb{K}_{2^8}$ arbeitet, andere Systeme arbeiten mit sehr großen natürlichen Zahlen. Diese systeminternen Klartexte und Geheimtexte werden zum praktischen Gebrauch in externe Texte verwandelt oder aus ihnen rückverwandelt.

Die Menge $\mathcal{F}_M$ *aller* Folgen mit Elementen in M ist für praktische Zwecke viel zu groß, man beschränkt sich deshalb auf die Menge aller *endlichen* Folgen:

$$\mathcal{E}_M = \{\, \boldsymbol{f} : N \longrightarrow M \mid N \subset \mathbb{N} \wedge \#(N) < \#(\mathbb{N}) \,\}$$

Es ist natürlich $\mathcal{E}_M \subset \mathcal{F}_M$. Schließlich sei noch für beliebige Mengen A und B

$$\mathbf{I}\langle A, B\rangle$$

die Menge aller injektiven Abbildungen $\varphi\colon A \longrightarrow B$, also solcher Abbildungen mit der Eigenschaft, daß $a = \tilde{a}$ aus $\varphi(a) = \varphi(\tilde{a})$ folgt.

Mit diesen Bezeichnungen kann nun ein Chiffriersystem präzise beschrieben werden. Mit der nachfolgenden Definition werden praktisch alle existierenden Chiffriersysteme erfasst. Und zwar besteht ein Chiffriersystem aus

(i) einem Klartextalphabet T
(ii) einem Klartextbereich $\mathcal{T} \subset \mathcal{E}_{\mathsf{T}}$
(iii) einem Geheimtextalphabet G
(iv) einem Geheimtextbereich $\mathcal{G} \subset \mathcal{E}_{\mathsf{G}}$
(v) einem Schlüsselbereich $\mathcal{K}$
(vi) einer Abbildung $\boldsymbol{\Omega}\colon \mathcal{K} \longrightarrow \mathbf{I}\langle \mathcal{T}, \mathcal{G}\rangle$

Jedem Schlüssel $\boldsymbol{k} \in \mathcal{K}$ ist also eine injektive Abbildung $\boldsymbol{\Omega}(\boldsymbol{k})$ vom Klartextbereich $\mathcal{T}$ in den Geheimtextbereich $\mathcal{G}$ zugeordnet, nämlich die **Verschlüsselungsabbildung** oder **Chiffrierabbildung** des Schlüssels $\boldsymbol{k}$.
Die Umkehrfunktion von $\boldsymbol{\Omega}(\boldsymbol{k})$, also die Abbildung $\boldsymbol{\Omega}(\boldsymbol{k})^{-1}\colon \boldsymbol{\Omega}(\boldsymbol{k})[\mathcal{T}] \longrightarrow \mathcal{T}$, ist die **Entschlüsselungsabbildung** oder **Dechiffrierungsabbildung**.

Diese auf den ersten Blick möglicherweise etwas furchteinflößende Definition ist tatsächlich leicht zu verstehen, wie das folgende einfache Beispiel zeigt.

(i) $\mathsf{T} = \mathbb{Z}_{27}$
(ii) $\mathcal{T} = \mathcal{E}_{\mathbb{Z}_{27}}$
(iii) $\mathsf{G} = \mathbb{Z}_{27}$
(iv) $\mathcal{G} = \mathcal{E}_{\mathbb{Z}_{27}}$
(v) $\mathcal{K} = \mathbb{Z}_{27}$
(vi) Die Abbildung $\boldsymbol{\Omega}\colon \mathbb{Z}_{27} \longrightarrow \mathbf{I}\langle \mathcal{E}_{\mathbb{Z}_{27}}, \mathcal{E}_{\mathbb{Z}_{27}}\rangle$ ist gegeben als $\boldsymbol{\Omega}(k)\big((\boldsymbol{t}_\nu)_{\nu\in N}\big) = (\boldsymbol{t}_\nu \oplus k)_{\nu\in N}$, wobei $N \subset \mathbb{N}$ endlich und $\boldsymbol{t}\colon N \longrightarrow \mathbb{Z}_{27}$ eine Folge von Elementen aus $\mathbb{Z}_{27}$ ist. Ferner ist $\oplus$ die Addition von $\mathbb{Z}_{27}$.

Das Verfahren ersetzt jedes Zeichen $\boldsymbol{t}_\nu$ einer Folge $(\boldsymbol{t}_\nu)_{\nu\in N}$ durch das Zeichen $\boldsymbol{t}_\nu \oplus k$, oder um es mit einem Fremdwort auszudrücken, $\boldsymbol{t}_\nu \oplus k$ *substituiert* $\boldsymbol{t}_\nu$. Dieses Chiffriersystem heißt deshalb ein *Chiffriersystem mit Substitutionsschlüssel.*

Ganz konkret im Falle $k = 1$ wird also folgendermaßen substituiert: Jeder Buchstabe von `A` bis `Y` wird durch den rechten Nachbarbuchstaben im Alphabet ersetzt, d.h. `A` durch `B`, `B` durch `C` usw. bis schließlich `Y` durch `Z`. Weiter wird `Z` durch das Leerzeichen ␣ und endlich das Leerzeichen selbst durch den Buchstaben `A` ersetzt. Dieses Verschlüsselungssystem ist sehr alt, schon Julius Caesar soll es mit $k = 3$ eingesetzt haben.

Es ist allerdings noch nicht gezeigt worden, daß das beschriebene System tatsächlich ein Chiffriersystem ist. Dazu ist zu bestätigen, daß für jedes $k \in \mathbb{Z}_{27}$ die Abbildung $\boldsymbol{\Omega}(k)$ injektiv ist. Es seien also $\boldsymbol{s} = (\boldsymbol{s}_\mu)_{\mu \in M}$ und $\boldsymbol{t} = (\boldsymbol{t}_\nu)_{\nu \in N}$ Folgen mit

$$(\boldsymbol{s}_\nu \oplus k)_{\mu \in M} = \boldsymbol{\Omega}(k)\big((\boldsymbol{s}_\mu)_{\mu \in M}\big) = \boldsymbol{\Omega}(k)\big((\boldsymbol{t}_\nu)_{\nu \in N}\big) = (\boldsymbol{t}_\nu \oplus k)_{\nu \in N}$$

Zwei Abbildungen, d.h. hier die beiden Folgen $\boldsymbol{\Omega}(k)(\boldsymbol{s})\colon M \longrightarrow \mathbb{Z}_{27}$ und $\boldsymbol{\Omega}(k)(\boldsymbol{t})\colon N \longrightarrow \mathbb{Z}_{27}$, können nur dann gleich sein, wenn sie denselben Definitionsbereich besitzen. Aus obiger Annahme folgt deshalb $M = N$. Weiter sind zwei Abbildungen (mit demselben Definitionsbereich) genau dann gleich, wenn ihre Bilder gleich sind. Aus der Annahme folgt also weiter $\boldsymbol{s}_\nu \oplus k = \boldsymbol{t}_\nu \oplus k$. Die Addition von $-k = 27 - k$ bringt hier natürlich das Gewünschte, nämlich $\boldsymbol{s}_\nu = \boldsymbol{t}_\nu$.

Es bleibt noch zu bestimmen, wie in diesem System entschlüsselt wird, d.h. es sind die Umkehrfunktionen der $\boldsymbol{\Omega}(k)$ anzugeben. Aber die $\boldsymbol{\Omega}(k)$ sind natürlich surjektiv, denn zu gegebener Folge $(\boldsymbol{t}_\nu)_{\nu \in N}$ ist

$$\boldsymbol{\Omega}(k)\big((\boldsymbol{t}_\nu \ominus k)_{\nu \in N}\big) = (\boldsymbol{t}_\nu)_{\nu \in N}$$

womit auch die Umkehrabbildungen $\boldsymbol{\Omega}(k)^{-1}$ gegeben sind, nämlich als

$$\boldsymbol{\Omega}(k)^{-1}\big((\boldsymbol{t}_\nu)_{\nu \in N}\big) = (\boldsymbol{t}_\nu \ominus k)_{\nu \in N}$$

Dabei ist $u \ominus v$ eine Abkürzung von $u \oplus (-v)$.

Das soeben vorgestellte auf $\mathbb{Z}_{27}$ als Alphabet aufbauende Chiffriersystem mit Substitutionsschlüssel kann ganz allgemein formuliert werden. Es sei dazu für irgendeine Menge U

$$\mathbf{P}\langle U \rangle$$

die Menge aller bijektiven Abbildungen oder *Permutationen* $\xi\colon U \longrightarrow U$ von U. Damit wird durch das folgende Schema

(*i*) $\mathsf{T} = A$ mit einer endlichen Menge A
(*ii*) $\mathcal{T} = \boldsymbol{\mathcal{E}}_A$
(*iii*) $\mathsf{G} = A$
(*iv*) $\mathcal{G} = \boldsymbol{\mathcal{E}}_A$
(*v*) $\mathcal{K} = \mathbf{P}\langle A \rangle$
(*vi*) Die Abbildung $\boldsymbol{\Omega}\colon \mathbf{P}\langle A \rangle \longrightarrow \mathbf{I}\langle \boldsymbol{\mathcal{E}}_A, \boldsymbol{\mathcal{E}}_A \rangle$ ist gegeben als

$$\boldsymbol{\Omega}(\xi)\big((\boldsymbol{a}_\nu)_{\nu \in N}\big) = \big(\xi(\boldsymbol{a}_\nu)\big)_{\nu \in N}$$

wobei $N \subset \mathbb{N}$ endlich und $\boldsymbol{a}\colon N \longrightarrow A$ eine Folge von Elementen aus A ist.

ein Chiffriersystem mit Substitutionsschlüssel definiert. Hier hat man im Wesentlichen zu zeigen, daß $\boldsymbol{a}_\nu = \boldsymbol{b}_\nu$ aus $\xi(\boldsymbol{a}_\nu) = \xi(\boldsymbol{b}_\nu)$ folgt, aber das ist wegen der Bijektivität von ξ klar. Und es gilt natürlich die Gleichung $\boldsymbol{\Omega}(\xi)^{-1} = \boldsymbol{\Omega}(\xi^{-1})$.

Offensichtlich wird durch $x \mapsto x \oplus k$ eine bijektive Abbildung $\mathbb{Z}_{27} \longrightarrow \mathbb{Z}_{27}$ definiert, d.h. das Chiffriersystem mit Substitutionsschlüssel ist tatsächlich eine Spezialisierung des eben vorgestellten Systems mit Permutationen. Es gibt noch viele solcher Spezialisierungen, wie es auch noch viele andere mit Raffinesse ausgedachte Verschlüsselungssysteme gibt, die heute allerdings aus Gründen mangelnder Sicherheit höchstens noch historische Bedeutung haben. Manche setzen mechanische Hilfsmittel ein, deren Spektrum sich vom simplen Streifen Papier bis zu ausgeklügelten Zahnradmechaniken erstreckt. Ein diesbezüglich leicht lesbares Buch mit vielen Illustrationen ist [ASMW].

Die bisher betrachteten Verschlüsselungssysteme chiffrieren und dechiffrieren die Zeichen so, wie sie der Reihe nach anfallen (daher *stream chipher* genannt). Manche Systeme fassen jedoch eine bestimmte Anzahl von Zeichen in einem Block zusammen und chiffrieren und dechiffrieren diesen Block als eine Einheit (daher *block chipher* genannt). Zu diesem Typ zählen auch die im Buch ausführlich vorgestellten Systeme, also AES und das Rucksacksystem.

Um nun auch diese Verschlüsselungssysteme in das obige Schema zu bringen wird aus der Menge $\boldsymbol{\mathcal{F}}_M$ *aller* Folgen mit Elementen in einer Menge M neben der Teilmenge aller endlichen Folgen eine weitere Teilmenge ausgesondert:

$$\boldsymbol{\mathcal{E}}_M^{16} = \{\, \boldsymbol{f} \colon N \longrightarrow M \mid N \subset \mathbb{N} \wedge \#(N) = 16 \,\}$$

Es ist also die Menge aller Folgen der Länge 16, und natürlich ist $\boldsymbol{\mathcal{E}}_M^{16} \subset \boldsymbol{\mathcal{E}}_M$. Weiterhin sei $\boldsymbol{\mathcal{M}}_M$ die Menge der 4×4-Matrizen mit Koeffizienten in der Menge M:

$$\boldsymbol{\mathcal{M}}_M = \left\{ \begin{pmatrix} m_{00} & m_{01} & m_{02} & m_{03} \\ m_{10} & m_{11} & m_{12} & m_{13} \\ m_{20} & m_{21} & m_{22} & m_{23} \\ m_{30} & m_{31} & m_{32} & m_{33} \end{pmatrix} \;\middle|\; m_{\nu\mu} \in M \right\}$$

Schließlich sei noch eine Abbildung $\boldsymbol{\Lambda} \colon \boldsymbol{\mathcal{E}}_M^{16} \longrightarrow \boldsymbol{\mathcal{M}}_M$ definiert durch

$$\boldsymbol{\Lambda}\big((\boldsymbol{f}_\nu)_{\nu \in N}\big) = \begin{pmatrix} \boldsymbol{f}_{\nu_0} & \boldsymbol{f}_{\nu_4} & \boldsymbol{f}_{\nu_8} & \boldsymbol{f}_{\nu_{12}} \\ \boldsymbol{f}_{\nu_1} & \boldsymbol{f}_{\nu_5} & \boldsymbol{f}_{\nu_9} & \boldsymbol{f}_{\nu_{13}} \\ \boldsymbol{f}_{\nu_2} & \boldsymbol{f}_{\nu_6} & \boldsymbol{f}_{\nu_{10}} & \boldsymbol{f}_{\nu_{14}} \\ \boldsymbol{f}_{\nu_3} & \boldsymbol{f}_{\nu_7} & \boldsymbol{f}_{\nu_{11}} & \boldsymbol{f}_{\nu_{15}} \end{pmatrix} \qquad \text{mit } N = \{\nu_0, \nu_1, \ldots, \nu_{15}\} \text{ und } \#(N) = 16$$

Diese Abbildung ist offensichtlich eine Bijektion, die eine Folge der Länge 16 von Elementen aus M zu einer 4×4-Matrix zusammenfasst (siehe z.B. auch Abschnitt 4).

Bei den bisher vorgestellten Verschlüsselungssystemen ist der Schlüssel sowohl beim Sender als auch beim Empfänger eines Textes streng geheim zu halten. Vor dem Empfang eines Textes muß der Schlüssel also auf einem sicheren Wege zum Empfänger gelangen. Denn bei diesen Systemen ist bei gegebenem Schlüssel $\boldsymbol{k} \in \boldsymbol{\mathcal{K}}$ sowohl die Verschlüsselungsabbildung $\boldsymbol{\Omega}(\boldsymbol{k}) \colon \boldsymbol{\mathcal{T}} \longrightarrow \boldsymbol{\mathcal{G}}$ als auch deren Umkehrung, die Entschlüsselungsabbildung $\boldsymbol{\Omega}(\boldsymbol{k})^{-1} \colon \boldsymbol{\mathcal{G}} \longrightarrow \boldsymbol{\mathcal{T}}$ bekannt (hier wird die Bijektivität von $\boldsymbol{\Omega}(\boldsymbol{k})$ angenommen). Ein verschlüsselter Text $\mathbf{g} = \boldsymbol{\Omega}(\boldsymbol{k})(\mathbf{t})$ kann also von jedem, der den Schlüssel $\mathbf{k}$ kennt, sofort als $\mathbf{t} = \boldsymbol{\Omega}(\boldsymbol{k})^{-1}(\mathbf{g})$ entschlüsselt werden.

Betrachtet man jedoch die Verschlüsselungssysteme genauer, dann fällt auf, daß der Zusammenhang zwischen $\boldsymbol{\Omega}(\boldsymbol{k})$ und $\boldsymbol{\Omega}(\boldsymbol{k})^{-1}$ wie folgt beschrieben werden kann: Es gibt eine Abbildung $\zeta \colon \boldsymbol{\mathcal{K}} \longrightarrow \boldsymbol{\mathcal{K}}$ so, daß

$$\boldsymbol{\Omega}(\boldsymbol{k})^{-1} = \boldsymbol{\Omega}\big(\zeta(\boldsymbol{k})\big)$$

gilt. Im Chiffriersystem mit $\mathcal{K} = \mathbb{Z}_{27}$ ist beispielsweise $\zeta(k) = -k$, im System mit $\mathcal{K} = \mathbf{P}\langle A \rangle$ ist $\zeta(\xi) = \xi^{-1}$, und (etwas vorgegriffen) im HILLschen System ist $\zeta(\mathbf{K}) = \mathbf{K}^{-1}$. In diesen Beispielen ist $\zeta(\mathbf{k})$ aus $\mathbf{k}$ leicht zu berechnen.

Aber einmal angenommen, es wäre unmöglich oder zumindest praktisch unmöglich, $\tilde{\mathbf{k}} = \zeta(\mathbf{k})$ aus $\mathbf{k}$ zu bestimmen, ohne die Abbildung ζ zu kennen. Dann könnte doch die Chiffrierabbildung $\boldsymbol{\Omega}(\boldsymbol{k})$ öffentlich so zugänglich gemacht werden, etwa in einer Datenbank, daß **jeder** damit einen Text verschlüsseln könnte. Entschlüsseln könnte diesen Text nur derjenige, der die Abbildung ζ und damit die Entschlüsselungsabbildung $\boldsymbol{\Omega}(\boldsymbol{k})^{-1} = \boldsymbol{\Omega}\bigl(\zeta(\boldsymbol{k})\bigr)$ kennt. Bei Einsatz einer solchen Abbildung ζ ist kein gesicherter Schlüsseltransfer vom Empfänger an den Sender notwendig.

Nun hält die Mathematik eine Reihe von Problemen bereit, die bei geeigneter Parameterwahl praktisch unlösbar sind. Das bekannteste Problem ist wohl die Zerlegung einer natürlichen Zahl in ihre Primzahlkomponenten, die bei derzeitiger Rechentechnik bei einer geeignet gewählten Zahl unmöglich zu berechnen ist.

Problematisch bei vielen dieser Probleme ist allerdings, daß nur *vermutet* wird, daß sie praktisch unlösbar sind. Ein Verschlüsselungssystem, das auf der angenommenen (praktischen) Unmöglichkeit der Lösung eines Problems beruht, wird über Nacht wertlos, wenn doch eine Lösungsmöglichkeit gefunden wird. Ein Problem jedoch, das schon viele Jahrhunderte über traktiert wurde, dürfte für die nähere Zukunft als sicher gelten.

Eine bijektive Abbildung $f\colon A \longrightarrow B$, mit der $b = f(a)$ einfach zu berechnen ist, mit der es jedoch unmöglich oder doch sehr schwer ist, $a = f^{-1}(b)$ zu berechnen, wird oft aus offensichtlichen Gründen mit dem Namen **Falltürfunktion** bezeichnet. Hier wäre also $\boldsymbol{\Omega}(\boldsymbol{k})$ die Falltürfunktion, deren Inverse $\boldsymbol{\Omega}\bigl(\zeta(\boldsymbol{k})\bigr)$ ohne die Kenntnis der Abbildung ζ unmöglich zu bestimmen ist.

Ein bekanntes Beispiel ist die diskrete Exponentialfunktion. Nach Kapitel 10 gibt es zu jeder Primzahlpotenz $q = p^k$ ein $a \in \{1, \ldots, q-1\}$ so, daß es zu jedem $u \in \{1, \ldots, q-1\}$ **genau ein** $\nu \in \{0, \ldots, q-2\}$ gibt mit $u = a^\nu$. Durch

$$\exp_a(\nu) = a^\nu$$

wird daher eine **bijektive** Abbildung $\exp_a : \{0, \ldots, q-2\} \longrightarrow \{1, \ldots, q-1\}$ definiert, die diskrete Exponentialfunktion (zum primitiven Element a).

Die Bezeichnung *Exponentialfunktion* darf allerdings nicht darüber hinwegtäuschen, daß $\exp_a$ nur eine Approximation der reellen Exponentialfunktion darstellt. Man kann nicht erwarten, daß die diskrete Exponentialfunktion alle Eigenschaften der reellen Funktion getreulich nachahmt. Aus der Eigenschaft $\exp_a(x)\exp_a(y) = \exp_a(x+y)$ der reellen Exponentialfunktion wird nämlich

$$\exp_a(\nu)\exp_a(\mu) = \exp_a\bigl(\boldsymbol{\varrho}_{q-1}(\nu + \mu)\bigr)$$

Natürlich gilt für das Potenzenprodukt auch $a^\nu a^\mu = a^{\nu+\mu}$, für die Exponentialfunktion ist jedoch $\nu \in \{0, \ldots, q-2\}$ gefordert, um $\exp_a(\nu)$ bilden zu können, d.h. der Exponent ist modulo $q-1$ zu reduzieren. Jedenfalls ist $\exp_a$ eine bijektive Abbildung, die eine Umkehrabbildung

$$\log_a : \{1, \ldots, q-1\} \longrightarrow \{0, \ldots, q-2\}$$

besitzt, die entsprechend diskreter Logarithmus genannt wird. Auch die bekannte Eigenschaft $\log_a(xy) = \log_a(x) + \log_a(y)$ der reellen Logarithmusfunktion kann nur in approximativer Gestalt erwartet werden:

$$\log_a(\nu\mu) = \boldsymbol{\varrho}_{q-1}\bigl(\log_a(\nu) + \log_a(\mu)\bigr)$$

In diesem Zusammenhang ist es allerdings bedeutender, daß die diskrete Exponentialfunktion eine Falltürfunktion ist. Die Berechnung von $\exp_a(\nu)$ ist sehr einfach auszuführen für kleine $\nu \in \{0, \ldots, q-2\}$ und es gibt schnelle und sehr schnelle Algorithmen für große ν. Niemand kennt jedoch einen schnellen Algorithmus zur Berechnung von $\log_a(\mu)$ für große $\mu \in \{1, \ldots, q-1\}$. In der Praxis ist q eine Primzahl mit mindestens 100 Dezimalziffern, es ist also unmöglich, alle $\nu \in \{0, \ldots, q-2\}$ zu durchlaufen und zu prüfen, ob $\exp_a(\nu) = \mu$ gilt.

Diese Eigenschaft der diskreten Logarithmusfunktion, sehr schwierig berechenbar zu sein, wird auch tatsächlich in einem Chiffriersystem genutzt, und zwar in dem System von ElGamal.

Es folgen noch zwei Beispiele von Verschlüsselungssytemen. Das erste, das System von Hill, ist vom Anwender her gesehen dem System AES ein wenig ähnlich, ist aber sehr viel einfacher strukturiert und kann so als eine leicht verdauliche Einstimmung auf AES dienen. Das zweite System ist RSA, das bekannteste aller Falltürsysteme. Es ist vom Konzept her nicht sonderlich schwierig und als ein Beispiel für ein Falltürsystem gut geeignet.

2.2. Das Chiffriersystem von HILL

In diesem Abschnitt wird eine Abart des Chiffriersystems von HILL vorgestellt, die möglichst dem System AES angenähert ist, jedenfalls was das Äußere, also die Schnittstelle zum Anwender, betrifft. Es ist zwar schon etwas in die Jahre gekommen — es wurde am Anfang des vorigen Jahrhunderts entwickelt — kann aber mit etwas Vorsicht durchaus noch heute eingesetzt werden, wenn es nicht auf die allerhöchste Geheimhaltungsstufe ankommt.

Die Klartexte und Geheimtexte des Chiffriersystems sind Elemente $\mathbf{T}$ der Menge $\mathcal{M}$ der 4×4-Matrizen mit Koeffizienten im Körper $\mathbb{K}_{2^8} = \mathbb{K}_{256}$:

$$\mathbf{T} = \begin{pmatrix} \mathbf{t}_{00} & \mathbf{t}_{01} & \mathbf{t}_{02} & \mathbf{t}_{03} \\ \mathbf{t}_{10} & \mathbf{t}_{11} & \mathbf{t}_{12} & \mathbf{t}_{13} \\ \mathbf{t}_{20} & \mathbf{t}_{21} & \mathbf{t}_{22} & \mathbf{t}_{23} \\ \mathbf{t}_{30} & \mathbf{t}_{31} & \mathbf{t}_{32} & \mathbf{t}_{33} \end{pmatrix}$$

Die Schlüssel $\mathbf{S}$ des Systems sind ebenfalls Matrizen aus $\mathcal{M}$, sie müssen jedoch aus der Teilmenge $\mathcal{S} \subset \mathcal{M}$ der **regulären** Matrizen gewählt werden. Das bedeutet also, daß es zu jedem Schlüssel $\mathbf{S}$ einen Schlüssel $\mathbf{S}^{-1}$ gibt mit

$$\mathbf{S}\mathbf{S}^{-1} = \mathbf{S}^{-1}\mathbf{S} = \mathbf{I}$$

dabei ist $\mathbf{I}$ die 4×4-Einheitsmatrix mit Einsen (also $\mathtt{01}_{16}$) in der Hauptdiagonalen und überall sonst Nullen (also $\mathtt{00}_{16}$). Die Multiplikation der Matrizen $\mathbf{S}$ und $\mathbf{S}^{-1}$ ist natürlich mit der Addition und Multiplikation des Körpers $\mathbb{K}_{2^8}$ auszuführen (hier weicht das vorgestellte Verschlüsselungssystem vom ursprünglichen HILLschen System ab). Und schließlich sind die zu einem Schlüssel $\mathbf{S}$ gehörigen Chiffrierabbildungen

$$\boldsymbol{\Psi}_{\mathbf{S}} : \mathcal{M} \longrightarrow \mathcal{M} \qquad \boldsymbol{\Psi}_{\mathbf{S}}^{-1} : \mathcal{M} \longrightarrow \mathcal{M}$$

definiert als die folgenden Matrizenprodukte:

$$\boldsymbol{\Psi}_{\mathbf{S}}(\mathbf{T}) = \mathbf{S}\mathbf{T} \qquad \boldsymbol{\Psi}_{\mathbf{S}}^{-1}(\mathbf{T}) = \mathbf{S}^{-1}\mathbf{T}$$

Hier besteht also der einfache Zusammenhang $\boldsymbol{\Psi}_{\mathbf{S}}^{-1} = \boldsymbol{\Psi}_{\mathbf{S}^{-1}}$, und $\boldsymbol{\Psi}_{\mathbf{S}}$ und $\boldsymbol{\Psi}_{\mathbf{S}}^{-1}$ sind offensichtlich invers zueinander:

$$\boldsymbol{\Psi}_{\mathbf{S}}^{-1}\big(\boldsymbol{\Psi}_{\mathbf{S}}(\mathbf{T})\big) = \mathbf{S}^{-1}\mathbf{S}\mathbf{T} = \mathbf{I}\mathbf{T} = \mathbf{T}$$

Ausführlich geschrieben wird die Chiffrierfunktion (wie auch ihre Umkehrung) wie folgt gebildet:

$$\mathbf{S}\mathbf{T} = \begin{pmatrix} \mathbf{s}_{00} & \mathbf{s}_{01} & \mathbf{s}_{02} & \mathbf{s}_{03} \\ \mathbf{s}_{10} & \mathbf{s}_{11} & \mathbf{s}_{12} & \mathbf{s}_{13} \\ \mathbf{s}_{20} & \mathbf{s}_{21} & \mathbf{s}_{22} & \mathbf{s}_{23} \\ \mathbf{s}_{30} & \mathbf{s}_{31} & \mathbf{s}_{32} & \mathbf{s}_{33} \end{pmatrix} \begin{pmatrix} \mathbf{t}_{00} & \mathbf{t}_{01} & \mathbf{t}_{02} & \mathbf{t}_{03} \\ \mathbf{t}_{10} & \mathbf{t}_{11} & \mathbf{t}_{12} & \mathbf{t}_{13} \\ \mathbf{t}_{20} & \mathbf{t}_{21} & \mathbf{t}_{22} & \mathbf{t}_{23} \\ \mathbf{t}_{30} & \mathbf{t}_{31} & \mathbf{t}_{32} & \mathbf{t}_{33} \end{pmatrix} = \begin{pmatrix} \mathbf{g}_{00} & \mathbf{g}_{01} & \mathbf{g}_{02} & \mathbf{g}_{03} \\ \mathbf{g}_{10} & \mathbf{g}_{11} & \mathbf{g}_{12} & \mathbf{g}_{13} \\ \mathbf{g}_{20} & \mathbf{g}_{21} & \mathbf{g}_{22} & \mathbf{g}_{23} \\ \mathbf{g}_{30} & \mathbf{g}_{31} & \mathbf{g}_{32} & \mathbf{g}_{33} \end{pmatrix} = \mathbf{G}$$

Die Koeffizienten $\mathbf{g}_{\mu\nu}$ der Matrix $\mathbf{G}$ sind gegeben als

$$\mathbf{g}_{\mu\nu} = \mathbf{s}_{\mu 0}\mathbf{t}_{0\nu} + \mathbf{s}_{\mu 1}\mathbf{t}_{1\nu} + \mathbf{s}_{\mu 2}\mathbf{t}_{2\nu} + \mathbf{s}_{\mu 3}\mathbf{t}_{3\nu} \qquad \mu, \nu \in \{0, 1, 2, 3\}$$

Die Additionen und Multiplikationen sind dabei die des Körpers $\mathbb{K}_{2^8}$. Eine solche Multiplikation wird mit Hilfe von Polynommultiplikationen und Polynomdivisionen ausgeführt, die beide hoch nichtlinear sind. Die Chiffrierabbildung besitzt deshalb einen gut ausgebildeten Verschleierungseffekt, womit auf die von SHANNON geforderte Diffusion angespielt ist.

Nun sind Matrizen mit Koeffizienten in $\mathbb{K}_{2^8}$ für Anwender des Chiffrierverfahrens sicherlich ungewohnte wenn nicht sogar befremdliche Klartexte und Geheimtexte. Um eine angenehmere Anwendungsschnittstelle zu bekommen, wird wie folgt vorgegangen:

- Es wird von der speziellen Struktur der Matrixkoeffizienten abgelassen, sie werden nur noch als eben strukturlose Bytes oder Bitoktetts $t_{\mu\nu}$ angesehen.
- Die Matrixspalten werden zu einem Vektor $\boldsymbol{t}$ von 16 Bytes zusammengesetzt.

Es ist eigentlich gleichgültig, auf welche Weise der Vektor $\boldsymbol{t}$ aus den Spalten der Matrix gebildet wird. Hier geschieht das folgendermaßen:

$$\boldsymbol{t} = \begin{pmatrix} t_0 & t_1 & t_2 & t_3 & t_4 & \cdots & t_{15} \end{pmatrix} = \begin{pmatrix} \mathbf{t}_{00} & \mathbf{t}_{10} & \mathbf{t}_{20} & \mathbf{t}_{30} & \mathbf{t}_{01} & \mathbf{t}_{11} & \mathbf{t}_{21} & \cdots & \mathbf{t}_{23} & \mathbf{t}_{33} \end{pmatrix}$$

Als ein Beispiel soll die bekannte Textzeile `Habe␣nun,␣ach!␣␣` verschlüsselt werden. Verwendet man für die Zeichen des Textes den ASCII-Code, so erhält man den Anwenderklartext

$$\boldsymbol{t} = (\texttt{48}_{16}\ \texttt{61}_{16}\ \texttt{62}_{16}\ \texttt{65}_{16}\ \texttt{20}_{16}\ \texttt{6E}_{16}\ \texttt{75}_{16}\ \texttt{6E}_{16}\ \texttt{2C}_{16}\ \texttt{20}_{16}\ \texttt{61}_{16}\ \texttt{63}_{16}\ \texttt{68}_{16}\ \texttt{21}_{16}\ \texttt{20}_{16}\ \texttt{20}_{16})$$

und daraus den Klartext des Chiffriersystems als

$$\mathbf{T} = \begin{pmatrix} \texttt{48}_{16} & \texttt{20}_{16} & \texttt{2C}_{16} & \texttt{68}_{16} \\ \texttt{61}_{16} & \texttt{6E}_{16} & \texttt{20}_{16} & \texttt{21}_{16} \\ \texttt{62}_{16} & \texttt{75}_{16} & \texttt{61}_{16} & \texttt{20}_{16} \\ \texttt{65}_{16} & \texttt{6E}_{16} & \texttt{63}_{16} & \texttt{20}_{16} \end{pmatrix}$$

Wie man sich Schlüssel verschaffen kann wird weiter unten ausführlich diskutiert. In diesem Beispiel wird der Schlüssel

$$\mathbf{S} = \begin{pmatrix} \texttt{01}_{16} & \texttt{23}_{16} & \texttt{71}_{16} & \texttt{15}_{16} \\ \texttt{01}_{16} & \texttt{7F}_{16} & \texttt{F1}_{16} & \texttt{40}_{16} \\ \texttt{01}_{16} & \texttt{B1}_{16} & \texttt{7B}_{16} & \texttt{08}_{16} \\ \texttt{01}_{16} & \texttt{EA}_{16} & \texttt{EE}_{16} & \texttt{61}_{16} \end{pmatrix} \qquad \mathbf{S}^{-1} = \begin{pmatrix} \texttt{54}_{16} & \texttt{16}_{16} & \texttt{A0}_{16} & \texttt{E3}_{16} \\ \texttt{91}_{16} & \texttt{8B}_{16} & \texttt{33}_{16} & \texttt{29}_{16} \\ \texttt{F6}_{16} & \texttt{BF}_{16} & \texttt{83}_{16} & \texttt{CA}_{16} \\ \texttt{E0}_{16} & \texttt{6B}_{16} & \texttt{39}_{16} & \texttt{B2}_{16} \end{pmatrix}$$

eingesetzt. Zur Not kann die Chiffrierung auch mit den Tabellen in Kapitel 10 durchgeführt werden. Wie es auch gemacht wird, der Geheimtext ist jedenfalls

$$\mathbf{ST} = \begin{pmatrix} \texttt{01}_{16} & \texttt{23}_{16} & \texttt{71}_{16} & \texttt{15}_{16} \\ \texttt{01}_{16} & \texttt{7F}_{16} & \texttt{F1}_{16} & \texttt{40}_{16} \\ \texttt{01}_{16} & \texttt{B1}_{16} & \texttt{7B}_{16} & \texttt{08}_{16} \\ \texttt{01}_{16} & \texttt{EA}_{16} & \texttt{EE}_{16} & \texttt{61}_{16} \end{pmatrix} \begin{pmatrix} \texttt{48}_{16} & \texttt{20}_{16} & \texttt{2C}_{16} & \texttt{68}_{16} \\ \texttt{61}_{16} & \texttt{6E}_{16} & \texttt{20}_{16} & \texttt{21}_{16} \\ \texttt{62}_{16} & \texttt{75}_{16} & \texttt{61}_{16} & \texttt{20}_{16} \\ \texttt{65}_{16} & \texttt{6E}_{16} & \texttt{63}_{16} & \texttt{20}_{16} \end{pmatrix} = \begin{pmatrix} \texttt{D0}_{16} & \texttt{CA}_{16} & \texttt{52}_{16} & \texttt{43}_{16} \\ \texttt{80}_{16} & \texttt{EB}_{16} & \texttt{BE}_{16} & \texttt{EF}_{16} \\ \texttt{88}_{16} & \texttt{F6}_{16} & \texttt{BB}_{16} & \texttt{BC}_{16} \\ \texttt{DF}_{16} & \texttt{62}_{16} & \texttt{3D}_{16} & \texttt{BE}_{16} \end{pmatrix} = \mathbf{G}$$

was zu folgendem Anwendergeheimtext führt:

$$\boldsymbol{g} = (\texttt{D0}_{16}\ \texttt{80}_{16}\ \texttt{88}_{16}\ \texttt{DF}_{16}\ \texttt{CA}_{16}\ \texttt{EB}_{16}\ \texttt{F6}_{16}\ \texttt{62}_{16}\ \texttt{52}_{16}\ \texttt{BE}_{16}\ \texttt{BB}_{16}\ \texttt{3D}_{16}\ \texttt{43}_{16}\ \texttt{EF}_{16}\ \texttt{BC}_{16}\ \texttt{BE}_{16})$$

Wie ein Vergleich von $\boldsymbol{t}$ und $\boldsymbol{g}$ zeigt, werden mehrfach vorkommende Buchstaben (also die Buchstaben `a` und `n`) verschieden verschlüsselt. Mit statistischen Untersuchungen über die Häufigkeit gewisser Buchstaben in einem Text einer Sprache kann man dieses Chiffriersystem daher nicht überlisten. Das gelingt jedoch unter gewissen Voraussetzungen auf einfache algebraische Weise, wie weiter unten gezeigt wird.

Zunächst aber ist noch zu klären, auf welchen Wegen man sich Schlüssel verschaffen kann: Gesucht sind reguläre (invertierbare) 4×4-Matrizen mit Koeffizienten aus dem Körper $\mathbb{K}_{2^8}$.

Die sich hier sofort stellende Gretchenfrage ist natürlich: Wie kann man die Regularität (oder entgegengesetzt die Singularität) einer Matrix aus $\mathcal{M}$ erkennen? Es gibt den klassischen Weg über die Determinante, doch ist deren orthodoxe Berechnung über die Adjungierten der Matrix rechentechnisch ein Alptraum und sollte vermieden werden. Es gelingt auf viel einfacherem Wege, indem die Matrix in eine obere Dreiecksmatrix umgeformt wird: Ist die Hauptdiagonale der Dreiecksmatrix voll besetzt, dann ist die Matrix regulär.

Man kann so vorgehen, daß man Matrizen mit Zufallszahlen aufbaut, die dann auf Regularität getestet werden. Allerdings ist die Wahrscheinlichkeit, auf diese Weise eine reguläre Matrix zu finden, nicht sehr groß. Hier sind beispielsweise alle 2×2-Matrizen mit Koeffizienten aus dem Körper $\mathbb{K}_2$:

$$\begin{pmatrix}0&0\\0&0\end{pmatrix}\begin{pmatrix}1&0\\0&0\end{pmatrix}\begin{pmatrix}0&1\\0&0\end{pmatrix}\begin{pmatrix}0&0\\0&1\end{pmatrix}\begin{pmatrix}0&0\\1&0\end{pmatrix}\begin{pmatrix}1&1\\0&0\end{pmatrix}\begin{pmatrix}0&0\\1&1\end{pmatrix}\begin{pmatrix}1&0\\1&0\end{pmatrix}$$
$$\begin{pmatrix}0&1\\0&1\end{pmatrix}\begin{pmatrix}1&0\\0&1\end{pmatrix}\begin{pmatrix}0&1\\1&0\end{pmatrix}\begin{pmatrix}1&1\\1&0\end{pmatrix}\begin{pmatrix}1&1\\0&1\end{pmatrix}\begin{pmatrix}0&1\\1&1\end{pmatrix}\begin{pmatrix}1&0\\1&1\end{pmatrix}\begin{pmatrix}1&1\\1&1\end{pmatrix}$$

Wie unschwer zu erkennen ist (die Matrixspalten müssen linear unabhängig sein), sind sechs dieser 16 Matrizen regulär, nämlich

$$\begin{pmatrix}1&0\\0&1\end{pmatrix}\begin{pmatrix}0&1\\1&0\end{pmatrix}\begin{pmatrix}1&1\\1&0\end{pmatrix}\begin{pmatrix}1&1\\0&1\end{pmatrix}\begin{pmatrix}0&1\\1&1\end{pmatrix}\begin{pmatrix}1&0\\1&1\end{pmatrix}$$

folglich ist die Wahrscheinlichkeit, daß solch eine mit Zufallszahlen erzeugte Matrix regulär ist, $\frac{3}{8}$ oder 37,5%. Es ist aber sehr einfach, eine große Zahl von regulären Matrizen direkt anzugeben. Sind nämlich $\mathsf{a}, \mathsf{b}, \mathsf{c}, \mathsf{d} \in \mathbb{K}_{2^8}$, dann ist die damit gebildete Matrix von VANDERMONDE

$$\mathbf{V}\langle \mathsf{a},\mathsf{b},\mathsf{c},\mathsf{d}\rangle = \begin{pmatrix}\mathbf{1}&\mathsf{a}&\mathsf{a}^2&\mathsf{a}^3\\\mathbf{1}&\mathsf{b}&\mathsf{b}^2&\mathsf{b}^3\\\mathbf{1}&\mathsf{c}&\mathsf{c}^2&\mathsf{c}^3\\\mathbf{1}&\mathsf{d}&\mathsf{d}^2&\mathsf{d}^3\end{pmatrix}$$

genau dann regulär, wenn die vier Parameter verschieden sind. Man erhält auf diese Weise daher $256 \cdot 255 \cdot 254 \cdot 253 = 4195023360$ reguläre Matrizen. Die obige Beispielsmatrix ist eine solche reguläre VANDERMONDEsche Matrix:

$$\begin{pmatrix}\mathtt{01}_{16}&\mathtt{23}_{16}&\mathtt{71}_{16}&\mathtt{15}_{16}\\\mathtt{01}_{16}&\mathtt{7F}_{16}&\mathtt{F1}_{16}&\mathtt{40}_{16}\\\mathtt{01}_{16}&\mathtt{B1}_{16}&\mathtt{7B}_{16}&\mathtt{08}_{16}\\\mathtt{01}_{16}&\mathtt{EA}_{16}&\mathtt{EE}_{16}&\mathtt{61}_{16}\end{pmatrix} = \mathbf{V}\langle \mathtt{23}_{16},\mathtt{7F}_{16},\mathtt{B1}_{16},\mathtt{EA}_{16}\rangle$$

Wenn keine Software zur Invertierung von Matrizen mit Koeffizienten in $\mathbb{K}_{2^8}$ zur Verfügung steht, kann die inverse Schlüsselmatrix auch mit einem AVR-Mikrocontroller berechnet werden, siehe dazu [HSMS] **5.2.**.

Die Implementierung dieses Chiffriersystems ist simpel genug, es gilt nur, das Produkt zweier 4×4-Matrizen zu berechnen. Allerdings gehört die Berechnung solcher Produkte auch zum Chiffriersystem AES, weshalb sich hier eine Probeimplementierung für AVR empfiehlt.

Unterprogramm mcK284x4Mul

Es wird das Produkt $\mathbf{G} = \mathbf{ST}$ zweier 4×4-Matrizen $\mathbf{S}$ und $\mathbf{T}$ mit Koeffizienten im Körper $\mathbb{K}_{2^8}$ berechnet.

Input

$\mathbf{r_{29:r28}}$ Die Adresse σ einer 4×4-Matrix $\mathbf{S}$
$\mathbf{r_{31:r30}}$ Die Adresse τ einer 4×4-Matrix $\mathbf{T}$
$\mathbf{r_{27:r26}}$ Die Adresse γ einer 4×4-Matrix $\mathbf{G}$

Die Koeffizienten der Matrizen werden zeilenweise gespeichert.
Das Unterprogramm kann keine Fehler erzeugen.

_1_	mcK284x4Mul:	push5	r16,r17,r18,r19,r20	5×2
_2_		ldi	r20,1	1	$r_{20} \leftarrow k = 1$, d.h. $i = 0$
_3_	mcK284x4Mul05:	ld	r16,Y	2	$r_{16} \leftarrow s_{i0}$
_4_		ld	r17,Z	2	$r_{17} \leftarrow t_{00}$
_5_		rcall	mcK28Mul	3+	$r_{18} \leftarrow s_{i0}t_{00}$
_6_		mov	r19,r18	1	$r_{19} \leftarrow h = s_{i0}t_{00}$
_7_		ldd	r16,Y+1	2	$r_{16} \leftarrow s_{i1}$
_8_		ldd	r17,Z+4	2	$r_{17} \leftarrow t_{10}$
_9_		rcall	mcK28Mul	3+	$r_{18} \leftarrow s_{i1}t_{10}$
_10_		eor	r19,r18	1	$r_{19} \leftarrow h + s_{i1}t_{10}$
_11_		ldd	r16,Y+2	2	$r_{16} \leftarrow s_{i2}$
_12_		ldd	r17,Z+8	2	$r_{17} \leftarrow t_{20}$
_13_		rcall	mcK28Mul	2+	$r_{18} \leftarrow s_{i2}t_{20}$
_14_		eor	r19,r18	1	$r_{19} \leftarrow h + s_{i2}t_{20}$
_15_		ldd	r16,Y+3	2	$r_{16} \leftarrow s_{i3}$
_16_		ldd	r17,Z+12	2	$r_{17} \leftarrow t_{30}$
_17_		rcall	mcK28Mul	3+	$r_{18} \leftarrow s_{i3}t_{30}$
_18_		eor	r19,r18	1	$r_{19} \leftarrow h + s_{i3}t_{30}$
_19_		st	X+,r19	2	$g_{i0} \leftarrow h$
_20_		ld	r16,Y	2	$r_{16} \leftarrow s_{i0}$
_21_		ldd	r17,Z+1	2	$r_{17} \leftarrow t_{01}$
_22_		rcall	mcK28Mul	3+	$r_{18} \leftarrow s_{i0}t_{01}$
_23_		mov	r19,r18	1	$r_{19} \leftarrow h = s_{i0}t_{01}$
_24_		ldd	r16,Y+1	2	$r_{16} \leftarrow s_{i1}$
_25_		ldd	r17,Z+5	2	$r_{17} \leftarrow t_{11}$
_26_		rcall	mcK28Mul	3+	$r_{18} \leftarrow s_{i1}t_{11}$
_27_		eor	r19,r18	1	$r_{19} \leftarrow h + s_{i1}t_{11}$
_28_		ldd	r16,Y+2	2	$r_{16} \leftarrow s_{i2}$
_29_		ldd	r17,Z+9	2	$r_{17} \leftarrow t_{21}$
_30_		rcall	mcK28Mul	3+	$r_{18} \leftarrow s_{i2}t_{21}$
_31_		eor	r19,r18	1	$r_{19} \leftarrow h + s_{i2}t_{21}$
_32_		ldd	r16,Y+3	2	$r_{16} \leftarrow s_{i3}$
_33_		ldd	r17,Z+13	2	$r_{17} \leftarrow t_{31}$
_34_		rcall	mcK28Mul	3+	$r_{18} \leftarrow s_{i3}t_{31}$
_35_		eor	r19,r18	1	$r_{19} \leftarrow h + s_{i3}t_{31}$

36	st	X+,r19	2	$g_{i1} \leftarrow h$
37	ld	r16,Y	2	$r_{16} \leftarrow s_{i0}$
38	ldd	r17,Z+2	2	$r_{17} \leftarrow t_{02}$
39	rcall	mcK28Mul	3+	$r_{18} \leftarrow s_{i0}t_{02}$
40	mov	r19,r18	1	$r_{19} \leftarrow h = s_{i0}t_{02}$
41	ldd	r16,Y+1	2	$r_{16} \leftarrow s_{i1}$
42	ldd	r17,Z+6	2	$r_{17} \leftarrow t_{12}$
43	rcall	mcK28Mul	3+	$r_{18} \leftarrow s_{i1}t_{12}$
44	eor	r19,r18	1	$r_{19} \leftarrow h + s_{i1}t_{12}$
45	ldd	r16,Y+2	2	$r_{16} \leftarrow s_{i2}$
46	ldd	r17,Z+10	2	$r_{17} \leftarrow t_{22}$
47	rcall	mcK28Mul	3+	$r_{18} \leftarrow s_{i2}t_{22}$
48	eor	r19,r18	1	$r_{19} \leftarrow h + s_{i2}t_{22}$
49	ldd	r16,Y+3	2	$r_{16} \leftarrow s_{i3}$
50	ldd	r17,Z+14	2	$r_{17} \leftarrow t_{32}$
51	rcall	mcK28Mul	3+	$r_{18} \leftarrow s_{i3}t_{32}$
52	eor	r19,r18	1	$r_{19} \leftarrow h + s_{i3}t_{32}$
53	st	X+,r19	2	$g_{i2} \leftarrow h$
54	ld	r16,Y+	2	$r_{16} \leftarrow s_{i0}, r_{29:28} \leftarrow \mathcal{A}(s_{i1})$
55	ldd	r17,Z+3	2	$r_{17} \leftarrow t_{03}$
56	rcall	mcK28Mul	3+	$r_{18} \leftarrow s_{i0}t_{03}$
57	mov	r19,r18	1	$r_{19} \leftarrow h = s_{i0}t_{03}$
58	ld	r16,Y+	2	$r_{16} \leftarrow s_{i1}, r_{29:28} \leftarrow \mathcal{A}(s_{i2})$
59	ldd	r17,Z+7	2	$r_{17} \leftarrow t_{13}$
60	rcall	mcK28Mul	3+	$r_{18} \leftarrow s_{i1}t_{13}$
61	eor	r19,r18	1	$r_{19} \leftarrow h + s_{i1}t_{13}$
62	ld	r16,Y+	2	$r_{16} \leftarrow s_{i2}, r_{29:28} \leftarrow \mathcal{A}(s_{i3})$
63	ldd	r17,Z+11	2	$r_{17} \leftarrow t_{23}$
64	rcall	mcK28Mul	3+	$r_{18} \leftarrow s_{i2}t_{23}$
65	eor	r19,r18	1	$r_{19} \leftarrow h + s_{i2}t_{23}$
66	ld	r16,Y+	2	$r_{16} \leftarrow s_{i3}, r_{29:28} \leftarrow \mathcal{A}(s_{i+1,3})$
67	ldd	r17,Z+15	2	$r_{17} \leftarrow t_{33}$
68	rcall	mcK28Mul	3+	$r_{18} \leftarrow s_{i3}t_{33}$
69	eor	r19,r18	1	$r_{19} \leftarrow h + s_{i3}t_{33}$
70	st	X+,r19	2	$g_{i3} \leftarrow h$
71	lsl	r20	1	$k \leftarrow 2k$
72	sbrs	r20,4	1/2	Falls $k < 8$:
73	rjmp	mcK284x4Mul05	2	Zur $i+1$-ten Zeile von S
74	sbiw	r27:r26,16	2	$r_{27:r26}$ restaurieren
75	sbiw	r29:r28,16	2	$r_{29:r28}$ restaurieren
76	pop5	r20,r19,r18,r17,r16	5×2	
77	ret		4	

Die Koeffizienten der Matrix **G** werden zeilenweise berechnet. Daraus folgt unmittelbar, in welcher Reihenfolge die Zeilen von **S** mit den Spalten von **T** kombiniert werden müssen. Denn aus

$$\mathbf{g}_{\mu\nu} = \mathbf{s}_{\mu 0}\mathbf{t}_{0\nu} + \mathbf{s}_{\mu 1}\mathbf{t}_{1\nu} + \mathbf{s}_{\mu 2}\mathbf{t}_{2\nu} + \mathbf{s}_{\mu 3}\mathbf{t}_{3\nu} \qquad \mu, \nu \in \{0, 1, 2, 3\}$$

folgt, daß zuerst die erste Zeile von **S** der Reihe nach mit den vier Spalten von **T** zu kombinieren ist, dann die zweite Zeile von **S** der Reihe nach mit den vier Spalten von **T**, und so fort. Die vier Zeilen von **S** werden in einer Schleife durchlaufen, die Kombination mit den vier Spalten von **T** gemäß obiger Formel wird ohne Schleife direkt ausgeführt.

Es bleibt nur noch zu klären, wie die Adressenregister genutzt werden. Die nachfolgenden Skizzen erläutern die Vorgehensweise. Die erste Reihe zeigt die Berechnung von $\mathbf{g}_{00}$, die zweite Reihe die Berechnung von $\mathbf{g}_{02}$ und die dritte Reihe die Berechnung von $\mathbf{g}_{23}$.

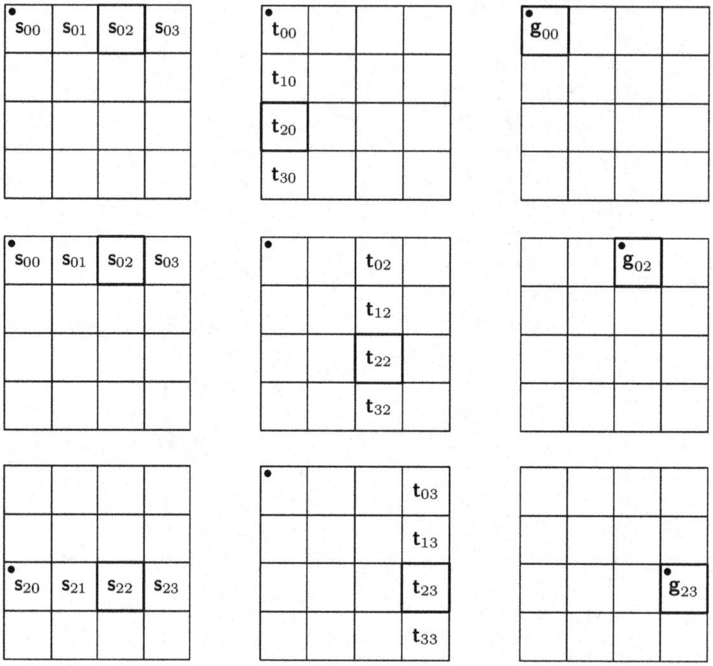

Die Punkte zeigen an, welche Adresse das Adressregister bei der Berechnung von $\mathbf{g}_{\mu\nu}$ enthält. Es wird wie folgt verfahren:

- Register **X** enthält die Adresse des $\mathbf{g}_{\mu\nu}$, das gerade berechnet wird.
- Register **Y** enthält stets die Adresse von $\mathbf{t}_{00}$.
- Bei der Kombination der μ-ten Zeile von **S** mit den vier Spalten von **T** enthält Register **Z** die Adresse von $\mathbf{g}_{\mu 0}$.

Damit liegen auch die relativen Adressen (*offsets*) relativ zu den in den Adressregistern enthaltenen Adressen fest, mit welchen auf die Matrixkoeffizienten zugegriffen wird. Beispielsweise hat $\mathbf{s}_{22}$ bezüglich **Y** die relative Adresse 2 und $\mathbf{t}_{23}$ hat bezüglich Register **Z** die relative Adresse 11.

Kennt man den Schlüssel **S** nicht, aber auch **keinen** Klartext **T**, kann man den verwendeten Schlüssel nur durch Ausprobieren aller Schlüssel und Klartexte herausbekommen. Das ist bei der großen Zahl der möglichen Matrizen allerdings ein aufwendiges Unterfangen. Hat man jedoch Zugang zu einem Klartext **T** und einem Geheimtext **G**, dann hat man in

$$\mathbf{ST} = \mathbf{G}$$

ein System linearer Gleichungen für die Koeffizienten $\mathbf{s}_{\mu\nu}$ von $\mathbf{S}$. Ist man vom Glück begünstigt und ist der Klartext $\mathbf{T}$ sogar regulär, dann ergibt sich der Schlüssel direkt als

$$\mathbf{S} = \mathbf{G}\mathbf{T}^{-1}$$

Ist das nicht der Fall, dann lassen sich aus den Gleichungen einige der $\mathbf{s}_{\mu\nu}$ berechnen, für die Übrigen erhält man immerhin einige lineare Gleichungen. Wenn nur wenige Koeffizienten unbestimmt bleiben, kann man hier mit Durchprobieren zum Ziel kommen.

Ist zwar $\mathbf{S}$ unbekannt, hat man jedoch Zugang zum Verschlüsselungsprozess, etwa durch einen Mikroprozessor, der mit dem Verfahren programmiert ist, kann man also den Klartext selbst bestimmen, dann wählt man als Klartext einfach die identische Matrix $\mathbf{I}$ und erhält damit

$$\mathbf{S} = \mathbf{S}\mathbf{I} = \mathbf{G}$$

Das bedeutet also, daß bei diesem Verfahren sowohl Schlüssel als auch alle Klartexte im Verborgenen bleiben müssen.

Zum Schluss wird noch das Chiffrierverfahren von HILL in das oben gegebene Chiffrierschema eingeordnet. Man kann wie folgt vorgehen.

(*i*) $\mathsf{T} = \mathbb{K}_{2^8}$
(*ii*) $\mathcal{T} = \mathcal{E}^{16}_{\mathbb{K}_{2^8}}$
(*iii*) $\mathsf{G} = \mathbb{K}_{2^8}$
(*iv*) $\mathcal{G} = \mathcal{E}^{16}_{\mathbb{K}_{2^8}}$
(*v*) $\mathcal{K} = \{\mathbf{K} \in \mathcal{M}_{\mathbb{K}_{2^8}} \mid \mathrm{Rang}(\mathbf{K}) = 4\}$, d.h. die regulären Matrizen aus $\mathcal{M}_{\mathbb{K}_{2^8}}$
(*vi*) Die Abbildung $\boldsymbol{\Omega}\colon \mathcal{K} \longrightarrow \mathbf{P}\langle\mathcal{E}^{16}_{\mathbb{K}_{2^8}}\rangle$ ist gegeben als

$$\boldsymbol{\Omega}(\mathbf{K}) = \boldsymbol{\Lambda}^{-1} \circ \boldsymbol{\Psi}_{\mathbf{K}} \circ \boldsymbol{\Lambda} \quad \text{d.h.} \quad \boldsymbol{\Omega}(\mathbf{K})\big((\boldsymbol{f}_\nu)_{\nu\in N}\big) = \boldsymbol{\Lambda}^{-1}\Big(\boldsymbol{\Lambda}\big((\boldsymbol{f}_\nu)_{\nu\in N}\big)\mathbf{K}\Big)$$

mit der Chiffrierabbildung $\boldsymbol{\Psi}_{\mathbf{K}}$ des HILLschen Systems.

Der Schlüsselbereich besteht aus allen regulären, d.h. invertierbaren, 4×4-Matrizen mit Koeffizienten aus dem Körper $\mathbb{K}_{2^8}$, die Chiffrierabbildungen $\boldsymbol{\Psi}_{\mathbf{K}}$ sind daher bijektiv und damit schließlich auch die Chiffrierabbildungen $\boldsymbol{\Omega}(\mathbf{K})$.

In der Praxis besteht das Alphabet natürlich nicht aus $\mathbb{K}_{2^8}$, sondern aus $\mathbb{K}_2^8$. Also nicht aus Elementen des endlichen Körpers $\mathbb{K}_{2^8}$, der wohl nur sehr wenigen Anwendern des Verfahrens geläufig ist, sondern aus schlichten Bytes oder Bitoktetts. Es ist lediglich eine Angelegenheit der Interpretation, die selbstverständlich auch formalisiert werden könnte. Ein klein wenig problematisch ist die Angelegenheit nur deshalb, weil die Polynome, aus welchen die Elemente des Körpers $\mathbb{K}_{2^8}$ hier nach Konstruktion bestehen (siehe Abschnitt A.5), abkürzend (und von ihrer wahren Natur dabei ablenkend) mit Bitoktetts oder noch kompakter mit zwei Hexadezimalziffern bezeichnet werden. Würde tatsächlich Polynomnotation verwendet, dann wären noch Übergangsabbildungen von $\mathbb{K}_{2^8}$ nach $\mathbb{K}_2^8$ und zurück einzuführen.

2.3. RSA

Im Jahre 1978 erlebte die Kryptographie eine Revolution, als *Ronald Rivest*, *Adi Shamir* und *Leonard Adleman* das erste Verschlüsselungssystem mit öffentlich bekanntem Schlüssel vorstellten. Man übertreibt sicher nicht, wenn man das System für einen der wichtigsten Beiträge zur Kryptographie überhaupt ansieht.

Das RSA-Chiffriersystem ist leicht zu beschreiben, es ist wie folgt aufgebaut. Es seien p und q zwei (große) Primzahlen, und es sei

$$n = pq \quad m = (p-1)(q-1)$$

Die internen Klartexte t und Geheimtexte g des Verfahrens sind die Elemente des Ringes $\mathbb{Z}_n$, d.h. es gilt $0 \leq t < n$ und $0 \leq g < n$. Weiterhin sei $e \in \mathbb{Z}_m^\star = \mathbb{Z}_m \setminus \{0\}$ so gewählt, daß

$$\mathrm{ggT}(e, m) = 1$$

gilt. D.h. e ist ein **invertierbares Element** des Ringes $\mathbb{Z}_m$, das mit m keine echten Teiler gemeinsam hat. Die Zahl e ist der Schlüssel des Verfahrens. Die Verschlüsselungsfunktion $\Psi_e : \mathbb{Z}_n \longrightarrow \mathbb{Z}_n$ ist gegeben als

$$\Psi_e(u) = u^e$$

dabei ist die Potenzierung natürlich im Ring $\mathbb{Z}_n$ auszuführen. Wenn also die Multiplikation von $\mathbb{Z}_n$ mit $\otimes$ bezeichnet wird, dann ist

$$\Psi_e(u) = \underbrace{u \otimes u \otimes \cdots \otimes u}_{\text{e-mal}} = \varrho_n(u^e)$$

Die Entschlüsselungsfunktion $\Psi_e^{-1} : \mathbb{Z}_n \longrightarrow \mathbb{Z}_n$ schließlich ist gegeben durch

$$\Psi_e^{-1}(u) = u^{\zeta_{p,q}(e)} = \Psi_{\zeta_{p,q}(e)}(u)$$

wobei auch diese Potenzierung natürlich mit der Arithmetik des Ringes $\mathbb{Z}_n$ durchzuführen ist:

$$\Psi_e^{-1}(u) = \underbrace{u \otimes u \otimes \cdots \otimes u}_{\zeta_{p,q}(e)\text{-mal}} = \varrho_n(u^{\zeta_{p,q}(e)})$$

Darin ist die Abbildung $\zeta_{p,q} : \mathbb{Z}_m^\star \longrightarrow \mathbb{Z}_m^\star$ gegeben als

$$\zeta_{p,q}(e) = e^{-1}$$

wobei e^{-1} das zu e inverse Element **im Ring** $\mathbb{Z}_m$ ist, d.h. wenn die Multiplikation von $\mathbb{Z}_m$ mit $\odot$ bezeichnet wird, dann gilt

$$e \odot e^{-1} = 1$$

Ohne die Kenntnis von p und q und damit auch von m ist der Ring $\mathbb{Z}_m$ nicht bekannt, in dem das zu e inverse Element e^{-1} zu berechnen ist. Um aber p und q zu bestimmen ist die Zahl n in ihre beiden Primfaktoren p und q zu zerlegen, und in der Praxis werden die beiden Primzahlen so gewählt, daß diese Zerlegung unmöglich ist, jedenfalls mit den heutigen rechnerischen Mitteln. Beispielsweise sollen p und q Zahlen mit mindestens 100 Dezimalziffern sein, doch ist die Größe der Primzahlen nicht das einzige zu beachtende Kriterium. Das Teufelchen steckt hier wie so oft in den Details. Jedenfalls liegt in Ψ_e eine echte Falltürfunktion vor.

Es ist aber noch zu zeigen, daß $\Psi_{\zeta_{p,q}(e)}$ tatsächlich die Dechiffrierfunktion ist, d.h. daß wirklich $\Psi_{\zeta_{p,q}(e)} = \Psi_e^{-1}$ gilt. Dieser Beweis ist allerdings nicht ganz einfach.

Dazu ist zunächst zu bemerken, daß nach Konstruktion $e \odot e^{-1} = 1$ im Ring $\mathbb{Z}_m$ gilt. Dessen Multiplikation $\odot$ ist nun für $u, v \in \mathbb{Z}_m$ definiert als

$$u \odot v = \varrho_m(u \cdot v)$$

wobei der Punkt in $u \cdot v$ die Multiplikation in $\mathbb{N}$ bedeutet! Also ist insbesondere

$$e \odot e^{-1} = \varrho_m(e \cdot e^{-1}) = 1$$

Aber $\varrho_m(e \cdot e^{-1})$ ist der Teilerrest, den man erhält, wenn $e \cdot e^{-1}$ durch m dividiert wird, es gibt daher ein $a \in \mathbb{N}$ mit

$$e \cdot e^{-1} = am + \varrho_m(e \cdot e^{-1}) = am + 1 = a(p-1)(q-1) + 1$$

Nun ist offensichtlich $\Psi_{\zeta_{p,q}(e)}(\Psi_e(0)) = 0$ und $\Psi_{\zeta_{p,q}(e)}(\Psi_e(1)) = 1$. Es bleibt also für $u \in \mathbb{Z}_n \setminus \{0,1\}$ zu zeigen daß $\Psi_{\zeta_{p,q}}(\Psi_e(u)) = u$ gilt. Zunächst hat man mit A.2e

$$\Psi_{\zeta_{p,q}}(\Psi_e(u)) = \Psi_{\zeta_{p,q}}(\varrho_n(u^e)) = \varrho_n(\varrho_n(u^e)^{e^{-1}}) = \varrho_n(u^{e \cdot e^{-1}}) = \varrho_n(u^{a(p-1)(q-1)+1})$$

Angenommen, es ist $\mathrm{ggT}(u,n) = 1$. Nach dem Satz von EULER gibt es ein $b \in \mathbb{N}$ mit

$$u^{(p-1)(q-1)} = u^{\phi(n)} = bn + 1$$

Durch Einsetzen erhält man damit

$$\begin{aligned}\varrho_n(u^{a(p-1)(q-1)+1}) &= \varrho_n((u^{\phi(n)})^a u) = \varrho_n((bn+1)^a u) = \\ &= \varrho_n\Big(\varrho_n((bn+1)^a)\varrho_n(u)\Big) = \varrho_n\Big(\varrho_n((bn+1)^a)u\Big) = \varrho_n(cu)\end{aligned}$$

Die weitere Entwicklung ist mit Einsatz der Eigenschaften von ϱ_n wie folgt:

$$\begin{aligned}c = \varrho_n((bn+1)^a) &= \varrho_n(\varrho_n(bn+1)^a) = \varrho_n\Big(\big(\varrho_n(\varrho_n(bn) + \varrho_n(1))\big)^a\Big) = \\ &= \varrho_n\Big(\big(\varrho_n(0+1)\big)^a\Big) = \varrho_n(1^a) = \varrho_n(1) = 1\end{aligned}$$

Damit ist wegen $u < n$, d.h. $\varrho_n(u) = u$, die Behauptung für den Fall $\mathrm{ggT}(u,n) = 1$ bewiesen.

Es darf aber nicht übersehen werden, daß $\phi(pq) = (p-1)(q-1)$ nur bei $p \neq q$ gilt, denn bei $p = q$ ist $\phi(p^2) = (p-1)p$. Der vorangehende Beweis, der $\phi(pq) = (p-1)(q-1)$ verwendet, ist bei $p = q$ daher ungültig, und daraus folgt:

Die beiden Primzahlen p und q müssen verschieden gewählt werden

Es sei jetzt $\mathrm{ggT}(u,n) \neq 1$. Aber die einzigen Teiler, die u und $n = pq$ gemeinsam haben können sind p oder q, d.h. es ist $u = p$ oder $u = q$, denn oben wurde $u > 1$ vorausgesetzt. Aus

Symmetriegründen genügt es, den Beweis für eine der beiden Primzahlen zu führen, etwa für den Fall $u = p$.

Nun ist $p \neq q$, d.h. es gilt $\text{ggT}(p, q) = 1$. Nach dem Satz von EULER (siehe Abschnitt A.2) gibt es daher ein $b \in \mathbb{N}$ mit $p^{q-1} = p^{\phi(q)} = bq + 1$ Damit erhält man

$$p^{a(p-1)(q-1)+1} = p\big(p^{(q-1)}\big)^{a(p-1)} = p(bq+1)^{a(p-1)} = p(bq+1)^k =$$
$$= p\sum_{\kappa=0}^{k}\binom{k}{\kappa}b^\kappa q^\kappa = p(1+\sum_{\kappa=1}^{k}\binom{k}{\kappa}b^\kappa q^\kappa) = p + pq\sum_{\kappa=1}^{k}\binom{k}{\kappa}b^\kappa q^{\kappa-1} = p + pqc = p + nc$$

Wegen $p < n$ bedeutet diese Gleichung natürlich $\varrho_n(p^{a(p-1)(q-1)+1}) = p$, was zu zeigen war. Daß auch $\Psi_e(\Psi_{\zeta_{p,q}}(u)) = u$ gilt folgt daraus, daß die Rollen von e und e^{-1} offensichtlich vertauscht werden können.

Es bleibt nun noch zu klären, wie e^{-1} bestimmt werden kann. Das gelingt über die bisher noch gar nicht benutzte Forderung, daß $\text{ggT}(e, m) = 1$ gelten soll. Denn daraus folgt, daß es $a, b \in \mathbb{Z}$ gibt mit $ae + bm = 1$. Die beiden Zahlen a und b können mit dem erweiterten Algorithmus von EUKLID berechnet werden.

Offensichtlich können a und b nicht beide positiv oder beide negativ sein. Auch ist $a = 0$ wegen $m \geq 1$ nicht möglich, ebenso $b = 0$ wegen $e \geq 1$. Es gilt daher entweder $a > 0$ und $b < 0$ oder $a < 0$ und $b > 0$. In jedem Fall gibt es $c, r \in \mathbb{Z}$ mit $|a| = cm + r$ und $0 \leq r < m$. Allerdings ist $r = 0$ nicht möglich, denn eine Gleichung $(ce + b)m = 1$ ist für ganze Zahlen und $m > 1$ nicht möglich.

Zunächst der Fall $a > 0$. Man hat hier $1 = ae + bm = cme + er + bm$ oder $er = (|b| - ce)m + 1$, was natürlich $\varrho_m(er) = 1$ oder $r = e^{-1}$ bedeutet.

Im anderen Fall, bei $a < 0$ und $b > 0$, erhält man zunächst $-er = (ce - b)m + 1$. Das ergibt durch Addition von $0 = me - me$ auf der linken Seite $(m - r)e = (ce - b + 1)m + 1$. Es gilt daher $\varrho_m((m - r)e) = 1$, was wegen $0 < r < m$, also $m - r < m$, bedeutet, daß $m - r = e^{-1}$.

Es gibt nun viele Möglichkeiten, das RSA-System in das Schema von Abschnitt 2.1 einzuordnen. Die nachfolgende Darstellung ist davon angeregt worden, daß das RSA-System nur zur Verschlüsselung kleiner Texte geeignet ist. Das ist natürlich darin begründet, daß die Verschlüsselungsdauer von RSA in einer ganz anderen Größenordnung liegt als etwa die von AES.

Zur Darstellung im Schema sind einige Vorbereitungen nötig. Es sei dazu $k \in \mathbb{N}_+$. Dann ist $\{0, 1, \ldots, 2^8 - 1\}^k$ die Menge aller k-Tupel $(t_0, \ldots, t_{k-1})$ mit $t_\kappa \in \{0, \ldots, 2^8 - 1\}$. Man hat

$$\{0, \ldots, 2^8 - 1\}^k \subset \mathcal{E}_{\{0,\ldots,2^8-1\}}$$

wenn das Tupel $(t_0, \ldots, t_{k-1})$ als Funktionswert einer Folge von Elementen aus $\{0, \ldots, 2^8 - 1\}$ mit der Indexmenge $\{0, \ldots, k-1\}$ interpretiert wird. Weiter sei die Abbildung Δ_k definiert durch

$$\Delta_k : \{0, \ldots, 2^8 - 1\}^k \longrightarrow \mathbb{Z}_{2^{8k}} \qquad \Delta_k(t_0, \ldots, t_{k-1}) = \sum_{\kappa=0}^{k-1} t_\kappa 2^{8\kappa}$$

Ein Funktionswert dieser Abbildung ist natürlich nichts anderes als die Darstellung einer natürlichen Zahl u im Bereich $0 \leq u < 2^{8k}$ zur Zahlenbasis 2^8. Diese Darstellung ist bekanntlich eindeutig, folglich ist die Abbildung Δ_k bijektiv. Dem Leser ist sicher auch bekannt, wie bei gegebenem $u \in \mathbb{Z}_{8k}$ die Entwicklungskoeffizienten u_κ berechnet werden können.

Es seien nun p und q *verschiedene* Primzahlen, mit der Forderung, nicht nahe beieinander liegen zu sollen (für die Verschlüsselungspraxis gibt es noch eine Reihe weiterer Anforderungen). Das von p und q abhängige RSA-System wird hier mit $\mathsf{RSA}\langle p,q\rangle$ bezeichnet. Weiterhin sei $n = pq$ und $m = (p-1)(q-1)$. Schließlich sei k diejenige natürliche Zahl mit $2^{8k} < n < 2^{8k+1}$. Damit kann das folgende Schema formuliert werden:

(*i*) $\mathsf{T} = \{0,\dots,2^8-1\}$
(*ii*) $\mathcal{T} = \{0,\dots,2^8-1\}^k$
(*iii*) $\mathsf{G} = \mathbb{Z}_n$
(*iv*) $\mathcal{G} = \mathbb{Z}_n^1$
(*v*) $\mathcal{K} = \{e \in \mathbb{Z}_m^\star \mid \mathrm{ggT}(e,m) = 1\}$
(*vi*) Die Abbildung $\boldsymbol{\Omega}\colon \{e \in \mathbb{Z}_m^\star \mid \mathrm{ggT}(e,m) = 1\} \longrightarrow \mathbf{I}\langle\{0,\dots,2^8-1\}^k,\mathbb{Z}_n\rangle$ ist gegeben als

$$\boldsymbol{\Omega}(e) = \Psi_e \circ \Delta_k \quad \text{d.h.} \quad \boldsymbol{\Omega}(e)(t_0,\dots,t_{k-1}) = \Bigl(\sum_{\kappa=0}^{k-1} t_\kappa 2^{8\kappa}\Bigr)^e$$

mit der Chiffrierabbildung Ψ_e von RSA.

Darin wird $\mathbb{Z}_n$ als die Menge aller 1-Tupel aus $\mathbb{Z}_n^1$ aufgefasst. Die Abbildung $\boldsymbol{\Omega}(e)$ ist injektiv, denn die Abbildungen Δ_k und Ψ_e sind injektiv, doch ist $\boldsymbol{\Omega}(e)$ nicht surjektiv und deshalb nicht bijektiv, weil Δ_k nicht surjektiv ist. Die Dechiffrierabbildung $\boldsymbol{\Omega}(e)^{-1}$ ist daher auf der Menge

$$\mathbf{Bild}(\Psi_e \circ \Delta_k) = \Psi_e[\mathbb{Z}_{8k}]$$

definiert. In der Chiffrierpraxis sind (unverfälschte) Geheimtexte ganz selbstverständlich Elemente von $\mathbf{Bild}(\Psi_e \circ \Delta_k)$.

Für ein Beispiel zum Einsatz von $\mathsf{RSA}\langle p,q\rangle$ mit etwas größeren Zahlen seien die beiden Primzahlen gewählt als $p = 2^{24} - 3 = 16777213$ und $q = 2^{25} - 39 = 33554393$. Das ergibt

$$\begin{aligned} n &= pq = 562949198446709 \\ m &= (p-1)(q-1) = 562949148115104 \end{aligned}$$

Der Wert von k kann an der folgenden Tabelle als $k = 6$ abgelesen werden:

$$\begin{aligned} 2^{47} &= 140737488355328 \\ 2^{48} &= 281474976710656 \\ n &= 562949198446709 \\ 2^{49} &= 562949953421312 \end{aligned}$$

Die Klartexte von $\mathsf{RSA}\langle 16777213, 33554393\rangle$ sind daher alle 6-Tupel $(t_0,t_1,t_2,t_3,t_4,t_5)$ mit Koeffizienten $t_\kappa \in \{0,\dots,2^8-1\}$. Interpretiert man die Elemente $t \in \{0,\dots,2^8-1\}$ als ASCII-Zeichen, dann sind die Klartexte tatsächlich Texte. Beispielsweise entspricht der Datumstext `1.1.16` dem Klartext $\mathbf{t} = (\mathtt{31}_{16}, \mathtt{2E}_{16}, \mathtt{31}_{16}, \mathtt{2E}_{16}, \mathtt{31}_{16}, \mathtt{36}_{16})$ mit

$$\Delta_k(\mathbf{t}) = \mathtt{31}_{16} + \mathtt{2E}_{16}\cdot 2^8 + \mathtt{31}_{16}\cdot 2^{16} + \mathtt{2E}_{16}\cdot 2^{24} + \mathtt{31}_{16}\cdot 2^{32} + \mathtt{36}_{16}\cdot 2^{40} = 59584856272433$$

wobei die Elemente des Klartextalphabets $\{0,\dots,2^8-1\}$ in ihrer Hexadezimaldarstellung verwendet werden. Zur Rückrechnung von $\Delta_k(\mathbf{t})$ auf $\mathbf{t}$ bestimmt man einfach die Hexadezimaldarstellung von 59584856272433.

Es muß nun noch der Schlüssel e bestimmt werden. Die erste erzeugte Zufallszahl ist 48020, sie kann als gerade Zahl nicht teilerfremd mit der geraden Zahl m sein. Der EUKLIDsche Algorithmus bestätigt das natürlich: $13763063304605 \cdot e - 1174 \cdot m = 4$. Der nächste Wurf ist $e = 79031$, und hier gibt EUKLID

$$236659317191687 \cdot e - 33224 \cdot m = 1$$

Es ist also $\mathrm{ggT}(e, m) = 1$ und wegen $236659317191687 < m$ ist

$$e^{-1} = 236659317191687$$

das zu $e = 79031$ inverse Element im Ring $\mathbb{Z}_m$. Es kann jetzt verschlüsselt und entschlüsselt werden. Mit dem obigen Datumstext erhält man den Geheimtext

$$g = \Psi_{79031}\big(\Delta_6(\mathbf{t})\big) = 59584856272433^{79031} = 514044458167847$$

wobei die Potenzierung im Ring $\mathbb{Z}_n = \mathbb{Z}_{562949198446709}$ zu erfolgen hat. Man kann dazu den bekannten einigermaßen schnellen Algorithmus verwenden, der die Binärdarstellung von e verwendet, hat aber nach jeder Multiplikation auf das Produkt die Restfunktion ϱ_n anzuwenden.

Zur Entschlüsselung ist nun der Geheimtext mit e^{-1} zu potenzieren, und zwar wieder im Ring $\mathbb{Z}_n$. Wird daher die Multiplikation in $\mathbb{Z}_n$ mit $\otimes$ bezeichnet, dann ist

$$g^{e^{-1}} = \underbrace{g \otimes g \otimes \cdots \otimes g}_{\text{e}^{-1}\text{-mal}}$$

zu berechnen. Das führt hier im Beispiel auf

$$\Delta_6(\mathbf{t}) = \Psi_{79031}^{-1}(514044458167847) = 514044458167847^{236659317191687} = 59584856272433$$

Die Hexadezimaldarstellung von 59584856272433 ist $\mathtt{36312E312E31}_{16}$, womit der Klartext wieder erreicht wäre.

2.4. Nachrede

Wie die umfangreiche Literatur über das Thema Kryptologie zeigt gibt es sehr viele kryptographische Verfahren, oft mit zahllosen Varianten. Folglich konnte das Thema in diesem kurzen einführenden Kapitel nur ganz leicht gestreift werden. Das ist für die weiteren Kapitel des Buches jedoch folgenlos, weil tiefere allgemeine Kenntnisse über Verschlüsselungsverfahren für die Lektüre des Buches nicht erforderlich sind.

So bleiben beispielsweise Sicherheitsfragen nahezu gänzlich unbeachtet. Das geschieht natürlich nicht grundlos. Denn die manchmal recht einfallsreichen Verfahren, die ersonnen wurden, um Geheimschriften zu lesen, ohne den Schlüssel zu kennen, mit dem sie chiffriert wurden, bekannt als das „Knacken“ von Geheimschriften (*codebreaking*), können selten einen Beitrag zur besseren Implementierung eines Verschlüsselungsverfahrens leisten.

Zwar ist es richtig, daß man bei den Versuchen, RSA zu „knacken“, lernen kann, die beiden Primzahlen p und q so zu wählen, daß eben dieses „Knacken“ erschwert wird, aber das ist kein Beitrag zu einer verbesserten Implementierung, denn auf der Implementierungsebene ist eine Primzahl mit einer vorgegebenen Ziffernzahl so gut wie jede andere.

Hinzu kommt, daß manche Attacken gegen ein Chiffrierverfahren gar nicht den Algorithmus des Verfahrens attackieren, sondern ein bestimmtes Anwendungsprotokoll. Es ist klar, daß in solch einem Fall die Implementierung des Verfahrens überhaupt nicht tangiert wird. Was hier mit einer Attacke auf ein Chiffrierverfahren *via* Anwendungsprotokoll gemeint ist erklärt das folgende Beispiel.

Es wird ein Klartext x mit dem Rucksackverfahren l-mal verschlüsselt, und zwar jeweils mit dem öffentlichen Schlüssel $\boldsymbol{e}^{\langle\lambda\rangle} = (e_1^{\langle\lambda\rangle}, \ldots, e_{96}^{\langle\lambda\rangle})$ zu einem Geheimtext g_λ:

$$g_\lambda = \sum_{\nu=1}^{96} \mathsf{x}_\nu e_\nu^{\langle\lambda\rangle} \qquad \lambda \in \{1, \ldots, l\}$$

Werden die l Summen ausgeschrieben, wird leichter erkennbar, daß ein System von linearen Gleichungen vorliegt, mit den bekannten Gleichungskoeffizienten $e_\nu^{\langle 1\rangle}$ und Gleichungskonstanten g_λ und den Unbekannten x_ν:

$$\begin{aligned} g_1 &= \sum_{\nu=1}^{96} \mathsf{x}_\nu e_\nu^{\langle 1\rangle} \\ g_2 &= \sum_{\nu=1}^{96} \mathsf{x}_\nu e_\nu^{\langle 2\rangle} \\ &\vdots \\ g_l &= \sum_{\nu=1}^{96} \mathsf{x}_\nu e_\nu^{\langle l\rangle} \end{aligned}$$

Stehen daher $l = 96$ Geheimtexte zur Verfügung, dann ist ein lineares Gleichungssystem mit 96 Gleichungen für 96 Unbekannte gegeben, das garantiert eine Lösung besitzt.

Es ist allerdings sehr fraglich, ob mit den gängigen Fließkommaarithmetiken mit 32 oder 64 Bit eine Lösung ermittelt werden kann. denn die Unbekannten $\mathsf{x}_\nu \in \{0, 1\}$ sind gemessen an den Gleichungskoeffizienten und an den g_λ extrem klein. Das bedeutet, daß zur Bestimmung der Unbekannten sehr große Zahlen derselben Größenordnung zu subtrahieren sind. Solche Subtraktionen erzeugen aber unweigerlich bei der Differenz einen beträchtlichen Verlust an signifikanten Bits. Mit anderen Worten: Das Gleichungssystem ist extrem schlecht konditioniert!

Eine Möglichkeit, diese Fehlerquelle zu vermeiden, wäre, eine rationale Arithmetik einzusetzen. Aber auch hier besteht wenig Grund zu hoffen. Denn wer jemals mit einem Programmpaket für rationale Arithmetik gearbeitet hat, der weiß, daß die Zähler und Nenner rationaler Zahlen bei auch nur mäßig umfangreicher Rechnung zu enormer Größe anwachsen. Hier bei einem System mit 96 Gleichungen sind deshalb gigantische Zähler und Nenner zu erwarten.

Zu dem allgemeinen Schema für Verschlüsselungsverfahren, das im Kapitel eingeführt wird, ist noch zu sagen, daß manche Verfahren in dieses Schema ziemlich hineingezwungen werden müssen. Das ist bei der Vielzahl der Verfahren und der vielfachen Mittel und Wege zur Realisierung der Verfahren auch gar nicht anders zur erwarten. Es ist immerhin ein Versuch, etwas Ordnung in den immensen *Zoo* von Verschlüsselungsverfahren zu bringen.

Es scheint so zu sein, daß für die zunehmende Sicherheit von Chiffrierverfahren ein Preis zu zahlen ist, nämlich die Zunahme an mathematischem Gehalt der Verfahren. Waren in den Anfangsgründen der Kryptologie noch einfachste Kenntnisse in Algebra zum theoretischen Nachvollzug der Verfahren ausreichend, erfordert der Nachvollzug aller Schritte von AES ein gewisses Vertrautsein mit der Theorie der endlichen Körper und der Polynome über solchen Körpern. Allerdings geht die Kryptographie hier keinen Sonderweg, sie teilt diesen Effekt mit vielen anderen Themenkreisen.

3. Eine abstrakte Darstellung von AES

In diesem Kapitel werden die Elemente des Körpers $\mathbb{K}_{2^8}$ als Polynome mit Koeffizienten im Körper $\mathbb{K}_2$ angesehen, wie es auch im Kapitel A geschieht, in dem dieser Körper vorgestellt wird. Auf diese Weise wird die Abhängigkeit des Chiffrierverfahrens von der stark nichtlinearen Polynomarithmetik augenfällig. Diese nichtlineare Polynomarithmetik ist mit ein Grund für die gute Verschlüsselungsleistung des Verfahrens.

Als erstes ist der **Klartext** des Verfahrens anzugeben, also Dasjenige, das verschlüsselt werden soll. Gemeint ist hier der abstrakte Klartext des eigentlichen Verfahrens, nicht der Klartext des Anwenders des Verfahrens. Und zwar ist die Menge der Klartexte ein Vektorraum über dem Körper $\mathbb{K}_{2^8}$, nämlich der Vektorraum $\mathcal{M}$ der 4×4-Matrizen mit Koeffizienten in $\mathbb{K}_{2^8}$:

$$\mathcal{M} = \left\{ \begin{pmatrix} \boldsymbol{f}_{00} & \boldsymbol{f}_{01} & \boldsymbol{f}_{02} & \boldsymbol{f}_{03} \\ \boldsymbol{f}_{10} & \boldsymbol{f}_{11} & \boldsymbol{f}_{12} & \boldsymbol{f}_{13} \\ \boldsymbol{f}_{20} & \boldsymbol{f}_{21} & \boldsymbol{f}_{22} & \boldsymbol{f}_{23} \\ \boldsymbol{f}_{30} & \boldsymbol{f}_{31} & \boldsymbol{f}_{32} & \boldsymbol{f}_{33} \end{pmatrix} \;\middle|\; \boldsymbol{f}_{\nu\mu} \in \mathbb{K}_{2^8} \right\}$$

Nach Konstruktion des Körpers $\mathbb{K}_{2^8}$ ist $\partial(\boldsymbol{f}_{\nu\mu}) \leq 7$, die Menge der Klartexte ist daher endlich, wenn natürlich auch recht groß (man überlegt sich leicht, daß sie 2^{128} Elemente besitzt). Die Matrizenmenge $\mathcal{M}$ ist auch die Menge der **Geheimtexte** des Chiffrierverfahrens.

Ein Klartext $\mathbf{T} \in \mathcal{M}$ wird nun verschlüsselt, indem elf bijektive Abbildungen $\boldsymbol{\Psi}_0 : \mathcal{M} \longrightarrow \mathcal{M}$ bis $\boldsymbol{\Psi}_{10} : \mathcal{M} \longrightarrow \mathcal{M}$ sukzessive auf den Klartext angewandt werden, um zum Geheimtext $\mathbf{G} \in \mathcal{M}$ zu gelangen:

$$\mathbf{G} = \boldsymbol{\Psi}_{10}(\boldsymbol{\Psi}_9(\boldsymbol{\Psi}_8(\boldsymbol{\Psi}_7(\boldsymbol{\Psi}_6(\boldsymbol{\Psi}_5(\boldsymbol{\Psi}_4(\boldsymbol{\Psi}_3(\boldsymbol{\Psi}_2(\boldsymbol{\Psi}_1(\boldsymbol{\Psi}_0(\mathbf{T})))))))))))$$

Jede Anwendung einer Abbildung $\boldsymbol{\Psi}_i$ wird als **Runde** bezeichnet. Die elf Abbildungen $\boldsymbol{\Psi}_i$ sind sämtlich bijektiv und damit umkehrbar, man erhält daher den Klartext aus dem Geheimtext wie folgt zurück:

$$\mathbf{T} = \boldsymbol{\Psi}_0^{-1}(\boldsymbol{\Psi}_1^{-1}(\boldsymbol{\Psi}_2^{-1}(\boldsymbol{\Psi}_{3\text{-}1}(\boldsymbol{\Psi}_4^{-1}(\boldsymbol{\Psi}_5^{-1}(\boldsymbol{\Psi}_6^{-1}(\boldsymbol{\Psi}_7^{-1}(\boldsymbol{\Psi}_8^{-1}(\boldsymbol{\Psi}_9^{-1}(\boldsymbol{\Psi}_{10}^{-1}(\mathbf{G})))))))))))$$

Die Matrizen $\mathbf{T}_0 = \boldsymbol{\Psi}_0(\mathbf{T})$, $\mathbf{T}_1 = \boldsymbol{\Psi}(\mathbf{T}_0)$ usw. bis $\mathbf{T}_{10} = \boldsymbol{\Psi}(\mathbf{T}_9)$ sollen hier **Rundentext** heißen.

Zum Verfahren gehören nun noch die **Schlüssel**, es sind ebenfalls Elemente aus $\mathcal{M}$. Der Schlüssel $\mathbf{K} = \mathbf{K}_0$ wird mit dem Klartext übergeben, die weiteren zehn Rundenschlüssel $\mathbf{K}_1$ bis $\mathbf{K}_{10}$ werden während (oder vor) der Durchführung des Verfahrens berechnet. Wie diese komplizierten Berechnungen zu erfolgen haben wird weiter unten noch ausführlich dargelegt. Die Chiffrierabbildung ist also von einem Schlüssel $\mathbf{K}$ abhängig:

$$\boldsymbol{\Psi}_{\mathbf{K}} = \boldsymbol{\Psi}_{10} \circ \boldsymbol{\Psi}_9 \circ \boldsymbol{\Psi}_8 \circ \boldsymbol{\Psi}_7 \circ \boldsymbol{\Psi}_6 \circ \boldsymbol{\Psi}_5 \circ \boldsymbol{\Psi}_4 \circ \boldsymbol{\Psi}_3 \circ \boldsymbol{\Psi}_2 \circ \boldsymbol{\Psi}_1 \circ \boldsymbol{\Psi}_0$$

Zur Beschreibung des Verfahrens sind also die einzelnen Rundenabbildungen $\boldsymbol{\Psi}_i$ zu beschreiben. Das ist für die erste Runde kein Problem, denn $\boldsymbol{\Psi}_0$ ist sehr einfach aufgebaut. Die übrigen Abbildungen sind dagegen aus mehreren natürlich ebenfalls bijektiven Abbildungen zusammengesetzt, die nachfolgend beschrieben werden.

3.1. Die S-Box

Da ist zunächst die im Verfahren *S-box* genannte Abbildung $\Sigma\colon \mathbb{K}_{2^8} \longrightarrow \mathbb{K}_{2^8}$, die an verschiedenen Stellen des Verfahrens eingesetzt wird, insbesondere auch bei der Berechnung der Rundenschlüssel. Sie ist selbst aus zwei (bijektiven) Abbildungen $\sigma\colon \mathbb{K}_{2^8} \longrightarrow \mathbb{K}_{2^8}$ und $\tau\colon \mathbb{K}_{2^8} \longrightarrow \mathbb{K}_{2^8}$ zusammengesetzt. Die Abbildung σ ordnet jedem Element von $\mathbb{K}_{2^8}$ sein multiplikatives Inverses zu, das Nullelement natürlich ausgenommen:

$$\sigma(\boldsymbol{f}) = \begin{cases} \boldsymbol{f}^{-1} & \text{für } \boldsymbol{f} \neq \boldsymbol{0} \\ \boldsymbol{0} & \text{für } \boldsymbol{f} = \boldsymbol{0} \end{cases}$$

Zur Bestimmung der Abbildung τ wird der Körper $\mathbb{K}_2$ noch einmal erweitert. Zu diesem Zweck sei $\boldsymbol{n} = \boldsymbol{X}^8 + 1 \in \mathbb{K}_2[\boldsymbol{X}]$. Die Basismenge der Erweiterung ist

$$\mathbb{K}_2[\boldsymbol{X}]_{\boldsymbol{n}} = \{\, \boldsymbol{f} \in \mathbb{K}_2[\boldsymbol{X}] \mid \partial(\boldsymbol{f}) < 8 \,\}$$

Diese Erweiterung wird also mit derselben Basismenge gebildet wie $\mathbb{K}_{2^8}$. Auch die Additionen stimmen noch überein, d.h. die Addition $\oplus$ in $\mathbb{K}_2[\boldsymbol{X}]_{\boldsymbol{n}}$ ist wieder die gewöhnliche Polynomaddition von $\mathbb{K}_2[\boldsymbol{X}]$. Die Multiplikation $\odot$ wird jedoch definiert durch

$$\boldsymbol{f} \odot \boldsymbol{g} = \varrho_{\boldsymbol{n}}(\boldsymbol{f}\boldsymbol{g})$$

verwendet also den Rest bei der Division von $\boldsymbol{f}\boldsymbol{g}$ durch $\boldsymbol{n}$.

Die beiden Erweiterungen von $\mathbb{K}_2$ werden zwar auf analoge Weise gebildet, ihre Strukturen sind jedoch grundverschieden. Man sieht nämlich sofort, daß $\boldsymbol{n}^\star(1) = 0$ gilt, daß $\boldsymbol{n}$ also eine Nullstelle in $\mathbb{K}_2$ besitzt. Das Polynom ist damit reduzibel. Wie man unschwer feststellen kann gilt in $\mathbb{K}_2[\boldsymbol{X}]_{\boldsymbol{n}}$ sogar

$$\boldsymbol{X}^8 + 1 = (\boldsymbol{X} + 1)^8$$

wobei die Potenzen natürlich in $\mathbb{K}_2[\boldsymbol{X}]_{\boldsymbol{n}}$ mit $\odot$ gebildet werden. Damit erhält man

$$(\boldsymbol{X} + 1)^4 \odot (\boldsymbol{X} + 1)^4 = \varrho_{\boldsymbol{n}}\big(\boldsymbol{X} + 1)^4\boldsymbol{X} + 1)^4\big) = \varrho_{\boldsymbol{n}}(\boldsymbol{n}) = \boldsymbol{0}$$

Es existieren daher Nullteiler, d.h. die Struktur ist (natürlich ein Ring aber) kein Integritätsbereich und damit erst recht kein Körper. Das schließt natürlich nicht aus, daß gewisse Elemente von $\mathbb{K}_2[\boldsymbol{X}]_{\boldsymbol{n}}$ ein multiplikatives Inverses besitzen, daß es in diesem Ring auch nichttriviale Einheiten gibt. Eine solche Einheit $\boldsymbol{u}$ mit ihrer Inversen ist

$$\boldsymbol{u} = \boldsymbol{X}^4 + \boldsymbol{X}^3 + \boldsymbol{X}^2 + \boldsymbol{X} + 1 \qquad \boldsymbol{u}^{-1} = \boldsymbol{X}^6 + \boldsymbol{X}^3 + \boldsymbol{X}$$

Zusammen mit dem weiteren Ringelement $\boldsymbol{v} = \boldsymbol{X}^6 + \boldsymbol{X}^5 + \boldsymbol{X} + 1$ wird nun zunächst eine Abbildung $\hat{\tau}\colon \mathbb{K}_2[\boldsymbol{X}]_{\boldsymbol{n}} \longrightarrow \mathbb{K}_2[\boldsymbol{X}]_{\boldsymbol{n}}$ wie folgt definiert:

$$\hat{\tau}(\boldsymbol{f}) = \boldsymbol{u} \odot \boldsymbol{f} \oplus \boldsymbol{v} \qquad \textit{Punktrechnung vor Strichrechnung}$$

Diese Abbildung besitzt eine inverse Abbildung $\hat{\xi}\colon \mathbb{K}_2[\boldsymbol{X}]_{\boldsymbol{n}} \longrightarrow \mathbb{K}_2[\boldsymbol{X}]_{\boldsymbol{n}}$. Mit der (offensichtlichen) Festlegung

$$\hat{\xi}(\boldsymbol{f}) = \boldsymbol{u}^{-1} \odot \boldsymbol{f} \oplus \boldsymbol{u}^{-1} \odot \boldsymbol{v}$$

erhält man nämlich

$$\hat{\xi}(\hat{\tau}(\boldsymbol{f})) = \hat{\xi}(\boldsymbol{u} \odot \boldsymbol{f} \oplus \boldsymbol{v}) = \boldsymbol{u}^{-1} \odot (\boldsymbol{u} \odot \boldsymbol{f} \oplus \boldsymbol{v}) \oplus \boldsymbol{u}^{-1} \odot \boldsymbol{v} = \boldsymbol{f} \oplus \boldsymbol{u}^{-1} \odot \boldsymbol{v} \oplus \boldsymbol{u}^{-1} \odot \boldsymbol{v} = \boldsymbol{f}$$

Weil nun die beiden Ringe $\mathbb{K}_{2^8}$ und $\mathbb{K}_2[\boldsymbol{X}]_{\boldsymbol{n}}$ dieselbe Basismenge besitzen bildet $\hat{\tau}$ natürlich auch $\mathbb{K}_{2^8}$ in $\mathbb{K}_{2^8}$ ab, d.h. eine Abbildung $\tau\colon \mathbb{K}_{2^8} \longrightarrow \mathbb{K}_{2^8}$ kann definiert werden durch

$$\tau(\boldsymbol{f}) = \hat{\tau}(\boldsymbol{f}) = \boldsymbol{u}\boldsymbol{f} + \boldsymbol{v}$$

wobei die Berechnung des Funktionswertes im Ring $\mathbb{K}_2[\boldsymbol{X}]_{\boldsymbol{n}}$ durchgeführt wird (d.h. mit den Verknüpfungen $\oplus$ und $\odot$).

Mit diesen beiden Abbildungen wird nun die Abbildung $\Sigma\colon \mathbb{K}_{2^8} \longrightarrow \mathbb{K}_{2^8}$ definiert als

$$\Sigma = \tau \circ \sigma \qquad \Sigma(\boldsymbol{f}) = \tau\big(\sigma(\boldsymbol{f})\big) = \boldsymbol{u}\boldsymbol{f}^{-1} + \boldsymbol{v}$$

Darin wird also die Inversenbildung in $\mathbb{K}_{2^8}$ ausgeführt (wobei $\boldsymbol{0}^{-1} = \boldsymbol{0}$ gelten soll), die Addition und Multiplikation werden jedoch in $\mathbb{K}_2[\boldsymbol{X}]_{\boldsymbol{n}}$ vorgenommen. Wie die Berechnung zum Aufbau einer Tabelle für Σ praktisch ausgeführt werden kann wird weiter unten gezeigt werden.

Dazu ein Beispiel, und zwar soll $\Sigma(\boldsymbol{f})$ für $\boldsymbol{f} = \boldsymbol{X}^3 + \boldsymbol{X}^2 + \boldsymbol{X} + 1$ berechnet werden. Dazu ist zunächst $\boldsymbol{f}^{-1}$ zu bestimmen. Das kann mit der Inversentabelle aus Kapitel 10 geschehen. Das Polynom ist in Hexadezimalschreibweise (d.h. eigentlich in Koordinatenschreibweise) $\texttt{0F}_{16}$, die Inversentabelle gibt ${\texttt{0F}_{16}}^{-1} = \texttt{96}_{16}$, also ist $\boldsymbol{f}^{-1} = \boldsymbol{X}^7 + \boldsymbol{X}^4 + \boldsymbol{X}^2 + \boldsymbol{X}$. Das ergibt

$$\boldsymbol{u}\boldsymbol{f}^{-1} = (\boldsymbol{X}^4 + \boldsymbol{X}^3 + \boldsymbol{X}^2 + \boldsymbol{X} + 1)(\boldsymbol{X}^7 + \boldsymbol{X}^4 + \boldsymbol{X}^2 + \boldsymbol{X}) = \boldsymbol{X}^{11} + \boldsymbol{X}^{10} + \boldsymbol{X}^9 + \boldsymbol{X}^5 + \boldsymbol{X}^4 + \boldsymbol{X}$$

Die Durchführung des Divisionsalgorithmus liefert das Restpolynom bezüglich der Division mit dem Basispolynom $\boldsymbol{X}^8 + 1$:

$$\boldsymbol{X}^{11} + \boldsymbol{X}^{10} + \boldsymbol{X}^9 + \boldsymbol{X}^5 + \boldsymbol{X}^4 + \boldsymbol{X} = (\boldsymbol{X}^3 + \boldsymbol{X}^2 + \boldsymbol{X})(\boldsymbol{X}^8 + 1) + \boldsymbol{X}^5 + \boldsymbol{X}^4 + \boldsymbol{X}^3 + \boldsymbol{X}^2$$

Das Ergebnis ist daher

$$\Sigma(\boldsymbol{f}) = \boldsymbol{X}^5 + \boldsymbol{X}^4 + \boldsymbol{X}^3 + \boldsymbol{X}^2 + \boldsymbol{X}^6 + \boldsymbol{X}^5 + \boldsymbol{X} + 1 = \boldsymbol{X}^6 + \boldsymbol{X}^4 + \boldsymbol{X}^3 + \boldsymbol{X}^2 + \boldsymbol{X} + 1$$

oder hexadezimal $\texttt{5F}_{16}$.

Diese Rechnung läßt sich allerdings beträchtlich vereinfachen, und zwar so, daß die Arithmetik von $\mathbb{K}_2$ verwendet werden kann! Denn der Ring $\mathbb{K}_2[\boldsymbol{X}]_{\boldsymbol{n}}$ ist auf natürliche Weise ein Vektorraum über $\mathbb{K}_2$. Die Addition ist natürlich die Ringaddition, d.h. die gewöhnliche Polynomaddition. Als Skalarmultiplikation $(a, \boldsymbol{f}) \mapsto a\boldsymbol{f}$ mit $a \in \mathbb{K}_2$ dient die Ringmultiplikation von $\mathbb{K}_2[\boldsymbol{X}]_{\boldsymbol{n}}$, denn der Ring enthält $\mathbb{K}_2$ als Teilring. Natürlich ist $a\boldsymbol{f}$ das Polynom, das aus $\boldsymbol{f}$ durch Multiplikation seiner Koeffizienten mit a hervorgeht. Betrachtet man nun aber $\mathbb{K}_2[\boldsymbol{X}]_{\boldsymbol{n}}$ als $\mathbb{K}_2$-Vektorraum, dann ist die folgende Abbildung

$$\psi\colon \mathbb{K}_2[\boldsymbol{X}]_{\boldsymbol{n}} \longrightarrow \mathbb{K}_2[\boldsymbol{X}]_{\boldsymbol{n}} \qquad \psi(\boldsymbol{f}) = \boldsymbol{u}\boldsymbol{f}$$

ein Vektorraumhomorphismus (eine $\mathbb{K}_2$-lineare Abbildung). Die Additivität ergibt sich natürlich aus dem Distributivgesetz in $\mathbb{K}_2[\boldsymbol{X}]_{\boldsymbol{n}}$:

$$\psi(\boldsymbol{f} + \boldsymbol{g}) = \boldsymbol{u}(\boldsymbol{f} + \boldsymbol{g}) = \boldsymbol{u}\boldsymbol{f} + \boldsymbol{u}\boldsymbol{g} = \psi(\boldsymbol{f}) + \psi(\boldsymbol{g})$$

Weiter seien $c \in \mathbb{K}_2$ und $\boldsymbol{f} \in \mathbb{K}_2[\boldsymbol{X}]_{\boldsymbol{n}}$. Es gibt eindeutig bestimmte Polynome $\boldsymbol{q}, \boldsymbol{r} \in \mathbb{K}_2[\boldsymbol{X}]$ mit

$$\boldsymbol{uf} = \boldsymbol{qn} + \boldsymbol{r} \quad \text{und} \quad \partial(\boldsymbol{r}) < \partial(\boldsymbol{n})$$

mit dem Quotientenpolynom $\boldsymbol{q}$ und dem Restpolynom $\boldsymbol{r}$, wenn das gewöhnliche Polynomprodukt $\boldsymbol{uf}$ von $\boldsymbol{n}$ geteilt wird. Darin ist natürlich nach Definition $\boldsymbol{r} = \psi(\boldsymbol{f})$. Daraus folgt

$$\boldsymbol{u}(c\boldsymbol{f}) = c\boldsymbol{uf} = c\boldsymbol{qn} + c\boldsymbol{r} \quad \text{und} \quad \partial(c\boldsymbol{r}) \leq \partial(\boldsymbol{r}) < \partial(\boldsymbol{n})$$

denn es ist $c \in \{0, 1\}$. Also ist $c\boldsymbol{r}$ das (eindeutig bestimmte) Restpolynom, wenn $\boldsymbol{u}(c\boldsymbol{f})$ von $\boldsymbol{n}$ geteilt wird. Aber das bedeutet gerade

$$\psi(c\boldsymbol{f}) = c\boldsymbol{r} = c\psi(\boldsymbol{f})$$

d.h. ψ ist tatsächlich eine $\mathbb{K}_2$-lineare Abbildung. Dann läßt sich ψ aber bezüglich einer Basis von $\mathbb{K}_2[\boldsymbol{X}]_{\boldsymbol{n}}$ mit einer Matrix darstellen (siehe dazu z.B. [HSMS] **6.10.8.**). Eine solche Basis ist wie leicht zu bestätigen ist

$$\{1, \boldsymbol{X}, \boldsymbol{X}^2, \boldsymbol{X}^3, \boldsymbol{X}^4, \boldsymbol{X}^5, \boldsymbol{X}^6, \boldsymbol{X}^7\}$$

Bezüglich dieser Basis sei $\mathbf{P}$ die Matrix von ψ. Ihre Koeffizienten p_{ij} sind Elemente von $\mathbb{K}_2$, und zwar ist für $i \in \{0, 1, 2, 3, 4, 5, 6, 7\}$

$$\begin{aligned}\psi(\boldsymbol{X}^i) &= \sum_{j=0}^{7} p_{ij}\boldsymbol{X}^j \\ &= p_{i0} + p_{i1}\boldsymbol{X} + p_{i2}\boldsymbol{X}^2 + p_{i3}\boldsymbol{X}^3 + p_{i4}\boldsymbol{X}^4 + p_{i5}\boldsymbol{X}^5 + p_{i6}\boldsymbol{X}^6 + p_{i7}\boldsymbol{X}^7\end{aligned}$$

Weil $\boldsymbol{n} = \boldsymbol{X}^8 + 1$ ein Kreisteilungspolynom ist, kann man erwarten, daß die Matrix eine zyklische Struktur besitzt. Das ist auch tatsächlich der Fall. Man erhält zunächst

$$\psi(1) = \boldsymbol{u} = \boldsymbol{X}^4 + \boldsymbol{X}^3 + \boldsymbol{X}^2 + \boldsymbol{X} + 1$$

die erste Zeile der Matrix $\mathbf{P}$ ist daher gegeben durch

$$(1 \quad 1 \quad 1 \quad 1 \quad 1 \quad 0 \quad 0 \quad 0)$$

Bei $\psi(\boldsymbol{X})$, $\psi(\boldsymbol{X}^2)$ und $\psi(\boldsymbol{X}^3)$ wird das Bitmuster der erste Zeile offensichtlich eine Stelle, zwei oder drei Stellen nach rechts verschoben, die ersten vier Zeilen der Matrix sind daher

$$\begin{pmatrix} 1 & 1 & 1 & 1 & 1 & 0 & 0 & 0 \\ 0 & 1 & 1 & 1 & 1 & 1 & 0 & 0 \\ 0 & 0 & 1 & 1 & 1 & 1 & 1 & 0 \\ 0 & 0 & 0 & 1 & 1 & 1 & 1 & 1 \end{pmatrix}$$

Es ist hier leicht zu erraten, wie die nächsten Zeilen zusammengesetzt sind. Rechnerisch erhält man die nächste Zeile wie folgt:

$$\boldsymbol{X}^4\boldsymbol{u} = \boldsymbol{X}^8 + \boldsymbol{X}^7 + \boldsymbol{X}^6 + \boldsymbol{X}^5 + \boldsymbol{X}^4 = (\boldsymbol{X}^8 + 1) + (\boldsymbol{X}^7 + \boldsymbol{X}^6 + \boldsymbol{X}^5 + \boldsymbol{X}^4 + 1)$$

Offensichtlich steht auf der rechten Seite die eindeutig bestimmte Zerlegung $\boldsymbol{X}^4\boldsymbol{u} = \boldsymbol{q}\boldsymbol{n} + \boldsymbol{r}$ mit dem Quotienten $\boldsymbol{q} = 1$ und dem Teilerrest $\boldsymbol{r} = \boldsymbol{X}^7 + \boldsymbol{X}^6 + \boldsymbol{X}^5 + \boldsymbol{X}^4 + 1$ bezüglich der Division mit $\boldsymbol{n}$. Es ist daher $\psi(\boldsymbol{X}^4\boldsymbol{u}) = \boldsymbol{r}$. Auch $\psi(\boldsymbol{X}^5\boldsymbol{u})$, $\psi(\boldsymbol{X}^6\boldsymbol{u})$ und $\psi(\boldsymbol{X}^7\boldsymbol{u})$ kann man auf diese Weise bestimmen, ohne die Division mit $\boldsymbol{X}^8 + 1$ wirklich durchführen zu müssen. Die letzte Zeile der Matrix erhält man beispielsweise mit

$$\begin{aligned}
\boldsymbol{X}^7\boldsymbol{u} &= \boldsymbol{X}^{11} + \boldsymbol{X}^{10} + \boldsymbol{X}^9 + \boldsymbol{X}^8 + \boldsymbol{X}^7\\
&= \boldsymbol{X}^{11} + \boldsymbol{X}^3 + \boldsymbol{X}^{10} + \boldsymbol{X}^2 + \boldsymbol{X}^9 + \boldsymbol{X} + \boldsymbol{X}^8 + 1 + \boldsymbol{X}^7 + \boldsymbol{X}^3 + \boldsymbol{X}^2 + \boldsymbol{X} + 1\\
&= \boldsymbol{X}^3(\boldsymbol{X}^8 + 1) + \boldsymbol{X}^2(\boldsymbol{X}^8 + 1) + \boldsymbol{X}(\boldsymbol{X}^8 + 1) + (\boldsymbol{X}^8 + 1) + \boldsymbol{X}^7 + \boldsymbol{X}^3 + \boldsymbol{X}^2 + \boldsymbol{X} + 1\\
&= (\boldsymbol{X}^3 + \boldsymbol{X}^2 + \boldsymbol{X} + 1)(\boldsymbol{X}^8 + 1) + \boldsymbol{X}^7 + \boldsymbol{X}^3 + \boldsymbol{X}^2 + \boldsymbol{X} + 1
\end{aligned}$$

Die Matrix $\mathbf{P}$ der linearen Abbildung ψ bezüglich der Standardbasis ist also

$$\mathbf{P} = \begin{pmatrix}
1 & 1 & 1 & 1 & 1 & 0 & 0 & 0\\
0 & 1 & 1 & 1 & 1 & 1 & 0 & 0\\
0 & 0 & 1 & 1 & 1 & 1 & 1 & 0\\
0 & 0 & 0 & 1 & 1 & 1 & 1 & 1\\
1 & 0 & 0 & 0 & 1 & 1 & 1 & 1\\
1 & 1 & 0 & 0 & 0 & 1 & 1 & 1\\
1 & 1 & 1 & 0 & 0 & 0 & 1 & 1\\
1 & 1 & 1 & 1 & 0 & 0 & 0 & 1
\end{pmatrix}$$

Geht man von der Polynomdarstellung der Elemente des Vektorraumes $\mathbb{K}_2[\boldsymbol{X}]_{\boldsymbol{n}}$ zur Koordinatendarstellung bezüglich der Standardbasis über, also mit

$$\boldsymbol{f} \longrightarrow \mathfrak{f} = \begin{pmatrix} f_0\\ f_1\\ f_2\\ f_3\\ f_4\\ f_5\\ f_6\\ f_7 \end{pmatrix} \qquad \boldsymbol{v} = \boldsymbol{X}^6 + \boldsymbol{X}^5 + \boldsymbol{X} + 1 \longrightarrow \mathfrak{v} = \begin{pmatrix} 1\\ 1\\ 0\\ 0\\ 0\\ 1\\ 1\\ 0 \end{pmatrix}$$

berechnet mit der transponierten Matrix der linearen Abbildung $\mathfrak{s} = \mathbf{P}^{\mathbf{t}}\mathfrak{f} + \mathfrak{v}$ oder ausgeschrieben

$$\begin{pmatrix} s_0\\ s_1\\ s_2\\ s_3\\ s_4\\ s_5\\ s_6\\ s_7 \end{pmatrix} = \begin{pmatrix}
1 & 0 & 0 & 0 & 1 & 1 & 1 & 1\\
1 & 1 & 0 & 0 & 0 & 1 & 1 & 1\\
1 & 1 & 1 & 0 & 0 & 0 & 1 & 1\\
1 & 1 & 1 & 1 & 0 & 0 & 0 & 1\\
1 & 1 & 1 & 1 & 1 & 0 & 0 & 0\\
0 & 1 & 1 & 1 & 1 & 1 & 0 & 0\\
0 & 0 & 1 & 1 & 1 & 1 & 1 & 0\\
0 & 0 & 0 & 1 & 1 & 1 & 1 & 1
\end{pmatrix} \begin{pmatrix} f_0\\ f_1\\ f_2\\ f_3\\ f_4\\ f_5\\ f_6\\ f_7 \end{pmatrix} + \begin{pmatrix} 1\\ 1\\ 0\\ 0\\ 0\\ 1\\ 1\\ 0 \end{pmatrix}$$

und geht mit $\mathfrak{s}$ wieder zur Polynomdarstellung über, also $\boldsymbol{s} = s_7\boldsymbol{X}^7 + \cdots + s_1\boldsymbol{X} + s_0$, dann erhält man endlich das gewünschte Resultat, nämlich den konkreten Wert der S-Box:

$$\Sigma(\boldsymbol{f}) = \mathbf{P}^{\mathfrak{t}}\mathfrak{f}^{-1} + \mathfrak{v}$$

Damit ist die S-Box auf einfache Weise numerisch zugänglich geworden, nämlich nur mit der Arithmetik des einfachsten Körpers $\mathbb{K}_2$ (siehe dazu auch Abschnitt 4.1). Das gilt natürlich nur, wenn zu jedem $\mathfrak{f}$ das multiplikative Inverse $\mathfrak{f}^{-1}$ (in $\mathbb{K}_{2^8}$) bekannt ist.

Der konkrete Wert von $\Sigma(\boldsymbol{f})$ hängt (über $\boldsymbol{f}^{-1}$) davon ab, wie der Körper $\mathbb{K}_{2^8}$ konstruiert wurde. Bei AES wird das Polynom $\boldsymbol{m} = \boldsymbol{X}^8 + \boldsymbol{X}^4 + \boldsymbol{X}^3 + \boldsymbol{X} + 1$ verwendet, als Grundlage kann jedoch jedes irreduzible Polynom vom Grad sieben mit Koeffizienten aus $\mathbb{K}_2$ dienen. Wählt man etwa das Polynom $\widetilde{\boldsymbol{m}} = \boldsymbol{X}^8 + \boldsymbol{X}^4 + \boldsymbol{X}^3 + \boldsymbol{X}^2 + 1$, dann erhält man einen Körper $\widetilde{\mathbb{K}}_{2^8}$. Beide Körper besitzen zwar dieselbe Basismenge, sie sind aber nur strukturell identisch (d.h. isomorph). Ein Beispiel kann das verdeutlichen. Das Körperelement $\boldsymbol{X}$ hat in beiden Körpern die Koordinatendarstellung (d.h. die Hexadezimaldarstellung) $\mathtt{02}_{16}$. Die Berechnung von $(\mathtt{02}_{16})^8$ verläuft nun in $\mathbb{K}_{2^8}$ wie folgt:

$$\begin{aligned}
\boldsymbol{X}^8 &= \boldsymbol{X}^8 + \boldsymbol{X}^4 + \boldsymbol{X}^3 + \boldsymbol{X} + 1 + \boldsymbol{X}^4 + \boldsymbol{X}^3 + \boldsymbol{X} + 1 \\
&= (\boldsymbol{X}^8 + \boldsymbol{X}^4 + \boldsymbol{X}^3 + \boldsymbol{X} + 1) \cdot \mathbf{1} + \boldsymbol{X}^4 + \boldsymbol{X}^3 + \boldsymbol{X} + 1 \\
&= \widetilde{\boldsymbol{m}} \cdot \mathbf{1} + \boldsymbol{X}^4 + \boldsymbol{X}^3 + \boldsymbol{X} + 1
\end{aligned}$$

Man erhält daher für den Teilerrest $\boldsymbol{X}^4 + \boldsymbol{X}^3 + \boldsymbol{X} + 1$ in Koordinaten $\mathtt{8B}_{16}$. In $\widetilde{\mathbb{K}}_{2^8}$ wird $(\mathtt{02}_{16})^8$ zwar auf die gleiche Weise berechnet, man erhält jedoch

$$\begin{aligned}
\boldsymbol{X}^8 &= \boldsymbol{X}^8 + \boldsymbol{X}^4 + \boldsymbol{X}^3 + \boldsymbol{X}^2 + 1 + \boldsymbol{X}^4 + \boldsymbol{X}^3 + \boldsymbol{X}^2 + 1 \\
&= (\boldsymbol{X}^8 + \boldsymbol{X}^4 + \boldsymbol{X}^3 + \boldsymbol{X}^3 + 1) \cdot \mathbf{1} + \boldsymbol{X}^4 + \boldsymbol{X}^3 + \boldsymbol{X}^2 + 1 \\
&= \widetilde{\boldsymbol{m}} \cdot \mathbf{1} + \boldsymbol{X}^4 + \boldsymbol{X}^3 + \boldsymbol{X}^2 + 1
\end{aligned}$$

in Koordinaten also das vom vorigen Rechenergebnis verschiedene Resultat $\mathtt{8D}_{16}$ (dazu noch etwas in Abschnitt 4.1).

Es ist klar, daß man mit $\widetilde{\boldsymbol{m}}$ auch eine andere S-Box $\Omega : \widetilde{\mathbb{K}}_{2^8} \longrightarrow \widetilde{\mathbb{K}}_{2^8}$ erhält. Die beiden Abbildungen Σ und Ω können wegen der strukturellen Identität beider Körper nicht völlig unabhängig voneinander sein. Nun sind beide Abbildungen auf derselben Grundmenge

$$\{\, \boldsymbol{f} \in \mathbb{K}_2[\boldsymbol{X}] \mid \partial(\boldsymbol{f}) < 8 \,\}$$

definiert und können deshalb ineinander eingesetzt werden. Die beiden Abbildungen stehen nun in folgender Relation zueinander:

$$\Omega = \Sigma \circ \Omega^{-1} \circ \Sigma$$

Diese Gleichung kann mit einem kurzen Computerprogramm durch Auswertung der beiden Wertetabellen aus Abschnitt 4.1 leicht bestätigt werden.

3.2. Die Abbildungen Ξ_j zur Addition der Rundenschlüssel

In den folgenden Abschnitten werden die verschiedenen Abbildungen $\mathcal{M} \longrightarrow \mathcal{M}$ vorgestellt, aus welchen sich die Rundenabbildungen $\boldsymbol{\Psi}_i$ zusammensetzen. Dabei ergibt sich die Abhängigkeit der Rundenabbildungen vom Rundenindex i allein aus dem Einsatz der Rundenschlüssel $\mathbf{K}_i$. Selbstverständlich werden immer auch die Umkehrabbildungen entwickelt.

Die Abbildungen Ξ_j, $j \in \{0, \ldots, 10\}$ sind sehr einfach aufgebaut, sie bestehen lediglich in der Addition des laufenden Rundenschlüssels zum laufenden Rundentext. Die Definition ist also

$$\Xi_j(\mathbf{M}) = \mathbf{M} + \mathbf{K}_j \quad \text{für } \mathbf{M} \in \mathcal{M}$$

Zwei Matrizen aus $\mathcal{M}$ werden natürlich addiert, indem ihre Koeffizienten aus $\mathbb{K}_{2^8}$ addiert werden (mit der Körperaddition von $\mathbb{K}_{2^8}$). Das ist praktisch sehr einfach durchzuführen.

Die in $\mathbb{K}_2$ gültige Gleichung $c + c = 0$ gilt auch noch in $\mathbb{K}_{2^8}$, weil dort Polynomkoeffizienten aus $\mathbb{K}_2$ addiert werden (siehe Kapitel A), folglich setzt sich diese Gleichung auch nach $\mathcal{M}$ fort, d.h. es ist $\mathbf{M} + \mathbf{M} = \mathbf{0}$ oder $\mathbf{M} = -\mathbf{M}$ für $\mathbf{M} \in \mathcal{M}$. Aber das bedeutet offenbar, daß die Abbildungen Ξ_j mit ihrer Umkehrabbildung identisch sind, die Umkehrabbildungen sind also gegeben durch

$$\Xi_j^{-1}(\mathbf{M}) = \mathbf{M} + \mathbf{K}_j \quad \text{für } \mathbf{M} \in \mathcal{M}$$

Formal hat man $(\mathbf{M} + \mathbf{K}_j) + \mathbf{K}_j = \mathbf{M} + \mathbf{K}_j + \mathbf{K}_j = \mathbf{M} + (\mathbf{K}_j + \mathbf{K}_j) = \mathbf{M}$, und das ist gerade die Behauptung über die Umkehrabbildungen.

Es sei an dieser Stelle (wie auch in Kapitel A) daraufhingewiesen, daß in $\mathbb{K}_2$, $\mathbb{K}_{2^8}$ und $\mathcal{M}$ (und überhaupt in jedem algebraischen Objekt, das seine Addition letztendlich vom Körper $\mathbb{K}_2$ ableitet), aus einer Gleichung $x = -x$ nicht wie gewohnt auf $x = 0$ geschlossen werden kann! Dieser Fehler wird insbesondere dann gerne gemacht, wenn mit Determinanten gerechnet wird, etwa um kleine Matrizen zu invertieren.

3.3. Die Abbildung $\boldsymbol{\Theta}$ zur Elementesubstitution und die Abbildung $\boldsymbol{\Pi}$ zur Reihenrotation

Auch die Elementesubstitution ist noch von einfacher Struktur, es werden nur die Koeffizienten $\boldsymbol{f}_{\nu\mu}$ der Argumentmatrix durch $\Sigma(\boldsymbol{f}_{\nu\mu})$ ersetzt:

$$\boldsymbol{\Theta}\left(\begin{pmatrix} \boldsymbol{f}_{00} & \boldsymbol{f}_{01} & \boldsymbol{f}_{02} & \boldsymbol{f}_{03} \\ \boldsymbol{f}_{10} & \boldsymbol{f}_{11} & \boldsymbol{f}_{12} & \boldsymbol{f}_{13} \\ \boldsymbol{f}_{20} & \boldsymbol{f}_{21} & \boldsymbol{f}_{22} & \boldsymbol{f}_{23} \\ \boldsymbol{f}_{30} & \boldsymbol{f}_{31} & \boldsymbol{f}_{32} & \boldsymbol{f}_{33} \end{pmatrix}\right) = \begin{pmatrix} \Sigma(\boldsymbol{f}_{00}) & \Sigma(\boldsymbol{f}_{01}) & \Sigma(\boldsymbol{f}_{02}) & \Sigma(\boldsymbol{f}_{03}) \\ \Sigma(\boldsymbol{f}_{10}) & \Sigma(\boldsymbol{f}_{11}) & \Sigma(\boldsymbol{f}_{12}) & \Sigma(\boldsymbol{f}_{13}) \\ \Sigma(\boldsymbol{f}_{20}) & \Sigma(\boldsymbol{f}_{21}) & \Sigma(\boldsymbol{f}_{22}) & \Sigma(\boldsymbol{f}_{23}) \\ \Sigma(\boldsymbol{f}_{30}) & \Sigma(\boldsymbol{f}_{31}) & \Sigma(\boldsymbol{f}_{32}) & \Sigma(\boldsymbol{f}_{33}) \end{pmatrix} \qquad \boldsymbol{f}_{\nu\mu} \in \mathbb{K}_{2^8}$$

Die Umkehrfunktion $\boldsymbol{\Theta}^{-1}$ wird natürlich mit der Rücksubstitution, also mit der Umkehrfunktion Λ von Σ, das heißt mit $\Lambda = \Sigma^{-1}$, gebildet:

$$\boldsymbol{\Theta}^{-1}\left(\begin{pmatrix} \boldsymbol{f}_{00} & \boldsymbol{f}_{01} & \boldsymbol{f}_{02} & \boldsymbol{f}_{03} \\ \boldsymbol{f}_{10} & \boldsymbol{f}_{11} & \boldsymbol{f}_{12} & \boldsymbol{f}_{13} \\ \boldsymbol{f}_{20} & \boldsymbol{f}_{21} & \boldsymbol{f}_{22} & \boldsymbol{f}_{23} \\ \boldsymbol{f}_{30} & \boldsymbol{f}_{31} & \boldsymbol{f}_{32} & \boldsymbol{f}_{33} \end{pmatrix}\right) = \begin{pmatrix} \Lambda(\boldsymbol{f}_{00}) & \Lambda(\boldsymbol{f}_{01}) & \Lambda(\boldsymbol{f}_{02}) & \Lambda(\boldsymbol{f}_{03}) \\ \Lambda(\boldsymbol{f}_{10}) & \Lambda(\boldsymbol{f}_{11}) & \Lambda(\boldsymbol{f}_{12}) & \Lambda(\boldsymbol{f}_{13}) \\ \Lambda(\boldsymbol{f}_{20}) & \Lambda(\boldsymbol{f}_{21}) & \Lambda(\boldsymbol{f}_{22}) & \Lambda(\boldsymbol{f}_{23}) \\ \Lambda(\boldsymbol{f}_{30}) & \Lambda(\boldsymbol{f}_{31}) & \Lambda(\boldsymbol{f}_{32}) & \Lambda(\boldsymbol{f}_{33}) \end{pmatrix} \qquad \boldsymbol{f}_{\nu\mu} \in \mathbb{K}_{2^8}$$

Denn das Einsetzen der beiden Funktionen ineinander ergibt $\boldsymbol{\Theta}^{-1}\big(\boldsymbol{\Theta}(\mathbf{M})\big) = \mathbf{M}$, d.h. $\boldsymbol{\Theta}^{-1} \circ \boldsymbol{\Theta}$ ist die identische Abbildung von $\boldsymbol{\mathcal{M}}$.

Endlich ist auch noch die Reihenrotation von einfacher Machart, hier werden partielle Rotationen der Reihen der Argumentmatrix vorgenommen. Die genaue Definition ist

$$\boldsymbol{\Pi}\left(\begin{pmatrix} \boldsymbol{f}_{00} & \boldsymbol{f}_{01} & \boldsymbol{f}_{02} & \boldsymbol{f}_{03} \\ \boldsymbol{f}_{10} & \boldsymbol{f}_{11} & \boldsymbol{f}_{12} & \boldsymbol{f}_{13} \\ \boldsymbol{f}_{20} & \boldsymbol{f}_{21} & \boldsymbol{f}_{22} & \boldsymbol{f}_{23} \\ \boldsymbol{f}_{30} & \boldsymbol{f}_{31} & \boldsymbol{f}_{32} & \boldsymbol{f}_{33} \end{pmatrix}\right) = \begin{pmatrix} \boldsymbol{f}_{00} & \boldsymbol{f}_{01} & \boldsymbol{f}_{02} & \boldsymbol{f}_{03} \\ \boldsymbol{f}_{11} & \boldsymbol{f}_{12} & \boldsymbol{f}_{13} & \boldsymbol{f}_{10} \\ \boldsymbol{f}_{22} & \boldsymbol{f}_{23} & \boldsymbol{f}_{20} & \boldsymbol{f}_{21} \\ \boldsymbol{f}_{33} & \boldsymbol{f}_{30} & \boldsymbol{f}_{31} & \boldsymbol{f}_{32} \end{pmatrix} \qquad \boldsymbol{f}_{\nu\mu} \in \mathbb{K}_{2^8}$$

Die erste Zeile wird also keinmal, die zweite einmal, die dritte zweimal und die vierte Zeile dreimal linksherum rotiert. Die Umkehrfunktion erhält man natürlich, wenn auf dieselbe Weise wie bei der Abbildung selbst, jedoch rechtsherum rotiert wird:

$$\boldsymbol{\Pi}^{-1}\left(\begin{pmatrix} \boldsymbol{f}_{00} & \boldsymbol{f}_{01} & \boldsymbol{f}_{02} & \boldsymbol{f}_{03} \\ \boldsymbol{f}_{10} & \boldsymbol{f}_{11} & \boldsymbol{f}_{12} & \boldsymbol{f}_{13} \\ \boldsymbol{f}_{20} & \boldsymbol{f}_{21} & \boldsymbol{f}_{22} & \boldsymbol{f}_{23} \\ \boldsymbol{f}_{30} & \boldsymbol{f}_{31} & \boldsymbol{f}_{32} & \boldsymbol{f}_{33} \end{pmatrix}\right) = \begin{pmatrix} \boldsymbol{f}_{00} & \boldsymbol{f}_{01} & \boldsymbol{f}_{02} & \boldsymbol{f}_{03} \\ \boldsymbol{f}_{13} & \boldsymbol{f}_{10} & \boldsymbol{f}_{11} & \boldsymbol{f}_{12} \\ \boldsymbol{f}_{22} & \boldsymbol{f}_{23} & \boldsymbol{f}_{20} & \boldsymbol{f}_{21} \\ \boldsymbol{f}_{31} & \boldsymbol{f}_{32} & \boldsymbol{f}_{33} & \boldsymbol{f}_{30} \end{pmatrix} \qquad \boldsymbol{f}_{\nu\mu} \in \mathbb{K}_{2^8}$$

Die erste Zeile wird also keinmal, die zweite einmal, die dritte zweimal und die vierte Zeile dreimal rechtsherum rotiert. Wie oben ergibt Einsetzen der Abbildungen ineinander $\boldsymbol{\Pi}^{-1}\big(\boldsymbol{\Pi}(\mathbf{M})\big) = \mathbf{M}$.

Ganz offensichtlich können die Abbildungen $\boldsymbol{\Theta}$ und $\boldsymbol{\Pi}$ und ebenso die Abbildungen $\boldsymbol{\Theta}^{-1}$ und $\boldsymbol{\Pi}^{-1}$ in der Reihenfolge vertauscht werden, d.h. es gilt

$$\boldsymbol{\Theta} \circ \boldsymbol{\Pi} = \boldsymbol{\Pi} \circ \boldsymbol{\Theta} \qquad \boldsymbol{\Pi}^{-1} \circ \boldsymbol{\Theta}^{-1} = \boldsymbol{\Theta}^{-1} \circ \boldsymbol{\Pi}^{-1}$$

3.4. Die Abbildung Φ zur Spaltenmischung

Hier wird es nun kompliziert, denn es muß noch einmal eine Erweiterung einer algebraischen Struktur vorgenommen werden, und zwar eine Ringerweiterung des Körpers $\mathbb{K}_{2^8}$. Dazu sei $\mathbb{K}_{2^8}[\mathfrak{X}]$ der Ring der Polynome mit Koeffizienten im Körper $\mathbb{K}_{2^8}$. Mit der hier verwendeten Darstellung der Elemente von $\mathbb{K}_{2^8}$ durch Polynome sind die Elemente von $\mathbb{K}_{2^8}[\mathfrak{X}]$ also Polynome, deren Koeffizienten Polynome sind. Zur Unterscheidung vom Polynomring $\mathbb{K}_2[\boldsymbol{X}]$ werden die Polynome aus $\mathbb{K}_{2^8}[\mathfrak{X}]$ mit $\mathfrak{f}$, $\mathfrak{g}$, $\mathfrak{h}$ usw. bezeichnet, als Bezeichung für die Unbestimmte wird zur Unterscheidung von der Unbestimmten von $\mathbb{K}_{2^8}$ das Zeichen $\mathfrak{X}$ gewählt.

Die Koeffizienten der Polynome von $\mathbb{K}_{2^8}[\mathfrak{X}]$ sind also selbst Polynome, allerdings mit Koeffizienten in $\mathbb{K}_2$. Einige Beispiele dazu:

$$\begin{aligned}
\mathfrak{f} &= (\boldsymbol{X}^2+1)\mathfrak{X}^3+1 \\
\mathfrak{g} &= \mathfrak{X}^3+\boldsymbol{X}^2\mathfrak{X}^2+\boldsymbol{X}^4+1 \\
\mathfrak{h} &= \mathfrak{X}+\boldsymbol{X}
\end{aligned}$$

Es sei nun $\mathfrak{m}=\mathfrak{X}^4+1\in\mathbb{K}_{2^8}[\mathfrak{X}]$ (also wieder ein Kreisteilungspolynom). Die Basismenge der neuen Struktur ist hier (wie leicht zu erraten)

$$\mathbb{K}_{2^8}[\mathfrak{X}]_{\mathfrak{m}}=\{\,\mathfrak{f}\in\mathbb{K}_{2^8}[\mathfrak{X}]\mid\partial(\mathfrak{f})<4\,\}$$

Die neue Addition $\boxplus$ ist wieder die gewöhnliche Addition der Polynome in $\mathbb{K}_{2^8}[\mathfrak{X}]$, die darin besteht, die Koeffizienten der Polynome aus $\mathbb{K}_{2^8}[\mathfrak{X}]_{\mathfrak{m}}$ mit der additiven Operation von $\mathbb{K}_{2^8}$ zu addieren. Die neue Multiplikation $\boxdot$ wird wieder mit einer Teilerrestfunktion definiert, hier mit dem Polynom $\mathfrak{m}$:

$$\mathfrak{f}\boxdot\mathfrak{g}=\varrho_{\mathfrak{m}}(\mathfrak{f}\mathfrak{g})$$

Darin ist $\mathfrak{f}\mathfrak{g}$ das gewöhnliche Produkt der Polynome in $\mathbb{K}_{2^8}[\mathfrak{X}]$, das durch $\mathfrak{m}$ dividiert wird, um das Produkt $\mathfrak{f}\boxdot\mathfrak{g}$ als den Teilerrest der Division zu erhalten.

Auch im Polynomring $\mathbb{K}_{2^8}[\mathfrak{X}]$ gibt es eindeutig bestimmte $\mathfrak{q},\mathfrak{r}\in\mathbb{K}_{2^8}[\mathfrak{X}]$ mit $\mathfrak{f}\mathfrak{g}=\mathfrak{q}\mathfrak{m}+\mathfrak{r}$ und $\partial(\mathfrak{r})<\partial(\mathfrak{m})=4$. Es ist damit also nach Definition $\mathfrak{f}\boxdot\mathfrak{g}=\mathfrak{r}$. Alternativ kann man aber auch hier ausnutzen, daß in der Erweiterungsstruktur (im Ring) $\mathbb{K}_{2^8}[\mathfrak{X}]_{\mathfrak{m}}$ analog zu den früheren Erweiterungen $\mathfrak{X}^4+1=\mathfrak{o}$ gilt. Denn die Erweiterung wird so vorgenommen (siehe auch Kapitel A), daß das Polynom $\boldsymbol{Y}^4+1\in\mathbb{K}_{2^8}[\mathfrak{X}]_{\mathfrak{m}}[\boldsymbol{Y}]$ die Nullstelle $\mathfrak{X}$ in $\mathbb{K}_{2^8}[\mathfrak{X}]_{\mathfrak{m}}$ besitzt.

Dazu ein Beispiel, in dem, um die Übersicht nicht zu verlieren, die unterschiedlichen Operatoren wie $\odot$, $\boxdot$ usw. nicht verwendet werden, der Leser hat also selbst zu entscheiden, welche Operation an welcher Stelle verwendet wird. Das ist jedoch immer leicht zu entdecken.

$$\begin{aligned}
\big((\boldsymbol{X}^2+1)\mathfrak{X}^3+1\big)\big(\mathfrak{X}^2+\boldsymbol{X}\big) &= (\boldsymbol{X}^2+1)\mathfrak{X}^5+\mathfrak{X}^2+\boldsymbol{X}(\boldsymbol{X}^2+1)\mathfrak{X}^3+\boldsymbol{X} \\
&= (\boldsymbol{X}^2+1)\mathfrak{X}^4\mathfrak{X}+\mathfrak{X}^2+\boldsymbol{X}(\boldsymbol{X}^2+1)\mathfrak{X}^3+\boldsymbol{X} \\
&= \boldsymbol{X}(\boldsymbol{X}^2+1)\mathfrak{X}^3+\mathfrak{X}^2+(\boldsymbol{X}^2+1)\mathfrak{X}+\boldsymbol{X}
\end{aligned}$$

Offenbar ist $\mathfrak{m}^\star(1)=0$, das Polynom enthält also den Linearfaktor $\mathfrak{X}+1$ und ist damit reduzibel. Es gilt sogar $(\mathfrak{X}^4+1)=(\mathfrak{X}+1)^4$, wie leicht bestätigt werden kann. Ein Nullteiler ist sofort ersichtlich, es ist $(\mathfrak{X}+1)^2(\mathfrak{X}+1)^2=\mathfrak{o}$. Die Erweiterung ist daher kein Integritätsbereich und somit erst recht kein Körper.

Auf dieser Ringstruktur soll nun eine Abbildung $\phi\colon \mathbb{K}_{2^8}[\mathfrak{X}]_{\mathfrak{m}} \longrightarrow \mathbb{K}_{2^8}[\mathfrak{X}]_{\mathfrak{m}}$ definiert werden, die mit einem Ringelement $\mathfrak{u} \in \mathbb{K}_{2^8}[\mathfrak{X}]_{\mathfrak{m}}$ durch

$$\phi(\mathfrak{f}) = \mathfrak{u}\mathfrak{f},$$

gegeben ist. Sie muß der Entschlüsselung wegen invertierbar und damit eine bijektive Abbildung sein. Gäbe es solch ein Ringelement $\mathfrak{u}$, das ein Inverses besitzt, dann wäre die Umkehrabbildung natürlich gegeben durch

$$\phi^{-1}(\mathfrak{f}) = \mathfrak{u}^{-1}\mathfrak{f}$$

Nun ist die Wahl von $\mathfrak{u}$ allerdings nicht beliebig, sie wird vielmehr von der Verschlüsselungsstrategie des Verfahrens diktiert. Wie kann man aber bei gegebenem Ringelement $\mathfrak{u}$ feststellen, ob das gewählte $\mathfrak{u}$ invertierbar ist oder nicht? Dazu gibt es im (kompliziert aufgebauten) Ring $\mathbb{K}_{2^8}[\mathfrak{X}]_{\mathfrak{m}}$ ein sehr einfach zu verwendendes Kriterium:

> Ein Ringelement $\mathfrak{v} \in \mathbb{K}_{2^8}[\mathfrak{X}]_{\mathfrak{m}} \setminus \{\mathfrak{o}\}$ ist genau dann ein Nullteiler (d.h. nicht invertierbar), wenn es den Teiler $\mathfrak{X} + 1$ besitzt.

Gibt es nämlich ein $\mathfrak{p} \in \mathbb{K}_{2^8}[\mathfrak{X}]_{\mathfrak{m}} \setminus \{\mathfrak{o}\}$ mit $\mathfrak{v} = \mathfrak{p} \boxdot (\mathfrak{X} + 1)$, dann hat man unmittelbar $\mathfrak{v} \boxdot (\mathfrak{X}+1)^3 = \varrho_{\mathfrak{m}}(\mathfrak{p}(\mathfrak{X}+1)^4) = \mathfrak{o}$. Es sei umgekehrt $\mathfrak{v}$ ein Nullteiler. Es gibt in diesem Fall ein $\mathfrak{w} \in \mathbb{K}_{2^8}[\mathfrak{X}]_{\mathfrak{m}} \setminus \{\mathfrak{o}\}$ mit $\mathfrak{v} \boxdot \mathfrak{w} = \varrho_{\mathfrak{m}}(\mathfrak{v}\mathfrak{w}) = \mathfrak{o}$. Andererseits gibt es ein $\mathfrak{q} \in \mathbb{K}_{2^8}[\mathfrak{X}]$ mit

$$\mathfrak{v}\mathfrak{w} = \mathfrak{q}\mathfrak{m} + \varrho_{\mathfrak{m}}(\mathfrak{v}\mathfrak{w}) = \mathfrak{q}\mathfrak{m} = \mathfrak{q}(\mathfrak{X} + 1)^4$$

Angenommen, $\mathfrak{X}+1$ ist kein Teiler von $\mathfrak{v}$. Obige Gleichung bedeutet, daß $(\mathfrak{X}+1)^4$ ein Teiler von $\mathfrak{v}\mathfrak{w}$ ist. Die Annahme über $\mathfrak{v}$ schließt nun aus, daß sich der Teiler $(\mathfrak{X}+1)^4$ von $\mathfrak{v}\mathfrak{w}$ aus Potenzen von $\mathfrak{X}+1$ zusammensetzt, die aus $\mathfrak{v}$ *und* $\mathfrak{w}$ stammen, d.h. $(\mathfrak{X}+1)^4$ muß gänzlich ein Faktor von $\mathfrak{w}$ sein. Das ist jedoch unmöglich, denn nach Wahl von $\mathfrak{w}$ gilt $\partial(\mathfrak{w}) < 4$.

Um $\mathfrak{u}$ als invertierbar zu erweisen ist nach diesem Kriterium lediglich $\mathfrak{u}^\star(1) = 0$ zu zeigen. Nun ist $\mathfrak{u}$ im Verfahren vorgeschrieben als

$$\mathfrak{u} = (\boldsymbol{X} + 1)\mathfrak{X}^3 + \mathfrak{X}^2 + \mathfrak{X} + \boldsymbol{X}$$

und die Auswertung an der Stelle 1, d.h. das Ersetzen von $\mathfrak{X}$ durch 1, ergibt

$$\mathfrak{u}^\star(1) = \boldsymbol{X} + 1 + 1 + 1 + \boldsymbol{X} = 1 \neq 0$$

Die Umkehrabbildung ϕ^{-1} existiert also. Die Gewißheit der Existenz genügt allerdings nicht, die Abbildung selbst muß bekannt sein, d.h. $\mathfrak{u}^{-1}$. Man kann dazu ein allgemeines Polynom $\mathfrak{v}$ aus $\mathbb{K}_{2^8}[\mathfrak{X}]_{\mathfrak{m}}$ hernehmen und mit $\mathfrak{u}$ multiplizieren, um sich so mit $\mathfrak{u}\mathfrak{v} = \mathfrak{1}$ ein System von Gleichungen für die Koeffizienten von $\mathfrak{v}$ zu verschaffen. Das ist jedoch ein fehlerträchtiger Prozess. Andererseits ist aber $\mathbb{K}_{2^8}[\mathfrak{X}]_{\mathfrak{m}}$ eine endliche Menge, die bei der jetzt zur Verfügung stehenden Technik noch nicht einmal sehr groß ist. Es ist daher möglich, mit einem Computerprogramm alle Elemente $\mathfrak{v}$ von $\mathbb{K}_{2^8}[\mathfrak{X}]_{\mathfrak{m}}$ daraufhin durchzuprobieren, ob sie $\mathfrak{u}\mathfrak{v} = \mathfrak{1}$ erfüllen. Wie immer es auch durchgeführt wird, man kommt auf jeden Fall zu dem folgenden Ergebnis:

$$\mathfrak{u}^{-1} = (\boldsymbol{X}^3 + \boldsymbol{X} + 1)\mathfrak{X}^3 + (\boldsymbol{X}^3 + \boldsymbol{X}^2 + 1)\mathfrak{X}^2 + (\boldsymbol{X}^3 + 1)\mathfrak{X} + \boldsymbol{X}^3 + \boldsymbol{X}^2 + \boldsymbol{X}$$

Nun ist der Ring $\mathbb{K}_{2^8}[\mathfrak{X}]_{\mathfrak{m}}$ in natürlicher Weise ein Vektorraum über dem Körper $\mathbb{K}_{2^8}$. Die

Vektoraddition ist die Ringaddition, die Skalarmultiplikation ist die Multiplikation eines Polynoms des Ringes mit einem Körperelement aus $\mathbb{K}_{2^8}$. Die Abbildung ϕ ist ein Automorphismus des Vektorraumes, d.h. eine bijektive lineare Abbildung:

$$\phi(\mathfrak{f}+\mathfrak{g}) = \mathfrak{u}(\mathfrak{f}\mathfrak{g}) = \mathfrak{u}\mathfrak{f}+\mathfrak{u}\mathfrak{g} = \phi(\mathfrak{f})+\phi(\mathfrak{g})$$
$$\phi(a\mathfrak{f}) = \mathfrak{u}a\mathfrak{f} = a\mathfrak{u}\mathfrak{f} = a\phi(\mathfrak{f})$$

Die Standardbasis des $\mathbb{K}_{2^8}$–Vektorraumes $\mathbb{K}_{2^8}[\mathfrak{X}]_\mathfrak{m}$ ist $(1,\mathfrak{X},\mathfrak{X}^2,\mathfrak{X}^3)$. Die Berechnung der Matrix M_ϕ von ϕ bezüglich dieser Basis ist eine Standardprozedur der linearen Algebra, es sind $\phi(1)$, $\phi(\mathfrak{X})$, $\phi(\mathfrak{X}^2)$ und $\phi(\mathfrak{X}^3)$ als Linearkombination der Basiselemente auszudrücken. Die erste Matrixzeile ergibt sich aus der Darstellung

$$\phi(1) = \boldsymbol{X} + \mathfrak{X} + \mathfrak{X}^2 + (\boldsymbol{X}+1)\mathfrak{X}^3$$

die nächste Zeile der Matrix aus der Darstellung (mit $\mathfrak{X}^4 = 1$)

$$\phi(\mathfrak{X}) = \boldsymbol{X}\mathfrak{X} + \mathfrak{X}^2 + \mathfrak{X}^3 + (\boldsymbol{X}+1)\mathfrak{X}^4 = \boldsymbol{X}+1+\boldsymbol{X}\mathfrak{X}+\mathfrak{X}^2+\mathfrak{X}^3$$

Die nächsten beiden Matrixzeilen erhält man ebenso. Die gesamte Matrix ergibt sich so als

$$\mathsf{M}_\phi = \begin{pmatrix} \boldsymbol{X} & 1 & 1 & \boldsymbol{X}+1 \\ \boldsymbol{X}+1 & \boldsymbol{X} & 1 & 1 \\ 1 & \boldsymbol{X}+1 & \boldsymbol{X} & 1 \\ 1 & 1 & \boldsymbol{X}+1 & \boldsymbol{X} \end{pmatrix}$$

Für die Umkehrabbildung ϕ^{-1} erhält man auf die gleiche Weise die folgende Matrixdarstellung bezüglich der Standardbasis:

$$\mathsf{M}_{\phi^{-1}} = \begin{pmatrix} \boldsymbol{X}^3+\boldsymbol{X}^2+\boldsymbol{X} & \boldsymbol{X}^3+1 & \boldsymbol{X}^3+\boldsymbol{X}^2+1 & \boldsymbol{X}^3+\boldsymbol{X}+1 \\ \boldsymbol{X}^3+\boldsymbol{X}+1 & \boldsymbol{X}^3+\boldsymbol{X}^2+\boldsymbol{X} & \boldsymbol{X}^3+1 & \boldsymbol{X}^3+\boldsymbol{X}^2+1 \\ \boldsymbol{X}^3+\boldsymbol{X}^2+1 & \boldsymbol{X}^3+\boldsymbol{X}+1 & \boldsymbol{X}^3+\boldsymbol{X}^2+\boldsymbol{X} & \boldsymbol{X}^3+1 \\ \boldsymbol{X}^3+1 & \boldsymbol{X}^3+\boldsymbol{X}^2+1 & \boldsymbol{X}^3+\boldsymbol{X}+1 & \boldsymbol{X}^3+\boldsymbol{X}^2+\boldsymbol{X} \end{pmatrix}$$

Um die Berechnungen des Verfahrens durchzuführen muß zum Vektorraum $\mathcal{M}$ übergegangen werden. Dazu geht man zunächst zum Koordinatenvektorrraum $\mathbb{K}_{2^8}^4$ über, und zwar mit dem Isomorphismus

$$\zeta\colon \mathbb{K}_{2^8}^4 \longrightarrow \mathbb{K}_{2^8}[\mathfrak{X}]_\mathfrak{m} \qquad \zeta\left(\begin{pmatrix} \boldsymbol{f}_0 \\ \boldsymbol{f}_1 \\ \boldsymbol{f}_2 \\ \boldsymbol{f}_3 \end{pmatrix}\right) = \boldsymbol{f}_3\mathfrak{X}^3 + \boldsymbol{f}_2\mathfrak{X}^2 + \boldsymbol{f}_1\mathfrak{X} + \boldsymbol{f}_0$$

und gewinnt so einen Vektorraumautomorphismus $\varphi\colon \mathbb{K}_{2^8}^4 \longrightarrow \mathbb{K}_{2^8}^4$ mit derselben Marixdarstellung wie ϕ als

$$\varphi = \zeta^{-1}\phi\circ\zeta \qquad \varphi(\mathbf{f}) = \zeta^{-1}\Big(\phi\big(\zeta(\mathbf{f})\big)\Big)$$

Es ist also $\varphi(\mathbf{f}) = \mathsf{M}_\varphi^{\mathsf{t}}\mathbf{f}$ oder mit Koordinaten und Koeffizienten ausgeschrieben (man beachte die

Transponierung, siehe dazu auch die ausführliche Darstellung in [HSMS] **6.10.8.**)

$$\varphi\left(\begin{pmatrix} \boldsymbol{f}_0 \\ \boldsymbol{f}_1 \\ \boldsymbol{f}_2 \\ \boldsymbol{f}_3 \end{pmatrix}\right) = \begin{pmatrix} \boldsymbol{X} & \boldsymbol{X}+1 & 1 & 1 \\ 1 & \boldsymbol{X} & \boldsymbol{X}+1 & 1 \\ 1 & 1 & \boldsymbol{X} & \boldsymbol{X}+1 \\ \boldsymbol{X}+1 & 1 & 1 & \boldsymbol{X} \end{pmatrix} \begin{pmatrix} \boldsymbol{f}_0 \\ \boldsymbol{f}_1 \\ \boldsymbol{f}_2 \\ \boldsymbol{f}_3 \end{pmatrix}$$

Die Matrixdarstellung der Umkehrfunktion φ^{-1} ist dieselbe wie die Matrixdarstellung der Umkehrfunktion ϕ^{-1}, man erhält

$$\varphi^{-1}\left(\begin{pmatrix} \boldsymbol{f}_0 \\ \boldsymbol{f}_1 \\ \boldsymbol{f}_2 \\ \boldsymbol{f}_3 \end{pmatrix}\right) = \begin{pmatrix} \boldsymbol{X}^3+\boldsymbol{X}^2+\boldsymbol{X} & \boldsymbol{X}^3+\boldsymbol{X}+1 & \boldsymbol{X}^3+\boldsymbol{X}^2+1 & \boldsymbol{X}^3+1 \\ \boldsymbol{X}^3+1 & \boldsymbol{X}^3+\boldsymbol{X}^2+\boldsymbol{X} & \boldsymbol{X}^3+\boldsymbol{X}+1 & \boldsymbol{X}^3+\boldsymbol{X}^2+1 \\ \boldsymbol{X}^3+\boldsymbol{X}^2+1 & \boldsymbol{X}^3+1 & \boldsymbol{X}^3+\boldsymbol{X}^2+\boldsymbol{X} & \boldsymbol{X}^3+\boldsymbol{X}+1 \\ \boldsymbol{X}^3+\boldsymbol{X}+1 & \boldsymbol{X}^3+\boldsymbol{X}^2+1 & \boldsymbol{X}^3+1 & \boldsymbol{X}^3+\boldsymbol{X}^2+\boldsymbol{X} \end{pmatrix} \begin{pmatrix} \boldsymbol{f}_0 \\ \boldsymbol{f}_1 \\ \boldsymbol{f}_2 \\ \boldsymbol{f}_3 \end{pmatrix}$$

Es ist nun klar, wie die Abbildungen $\boldsymbol{\Phi}\colon \mathcal{M} \longrightarrow \mathcal{M}$ und $\boldsymbol{\Phi}^{-1}: \mathcal{M} \longrightarrow \mathcal{M}$ zu definieren sind, nämlich zum einen als

$$\boldsymbol{\Phi}\left(\begin{pmatrix} \boldsymbol{f}_{00} & \boldsymbol{f}_{01} & \boldsymbol{f}_{02} & \boldsymbol{f}_{03} \\ \boldsymbol{f}_{10} & \boldsymbol{f}_{11} & \boldsymbol{f}_{12} & \boldsymbol{f}_{13} \\ \boldsymbol{f}_{20} & \boldsymbol{f}_{21} & \boldsymbol{f}_{22} & \boldsymbol{f}_{23} \\ \boldsymbol{f}_{30} & \boldsymbol{f}_{31} & \boldsymbol{f}_{32} & \boldsymbol{f}_{33} \end{pmatrix}\right) = \begin{pmatrix} \boldsymbol{X} & \boldsymbol{X}+1 & 1 & 1 \\ 1 & \boldsymbol{X} & \boldsymbol{X}+1 & 1 \\ 1 & 1 & \boldsymbol{X} & \boldsymbol{X}+1 \\ \boldsymbol{X}+1 & 1 & 1 & \boldsymbol{X} \end{pmatrix} \begin{pmatrix} \boldsymbol{f}_{00} & \boldsymbol{f}_{01} & \boldsymbol{f}_{02} & \boldsymbol{f}_{03} \\ \boldsymbol{f}_{10} & \boldsymbol{f}_{11} & \boldsymbol{f}_{12} & \boldsymbol{f}_{13} \\ \boldsymbol{f}_{20} & \boldsymbol{f}_{21} & \boldsymbol{f}_{22} & \boldsymbol{f}_{23} \\ \boldsymbol{f}_{30} & \boldsymbol{f}_{31} & \boldsymbol{f}_{32} & \boldsymbol{f}_{33} \end{pmatrix}$$

und zum anderen als

$$\boldsymbol{\Phi}^{-1}\left(\begin{pmatrix} \boldsymbol{f}_{00} & \boldsymbol{f}_{01} & \boldsymbol{f}_{02} & \boldsymbol{f}_{03} \\ \boldsymbol{f}_{10} & \boldsymbol{f}_{11} & \boldsymbol{f}_{12} & \boldsymbol{f}_{13} \\ \boldsymbol{f}_{20} & \boldsymbol{f}_{21} & \boldsymbol{f}_{22} & \boldsymbol{f}_{23} \\ \boldsymbol{f}_{30} & \boldsymbol{f}_{31} & \boldsymbol{f}_{32} & \boldsymbol{f}_{33} \end{pmatrix}\right) =$$

$$= \begin{pmatrix} \boldsymbol{X}^3+\boldsymbol{X}^2+\boldsymbol{X} & \boldsymbol{X}^3+\boldsymbol{X}+1 & \boldsymbol{X}^3+\boldsymbol{X}^2+1 & \boldsymbol{X}^3+1 \\ \boldsymbol{X}^3+1 & \boldsymbol{X}^3+\boldsymbol{X}^2+\boldsymbol{X} & \boldsymbol{X}^3+\boldsymbol{X}+1 & \boldsymbol{X}^3+\boldsymbol{X}^2+1 \\ \boldsymbol{X}^3+\boldsymbol{X}^2+1 & \boldsymbol{X}^3+1 & \boldsymbol{X}^3+\boldsymbol{X}^2+\boldsymbol{X} & \boldsymbol{X}^3+\boldsymbol{X}+1 \\ \boldsymbol{X}^3+\boldsymbol{X}+1 & \boldsymbol{X}^3+\boldsymbol{X}^2+1 & \boldsymbol{X}^3+1 & \boldsymbol{X}^3+\boldsymbol{X}^2+\boldsymbol{X} \end{pmatrix} \begin{pmatrix} \boldsymbol{f}_{00} & \boldsymbol{f}_{01} & \boldsymbol{f}_{02} & \boldsymbol{f}_{03} \\ \boldsymbol{f}_{10} & \boldsymbol{f}_{11} & \boldsymbol{f}_{12} & \boldsymbol{f}_{13} \\ \boldsymbol{f}_{20} & \boldsymbol{f}_{21} & \boldsymbol{f}_{22} & \boldsymbol{f}_{23} \\ \boldsymbol{f}_{30} & \boldsymbol{f}_{31} & \boldsymbol{f}_{32} & \boldsymbol{f}_{33} \end{pmatrix}$$

Daß die Arithmetik des Ringes $\mathbb{K}_{2^8}[\mathfrak{X}]_{\mathfrak{m}}$ mit dem Kreisteilungspolynom $\mathfrak{X}^4 + 1$ erzeugt wird macht sich hier durch die zyklische Struktur der beiden Matrizen bemerkbar.

Nach Definition sind die beiden Abbildungen $\boldsymbol{\Phi}\colon \mathcal{M} \longrightarrow \mathcal{M}$ und $\boldsymbol{\Phi}^{-1}: \mathcal{M} \longrightarrow \mathcal{M}$ lineare Abbildungen (d.h. Homomorphismen) des Vektorraumes $\mathcal{M}$. Insbesondere gilt

$$\boldsymbol{\Phi}(\mathrm{M}+\mathrm{N}) = \boldsymbol{\Phi}(\mathrm{M}) + \boldsymbol{\Phi}(\mathrm{N})$$

und auch für die Umkehrfunktion

$$\boldsymbol{\Phi}^{-1}(\mathrm{M}+\mathrm{N}) = \boldsymbol{\Phi}^{-1}(\mathrm{M}) + \boldsymbol{\Phi}^{-1}(\mathrm{N})$$

3.5. Die Berechnung der Rundenschlüssel

Es sind nun noch die Rundenschlüssel $\mathbf{K}_i$ zu berechnen. Zu diesem Zweck werden hier die vier Spalten von $\mathbf{K}_i$ mit $\mathbf{K}_i\langle 0\rangle$ bis $\mathbf{K}_i\langle 3\rangle$ bezeichnet. Wie oben schon erwähnt ist $\mathbf{K}_0 = \mathbf{K}$, und es sei angenommen, daß alle Rundenschlüssel $\mathbf{K}_j$ für $j < i$ schon berechnet wurden. Zur Vereinfachung der Schreibweise sei

$$\mathbf{K}_{i-1}\langle 0\rangle = \begin{pmatrix} \boldsymbol{a} \\ \boldsymbol{b} \\ \boldsymbol{c} \\ \boldsymbol{d} \end{pmatrix} \qquad \mathbf{K}_{i-1}\langle 3\rangle = \begin{pmatrix} \boldsymbol{p} \\ \boldsymbol{q} \\ \boldsymbol{r} \\ \boldsymbol{s} \end{pmatrix}$$

Die erste Spalte von $\mathbf{K}_i$ erhält man dann wie folgt:

$$\mathbf{K}_i\langle 0\rangle = \begin{pmatrix} \Sigma(\boldsymbol{q}) + \boldsymbol{a} + \boldsymbol{X}^{i-1} \\ \Sigma(\boldsymbol{r}) + \boldsymbol{b} \\ \Sigma(\boldsymbol{s}) + \boldsymbol{c} \\ \Sigma(\boldsymbol{p}) + \boldsymbol{d} \end{pmatrix}$$

Die restlichen drei Spalten von $\mathbf{K}_i$ ergeben sich dann als

$$\begin{aligned} \mathbf{K}_i\langle 1\rangle &= \mathbf{K}_{i-1}\langle 1\rangle + \mathbf{K}_i\langle 0\rangle \\ \mathbf{K}_i\langle 2\rangle &= \mathbf{K}_{i-1}\langle 2\rangle + \mathbf{K}_i\langle 1\rangle \\ \mathbf{K}_i\langle 3\rangle &= \mathbf{K}_{i-1}\langle 3\rangle + \mathbf{K}_i\langle 2\rangle \end{aligned}$$

Natürlich sind alle Rechnungen im Körper $\mathbb{K}_{2^8}$ auszuführen.

Diese Rechenschritte sind umkehrbar. Um das zu sehen seien alle $\mathbf{K}_j$ mit $j \geq i$ schon gegeben. Es sei

$$\mathbf{K}_i\langle 0\rangle = \begin{pmatrix} \boldsymbol{e} \\ \boldsymbol{f} \\ \boldsymbol{g} \\ \boldsymbol{h} \end{pmatrix}$$

Man hat durch Auflösung der drei letzten Gleichungen nach den letzten drei Spalten von $\mathbf{K}_{i-1}$

$$\begin{aligned} \mathbf{K}_{i-1}\langle 1\rangle &= \mathbf{K}_i\langle 1\rangle + \mathbf{K}_i\langle 0\rangle \\ \mathbf{K}_{i-1}\langle 2\rangle &= \mathbf{K}_i\langle 2\rangle + \mathbf{K}_i\langle 1\rangle \\ \mathbf{K}_{i-1}\langle 3\rangle &= \mathbf{K}_i\langle 3\rangle + \mathbf{K}_i\langle 2\rangle \end{aligned}$$

Damit sind also $\boldsymbol{e}$, $\boldsymbol{f}$, $\boldsymbol{g}$ und $\boldsymbol{h}$ bekannt und man erhält

$$\mathbf{K}_{i-1}\langle 0\rangle = \begin{pmatrix} \boldsymbol{a} \\ \boldsymbol{b} \\ \boldsymbol{c} \\ \boldsymbol{d} \end{pmatrix} = \begin{pmatrix} \Sigma(\boldsymbol{q}) + \boldsymbol{e} + \boldsymbol{X}^{i-1} \\ \Sigma(\boldsymbol{r}) + \boldsymbol{f} \\ \Sigma(\boldsymbol{s}) + \boldsymbol{g} \\ \Sigma(\boldsymbol{p}) + \boldsymbol{h} \end{pmatrix}$$

Damit ist das Chiffriersystem AES vollständig beschrieben, wenn auch in einer wenig praxisgerechten Darstellung.

3.6. Das Zusammensetzen der Rundenabbildungen

Damit ist die Vorstellung der vier Bestandteilabbildungen $\boldsymbol{\Xi}_j$, $\boldsymbol{\Theta}$, $\boldsymbol{\Pi}$ und $\boldsymbol{\Phi}$ der Rundenabbildungen $\boldsymbol{\Psi}_i$ beendet. Die Rundenabbildungen setzen sich daraus wie folgt zusammen:

$$\begin{aligned} \boldsymbol{\Psi}_0 &= \boldsymbol{\Xi}_0 \\ \boldsymbol{\Psi}_i &= \boldsymbol{\Xi}_i \circ \boldsymbol{\Phi} \circ \boldsymbol{\Pi} \circ \boldsymbol{\Theta} \quad i \in \{1,\ldots,9\} \\ \boldsymbol{\Psi}_{10} &= \boldsymbol{\Xi}_{10} \circ \boldsymbol{\Pi} \circ \boldsymbol{\Theta} \end{aligned}$$

Ausführlich mit Argumenten (Klartexten) $\mathbf{T} \in \boldsymbol{\mathcal{M}}$ ausgeschrieben erhält man

$$\begin{aligned} \boldsymbol{\Psi}_0(\mathbf{T}) &= \boldsymbol{\Xi}_0(\mathbf{T}) \\ \boldsymbol{\Psi}_i(\mathbf{T}) &= \boldsymbol{\Xi}_i(\boldsymbol{\Phi}(\boldsymbol{\Pi}(\boldsymbol{\Theta}(\mathbf{T})))) \quad i \in \{1,\ldots,9\} \\ \boldsymbol{\Psi}_{10}(\mathbf{T}) &= \boldsymbol{\Xi}_{10}(\boldsymbol{\Pi}(\boldsymbol{\Theta}(\mathbf{T}))) \end{aligned}$$

Um die Umkehrabbildungen der Rundenabbildungen zu bekommen liest man statt von rechts nach links von links nach rechts, man erhält auf diese Weise

$$\begin{aligned} \boldsymbol{\Psi}_0^{-1} &= \boldsymbol{\Xi}_0^{-1} \\ \boldsymbol{\Psi}_i^{-1} &= \boldsymbol{\Theta}^{-1} \circ \boldsymbol{\Pi}^{-1} \circ \boldsymbol{\Phi}^{-1} \circ \boldsymbol{\Xi}_i^{-1} \quad i \in \{1,\ldots,9\} \\ \boldsymbol{\Psi}_{10}^{-1} &= \boldsymbol{\Theta}^{-1} \circ \boldsymbol{\Pi}^{-1} \circ \boldsymbol{\Xi}_{10}^{-1} \end{aligned}$$

Und auch hier mit Argumenten (Geheimtexten) $\mathbf{G} \in \boldsymbol{\mathcal{M}}$ ausgeschrieben

$$\begin{aligned} \boldsymbol{\Psi}_0^{-1}(\mathbf{G}) &= \boldsymbol{\Xi}_0^{-1}(\mathbf{G}) \\ \boldsymbol{\Psi}_i^{-1}(\mathbf{G}) &= \boldsymbol{\Theta}^{-1}(\boldsymbol{\Pi}^{-1}(\boldsymbol{\Phi}^{-1}(\boldsymbol{\Xi}_i^{-1}(\mathbf{G})))) \quad i \in \{1,\ldots,9\} \\ \boldsymbol{\Psi}_{10}^{-1}(\mathbf{G}) &= \boldsymbol{\Theta}^{-1}(\boldsymbol{\Pi}^{-1}(\boldsymbol{\Xi}_{10}^{-1}(\mathbf{G}))) \end{aligned}$$

Trotz mancher komplexer Einzelheiten besitzt das Chiffrierverfahren doch eine klare und übersichtliche Struktur.

3.7. Die strukturelle Anpassung von Chiffrierung und Dechiffrierung

Entwickelt man die Chiffrierungsabbildung von Abschnitt 3.6 nach ihren Bestandteilen $\boldsymbol{\Xi}_j$, $\boldsymbol{\Theta}$, $\boldsymbol{\Pi}$ und $\boldsymbol{\Phi}$, dann erhält man die folgende Darstellung:

$$\begin{aligned}&\boldsymbol{\Xi}_{10} \circ \boldsymbol{\Pi} \circ \boldsymbol{\Theta} \circ (\boldsymbol{\Xi}_9 \circ \boldsymbol{\Phi} \circ \boldsymbol{\Pi} \circ \boldsymbol{\Theta}) \circ (\boldsymbol{\Xi}_8 \circ \boldsymbol{\Phi} \circ \boldsymbol{\Pi} \circ \boldsymbol{\Theta}) \circ \cdots \\ &\qquad \cdots \circ (\boldsymbol{\Xi}_3 \circ \boldsymbol{\Phi} \circ \boldsymbol{\Pi} \circ \boldsymbol{\Theta}) \circ (\boldsymbol{\Xi}_2 \circ \boldsymbol{\Phi} \circ \boldsymbol{\Pi} \circ \boldsymbol{\Theta}) \circ (\boldsymbol{\Xi}_1 \circ \boldsymbol{\Phi} \circ \boldsymbol{\Pi} \circ \boldsymbol{\Theta}) \circ \boldsymbol{\Xi}_0\end{aligned}$$

Verfährt man mit der Dechiffrierungsabbildung ebenso, entwickelt hier aber nach $\boldsymbol{\Xi}_j^{-1}$, $\boldsymbol{\Theta}^{-1}$, $\boldsymbol{\Pi}^{-1}$ und $\boldsymbol{\Phi}^{-1}$, dann ergibt sich

$$\begin{aligned}&\boldsymbol{\Xi}_0^{-1} \circ (\boldsymbol{\Theta}^{-1} \circ \boldsymbol{\Pi}^{-1} \circ \boldsymbol{\Phi}^{-1} \circ \boldsymbol{\Xi}_1^{-1}) \circ (\boldsymbol{\Theta}^{-1} \circ \boldsymbol{\Pi}^{-1} \circ \boldsymbol{\Phi}^{-1} \circ \boldsymbol{\Xi}_2^{-1}) \circ (\boldsymbol{\Theta}^{-1} \circ \boldsymbol{\Pi}^{-1} \circ \boldsymbol{\Phi}^{-1} \circ \boldsymbol{\Xi}_3^{-1}) \circ \cdots \\ &\qquad \cdots \circ (\boldsymbol{\Theta}^{-1} \circ \boldsymbol{\Pi}^{-1} \circ \boldsymbol{\Phi}^{-1} \circ \boldsymbol{\Xi}_8^{-1}) \circ (\boldsymbol{\Theta}^{-1} \circ \boldsymbol{\Pi}^{-1} \circ \boldsymbol{\Phi}^{-1} \circ \boldsymbol{\Xi}_9^{-1}) \circ \boldsymbol{\Theta}^{-1} \circ \boldsymbol{\Pi}^{-1} \circ \boldsymbol{\Xi}_{10}^{-1}\end{aligned}$$

Die beiden Darstellungen sind soweit verschieden voneinander, daß unterschiedliche Realisierungen in Software oder Hardware nötig sind. Man kann aber durch einfache Umformungen eine solche strukturelle Gleichheit von Chiffrierung und Dechiffrierung erreichen, daß **eine** effiziente Implementierung beider Richtungen möglich ist. D.h. daß **ein** Modul in Software oder Hardware für Chiffrierung und Dechiffrierung möglich wird. Hier wird eine Umformung der Dechiffrierungsabbildung vorgenommen.

Man bemerkt zunächst, daß die beiden Abbildungen $\boldsymbol{\Theta}$ und $\boldsymbol{\Pi}$ in der Reihenfolge vertauschbar sind, d.h. daß $\boldsymbol{\Theta} \circ \boldsymbol{\Pi} = \boldsymbol{\Pi} \circ \boldsymbol{\Theta}$ gilt. Denn ist offensichtlich gleichgültig, ob man Koeffizienten einer Matrix $\mathbf{M} \in \boldsymbol{\mathcal{M}}$ zuerst vertauscht und dann die S-Box darauf anwendet oder umgekehrt zuerst die S-Box anwendet und dann vertauscht. Rein mengentheoretisch folgt daraus noch, daß auch die Reihenfolge der Umkehrabbildungen vertauschbar ist:

$$\boldsymbol{\Pi}^1 \circ \boldsymbol{\Theta}^{-1} = (\boldsymbol{\Theta} \circ \boldsymbol{\Pi})^{-1} = (\boldsymbol{\Pi} \circ \boldsymbol{\Theta})^{-1} = \boldsymbol{\Theta}^{-1} \circ \boldsymbol{\Pi}^{-1}$$

Leider ist die Reihenfolge von $\boldsymbol{\Xi}_j^{-1}$ und $\boldsymbol{\Phi}^{-1}$ in $\boldsymbol{\Xi}_j^{-1} \circ \boldsymbol{\Phi}^{-1}$ nicht vertauschbar. Eine vollkommene strukturelle Anpassung ist daher nicht möglich, wohl aber eine befriedigende Näherung.

Wie schon in Abschnitt 3.4 bemerkt wurde, ist die Abbildung $\boldsymbol{\Phi}\colon \boldsymbol{\mathcal{M}} \longrightarrow \boldsymbol{\mathcal{M}}$ eine lineare Abbildung des $\mathbb{K}_{2^8}$-Vektorraumes $\boldsymbol{\mathcal{M}}$. Das ist dann natürlich auch für die inverse Abbildung $\boldsymbol{\Phi}^{-1}$ der Fall, d.h. es gilt

$$\boldsymbol{\Phi}^{-1}(\mathbf{M} + \mathbf{N}) = \boldsymbol{\Phi}^{-1}(\mathbf{M}) + \boldsymbol{\Phi}^{-1}(\mathbf{N})$$

für alle $\mathbf{M}, \mathbf{N} \in \boldsymbol{\mathcal{M}}$. Mit $\boldsymbol{\Xi}_j^{-1}(\mathbf{M}) = \boldsymbol{\Xi}_j(\mathbf{M}) = \mathbf{M} + \mathbf{K}_j$ erhält man daraus

$$(\boldsymbol{\Xi}_j^{-1} \circ \boldsymbol{\Phi}^{-1})(\mathbf{M}) = \boldsymbol{\Xi}_j^{-1}\big(\boldsymbol{\Phi}^{-1}(\mathbf{M})\big) = \boldsymbol{\Phi}^{-1}(\mathbf{M}) + \mathbf{K}_j$$

Wählt man jedoch die umgekehrte Reihenfolge, so ergibt sich

$$(\boldsymbol{\Phi}^{-1} \circ \boldsymbol{\Xi}_j^{-1})(\mathbf{M}) = \boldsymbol{\Phi}^{-1}\big(\boldsymbol{\Xi}_j^{-1}(\mathbf{M})\big) = \boldsymbol{\Phi}^{-1}\big(\mathbf{M} + \mathbf{K}_j\big) = \boldsymbol{\Phi}^{-1}(\mathbf{M}) + \boldsymbol{\Phi}^{-1}(\mathbf{K}_j)$$

Definiert man daher die Abbildung $\boldsymbol{\Upsilon}_j : \boldsymbol{\mathcal{M}} \longrightarrow \boldsymbol{\mathcal{M}}$ durch $\boldsymbol{\Upsilon}_j(\mathbf{M}) = \mathbf{M} + \boldsymbol{\Phi}^{-1}(\mathbf{K}_j)$, dann hat man

$$(\boldsymbol{\Upsilon}_j^{-1} \circ \boldsymbol{\Phi}^{-1})(\mathbf{M}) = \boldsymbol{\Upsilon}_j^{-1}(\boldsymbol{\Phi}^{-1}(\mathbf{M})) = \boldsymbol{\Phi}^{-1}(\mathbf{M}) + \boldsymbol{\Phi}^{-1}(\mathbf{K}_j)$$

Man erreicht damit zwar nicht die Vertauschbarkeit von $\boldsymbol{\Xi}_j^{-1}$ und $\boldsymbol{\Phi}^{-1}$ in $\boldsymbol{\Xi}_j^{-1} \circ \boldsymbol{\Phi}^{-1}$, aber man bekommt offensichtlich

$$\boldsymbol{\Xi}_j^{-1} \circ \boldsymbol{\Phi}^{-1} = \boldsymbol{\Phi}^{-1} \circ \boldsymbol{\Upsilon}_j^{-1}$$

Das Hintereinanderschalten von Abbildungen ist assoziativ, d.h. es können beliebig zueinander passende Klammern gesetzt werden, ohne die Gesamtfunktion zu ändern. Folglich kann auch in der obigen entwickelten Darstellung der Dechiffrierungsfunktion anders geklammert werden:

$$\begin{aligned}&\boldsymbol{\Xi}_0^{-1} \circ \boldsymbol{\Theta}^{-1} \circ \boldsymbol{\Pi}^{-1} \circ (\boldsymbol{\Phi}^{-1} \circ \boldsymbol{\Xi}_1^{-1} \circ \boldsymbol{\Theta}^{-1} \circ \boldsymbol{\Pi}^{-1}) \circ (\boldsymbol{\Phi}^{-1} \circ \boldsymbol{\Xi}_2^{-1} \circ \boldsymbol{\Theta}^{-1} \circ \boldsymbol{\Pi}^{-1}) \circ (\boldsymbol{\Phi}^{-1} \circ \boldsymbol{\Xi}_3^{-1} \circ \cdots\\ &\qquad \cdots \circ \boldsymbol{\Theta}^{-1} \circ \boldsymbol{\Pi}^{-1}) \circ (\boldsymbol{\Phi}^{-1} \circ \boldsymbol{\Xi}_8^{-1} \circ \boldsymbol{\Theta}^{-1} \circ \boldsymbol{\Pi}^{-1}) \circ (\boldsymbol{\Phi}^{-1} \circ \boldsymbol{\Xi}_9^{-1} \circ \boldsymbol{\Theta}^{-1} \circ \boldsymbol{\Pi}^{-1}) \circ \boldsymbol{\Xi}_{10}^{-1}\end{aligned}$$

Vertauscht man in der so erhaltenen Darstellung $\boldsymbol{\Theta}^{-1}$ und $\boldsymbol{\Pi}^{-1}$, dann erhält man

$$\begin{aligned}&\boldsymbol{\Xi}_0^{-1} \circ \boldsymbol{\Pi}^{-1} \circ \boldsymbol{\Theta}^{-1} \circ (\boldsymbol{\Phi}^{-1} \circ \boldsymbol{\Xi}_1^{-1} \circ \boldsymbol{\Pi}^{-1} \circ \boldsymbol{\Theta}^{-1}) \circ (\boldsymbol{\Phi}^{-1} \circ \boldsymbol{\Xi}_2^{-1} \circ \boldsymbol{\Pi}^{-1} \circ \boldsymbol{\Theta}^{-1}) \circ (\boldsymbol{\Phi}^{-1} \circ \boldsymbol{\Xi}_3^{-1} \circ \cdots\\ &\qquad \cdots \circ \boldsymbol{\Pi}^{-1} \circ \boldsymbol{\Theta}^{-1}) \circ (\boldsymbol{\Phi}^{-1} \circ \boldsymbol{\Xi}_8^{-1} \circ \boldsymbol{\Pi}^{-1} \circ \boldsymbol{\Theta}^{-1}) \circ (\boldsymbol{\Phi}^{-1} \circ \boldsymbol{\Xi}_9^{-1} \circ \boldsymbol{\Pi}^{-1} \circ \boldsymbol{\Theta}^{-1}) \circ \boldsymbol{\Xi}_{10}^{-1}\end{aligned}$$

Und ersetzt man schließlich noch $\boldsymbol{\Xi}_j^{-1} \circ \boldsymbol{\Phi}^{-1}$ durch $\boldsymbol{\Phi}^{-1} \circ \boldsymbol{\Upsilon}_j^{-1}$, dann ist das Ziel erreicht:

$$\begin{aligned}&\boldsymbol{\Xi}_0^{-1} \circ \boldsymbol{\Pi}^{-1} \circ \boldsymbol{\Theta}^{-1} \circ (\boldsymbol{\Upsilon}_1^{-1} \circ \boldsymbol{\Phi}^{-1} \circ \boldsymbol{\Pi}^{-1} \circ \boldsymbol{\Theta}^{-1}) \circ (\boldsymbol{\Upsilon}_2^{-1} \circ \boldsymbol{\Phi}^{-1} \circ \boldsymbol{\Pi}^{-1} \circ \boldsymbol{\Theta}^{-1}) \circ (\boldsymbol{\Upsilon}_3^{-1} \circ \boldsymbol{\Phi}^{-1} \circ \cdots\\ &\qquad \cdots \circ \boldsymbol{\Pi}^{-1} \circ \boldsymbol{\Theta}^{-1}) \circ (\boldsymbol{\Upsilon}_8^{-1} \circ \boldsymbol{\Phi}^{-1} \circ \boldsymbol{\Pi}^{-1} \circ \boldsymbol{\Theta}^{-1}) \circ (\boldsymbol{\Upsilon}_9^{-1} \circ \boldsymbol{\Phi}^{-1} \circ \boldsymbol{\Pi}^{-1} \circ \boldsymbol{\Theta}^{-1}) \circ \boldsymbol{\Xi}_{10}^{-1}\end{aligned}$$

Man hat also statt der Rundenschlüssel $\mathbf{K}_j$ die modifizierten Rundenschlüssel $\boldsymbol{\Phi}^{-1}(\mathbf{K}_9)$ bis $\boldsymbol{\Phi}^{-1}(\mathbf{K}_1)$ zu verwenden.

4. Eine konkrete Darstellung von AES

Bei routinemäßigem Einsatz des Körpers $\mathbb{K}_{2^8}$ ist die Darstellung seiner Elemente als Polynome mit Koeffizienten im Körper $\mathbb{K}_2$ (d.h. mit Bitkoeffizienten) wenig zweckmäßig. Um den Umgang mit den Körperelementen zu vereinfachen, geht man von den Polynomen selbst zu den aus ihren Koeffizienten gebildeten 8-Tupeln des $\mathbb{K}_2^8$ über

$$\boldsymbol{u} = u_7\boldsymbol{X}^7 + u_6\boldsymbol{X}^6 + \cdots u_1\boldsymbol{X} + u_0 \longleftrightarrow \begin{pmatrix} u_0 \\ u_1 \\ \vdots \\ u_6 \\ u_7 \end{pmatrix} = \mathsf{u}$$

und schreibt dann die Koeffizienten der Tupel einfach nebeneinander, also $\mathsf{u} = u_7u_6\cdots u_1u_0$. Man erhält so eine Bitfolge von acht Bits oder ein Byte, das schließlich in hexadezimaler Schreibweise notiert wird. So erhält man beispielsweise

$$\boldsymbol{u} = \boldsymbol{X}^7 + \boldsymbol{X}^5 + \boldsymbol{X}^2 + \boldsymbol{X} + 1 \longleftrightarrow 10100111 = \mathtt{A3}_{16} = \mathsf{u}$$

Für alle praktischen Zwecke besteht der Körper $\mathbb{K}_{2^8}$ also aus den Bytes $\mathtt{00}_{16}$ bis $\mathtt{FF}_{16}$, mit dem Nullelement $\mathtt{00}_{16}$ und dem Einselement $\mathtt{01}_{16}$. Addiert und multipliziert wird mit den Tabellen und Unterprogrammen aus Kapitel 10.

Für den Benutzer des Chiffrierverfahrens (und dann auch des Chiffrierprogramms) sind die Klartexte, Geheimtexte und Schlüssel Bytevektoren der Länge 16:

$$\mathsf{T} = (t_0, t_1, \ldots, t_{14}, t_{15})$$

Für die Texte und Schlüssel des Chiffrierverfahrens werden die Bytevektoren wie folgt zu einer 4×4-Matrix zusammengefügt:

$$\mathbf{T} = \begin{pmatrix} t_0 & t_4 & t_8 & t_{12} \\ t_1 & t_5 & t_9 & t_{13} \\ t_2 & t_6 & t_{10} & t_{14} \\ t_3 & t_7 & t_{11} & t_{15} \end{pmatrix}$$

Ganz entsprechend wird der vom Chiffrierverfahren erzeugte Geheimtext

$$\mathbf{G} = \begin{pmatrix} \mathfrak{g}_{00} & \mathfrak{g}_{01} & \mathfrak{g}_{02} & \mathfrak{g}_{03} \\ \mathfrak{g}_{10} & \mathfrak{g}_{11} & \mathfrak{g}_{12} & \mathfrak{g}_{13} \\ \mathfrak{g}_{20} & \mathfrak{g}_{21} & \mathfrak{g}_{22} & \mathfrak{g}_{23} \\ \mathfrak{g}_{30} & \mathfrak{g}_{31} & \mathfrak{g}_{32} & \mathfrak{g}_{33} \end{pmatrix}$$

zum Benutzergeheimtext $\mathsf{G} = (g_{00}, g_{10}, g_{20}, g_{30}, g_{01}, g_{11}, \ldots, g_{23}, g_{33})$ umgeformt, d.h. die Körperelemente werden als Bytes interpretiert.

4.1. Die S-Box

Die Abbildung Σ und ihre Umkehrung können als Abbildungen einer endlichen Menge mit einer Tabelle dargestellt werden, und das ist auch die bei einer Implementierung bevorzugte Darstellungsart. Bei knappem Speicherplatz kann allerdings auch die Matrixdarstellung vom Ende des Abschnittes 3.1 zur Anwendung kommen. Diese kann natürlich auch dazu benutzt werden, die beiden Tabellen zu berechnen. Ist ein Byte $\mathbf{u}$ gegeben, dann erhält man in dieser Darstellung den Wert $\mathbf{s}$ seiner S-Box mit $\mathbf{w} = \mathbf{u}^{-1}$ als

$$\mathbf{s} = \mathbf{P}^t\mathbf{w} + \mathbf{v} = \begin{pmatrix} s_0 \\ s_1 \\ s_2 \\ s_3 \\ s_4 \\ s_5 \\ s_6 \\ s_7 \end{pmatrix} = \begin{pmatrix} 1 & 0 & 0 & 0 & 1 & 1 & 1 & 1 \\ 1 & 1 & 0 & 0 & 0 & 1 & 1 & 1 \\ 1 & 1 & 1 & 0 & 0 & 0 & 1 & 1 \\ 1 & 1 & 1 & 1 & 0 & 0 & 0 & 1 \\ 1 & 1 & 1 & 1 & 1 & 0 & 0 & 0 \\ 0 & 1 & 1 & 1 & 1 & 1 & 0 & 0 \\ 0 & 0 & 1 & 1 & 1 & 1 & 1 & 0 \\ 0 & 0 & 0 & 1 & 1 & 1 & 1 & 1 \end{pmatrix} \begin{pmatrix} w_0 \\ w_1 \\ w_2 \\ w_3 \\ w_4 \\ w_5 \\ w_6 \\ w_7 \end{pmatrix} + \begin{pmatrix} 1 \\ 1 \\ 0 \\ 0 \\ 0 \\ 1 \\ 1 \\ 0 \end{pmatrix}$$

In einem Programm wird man nicht die Matrizenmultiplikation als solche verwenden, sondern die Skalarprodukte der Zeilen der Matrix mit $\mathbf{w}$ ausschreiben:

$$\begin{aligned} s_0 &= w_0 + w_4 + w_5 + w_6 + w_7 + 1 \\ s_1 &= w_0 + w_1 + w_5 + w_6 + w_7 + 1 \\ s_2 &= w_0 + w_1 + w_2 + w_6 + w_7 \\ s_3 &= w_0 + w_1 + w_2 + w_3 + w_7 \\ s_4 &= w_0 + w_1 + w_2 + w_3 + w_4 \\ s_5 &= w_1 + w_2 + w_3 + w_4 + w_5 + 1 \\ s_6 &= w_2 + w_3 + w_4 + w_5 + w_6 + 1 \\ s_7 &= w_3 + w_4 + w_5 + w_6 + w_7 \end{aligned}$$

Die Additionen werden mit dem Befehl `eor` durchgeführt. Es kann auch normal addiert werden, das Ergebnis ist dann das untere Bit der Summe. Z.B. die S-Box $\mathbf{s}$ von $\mathbf{u} = \mathtt{7C}_{16}$, also $\mathbf{w} = \mathtt{A1}_{16}$:

$$\begin{aligned} s_0 &= 1 \oplus 1 \oplus 1 \oplus 1 & \qquad s_0 &= (1+1+1+1) \bmod 2 \\ s_1 &= 1 \oplus 1 \oplus 1 \oplus 1 & s_1 &= (1+1+1+1) \bmod 2 \\ s_2 &= 1 \oplus 1 & s_2 &= (1+1) \bmod 2 \\ s_3 &= 1 \oplus 1 & s_3 &= (1+1) \bmod 2 \\ s_4 &= 1 & s_4 &= 1 \bmod 2 \\ s_5 &= 1 \oplus 1 & s_5 &= (1+1) \bmod 2 \\ s_6 &= 1 \oplus 1 & s_6 &= (1+1) \bmod 2 \\ s_7 &= 1 \oplus 1 & s_7 &= (1+1) \bmod 2 \end{aligned}$$

Auf der linken Seite wird mit XOR (d.h. mit `eor`) addiert, auf der rechten Seite wird normal addiert (mit `add`) und anschließend mit `and 1` das Resultatbit bestimmt. Das Ergebnis: $\mathbf{s} = \mathtt{10}_{16}$.

Es folgen die Tabellen für die S-Box und ihre Inverse. Die S-Box für $\mathtt{YX}_{16}$ steht im Schnittpunkt der Zeile Y und der Spalte X. Beispiel: Die S-Box von $\mathtt{7C}_{16}$ ist $\mathtt{10}_{16}$: $\boldsymbol{\Sigma}[\mathtt{7C}_{16}] = \mathtt{10}_{16}$.

Tabellendarstellung der S-Box $\boldsymbol{\Sigma}$ von AES

	P															
Q	0	1	2	3	4	5	6	7	8	9	A	B	C	D	E	F
0	63	7C	77	7B	F2	6B	6F	C5	30	01	67	2B	FE	D7	AB	76
1	CA	82	C9	7D	FA	59	47	F0	AD	D4	A2	AF	9C	A4	72	C0
2	B7	FD	93	26	36	3F	F7	CC	34	A5	E5	F1	71	D8	31	15
3	04	C7	23	C3	18	96	05	9A	07	12	80	E2	EB	27	B2	75
4	09	83	2C	1A	1B	6E	5A	A0	52	3B	D6	B3	29	E3	2F	84
5	53	D1	00	ED	20	FC	B1	5B	6A	CB	BE	39	4A	4C	58	CF
6	D0	EF	AA	FB	43	4D	33	85	45	F9	02	7F	50	3C	9F	A8
7	51	A3	40	8F	92	9D	38	F5	BC	B6	DA	21	10	FF	F3	D2
8	CD	0C	13	EC	5F	97	44	17	C4	A7	7E	3D	64	5D	19	73
9	60	81	4F	DC	22	2A	90	88	46	EE	B8	14	DE	5E	0B	DB
A	E0	32	3A	0A	49	06	24	5C	C2	D3	AC	62	91	95	E4	79
B	E7	C8	37	6D	8D	D5	4E	A9	6C	56	F4	EA	65	7A	AE	08
C	BA	78	25	2E	1C	A6	B4	C6	E8	DD	74	1F	4B	BD	8B	8A
D	70	3E	B5	66	48	03	F6	0E	61	35	57	B9	86	C1	1D	9E
E	E1	F8	98	11	69	D9	8E	94	9B	1E	87	E9	CE	55	28	DF
F	8C	A1	89	0D	BF	E6	42	68	41	99	2D	0F	B0	54	BB	16

Die inverse S-Box für $\mathtt{QP}_{16}$ steht im Schnittpunkt der Zeile Q und der Spalte P. Beispiel: Die inverse S-Box von $\mathtt{10}_{16}$ ist $\mathtt{7C}_{16}$: $\boldsymbol{\Lambda}[\mathtt{10}_{16}] = \mathtt{7C}_{16}$.

Tabellendarstellung der inversen S-Box $\boldsymbol{\Lambda}$ von AES

	P															
Q	0	1	2	3	4	5	6	7	8	9	A	B	C	D	E	F
0	52	09	6A	D5	30	36	A5	38	BF	40	A3	9E	81	F3	D7	FB
1	7C	E3	39	82	9B	2F	FF	87	34	8E	43	44	C4	DE	E9	CB
2	54	7B	94	32	A6	C2	23	3D	EE	4C	95	0B	42	FA	C3	4E
3	08	2E	A1	66	28	D9	24	B2	76	5B	A2	49	6D	8B	D1	25
4	72	F8	F6	64	86	68	98	16	D4	A4	5C	CC	5D	65	B6	92
5	6C	70	48	50	FD	ED	B9	DA	5E	15	46	57	A7	8D	9D	84
6	90	D8	AB	00	8C	BC	D3	0A	F7	E4	58	05	B8	B3	45	06
7	D0	2C	1E	8F	CA	3F	0F	02	C1	AF	BD	03	01	13	8A	6B
8	3A	91	11	41	4F	67	DC	EA	97	F2	CF	CE	F0	B4	E6	73
9	96	AC	74	22	E7	AD	35	85	E2	F9	37	E8	1C	75	DF	6E
A	47	F1	1A	71	1D	29	C5	89	6F	B7	62	0E	AA	18	BE	1B
B	FC	56	3E	4B	C6	D2	79	20	9A	DB	C0	FE	78	CD	5A	F4
C	1F	DD	A8	33	88	07	C7	31	B1	12	10	59	27	80	EC	5F
D	60	51	7F	A9	19	B5	4A	0D	2D	E5	7A	9F	93	C9	9C	EF
E	A0	E0	3B	4D	AE	2A	F5	B0	C8	EB	BB	3C	83	53	99	61
F	17	2B	04	7E	BA	77	D6	26	E1	69	14	63	55	21	0C	7D

Wie in Abschnitt 3.1 schon erläutert wurde hängen die Werte der S-Box von dem bei der Konstruktion des Körpers $\mathbb{K}_{2^8}$ eingesetzten Polynom ab. Wird das von AES verwendete Basispolynom

$m = X^8+X^4+X^3+X+1$ durch das (ebenfalls irreduzible) Polynom $\widetilde{m} = X^8+X^4+X^3+X^2+1$ ersetzt, dann erhält man die folgenden Wertetabellen der sich durch das Ersetzen von X durch X^2 ergebenden S-Box und ihrer Inversen:

Tabellendarstellung der S-Box mit Basispolynom $\widetilde{m} = X^8 + X^4 + X^3 + X^2 + 1$

	X															
Y	0	1	2	3	4	5	6	7	8	9	A	B	C	D	E	F
0	63	7C	56	45	F9	52	70	38	94	86	41	E5	EA	C9	CE	5F
1	22	88	2B	AD	C8	CB	20	05	1D	60	36	EC	0F	CD	7D	46
2	C3	53	96	4A	47	17	04	2A	B6	DA	37	62	C2	35	50	FD
3	5C	0B	E2	3A	73	0A	A4	EF	55	BE	8E	E8	D6	E7	F1	D7
4	33	F0	C1	B9	23	1E	4D	1F	71	14	59	28	D0	1A	C7	3C
5	89	A1	BF	68	F3	54	E3	58	B3	34	F2	66	40	D9	2C	BB
6	FC	08	ED	8C	19	57	CF	3F	6B	77	6D	DF	80	4C	25	4F
7	78	C5	8D	3D	2F	E0	1C	51	03	EB	21	27	90	B0	83	BD
8	4B	29	10	09	32	AF	B4	FE	43	6E	DD	1B	74	A0	5D	5A
9	6A	7F	D8	01	C4	7A	C6	D1	BA	5E	65	61	8B	84	76	31
A	16	D2	B8	69	0D	15	E6	00	91	A8	F8	F5	99	9B	44	A3
B	B1	AB	72	9E	11	07	5B	AA	48	3B	3E	6F	7E	DB	B5	BC
C	AC	B2	6C	12	24	06	2E	A7	E4	64	79	93	8F	2D	F7	B7
D	67	A9	D3	7B	DE	85	87	98	92	97	F4	4E	FA	A5	75	02
E	EE	D4	8A	39	AE	E1	F6	26	FF	CA	18	82	DC	9F	C0	81
F	E9	95	9D	0E	42	49	FB	CC	9A	A6	30	D5	13	9C	0C	A2

Tabellendarstellung der inversen S-Box mit Basispolynom $\widetilde{m}$

	P															
Q	0	1	2	3	4	5	6	7	8	9	A	B	C	D	E	F
0	A7	93	DF	78	26	17	C5	B5	61	83	35	31	FE	A4	F3	5F
1	82	B4	C3	FC	49	A5	A0	25	EA	64	4D	8B	76	18	45	46
2	16	7A	10	44	C4	6E	E7	7B	4B	81	27	12	5E	CD	C6	FD
3	FA	9F	84	40	59	2D	1A	2A	07	E3	33	B9	4F	73	BA	D7
4	5C	0A	F4	88	AE	03	1F	24	B8	F5	23	80	6D	46	DB	3C
5	2E	77	05	21	55	38	02	65	57	4A	8F	B6	30	8E	99	BB
6	19	9B	2B	00	C9	9A	5B	D0	53	A3	90	68	C2	6A	89	4F
7	06	48	B2	34	8C	DE	9E	69	70	CA	95	D3	01	1E	BC	BD
8	6C	EF	EB	7E	9D	D5	09	D6	11	50	E2	9C	63	72	3A	5A
9	7C	A8	D8	CB	08	F1	22	D9	D7	AC	F8	AD	FD	F2	B3	31
A	8D	51	FF	AF	36	DD	F9	C7	A9	D1	B7	B1	C0	13	E4	A3
B	7D	B0	C1	58	86	BE	28	CF	A2	43	98	5F	BF	7F	39	BC
C	EE	42	2C	20	94	71	96	4E	14	0D	E9	15	F7	1D	0E	B7
D	4C	97	A1	D2	E1	FB	3C	3F	92	5D	29	BD	EC	8A	D4	02
E	75	E5	32	56	C8	0B	A6	3D	3B	F0	0C	79	1B	62	E0	81
F	41	3E	5A	54	DA	AB	E6	CE	AA	04	DC	F6	60	2F	87	A2

Mit diesen Tabellen kann die in Abschnitt 3.1 präsentierte Gleichung $\Omega = \Sigma \circ \Omega^{-1} \circ \Sigma$ verifiziert werden, z.B. mit Hilfe eines einfachen Computerprogramms.

4.2. Die Elementesubstitution und die Reihenrotation

Bei der Elementesubstitution der Chiffrierung werden die Elemente $\mathbf{t}_{\nu\mu}$ (d.h. die Matrixkoeffizienten) irgendeines Rundentextes $\mathbf{T}$ durch den Wert $\boldsymbol{\Sigma}[\mathbf{t}_{\nu\mu}]$ ihrer S-Box ersetzt:

$$\mathbf{T} = \begin{pmatrix} \mathbf{t}_{00} & \mathbf{t}_{01} & \mathbf{t}_{02} & \mathbf{t}_{03} \\ \mathbf{t}_{10} & \mathbf{t}_{11} & \mathbf{t}_{12} & \mathbf{t}_{13} \\ \mathbf{t}_{20} & \mathbf{t}_{21} & \mathbf{t}_{22} & \mathbf{t}_{23} \\ \mathbf{t}_{30} & \mathbf{t}_{31} & \mathbf{t}_{32} & \mathbf{t}_{33} \end{pmatrix} \longrightarrow \begin{pmatrix} \boldsymbol{\Sigma}[\mathbf{t}_{00}] & \boldsymbol{\Sigma}[\mathbf{t}_{01}] & \boldsymbol{\Sigma}[\mathbf{t}_{02}] & \boldsymbol{\Sigma}[\mathbf{t}_{03}] \\ \boldsymbol{\Sigma}[\mathbf{t}_{13}] & \boldsymbol{\Sigma}[\mathbf{t}_{10}] & \boldsymbol{\Sigma}[\mathbf{t}_{11}] & \boldsymbol{\Sigma}[\mathbf{t}_{12}] \\ \boldsymbol{\Sigma}[\mathbf{t}_{22}] & \boldsymbol{\Sigma}[\mathbf{t}_{23}] & \boldsymbol{\Sigma}[\mathbf{t}_{20}] & \boldsymbol{\Sigma}[\mathbf{t}_{21}] \\ \boldsymbol{\Sigma}[\mathbf{t}_{31}] & \boldsymbol{\Sigma}[\mathbf{t}_{32}] & \boldsymbol{\Sigma}[\mathbf{t}_{33}] & \boldsymbol{\Sigma}[\mathbf{t}_{30}] \end{pmatrix}$$

Bei der Dechiffrierung werden bei der Elementesubstitution die Elemente $\mathbf{t}_{\nu\mu}$ eines Rundentextes $\mathbf{T}$ durch den Wert $\boldsymbol{\Lambda}[\mathbf{t}_{\nu\mu}]$ ihrer inversen S-Box ersetzt:

$$\begin{pmatrix} \boldsymbol{\Lambda}[\mathbf{t}_{00}] & \boldsymbol{\Lambda}[\mathbf{t}_{01}] & \boldsymbol{\Lambda}[\mathbf{t}_{02}] & \boldsymbol{\Lambda}[\mathbf{t}_{03}] \\ \boldsymbol{\Lambda}[\mathbf{t}_{13}] & \boldsymbol{\Lambda}[\mathbf{t}_{10}] & \boldsymbol{\Lambda}[\mathbf{t}_{11}] & \boldsymbol{\Lambda}[\mathbf{t}_{12}] \\ \boldsymbol{\Lambda}[\mathbf{t}_{22}] & \boldsymbol{\Lambda}[\mathbf{t}_{23}] & \boldsymbol{\Lambda}[\mathbf{t}_{20}] & \boldsymbol{\Lambda}[\mathbf{t}_{21}] \\ \boldsymbol{\Lambda}[\mathbf{t}_{31}] & \boldsymbol{\Lambda}[\mathbf{t}_{32}] & \boldsymbol{\Lambda}[\mathbf{t}_{33}] & \boldsymbol{\Lambda}[\mathbf{t}_{30}] \end{pmatrix} \longleftarrow \begin{pmatrix} \mathbf{t}_{00} & \mathbf{t}_{01} & \mathbf{t}_{02} & \mathbf{t}_{03} \\ \mathbf{t}_{10} & \mathbf{t}_{11} & \mathbf{t}_{12} & \mathbf{t}_{13} \\ \mathbf{t}_{20} & \mathbf{t}_{21} & \mathbf{t}_{22} & \mathbf{t}_{23} \\ \mathbf{t}_{30} & \mathbf{t}_{31} & \mathbf{t}_{32} & \mathbf{t}_{33} \end{pmatrix} = \mathbf{T}$$

Die Reihenrotation erfordert weit weniger Aufwand. Die erste Zeile eines Rundentextes $\mathbf{T}$ wird keinmal, die zweite einmal, die dritte zweimal und die vierte Zeile dreimal linksherum rotiert:

$$\mathbf{T} = \begin{pmatrix} \mathbf{t}_{00} & \mathbf{t}_{01} & \mathbf{t}_{02} & \mathbf{t}_{03} \\ \mathbf{t}_{10} & \mathbf{t}_{11} & \mathbf{t}_{12} & \mathbf{t}_{13} \\ \mathbf{t}_{20} & \mathbf{t}_{21} & \mathbf{t}_{22} & \mathbf{t}_{23} \\ \mathbf{t}_{30} & \mathbf{t}_{31} & \mathbf{t}_{32} & \mathbf{t}_{33} \end{pmatrix} \longrightarrow \begin{pmatrix} \mathbf{t}_{00} & \mathbf{t}_{01} & \mathbf{t}_{02} & \mathbf{t}_{03} \\ \mathbf{t}_{11} & \mathbf{t}_{12} & \mathbf{t}_{13} & \mathbf{t}_{10} \\ \mathbf{t}_{22} & \mathbf{t}_{23} & \mathbf{t}_{20} & \mathbf{t}_{21} \\ \mathbf{t}_{33} & \mathbf{t}_{30} & \mathbf{t}_{31} & \mathbf{t}_{32} \end{pmatrix}$$

Soweit die Reihenrotation bei der Chiffrierung. Bei der Dechiffrierung wird auf dieselbe Weise rechtsherum rotiert:

$$\begin{pmatrix} \mathbf{t}_{00} & \mathbf{t}_{01} & \mathbf{t}_{02} & \mathbf{t}_{03} \\ \mathbf{t}_{13} & \mathbf{t}_{10} & \mathbf{t}_{11} & \mathbf{t}_{12} \\ \mathbf{t}_{22} & \mathbf{t}_{23} & \mathbf{t}_{20} & \mathbf{t}_{21} \\ \mathbf{t}_{31} & \mathbf{t}_{32} & \mathbf{t}_{33} & \mathbf{t}_{30} \end{pmatrix} \longleftarrow \begin{pmatrix} \mathbf{t}_{00} & \mathbf{t}_{01} & \mathbf{t}_{02} & \mathbf{t}_{03} \\ \mathbf{t}_{10} & \mathbf{t}_{11} & \mathbf{t}_{12} & \mathbf{t}_{13} \\ \mathbf{t}_{20} & \mathbf{t}_{21} & \mathbf{t}_{22} & \mathbf{t}_{23} \\ \mathbf{t}_{30} & \mathbf{t}_{31} & \mathbf{t}_{32} & \mathbf{t}_{33} \end{pmatrix} = \mathbf{T}$$

Beide Operationen können auf einfache Weise in Programmcode umgesetzt werden.

4.3. Die Spaltenmischung

Die Spaltenmischung bei der Chiffrierung besteht darin, einen Rundentext **T** mit einer Matrix **U** zu multiplizieren:

$$\mathbf{T} = \begin{pmatrix} \mathsf{t}_{00} & \mathsf{t}_{01} & \mathsf{t}_{02} & \mathsf{t}_{03} \\ \mathsf{t}_{10} & \mathsf{t}_{11} & \mathsf{t}_{12} & \mathsf{t}_{13} \\ \mathsf{t}_{20} & \mathsf{t}_{21} & \mathsf{t}_{22} & \mathsf{t}_{23} \\ \mathsf{t}_{30} & \mathsf{t}_{31} & \mathsf{t}_{32} & \mathsf{t}_{33} \end{pmatrix} \longrightarrow \mathbf{UT} = \begin{pmatrix} \mathsf{u}_{00} & \mathsf{u}_{01} & \mathsf{u}_{02} & \mathsf{u}_{03} \\ \mathsf{u}_{10} & \mathsf{u}_{11} & \mathsf{u}_{12} & \mathsf{u}_{13} \\ \mathsf{u}_{20} & \mathsf{u}_{21} & \mathsf{u}_{22} & \mathsf{u}_{23} \\ \mathsf{u}_{30} & \mathsf{u}_{31} & \mathsf{u}_{32} & \mathsf{u}_{33} \end{pmatrix} \begin{pmatrix} \mathsf{t}_{00} & \mathsf{t}_{01} & \mathsf{t}_{02} & \mathsf{t}_{03} \\ \mathsf{t}_{10} & \mathsf{t}_{11} & \mathsf{t}_{12} & \mathsf{t}_{13} \\ \mathsf{t}_{20} & \mathsf{t}_{21} & \mathsf{t}_{22} & \mathsf{t}_{23} \\ \mathsf{t}_{30} & \mathsf{t}_{31} & \mathsf{t}_{32} & \mathsf{t}_{33} \end{pmatrix} = \mathbf{M}$$

wobei die Koeffizienten $\mathsf{m}_{\nu\mu}$ des Matrizenproduktes **M** natürlich gegeben sind als

$$\mathsf{m}_{\nu\mu} = \sum_{\kappa=0}^{3} \mathsf{u}_{\nu\kappa}\mathsf{t}_{\kappa\mu} = \mathsf{u}_{\nu 0}\mathsf{t}_{0\mu} + \mathsf{u}_{\nu 1}\mathsf{t}_{1\mu} + \mathsf{u}_{\nu 2}\mathsf{t}_{2\mu} + \mathsf{u}_{\nu 3}\mathsf{t}_{3\mu}$$

und **U** ist die folgende Konstantenmatrix:

$$\mathbf{U} = \begin{pmatrix} \mathtt{02}_{16} & \mathtt{03}_{16} & \mathtt{01}_{16} & \mathtt{01}_{16} \\ \mathtt{01}_{16} & \mathtt{02}_{16} & \mathtt{03}_{16} & \mathtt{01}_{16} \\ \mathtt{01}_{16} & \mathtt{01}_{16} & \mathtt{02}_{16} & \mathtt{03}_{16} \\ \mathtt{03}_{16} & \mathtt{01}_{16} & \mathtt{01}_{16} & \mathtt{02}_{16} \end{pmatrix}$$

Bei der Dechiffrierung wird statt mit der Matrix **U** mit deren inverser Matrix **V** multipliziert:

$$\begin{pmatrix} \mathsf{v}_{00} & \mathsf{v}_{01} & \mathsf{v}_{02} & \mathsf{v}_{03} \\ \mathsf{v}_{10} & \mathsf{v}_{11} & \mathsf{v}_{12} & \mathsf{v}_{13} \\ \mathsf{v}_{20} & \mathsf{v}_{21} & \mathsf{v}_{22} & \mathsf{v}_{23} \\ \mathsf{v}_{30} & \mathsf{v}_{31} & \mathsf{v}_{32} & \mathsf{v}_{33} \end{pmatrix} \begin{pmatrix} \mathsf{m}_{00} & \mathsf{m}_{01} & \mathsf{m}_{02} & \mathsf{m}_{03} \\ \mathsf{m}_{10} & \mathsf{m}_{11} & \mathsf{m}_{12} & \mathsf{m}_{13} \\ \mathsf{m}_{20} & \mathsf{m}_{21} & \mathsf{m}_{22} & \mathsf{m}_{23} \\ \mathsf{m}_{30} & \mathsf{m}_{31} & \mathsf{m}_{32} & \mathsf{m}_{33} \end{pmatrix} = \mathbf{VM} \longrightarrow \begin{pmatrix} \mathsf{t}_{00} & \mathsf{t}_{01} & \mathsf{t}_{02} & \mathsf{t}_{03} \\ \mathsf{t}_{10} & \mathsf{t}_{11} & \mathsf{t}_{12} & \mathsf{t}_{13} \\ \mathsf{t}_{20} & \mathsf{t}_{21} & \mathsf{t}_{22} & \mathsf{t}_{23} \\ \mathsf{t}_{30} & \mathsf{t}_{31} & \mathsf{t}_{32} & \mathsf{t}_{33} \end{pmatrix} = \mathbf{T}$$

Die Konstantenmatrix **V** ist gegeben als

$$\mathbf{V} = \begin{pmatrix} \mathtt{0E}_{16} & \mathtt{0B}_{16} & \mathtt{0D}_{16} & \mathtt{09}_{16} \\ \mathtt{09}_{16} & \mathtt{0E}_{16} & \mathtt{0B}_{16} & \mathtt{0D}_{16} \\ \mathtt{0D}_{16} & \mathtt{09}_{16} & \mathtt{0E}_{16} & \mathtt{0B}_{16} \\ \mathtt{0B}_{16} & \mathtt{0D}_{16} & \mathtt{09}_{16} & \mathtt{0E}_{16} \end{pmatrix}$$

Daß die Matrizen **U** und **V** tatsächlich zueinander invers sind kann durch Multiplizieren der beiden Matrizen bestätigt werden, etwa mit dem Spaltenmischprogramm aus Abschnitt 5.3.

4.4. Die Berechnung der Rundenschlüssel

Bei der Chiffrierung werden die Rundenschlüssel $\mathbf{K}_i$ sukzessive berechnet, beginnend mit $\mathbf{K}_0 = \mathbf{K}$. Zur Bestimmung von $\mathbf{K}_i$ wird angenommen, daß $\mathbf{K}_{i-1}$ bereites bekannt ist, mit $i \in \{1, \ldots, 10\}$. Die beiden Rundenschlüssel werden wie folgt bezeichnet:

$$\mathbf{K}_{i-1} = \begin{pmatrix} \mathsf{k}_{00} & \mathsf{k}_{01} & \mathsf{k}_{02} & \mathsf{k}_{03} \\ \mathsf{k}_{10} & \mathsf{k}_{11} & \mathsf{k}_{12} & \mathsf{k}_{13} \\ \mathsf{k}_{20} & \mathsf{k}_{21} & \mathsf{k}_{22} & \mathsf{k}_{23} \\ \mathsf{k}_{30} & \mathsf{k}_{31} & \mathsf{k}_{32} & \mathsf{k}_{33} \end{pmatrix} \qquad \mathbf{K}_i = \begin{pmatrix} \tilde{\mathsf{k}}_{00} & \tilde{\mathsf{k}}_{01} & \tilde{\mathsf{k}}_{02} & \tilde{\mathsf{k}}_{03} \\ \tilde{\mathsf{k}}_{10} & \tilde{\mathsf{k}}_{11} & \tilde{\mathsf{k}}_{12} & \tilde{\mathsf{k}}_{13} \\ \tilde{\mathsf{k}}_{20} & \tilde{\mathsf{k}}_{21} & \tilde{\mathsf{k}}_{22} & \tilde{\mathsf{k}}_{23} \\ \tilde{\mathsf{k}}_{30} & \tilde{\mathsf{k}}_{31} & \tilde{\mathsf{k}}_{32} & \tilde{\mathsf{k}}_{33} \end{pmatrix}$$

Die S-Box von $\mathsf{k}_{\nu\mu}$ wird mit $\mathsf{s}_{\nu\mu}$ bezeichnet, und es sei $\mathsf{x} = \mathtt{02}_{16}$. Die $\tilde{\mathsf{k}}_{\nu\mu}$ sind also aus den $\mathsf{k}_{\nu\mu}$ zu berechnen. Zunächst wird die erste Spalte von $\mathbf{K}_i$ bestimmt:

$$\begin{aligned} \tilde{\mathsf{k}}_{00} &= \mathsf{s}_{13} + \mathsf{k}_{00} + \mathsf{x}^{i-1} \\ \tilde{\mathsf{k}}_{10} &= \mathsf{s}_{23} + \mathsf{k}_{10} \\ \tilde{\mathsf{k}}_{20} &= \mathsf{s}_{33} + \mathsf{k}_{20} \\ \tilde{\mathsf{k}}_{30} &= \mathsf{s}_{03} + \mathsf{k}_{30} \end{aligned}$$

Man beachte die Rotation der dritten Spalte von $\mathbf{K}_{i-1}$. Die übrigen Spalten von $\mathbf{K}_i$ berechnen sich dann aus

$$\begin{aligned} \tilde{\mathsf{k}}_{01} &= \mathsf{k}_{01} + \tilde{\mathsf{k}}_{00} & \tilde{\mathsf{k}}_{02} &= \mathsf{k}_{02} + \tilde{\mathsf{k}}_{01} & \tilde{\mathsf{k}}_{03} &= \mathsf{k}_{03} + \tilde{\mathsf{k}}_{02} \\ \tilde{\mathsf{k}}_{11} &= \mathsf{k}_{11} + \tilde{\mathsf{k}}_{10} & \tilde{\mathsf{k}}_{12} &= \mathsf{k}_{12} + \tilde{\mathsf{k}}_{11} & \tilde{\mathsf{k}}_{13} &= \mathsf{k}_{13} + \tilde{\mathsf{k}}_{12} \\ \tilde{\mathsf{k}}_{21} &= \mathsf{k}_{21} + \tilde{\mathsf{k}}_{20} & \tilde{\mathsf{k}}_{22} &= \mathsf{k}_{22} + \tilde{\mathsf{k}}_{21} & \tilde{\mathsf{k}}_{23} &= \mathsf{k}_{23} + \tilde{\mathsf{k}}_{22} \\ \tilde{\mathsf{k}}_{31} &= \mathsf{k}_{31} + \tilde{\mathsf{k}}_{30} & \tilde{\mathsf{k}}_{32} &= \mathsf{k}_{32} + \tilde{\mathsf{k}}_{31} & \tilde{\mathsf{k}}_{33} &= \mathsf{k}_{33} + \tilde{\mathsf{k}}_{32} \end{aligned}$$

Natürlich ist durchweg die Arithmetik von $\mathbb{K}_{2^8}$ zu verwenden.

Die Darstellung der Berechnung der Rundenschlüssel bei der Dechiffrierung erübrigt sich, weil die Schlüssel auch hier vorwärts berechnet werden können, also bei $\mathbf{K}_1$ beginnend. Der dann allerdings benötigte Speicherplatz von 160 Bytes muß natürlich zur Verfügung stehen.

Die Potenzen x^j von $\mathsf{x} = \mathtt{02}_{16}$ können als Konstanten abgelegt werden, sie werden in der folgenden Tabelle wiedergegeben:

j	x^j
1	$\mathtt{02}_{16}$
2	$\mathtt{04}_{16}$
3	$\mathtt{08}_{16}$
4	$\mathtt{10}_{16}$
5	$\mathtt{20}_{16}$
6	$\mathtt{40}_{16}$
7	$\mathtt{80}_{16}$
8	$\mathtt{1B}_{16}$
9	$\mathtt{36}_{16}$

4.5. Die Runden $\mathcal{R}_0$ bis $\mathcal{R}_{10}$ der Verschlüsselung

Die Chiffrierung und die Dechiffrierung sind wie ein Boxkampf in *Runden* eingeteilt, allerdings mit dem Unterschied, daß hier die Anzahl der Runden unverrücklich feststeht. Es sind insgesamt elf Runden, und zwar bei der Verschlüsselung die Runden $\mathcal{R}_0$ bis $\mathcal{R}_{10}$.

Es wird angenommen, daß die Rundenschlüssel $\mathbf{K}_0$ bis $\mathbf{K}_{10}$ bereits berechnet wurden. Sie werden hier mit

$$\mathbf{K}_j = \begin{pmatrix} \mathbf{k}_{00}^{\langle j\rangle} & \mathbf{k}_{01}^{\langle j\rangle} & \mathbf{k}_{02}^{\langle j\rangle} & \mathbf{k}_{03}^{\langle j\rangle} \\ \mathbf{k}_{10}^{\langle j\rangle} & \mathbf{k}_{11}^{\langle j\rangle} & \mathbf{k}_{12}^{\langle j\rangle} & \mathbf{k}_{13}^{\langle j\rangle} \\ \mathbf{k}_{20}^{\langle j\rangle} & \mathbf{k}_{21}^{\langle j\rangle} & \mathbf{k}_{22}^{\langle j\rangle} & \mathbf{k}_{23}^{\langle j\rangle} \\ \mathbf{k}_{30}^{\langle j\rangle} & \mathbf{k}_{31}^{\langle j\rangle} & \mathbf{k}_{32}^{\langle j\rangle} & \mathbf{k}_{33}^{\langle j\rangle} \end{pmatrix}$$

bezeichnet. Selbstverständlich kann der Rundenschlüssel $\mathbf{K}_i$ auch direkt vor der Ausführung von Runde $\mathcal{R}_i$ bestimmt werden. Ersteres ist jedoch rechenökonomischer, wenn der benötigte Speicherplatz zur Verfügung steht. Denn Schlüssel werden gewöhnlich mehr als einmal benutzt, d.h. für mehrere Verschlüsselungen, und natürlich auch für die folgende Entschlüsselung.

Ferner wird angenommen, daß der externe Klartext T in den internen Klartext $\mathbf{T}$ umgewandelt worden ist:

$$\mathsf{T} = \begin{pmatrix} \mathrm{t}_0 & \mathrm{t}_1 & \dots & \mathrm{t}_{14} & \mathrm{t}_{15} \end{pmatrix} \longrightarrow \begin{pmatrix} \mathrm{t}_0 & \mathrm{t}_4 & \mathrm{t}_8 & \mathrm{t}_{12} \\ \mathrm{t}_1 & \mathrm{t}_5 & \mathrm{t}_9 & \mathrm{t}_{13} \\ \mathrm{t}_2 & \mathrm{t}_6 & \mathrm{t}_{10} & \mathrm{t}_{14} \\ \mathrm{t}_3 & \mathrm{t}_7 & \mathrm{t}_{11} & \mathrm{t}_{15} \end{pmatrix} = \begin{pmatrix} \mathbf{t}_{00} & \mathbf{t}_{01} & \mathbf{t}_{02} & \mathbf{t}_{03} \\ \mathbf{t}_{10} & \mathbf{t}_{11} & \mathbf{t}_{12} & \mathbf{t}_{13} \\ \mathbf{t}_{20} & \mathbf{t}_{21} & \mathbf{t}_{22} & \mathbf{t}_{23} \\ \mathbf{t}_{30} & \mathbf{t}_{31} & \mathbf{t}_{32} & \mathbf{t}_{33} \end{pmatrix} = \mathbf{T}$$

In jeder Runde wird ein (interner) Text erzeugt, hier Rundentext genannt. Die Bezeichnung der Rundentexte ist

$$\mathbf{T}_j = \begin{pmatrix} \mathbf{t}_{00}^{\langle j\rangle} & \mathbf{t}_{01}^{\langle j\rangle} & \mathbf{t}_{02}^{\langle j\rangle} & \mathbf{t}_{03}^{\langle j\rangle} \\ \mathbf{t}_{10}^{\langle j\rangle} & \mathbf{t}_{11}^{\langle j\rangle} & \mathbf{t}_{12}^{\langle j\rangle} & \mathbf{t}_{13}^{\langle j\rangle} \\ \mathbf{t}_{20}^{\langle j\rangle} & \mathbf{t}_{21}^{\langle j\rangle} & \mathbf{t}_{22}^{\langle j\rangle} & \mathbf{t}_{23}^{\langle j\rangle} \\ \mathbf{t}_{30}^{\langle j\rangle} & \mathbf{t}_{31}^{\langle j\rangle} & \mathbf{t}_{32}^{\langle j\rangle} & \mathbf{t}_{33}^{\langle j\rangle} \end{pmatrix} \qquad j \in \{0, 1, \dots, 10\}$$

Der letzte erzeugte Rundentext $\mathbf{T}_{10}$ ist der interne Geheimtext $\mathbf{G}$.

Für Querleser sei hier noch einmal bemerkt, daß alle Berechnungen dieses Kapitels mit der Arithmetik des Körpers $\mathbb{K}_{2^8}$ durchgeführt werden. Siehe dazu die Kapitel A und 10.

Die Runde $\mathcal{R}_0$

Der Rundentext $\mathbf{T}_0$ entsteht durch Addition von internem Klartext und Rundenschlüssel $\mathbf{K}_0$:

$$\mathbf{T}_0 = \mathbf{T} + \mathbf{K}_0 \qquad \mathbf{t}_{\mu\nu}^{\langle 0\rangle} = \mathbf{t}_{\mu\nu} + \mathbf{k}_{\mu\nu}^{\langle 0\rangle} \quad (\mu, \nu) \in \{0,1,2,3\} \times \{0,1,2,3\}$$

Als Matrizenaddition ausgeschrieben wird daraus

$$\mathbf{T} \longrightarrow \begin{pmatrix} \mathbf{t}_{00} + \mathbf{k}_{00}^{\langle 0\rangle} & \mathbf{t}_{01} + \mathbf{k}_{01}^{\langle 0\rangle} & \mathbf{t}_{02} + \mathbf{k}_{02}^{\langle 0\rangle} & \mathbf{t}_{03} + \mathbf{k}_{03}^{\langle 0\rangle} \\ \mathbf{t}_{10} + \mathbf{k}_{10}^{\langle 0\rangle} & \mathbf{t}_{11} + \mathbf{k}_{11}^{\langle 0\rangle} & \mathbf{t}_{12} + \mathbf{k}_{12}^{\langle 0\rangle} & \mathbf{t}_{13} + \mathbf{k}_{13}^{\langle 0\rangle} \\ \mathbf{t}_{20} + \mathbf{k}_{20}^{\langle 0\rangle} & \mathbf{t}_{21} + \mathbf{k}_{21}^{\langle 0\rangle} & \mathbf{t}_{22} + \mathbf{k}_{22}^{\langle 0\rangle} & \mathbf{t}_{23} + \mathbf{k}_{23}^{\langle 0\rangle} \\ \mathbf{t}_{30} + \mathbf{k}_{30}^{\langle 0\rangle} & \mathbf{t}_{31} + \mathbf{k}_{31}^{\langle 0\rangle} & \mathbf{t}_{32} + \mathbf{k}_{32}^{\langle 0\rangle} & \mathbf{t}_{33} + \mathbf{k}_{33}^{\langle 0\rangle} \end{pmatrix} = \mathbf{T}_0$$

Die Runden $\mathcal{R}_1$ bis $\mathcal{R}_{10}$

Die Berechnung des Rundentextes $\mathbf{T}_j$, mit $j \in \{1, \ldots, 10\}$, aus dem Rundentext $\mathbf{T}_{j-1}$ und mit dem Rundenschlüssel $\mathbf{K}_j$ erfolgt in vier (bzw. drei) Stufen. Die ersten drei Stufen ergeben Zwischenexte $\mathbf{S}$, $\mathbf{R}$ und $\mathbf{M}$, wobei $\mathbf{S}$ aus $\mathbf{T}_{j-1}$, $\mathbf{R}$ aus $\mathbf{S}$ und $\mathbf{M}$ aus $\mathbf{R}$ berechnet werden. Die vierte Stufe bestimmt dann $\mathbf{T}_j$ aus $\mathbf{M}$. Diese Zwischentexte sind mit ihren Koeffizienten angeschrieben

$$\mathbf{S} = \begin{pmatrix} \mathsf{s}_{00} & \mathsf{s}_{01} & \mathsf{s}_{02} & \mathsf{s}_{03} \\ \mathsf{s}_{10} & \mathsf{s}_{11} & \mathsf{s}_{12} & \mathsf{s}_{13} \\ \mathsf{s}_{20} & \mathsf{s}_{21} & \mathsf{s}_{22} & \mathsf{s}_{23} \\ \mathsf{s}_{30} & \mathsf{s}_{31} & \mathsf{s}_{32} & \mathsf{s}_{33} \end{pmatrix} \qquad \mathbf{R} = \begin{pmatrix} \mathsf{r}_{00} & \mathsf{r}_{01} & \mathsf{r}_{02} & \mathsf{r}_{03} \\ \mathsf{r}_{10} & \mathsf{r}_{11} & \mathsf{r}_{12} & \mathsf{r}_{13} \\ \mathsf{r}_{20} & \mathsf{r}_{21} & \mathsf{r}_{22} & \mathsf{r}_{23} \\ \mathsf{r}_{30} & \mathsf{r}_{31} & \mathsf{r}_{32} & \mathsf{r}_{33} \end{pmatrix} \qquad \mathbf{M} = \begin{pmatrix} \mathsf{m}_{00} & \mathsf{m}_{01} & \mathsf{m}_{02} & \mathsf{m}_{03} \\ \mathsf{m}_{10} & \mathsf{m}_{11} & \mathsf{m}_{12} & \mathsf{m}_{13} \\ \mathsf{m}_{20} & \mathsf{m}_{21} & \mathsf{m}_{22} & \mathsf{m}_{23} \\ \mathsf{m}_{30} & \mathsf{m}_{31} & \mathsf{m}_{32} & \mathsf{m}_{33} \end{pmatrix}$$

Der Zwischentext $\mathbf{S}$ der ersten Stufe entsteht aus dem Rundentext $\mathbf{T}_{j-1}$, indem jeder Matrixkoeffizient $\mathsf{t}_{\mu\nu}^{\langle j-1 \rangle}$ von $\mathbf{T}_{j-1}$ durch seinen S-Box-Wert ersetzt wird (ElementeSubstitution):

$$\mathbf{T}_{j-1} \longrightarrow \begin{pmatrix} \boldsymbol{\Sigma}[\mathsf{t}_{00}^{\langle j-1 \rangle}] & \boldsymbol{\Sigma}[\mathsf{t}_{01}^{\langle j-1 \rangle}] & \boldsymbol{\Sigma}[\mathsf{t}_{02}^{\langle j-1 \rangle}] & \boldsymbol{\Sigma}[\mathsf{t}_{03}^{\langle j-1 \rangle}] \\ \boldsymbol{\Sigma}[\mathsf{t}_{13}^{\langle j-1 \rangle}] & \boldsymbol{\Sigma}[\mathsf{t}_{10}^{\langle j-1 \rangle}] & \boldsymbol{\Sigma}[\mathsf{t}_{11}^{\langle j-1 \rangle}] & \boldsymbol{\Sigma}[\mathsf{t}_{12}^{\langle j-1 \rangle}] \\ \boldsymbol{\Sigma}[\mathsf{t}_{22}^{\langle j-1 \rangle}] & \boldsymbol{\Sigma}[\mathsf{t}_{23}^{\langle j-1 \rangle}] & \boldsymbol{\Sigma}[\mathsf{t}_{20}^{\langle j-1 \rangle}] & \boldsymbol{\Sigma}[\mathsf{t}_{21}^{\langle j-1 \rangle}] \\ \boldsymbol{\Sigma}[\mathsf{t}_{31}^{\langle j-1 \rangle}] & \boldsymbol{\Sigma}[\mathsf{t}_{32}^{\langle j-1 \rangle}] & \boldsymbol{\Sigma}[\mathsf{t}_{33}^{\langle j-1 \rangle}] & \boldsymbol{\Sigma}[\mathsf{t}_{30}^{\langle j-1 \rangle}] \end{pmatrix} = \mathbf{S}$$

Dabei soll die S-Box als ein Bytevektor $\boldsymbol{\Sigma}$ zur Verfügung stehen, der mit den Matrixkoeffizienten, die ebenfalls als Bytes interpretiert werden, indiziert wird.

Die nächste Stufe berechnet aus dem Zwischentext $\mathbf{S}$ den Zwischentext $\mathbf{R}$ durch Ausführung der Reihenrotationen, und zwar geschieht die Zuordnung wie folgt:

$$\mathbf{S} \longrightarrow \begin{pmatrix} \mathsf{s}_{00} & \mathsf{s}_{01} & \mathsf{s}_{02} & \mathsf{s}_{03} \\ \mathsf{s}_{11} & \mathsf{s}_{12} & \mathsf{s}_{13} & \mathsf{s}_{10} \\ \mathsf{s}_{22} & \mathsf{s}_{23} & \mathsf{s}_{20} & \mathsf{s}_{21} \\ \mathsf{s}_{33} & \mathsf{s}_{30} & \mathsf{s}_{31} & \mathsf{s}_{32} \end{pmatrix} = \begin{pmatrix} \mathsf{r}_{00} & \mathsf{r}_{01} & \mathsf{r}_{02} & \mathsf{r}_{03} \\ \mathsf{r}_{10} & \mathsf{r}_{11} & \mathsf{r}_{12} & \mathsf{r}_{13} \\ \mathsf{r}_{20} & \mathsf{r}_{21} & \mathsf{r}_{22} & \mathsf{r}_{23} \\ \mathsf{r}_{30} & \mathsf{r}_{31} & \mathsf{r}_{32} & \mathsf{r}_{33} \end{pmatrix} = \mathbf{R}$$

In der zweiten Stufe wird die Spaltenmischung auf den Zwischentext $\mathbf{R}$ angewandt, um den nächsten Zwischentext $\mathbf{M}$ zu erhalten. Die Spaltenmischung besteht in der Multiplikation mit der Matrix $\mathbf{U}$ (siehe Abschnitt 4.3) aus konstanten Elementen des Körpers $\mathbb{K}_{2^8}$ (in Hexadezimaldarstellung):

$$\mathbf{R} \longrightarrow \mathbf{UR} = \begin{pmatrix} \mathsf{02}_{16} & \mathsf{03}_{16} & \mathsf{01}_{16} & \mathsf{01}_{16} \\ \mathsf{01}_{16} & \mathsf{02}_{16} & \mathsf{03}_{16} & \mathsf{01}_{16} \\ \mathsf{01}_{16} & \mathsf{01}_{16} & \mathsf{02}_{16} & \mathsf{03}_{16} \\ \mathsf{03}_{16} & \mathsf{01}_{16} & \mathsf{01}_{16} & \mathsf{02}_{16} \end{pmatrix} \begin{pmatrix} \mathsf{r}_{00} & \mathsf{r}_{01} & \mathsf{r}_{02} & \mathsf{r}_{03} \\ \mathsf{r}_{10} & \mathsf{r}_{11} & \mathsf{r}_{12} & \mathsf{r}_{13} \\ \mathsf{r}_{20} & \mathsf{r}_{21} & \mathsf{r}_{22} & \mathsf{r}_{23} \\ \mathsf{r}_{30} & \mathsf{r}_{31} & \mathsf{r}_{32} & \mathsf{r}_{33} \end{pmatrix} = \mathbf{M}$$

Das Produkt zweier Matrizen ist zwar einfach zu implementieren, um aber eine möglichst elementare Darstellung der Runden zu erzielen werden die Produktsummen für jeden Koeffizienten von $\mathbf{M}$ einzeln aufgeführt:

$$\begin{aligned} \mathsf{m}_{00} &= \mathsf{02}_{16} \cdot \mathsf{r}_{00} + \mathsf{03}_{16} \cdot \mathsf{r}_{10} + \mathsf{01}_{16} \cdot \mathsf{r}_{20} + \mathsf{01}_{16} \cdot \mathsf{r}_{30} \\ \mathsf{m}_{01} &= \mathsf{02}_{16} \cdot \mathsf{r}_{01} + \mathsf{03}_{16} \cdot \mathsf{r}_{11} + \mathsf{01}_{16} \cdot \mathsf{r}_{21} + \mathsf{01}_{16} \cdot \mathsf{r}_{31} \\ \mathsf{m}_{02} &= \mathsf{02}_{16} \cdot \mathsf{r}_{02} + \mathsf{03}_{16} \cdot \mathsf{r}_{12} + \mathsf{01}_{16} \cdot \mathsf{r}_{22} + \mathsf{01}_{16} \cdot \mathsf{r}_{32} \\ \mathsf{m}_{03} &= \mathsf{02}_{16} \cdot \mathsf{r}_{03} + \mathsf{03}_{16} \cdot \mathsf{r}_{13} + \mathsf{01}_{16} \cdot \mathsf{r}_{23} + \mathsf{01}_{16} \cdot \mathsf{r}_{33} \end{aligned}$$

$$\begin{aligned}
\mathsf{m}_{10} &= \mathsf{01}_{16}\cdot \mathsf{r}_{00} + \mathsf{02}_{16}\cdot \mathsf{r}_{10} + \mathsf{03}_{16}\cdot \mathsf{r}_{20} + \mathsf{01}_{16}\cdot \mathsf{r}_{30}\\
\mathsf{m}_{11} &= \mathsf{01}_{16}\cdot \mathsf{r}_{01} + \mathsf{02}_{16}\cdot \mathsf{r}_{11} + \mathsf{03}_{16}\cdot \mathsf{r}_{21} + \mathsf{01}_{16}\cdot \mathsf{r}_{31}\\
\mathsf{m}_{12} &= \mathsf{01}_{16}\cdot \mathsf{r}_{02} + \mathsf{02}_{16}\cdot \mathsf{r}_{12} + \mathsf{03}_{16}\cdot \mathsf{r}_{22} + \mathsf{01}_{16}\cdot \mathsf{r}_{32}\\
\mathsf{m}_{13} &= \mathsf{01}_{16}\cdot \mathsf{r}_{03} + \mathsf{02}_{16}\cdot \mathsf{r}_{13} + \mathsf{03}_{16}\cdot \mathsf{r}_{23} + \mathsf{01}_{16}\cdot \mathsf{r}_{33}\\
\mathsf{m}_{20} &= \mathsf{01}_{16}\cdot \mathsf{r}_{00} + \mathsf{01}_{16}\cdot \mathsf{r}_{10} + \mathsf{02}_{16}\cdot \mathsf{r}_{20} + \mathsf{03}_{16}\cdot \mathsf{r}_{30}\\
\mathsf{m}_{21} &= \mathsf{01}_{16}\cdot \mathsf{r}_{01} + \mathsf{01}_{16}\cdot \mathsf{r}_{11} + \mathsf{02}_{16}\cdot \mathsf{r}_{21} + \mathsf{03}_{16}\cdot \mathsf{r}_{31}\\
\mathsf{m}_{22} &= \mathsf{01}_{16}\cdot \mathsf{r}_{02} + \mathsf{01}_{16}\cdot \mathsf{r}_{12} + \mathsf{02}_{16}\cdot \mathsf{r}_{22} + \mathsf{03}_{16}\cdot \mathsf{r}_{32}\\
\mathsf{m}_{23} &= \mathsf{01}_{16}\cdot \mathsf{r}_{03} + \mathsf{01}_{16}\cdot \mathsf{r}_{13} + \mathsf{02}_{16}\cdot \mathsf{r}_{23} + \mathsf{03}_{16}\cdot \mathsf{r}_{33}\\
\mathsf{m}_{30} &= \mathsf{03}_{16}\cdot \mathsf{r}_{00} + \mathsf{01}_{16}\cdot \mathsf{r}_{10} + \mathsf{01}_{16}\cdot \mathsf{r}_{20} + \mathsf{02}_{16}\cdot \mathsf{r}_{30}\\
\mathsf{m}_{31} &= \mathsf{03}_{16}\cdot \mathsf{r}_{01} + \mathsf{01}_{16}\cdot \mathsf{r}_{11} + \mathsf{01}_{16}\cdot \mathsf{r}_{21} + \mathsf{02}_{16}\cdot \mathsf{r}_{31}\\
\mathsf{m}_{32} &= \mathsf{03}_{16}\cdot \mathsf{r}_{02} + \mathsf{01}_{16}\cdot \mathsf{r}_{12} + \mathsf{01}_{16}\cdot \mathsf{r}_{22} + \mathsf{02}_{16}\cdot \mathsf{r}_{32}\\
\mathsf{m}_{33} &= \mathsf{03}_{16}\cdot \mathsf{r}_{03} + \mathsf{01}_{16}\cdot \mathsf{r}_{13} + \mathsf{01}_{16}\cdot \mathsf{r}_{23} + \mathsf{02}_{16}\cdot \mathsf{r}_{33}
\end{aligned}$$

Diese Stufe wird in der Runde $\mathcal{R}_{10}$ weggelassen. In dieser Runde ist also einfach $\mathbf{R} = \mathbf{M}$.

Schließlich besteht die vierte Stufe darin, zum Zwischentext $\mathbf{M}$ der dritten Stufe den passenden Rundenschlüssel $\mathbf{K}_{j-1}$ zu addieren, um so den Rundentext $\mathbf{T}_j$ zu erhalten:

$$\mathbf{M} \longrightarrow \mathbf{M} + \mathbf{K}_{j-1} = \begin{pmatrix} \mathsf{m}_{00} + \mathsf{k}_{00}^{\langle j-1\rangle} & \mathsf{m}_{01} + \mathsf{k}_{01}^{\langle j-1\rangle} & \mathsf{m}_{02} + \mathsf{k}_{02}^{\langle j-1\rangle} & \mathsf{m}_{03} + \mathsf{k}_{03}^{\langle j-1\rangle} \\ \mathsf{m}_{10} + \mathsf{k}_{10}^{\langle j-1\rangle} & \mathsf{m}_{11} + \mathsf{k}_{11}^{\langle j-1\rangle} & \mathsf{m}_{12} + \mathsf{k}_{12}^{\langle j-1\rangle} & \mathsf{m}_{13} + \mathsf{k}_{13}^{\langle j-1\rangle} \\ \mathsf{m}_{20} + \mathsf{k}_{20}^{\langle j-1\rangle} & \mathsf{m}_{21} + \mathsf{k}_{21}^{\langle j-1\rangle} & \mathsf{m}_{22} + \mathsf{k}_{22}^{\langle j-1\rangle} & \mathsf{m}_{23} + \mathsf{k}_{23}^{\langle j-1\rangle} \\ \mathsf{m}_{30} + \mathsf{k}_{30}^{\langle j-1\rangle} & \mathsf{m}_{31} + \mathsf{k}_{31}^{\langle j-1\rangle} & \mathsf{m}_{32} + \mathsf{k}_{32}^{\langle j-1\rangle} & \mathsf{m}_{33} + \mathsf{k}_{33}^{\langle j-1\rangle} \end{pmatrix} = \mathbf{T}_j$$

Damit ist die Chiffrierung vollständig ausgeführt. Für alle Runden gilt: Die Additionen sind Additionen modulo 2, und die Multiplikationen werden mit den Unterprogrammen aus Abschnitt 10 durchgeführt. Falls probeweise mit Papier und Bleistift gerechnet wird, können die Tabellen dieses Abschnittes benutzt werden. In Matrizen ausgedrückt gilt an dieser Stelle also

$$\mathbf{G} = \begin{pmatrix} \mathbf{g}_{00} & \mathbf{g}_{01} & \mathbf{g}_{02} & \mathbf{g}_{03} \\ \mathbf{g}_{10} & \mathbf{g}_{11} & \mathbf{g}_{12} & \mathbf{g}_{13} \\ \mathbf{g}_{20} & \mathbf{g}_{21} & \mathbf{g}_{22} & \mathbf{g}_{23} \\ \mathbf{g}_{30} & \mathbf{g}_{31} & \mathbf{g}_{32} & \mathbf{g}_{33} \end{pmatrix} = \mathbf{T}_{10}$$

Allerdings bleibt noch, den internen Geheimtext in den externen zu überführen. Denn intern besteht der Geheimtext aus Matrizen mit Koeffizienten im Körper $\mathbb{K}_{2^8}$, die als Bitoktetts oder Bytes repräsentiert werden, doch können die Bytes der Spalten der Matrix hintereinander aufgereiht extern zum Verfahren jede beliebige Bedeutung annehmen. Analog zum Anfang des Verfahrens ist also noch zu ergänzen:

$$\mathbf{G} = \begin{pmatrix} \mathbf{g}_{00} & \mathbf{g}_{01} & \mathbf{g}_{02} & \mathbf{g}_{03} \\ \mathbf{g}_{10} & \mathbf{g}_{11} & \mathbf{g}_{12} & \mathbf{g}_{13} \\ \mathbf{g}_{20} & \mathbf{g}_{21} & \mathbf{g}_{22} & \mathbf{g}_{23} \\ \mathbf{g}_{30} & \mathbf{g}_{31} & \mathbf{g}_{32} & \mathbf{g}_{33} \end{pmatrix} = \begin{pmatrix} \mathrm{g}_{0} & \mathrm{g}_{4} & \mathrm{g}_{8} & \mathrm{g}_{12} \\ \mathrm{g}_{1} & \mathrm{g}_{5} & \mathrm{g}_{9} & \mathrm{g}_{13} \\ \mathrm{g}_{2} & \mathrm{g}_{6} & \mathrm{g}_{10} & \mathrm{g}_{14} \\ \mathrm{g}_{3} & \mathrm{g}_{7} & \mathrm{g}_{11} & \mathrm{g}_{15} \end{pmatrix} \longrightarrow \mathsf{G} = (\mathrm{g}_0 \quad \mathrm{g}_1 \quad \cdots \quad \mathrm{g}_{14} \quad \mathrm{g}_{15})$$

4.6. Die Umkehrrunden $\mathcal{U}_{10}$ bis $\mathcal{U}_0$ der Entschlüsselung

Die Entschlüsselung wird in der Gestalt durchgeführt, die man durch einfache Inversion der Verschlüsselung gewinnt und wie sie schon in Abschnitt 3.7 vorgestellt wurde, nämlich als

$$\boldsymbol{\Xi}_0^{-1} \circ (\boldsymbol{\Theta}^{-1} \circ \boldsymbol{\Pi}^{-1} \circ \boldsymbol{\Phi}^{-1} \circ \boldsymbol{\Xi}_1^{-1}) \circ (\boldsymbol{\Theta}^{-1} \circ \boldsymbol{\Pi}^{-1} \circ \boldsymbol{\Phi}^{-1} \circ \boldsymbol{\Xi}_2^{-1}) \circ (\boldsymbol{\Theta}^{-1} \circ \boldsymbol{\Pi}^{-1} \circ \boldsymbol{\Phi}^{-1} \circ \boldsymbol{\Xi}_3^{-1}) \circ \cdots$$
$$\cdots \circ (\boldsymbol{\Theta}^{-1} \circ \boldsymbol{\Pi}^{-1} \circ \boldsymbol{\Phi}^{-1} \circ \boldsymbol{\Xi}_8^{-1}) \circ (\boldsymbol{\Theta}^{-1} \circ \boldsymbol{\Pi}^{-1} \circ \boldsymbol{\Phi}^{-1} \circ \boldsymbol{\Xi}_9^{-1}) \circ \boldsymbol{\Theta}^{-1} \circ \boldsymbol{\Pi}^{-1} \circ \boldsymbol{\Xi}_{10}^{-1}$$

Auch hier wird angenommen, daß die Rundenschlüssel $\mathbf{K}_{10}$ bis $\mathbf{K}_0$ vor der Entschlüsselung bereits berechnet wurden. Die Bezeichnungen für die Rundentexte und Rundenschlüssel werden aus Abschnitt 4.5 übernommen:

$$\mathbf{T}_j = \begin{pmatrix} \mathbf{t}_{00}^{\langle j\rangle} & \mathbf{t}_{01}^{\langle j\rangle} & \mathbf{t}_{02}^{\langle j\rangle} & \mathbf{t}_{03}^{\langle j\rangle} \\ \mathbf{t}_{10}^{\langle j\rangle} & \mathbf{t}_{11}^{\langle j\rangle} & \mathbf{t}_{12}^{\langle j\rangle} & \mathbf{t}_{13}^{\langle j\rangle} \\ \mathbf{t}_{20}^{\langle j\rangle} & \mathbf{t}_{21}^{\langle j\rangle} & \mathbf{t}_{22}^{\langle j\rangle} & \mathbf{t}_{23}^{\langle j\rangle} \\ \mathbf{t}_{30}^{\langle j\rangle} & \mathbf{t}_{31}^{\langle j\rangle} & \mathbf{t}_{32}^{\langle j\rangle} & \mathbf{t}_{33}^{\langle j\rangle} \end{pmatrix}$$

$$\mathbf{K}_j = \begin{pmatrix} \mathbf{k}_{00}^{\langle j\rangle} & \mathbf{k}_{01}^{\langle j\rangle} & \mathbf{k}_{02}^{\langle j\rangle} & \mathbf{k}_{03}^{\langle j\rangle} \\ \mathbf{k}_{10}^{\langle j\rangle} & \mathbf{k}_{11}^{\langle j\rangle} & \mathbf{k}_{12}^{\langle j\rangle} & \mathbf{k}_{13}^{\langle j\rangle} \\ \mathbf{k}_{20}^{\langle j\rangle} & \mathbf{k}_{21}^{\langle j\rangle} & \mathbf{k}_{22}^{\langle j\rangle} & \mathbf{k}_{23}^{\langle j\rangle} \\ \mathbf{k}_{30}^{\langle j\rangle} & \mathbf{k}_{31}^{\langle j\rangle} & \mathbf{k}_{32}^{\langle j\rangle} & \mathbf{k}_{33}^{\langle j\rangle} \end{pmatrix}$$

Der externe Geheimtext G muß bereits in den internen Geheimtext $\mathbf{G}$ umgewandelt worden sein:

$$\mathsf{G} = (\mathsf{g}_0 \quad \mathsf{g}_1 \quad \cdots \quad \mathsf{g}_{14} \quad \mathsf{g}_{15}) \longrightarrow \mathbf{G} = \begin{pmatrix} \mathsf{g}_0 & \mathsf{g}_4 & \mathsf{g}_8 & \mathsf{g}_{12} \\ \mathsf{g}_1 & \mathsf{g}_5 & \mathsf{g}_9 & \mathsf{g}_{13} \\ \mathsf{g}_2 & \mathsf{g}_6 & \mathsf{g}_{10} & \mathsf{g}_{14} \\ \mathsf{g}_3 & \mathsf{g}_7 & \mathsf{g}_{11} & \mathsf{g}_{15} \end{pmatrix} = \begin{pmatrix} \mathbf{g}_{00} & \mathbf{g}_{01} & \mathbf{g}_{02} & \mathbf{g}_{03} \\ \mathbf{g}_{10} & \mathbf{g}_{11} & \mathbf{g}_{12} & \mathbf{g}_{13} \\ \mathbf{g}_{20} & \mathbf{g}_{21} & \mathbf{g}_{22} & \mathbf{g}_{23} \\ \mathbf{g}_{30} & \mathbf{g}_{31} & \mathbf{g}_{32} & \mathbf{g}_{33} \end{pmatrix}$$

Noch einmal: Alle Berechnungen dieses Kapitels werden mit der Arithmetik des Körpers $\mathbb{K}_{2^8}$ durchgeführt. Siehe dazu die Kapitel A und 10.

4.6.1. Die Umkehrrunden $\mathcal{U}_{10}$ bis $\mathcal{U}_1$

Die Berechnung des Rundentextes $\mathbf{T}_{j-1}$, mit $j \in \{10, \ldots, 1\}$, aus dem Rundentext $\mathbf{T}_j$ und mit dem Rundenschlüssel $\mathbf{K}_j$ erfolgt in vier Stufen. Die ersten drei Stufen ergeben Zwischenexte $\mathbf{X}$, $\mathbf{F}$ und $\mathbf{P}$, wobei $\mathbf{X}$ aus $\mathbf{T}_j$, $\mathbf{F}$ aus $\mathbf{X}$ und $\mathbf{P}$ aus $\mathbf{F}$ berechnet werden. Die vierte Stufe bestimmt dann $\mathbf{T}_{j-1}$ aus $\mathbf{P}$. Diese Zwischentexte sind mit ihren Koeffizienten angeschrieben

$$\mathbf{X} = \begin{pmatrix} \mathsf{x}_{00} & \mathsf{x}_{01} & \mathsf{x}_{02} & \mathsf{x}_{03} \\ \mathsf{x}_{10} & \mathsf{x}_{11} & \mathsf{x}_{12} & \mathsf{x}_{13} \\ \mathsf{x}_{20} & \mathsf{x}_{21} & \mathsf{x}_{22} & \mathsf{x}_{23} \\ \mathsf{x}_{30} & \mathsf{x}_{31} & \mathsf{x}_{32} & \mathsf{x}_{33} \end{pmatrix}$$

$$\mathbf{F} = \begin{pmatrix} \mathsf{f}_{00} & \mathsf{f}_{01} & \mathsf{f}_{02} & \mathsf{f}_{03} \\ \mathsf{f}_{10} & \mathsf{f}_{11} & \mathsf{f}_{12} & \mathsf{f}_{13} \\ \mathsf{f}_{20} & \mathsf{f}_{21} & \mathsf{f}_{22} & \mathsf{f}_{23} \\ \mathsf{f}_{30} & \mathsf{f}_{31} & \mathsf{f}_{32} & \mathsf{f}_{33} \end{pmatrix}$$

$$\mathbf{P} = \begin{pmatrix} \mathsf{p}_{00} & \mathsf{p}_{01} & \mathsf{p}_{02} & \mathsf{p}_{03} \\ \mathsf{p}_{10} & \mathsf{p}_{11} & \mathsf{p}_{12} & \mathsf{p}_{13} \\ \mathsf{p}_{20} & \mathsf{p}_{21} & \mathsf{p}_{22} & \mathsf{p}_{23} \\ \mathsf{p}_{30} & \mathsf{p}_{31} & \mathsf{p}_{32} & \mathsf{p}_{33} \end{pmatrix}$$

Die erste Stufe besteht darin, zum Rundentext $\mathbf{T}_j$ den passenden Rundenschlüssel $\mathbf{K}_j$ zu addieren, um so den Zwischentext $\mathbf{X}$ zu erhalten:

$$\mathbf{T}_j \longrightarrow \begin{pmatrix} \mathsf{t}_{00}^{\langle j\rangle} + \mathsf{k}_{00}^{\langle j\rangle} & \mathsf{t}_{01}^{\langle j\rangle} + \mathsf{k}_{01}^{\langle j\rangle} & \mathsf{t}_{02}^{\langle j\rangle} + \mathsf{k}_{02}^{\langle j\rangle} & \mathsf{t}_{03}^{\langle j\rangle} + \mathsf{k}_{03}^{\langle j\rangle} \\ \mathsf{t}_{10}^{\langle j\rangle} + \mathsf{k}_{10}^{\langle j\rangle} & \mathsf{t}_{11}^{\langle j\rangle} + \mathsf{k}_{11}^{\langle j\rangle} & \mathsf{t}_{12}^{\langle j\rangle} + \mathsf{k}_{12}^{\langle j\rangle} & \mathsf{t}_{13}^{\langle j\rangle} + \mathsf{k}_{13}^{\langle j\rangle} \\ \mathsf{t}_{20}^{\langle j\rangle} + \mathsf{k}_{20}^{\langle j\rangle} & \mathsf{t}_{21}^{\langle j\rangle} + \mathsf{k}_{21}^{\langle j\rangle} & \mathsf{t}_{22}^{\langle j\rangle} + \mathsf{k}_{22}^{\langle j\rangle} & \mathsf{t}_{23}^{\langle j\rangle} + \mathsf{k}_{23}^{\langle j\rangle} \\ \mathsf{t}_{30}^{\langle j\rangle} + \mathsf{k}_{30}^{\langle j\rangle} & \mathsf{t}_{31}^{\langle j\rangle} + \mathsf{k}_{31}^{\langle j\rangle} & \mathsf{t}_{32}^{\langle j\rangle} + \mathsf{k}_{32}^{\langle j\rangle} & \mathsf{t}_{33}^{\langle j\rangle} + \mathsf{k}_{33}^{\langle j\rangle} \end{pmatrix} = \mathbf{X}$$

In der zweiten Stufe wird die Spaltenmischung auf den Zwischentext $\mathbf{X}$ angewandt, um den nächsten Zwischentext $\mathbf{F}$ zu erhalten. Die Spaltenmischung besteht in der Multiplikation mit der Matrix $\mathbf{V}$ (siehe Abschnitt 4.3) aus konstanten Elementen des Körpers $\mathbb{K}_{2^8}$ (in Hexadezimaldarstellung):

$$\mathbf{X} \longrightarrow \mathbf{VX} = \begin{pmatrix} \mathsf{0E}_{16} & \mathsf{0B}_{16} & \mathsf{0D}_{16} & \mathsf{09}_{16} \\ \mathsf{09}_{16} & \mathsf{0E}_{16} & \mathsf{0B}_{16} & \mathsf{0D}_{16} \\ \mathsf{0D}_{16} & \mathsf{09}_{16} & \mathsf{0E}_{16} & \mathsf{0B}_{16} \\ \mathsf{0B}_{16} & \mathsf{0D}_{16} & \mathsf{09}_{16} & \mathsf{0E}_{16} \end{pmatrix} \begin{pmatrix} \mathsf{x}_{00} & \mathsf{x}_{01} & \mathsf{x}_{02} & \mathsf{x}_{03} \\ \mathsf{x}_{10} & \mathsf{x}_{11} & \mathsf{x}_{12} & \mathsf{x}_{13} \\ \mathsf{x}_{20} & \mathsf{x}_{21} & \mathsf{x}_{22} & \mathsf{x}_{23} \\ \mathsf{x}_{30} & \mathsf{x}_{31} & \mathsf{x}_{32} & \mathsf{x}_{33} \end{pmatrix} = \mathbf{F}$$

Wird das Matrizenprodukt ausgeschrieben erhält man natürlich

$$\begin{aligned}
\mathsf{f}_{00} &= \mathsf{0E}_{16} \cdot \mathsf{x}_{00} + \mathsf{0B}_{16} \cdot \mathsf{x}_{10} + \mathsf{0D}_{16} \cdot \mathsf{x}_{20} + \mathsf{09}_{16} \cdot \mathsf{x}_{30} \\
\mathsf{f}_{01} &= \mathsf{0E}_{16} \cdot \mathsf{x}_{01} + \mathsf{0B}_{16} \cdot \mathsf{x}_{11} + \mathsf{0D}_{16} \cdot \mathsf{x}_{21} + \mathsf{09}_{16} \cdot \mathsf{x}_{31} \\
\mathsf{f}_{02} &= \mathsf{0E}_{16} \cdot \mathsf{x}_{02} + \mathsf{0B}_{16} \cdot \mathsf{x}_{12} + \mathsf{0D}_{16} \cdot \mathsf{x}_{22} + \mathsf{09}_{16} \cdot \mathsf{x}_{32} \\
\mathsf{f}_{03} &= \mathsf{0E}_{16} \cdot \mathsf{x}_{03} + \mathsf{0B}_{16} \cdot \mathsf{x}_{13} + \mathsf{0D}_{16} \cdot \mathsf{x}_{23} + \mathsf{09}_{16} \cdot \mathsf{x}_{33} \\
\mathsf{f}_{10} &= \mathsf{09}_{16} \cdot \mathsf{x}_{00} + \mathsf{0E}_{16} \cdot \mathsf{x}_{10} + \mathsf{0B}_{16} \cdot \mathsf{x}_{20} + \mathsf{0D}_{16} \cdot \mathsf{x}_{30} \\
\mathsf{f}_{11} &= \mathsf{09}_{16} \cdot \mathsf{x}_{01} + \mathsf{0E}_{16} \cdot \mathsf{x}_{11} + \mathsf{0B}_{16} \cdot \mathsf{x}_{21} + \mathsf{0D}_{16} \cdot \mathsf{x}_{31} \\
\mathsf{f}_{12} &= \mathsf{09}_{16} \cdot \mathsf{x}_{02} + \mathsf{0E}_{16} \cdot \mathsf{x}_{12} + \mathsf{0B}_{16} \cdot \mathsf{x}_{22} + \mathsf{0D}_{16} \cdot \mathsf{x}_{32}
\end{aligned}$$

$$
\begin{aligned}
\mathsf{f}_{13} &= \mathtt{09}_{16}\cdot\mathsf{x}_{03} + \mathtt{0E}_{16}\cdot\mathsf{x}_{13} + \mathtt{0B}_{16}\cdot\mathsf{x}_{23} + \mathtt{0D}_{16}\cdot\mathsf{x}_{33}\\
\mathsf{f}_{20} &= \mathtt{0D}_{16}\cdot\mathsf{x}_{00} + \mathtt{09}_{16}\cdot\mathsf{x}_{10} + \mathtt{0E}_{16}\cdot\mathsf{x}_{20} + \mathtt{0B}_{16}\cdot\mathsf{x}_{30}\\
\mathsf{f}_{21} &= \mathtt{0D}_{16}\cdot\mathsf{x}_{01} + \mathtt{09}_{16}\cdot\mathsf{x}_{11} + \mathtt{0E}_{16}\cdot\mathsf{x}_{21} + \mathtt{0B}_{16}\cdot\mathsf{x}_{31}\\
\mathsf{f}_{22} &= \mathtt{0D}_{16}\cdot\mathsf{x}_{02} + \mathtt{09}_{16}\cdot\mathsf{x}_{12} + \mathtt{0E}_{16}\cdot\mathsf{x}_{22} + \mathtt{0B}_{16}\cdot\mathsf{x}_{32}\\
\mathsf{f}_{23} &= \mathtt{0D}_{16}\cdot\mathsf{x}_{03} + \mathtt{09}_{16}\cdot\mathsf{x}_{13} + \mathtt{0E}_{16}\cdot\mathsf{x}_{23} + \mathtt{0B}_{16}\cdot\mathsf{x}_{33}\\
\mathsf{f}_{30} &= \mathtt{0B}_{16}\cdot\mathsf{x}_{00} + \mathtt{0D}_{16}\cdot\mathsf{x}_{10} + \mathtt{09}_{16}\cdot\mathsf{x}_{20} + \mathtt{0E}_{16}\cdot\mathsf{x}_{30}\\
\mathsf{f}_{31} &= \mathtt{0B}_{16}\cdot\mathsf{x}_{01} + \mathtt{0D}_{16}\cdot\mathsf{x}_{11} + \mathtt{00}_{16}\cdot\mathsf{x}_{21} + \mathtt{0E}_{16}\cdot\mathsf{x}_{31}\\
\mathsf{f}_{32} &= \mathtt{0B}_{16}\cdot\mathsf{x}_{02} + \mathtt{0D}_{16}\cdot\mathsf{x}_{12} + \mathtt{09}_{16}\cdot\mathsf{x}_{22} + \mathtt{0E}_{16}\cdot\mathsf{x}_{32}\\
\mathsf{f}_{33} &= \mathtt{0B}_{16}\cdot\mathsf{x}_{03} + \mathtt{0D}_{16}\cdot\mathsf{x}_{13} + \mathtt{09}_{16}\cdot\mathsf{x}_{23} + \mathtt{0e}_{16}\cdot\mathsf{x}_{33}
\end{aligned}
$$

Diese Stufe wird in der Umkehrrunde $\mathcal{U}_{10}$ weggelassen. In dieser Umkehrrunde ist also einfach $\mathbf{F} = \mathbf{X}$.

Die nächste Stufe berechnet aus dem Zwischentext $\mathbf{F}$ den Zwischentext $\mathbf{P}$ durch Ausführung der Reihenrotationen, und zwar geschieht die Zuordnung wie folgt:

$$
\mathbf{F} \longrightarrow \begin{pmatrix} \mathsf{f}_{00} & \mathsf{f}_{01} & \mathsf{f}_{02} & \mathsf{f}_{03}\\ \mathsf{f}_{13} & \mathsf{f}_{10} & \mathsf{f}_{11} & \mathsf{f}_{12}\\ \mathsf{f}_{22} & \mathsf{f}_{23} & \mathsf{f}_{20} & \mathsf{f}_{21}\\ \mathsf{f}_{31} & \mathsf{f}_{32} & \mathsf{f}_{33} & \mathsf{f}_{30} \end{pmatrix} = \begin{pmatrix} \mathsf{p}_{00} & \mathsf{p}_{01} & \mathsf{p}_{02} & \mathsf{p}_{03}\\ \mathsf{p}_{10} & \mathsf{p}_{11} & \mathsf{p}_{12} & \mathsf{p}_{13}\\ \mathsf{p}_{20} & \mathsf{p}_{21} & \mathsf{p}_{22} & \mathsf{p}_{23}\\ \mathsf{p}_{30} & \mathsf{p}_{31} & \mathsf{p}_{32} & \mathsf{p}_{33} \end{pmatrix} = \mathbf{P}
$$

Und schließlich wird in der vierten und letzten Stufe jeder Koeffizient $\mathsf{p}_{\nu\mu}$ von $\mathbf{P}$ durch seinen inversen S-Box-Wert $\boldsymbol{\Lambda}[\mathsf{p}_{\nu\mu}]$ ersetzt:

$$
\mathbf{F} \longrightarrow \begin{pmatrix} \boldsymbol{\Lambda}[\mathsf{p}_{00}] & \boldsymbol{\Lambda}[\mathsf{p}_{01}] & \boldsymbol{\Lambda}[\mathsf{p}_{02}] & \boldsymbol{\Lambda}[\mathsf{p}_{03}]\\ \boldsymbol{\Lambda}[\mathsf{p}_{13}] & \boldsymbol{\Lambda}[\mathsf{p}_{10}] & \boldsymbol{\Lambda}[\mathsf{p}_{11}] & \boldsymbol{\Lambda}[\mathsf{p}_{12}]\\ \boldsymbol{\Lambda}[\mathsf{p}_{22}] & \boldsymbol{\Lambda}[\mathsf{p}_{23}] & \boldsymbol{\Lambda}[\mathsf{p}_{20}] & \boldsymbol{\Lambda}[\mathsf{p}_{21}]\\ \boldsymbol{\Lambda}[\mathsf{p}_{31}] & \boldsymbol{\Lambda}[\mathsf{p}_{32}] & \boldsymbol{\Lambda}[\mathsf{p}_{33}] & \boldsymbol{\Lambda}[\mathsf{p}_{30}] \end{pmatrix} = \begin{pmatrix} \mathbf{t}_{00}^{\langle j-1\rangle} & \mathbf{t}_{01}^{\langle j-1\rangle} & \mathbf{t}_{02}^{\langle j-1\rangle} & \mathbf{t}_{03}^{\langle j-1\rangle}\\ \mathbf{t}_{10}^{\langle j-1\rangle} & \mathbf{t}_{11}^{\langle j-1\rangle} & \mathbf{t}_{12}^{\langle j-1\rangle} & \mathbf{t}_{13}^{\langle j-1\rangle}\\ \mathbf{t}_{20}^{\langle j-1\rangle} & \mathbf{t}_{21}^{\langle j-1\rangle} & \mathbf{t}_{22}^{\langle j-1\rangle} & \mathbf{t}_{23}^{\langle j-1\rangle}\\ \mathbf{t}_{30}^{\langle j-1\rangle} & \mathbf{t}_{31}^{\langle j-1\rangle} & \mathbf{t}_{32}^{\langle j-1\rangle} & \mathbf{t}_{33}^{\langle j-1\rangle} \end{pmatrix} = \mathbf{T}_{j-1}
$$

Dabei soll die inverse S-Box als ein Bytevektor $\boldsymbol{\Lambda}$ zur Verfügung stehen, der mit den Matrixkoeffizienten, die ebenfalls als Bytes interpretiert werden, indiziert wird.

4.6.2. Die Umkehrrunde $\mathcal{U}_0$

Die letzte Umkehrrunde besteht einfach darin, zum Zwischentext $\mathbf{T}_0$ den Schlüssel $\mathbf{K}_0$ zu addieren.

$$\mathbf{T}_0 \longrightarrow \begin{pmatrix} \mathbf{t}_{00}^{\langle 0\rangle} + \mathbf{k}_{00}^{\langle 0\rangle} & \mathbf{t}_{01}^{\langle 0\rangle} + \mathbf{k}_{01}^{\langle 0\rangle} & \mathbf{t}_{02}^{\langle 0\rangle} + \mathbf{k}_{02}^{\langle 0\rangle} & \mathbf{t}_{03}^{\langle 0\rangle} + \mathbf{k}_{03}^{\langle 0\rangle} \\ \mathbf{t}_{10}^{\langle 0\rangle} + \mathbf{k}_{10}^{\langle 0\rangle} & \mathbf{t}_{11}^{\langle 0\rangle} + \mathbf{k}_{11}^{\langle 0\rangle} & \mathbf{t}_{12}^{\langle 0\rangle} + \mathbf{k}_{12}^{\langle 0\rangle} & \mathbf{t}_{13}^{\langle 0\rangle} + \mathbf{k}_{13}^{\langle 0\rangle} \\ \mathbf{t}_{20}^{\langle 0\rangle} + \mathbf{k}_{20}^{\langle 0\rangle} & \mathbf{t}_{21}^{\langle 0\rangle} + \mathbf{k}_{21}^{\langle 0\rangle} & \mathbf{t}_{22}^{\langle 0\rangle} + \mathbf{k}_{22}^{\langle 0\rangle} & \mathbf{t}_{23}^{\langle 0\rangle} + \mathbf{k}_{23}^{\langle 0\rangle} \\ \mathbf{t}_{30}^{\langle 0\rangle} + \mathbf{k}_{30}^{\langle 0\rangle} & \mathbf{t}_{31}^{\langle 0\rangle} + \mathbf{k}_{31}^{\langle 0\rangle} & \mathbf{t}_{32}^{\langle 0\rangle} + \mathbf{k}_{32}^{\langle 0\rangle} & \mathbf{t}_{33}^{\langle 0\rangle} + \mathbf{k}_{33}^{\langle 0\rangle} \end{pmatrix} = \mathbf{T}$$

Damit ist die Dechiffrierung vollständig ausgeführt. Für alle Runden gilt: Die Additionen sind Additionen modulo 2, und die Multiplikationen werden mit den Unterprogrammen aus Abschnitt 10 durchgeführt. Nach den Umkehrrunden liegt also der interne Klartext vor,

$$\mathbf{T} = \begin{pmatrix} \mathbf{t}_{00} & \mathbf{t}_{01} & \mathbf{t}_{02} & \mathbf{t}_{03} \\ \mathbf{t}_{10} & \mathbf{t}_{11} & \mathbf{t}_{12} & \mathbf{t}_{13} \\ \mathbf{t}_{20} & \mathbf{t}_{21} & \mathbf{t}_{22} & \mathbf{t}_{23} \\ \mathbf{t}_{30} & \mathbf{t}_{31} & \mathbf{t}_{32} & \mathbf{t}_{33} \end{pmatrix}$$

der noch in den externen Klartext zu überführen ist:

$$\mathbf{T} = \begin{pmatrix} \mathbf{t}_{00} & \mathbf{t}_{01} & \mathbf{t}_{02} & \mathbf{t}_{03} \\ \mathbf{t}_{10} & \mathbf{t}_{11} & \mathbf{t}_{12} & \mathbf{t}_{13} \\ \mathbf{t}_{20} & \mathbf{t}_{21} & \mathbf{t}_{22} & \mathbf{t}_{23} \\ \mathbf{t}_{30} & \mathbf{t}_{31} & \mathbf{t}_{32} & \mathbf{t}_{33} \end{pmatrix} = \begin{pmatrix} \mathrm{t}_0 & \mathrm{t}_4 & \mathrm{t}_8 & \mathrm{t}_{12} \\ \mathrm{t}_1 & \mathrm{t}_5 & \mathrm{t}_9 & \mathrm{t}_{13} \\ \mathrm{t}_2 & \mathrm{t}_6 & \mathrm{t}_{10} & \mathrm{t}_{14} \\ \mathrm{t}_3 & \mathrm{t}_7 & \mathrm{t}_{11} & \mathrm{t}_{15} \end{pmatrix} \longrightarrow \mathsf{T} = \begin{pmatrix} \mathrm{t}_0 & \mathrm{t}_1 & \ldots & \mathrm{t}_{14} & \mathrm{t}_{15} \end{pmatrix}$$

5. Die Implementierung von AES für AVR-Mikrocontroller

Die C-Programme in [DaRi] sind **keine** Grundlage für diese Implementierung gewesen. Um der hier gewählten Umsetzung von AES in AVR-Assemblercode in allen Einzelheiten folgen zu können empfiehlt es sich, Abschnitt 4 durchzuarbeiten.

Es folgt ein einfaches Hauptprogramm zur Verschlüsselung und dann Entschlüsselung eines Klartextes:

```
          .include  "mega1284.inc"
          .include  "makros.avr"
          .device    ATmega1284
          .cseg
          .org      0x0000
          jmp       mcStart            3
          .dseg
          .org      0x100                  Muss hier Vielfaches von 100_16 sein
          .cseg
          .include  "aesk256o.avr"         Siehe besonders Abschnitt 10.1.2
          .include  "aesini.avr"
          .include  "aesmisch.avr"
          .include  "aesschlsl.avr"
          .include  "aesvers.avr"
          .include  "aesents.avr"
vbcSchl:  .db       0x2b,0x7e,0x15,0x16    Schlüssel
          .db       0x28,0xae,0xd2,0xa6
          .db       0xab,0xf7,0x15,0x88
          .db       0x09,0xcf,0x4f,0x3c
vbcKlar:  .db       0x32,0x43,0xF6,0xA8    Klartext
          .db       0x88,0x5A,0x30,0x8D
          .db       0x31,0x31,0x98,0xA2
          .db       0xE0,0x37,0x07,0x34
          .dseg
vbdSchl:  .byte     16                     Schlüssel
vbdKlar:  .byte     16                     Klartext
vbdGehm:  .byte     16                     Geheimtext
vbdKlrN:  .byte     16                     Entschlüsselter Klartext
          .cseg
mcStart:  call      mcK28Ini           4+
          call      mcAesIni           4+
          ldi       r28,LOW(vbdSchl)   1   Schlüssel und Klartext: ROM → RAM
          ldi       r29,HIGH(vbdSchl)  1
          ldi       r30,LOW(2*vbcSchl) 1
          ldi       r31,HIGH(2*vbcSchl) 1
```

```
36              ldi     r16,32                  1
37 mcKopiere:   lpm     r17,Z+                  3
38              st      Y+,r17                  2
39              dec     r16                     1
40              brne    mcKopiere               1/2
41              ldi     r26,LOW(vbdSchl)        1
42              ldi     r27,HIGH(vbdSchl)       1
43              call    mcAesSchluessel         4+
44              ldi     r26,LOW(vbdKlar)        1
45              ldi     r27,HIGH(vbdKlar)       1
46              ldi     r28,LOW(vbdGehm)        1
47              ldi     r29,HIGH(vbdGehm)       1
48              call    mcAesVersch             4+
49              ldi     r26,LOW(vbdGehm)        1
50              ldi     r27,HIGH(vbdGehm)       1
51              ldi     r28,LOW(vbdKlrN)        1
52              ldi     r29,HIGH(vbdKlrN)       1
53              call    mcAesEntsch             4+
54 mcEwig:      rjmp    mcEwig                  2
```

Das Programm verwendet die optimierte Multiplikation des Körpers $\mathbb{K}_{2^8}$ aus Abschnitt 10.1.2. In diesem Zusammenhang ist besonders die Zeile *8* zu beachten.

Tabelle 5.1.: Laufzeiten in Prozessortakten

Vorgang	Takte
Schlüsselberechnung	1625
Verschlüsselung	20643
Entschlüsselung	20620

Tabelle 5.2.: Speicheranforderungen

Speicher	Bytes
RAM	2218
ROM	794

Die Speicheranforderungen sind die des obigen Hauptprogramms. Sind Verschlüsselung und Entschlüsselung getrennt, gelten natürlich andere Anzahlen. Hier spielt auch eine Rolle, ob die optimale Körpermultiplikation eingesezt wird oder nicht.

5.1. Die Initialisierung

Die einfache nur aus einer Kopierschleife bestehende Initialisierung ist sicherlich selbsterklärend.

```
                 .cseg
Die konstanten Matrizen U und V sowie X^j im ROM
vbcAesU:         .db     0x02,0x03,0x01,0x01
                 .db     0x01,0x02,0x03,0x01
                 .db     0x01,0x01,0x02,0x03
                 .db     0x03,0x01,0x01,0x02
vbcAesV:         .db     0x0E,0x0B,0x0D,0x09
                 .db     0x09,0x0E,0x0B,0x0D
                 .db     0x0D,0x09,0x0E,0x0B
                 .db     0x0B,0x0D,0x09,0x0E
vbcAesXhochJ:    .db     0x01,0x02,0x04,0x08
                 .db     0x10,0x20,0x40,0x80
                 .db     0x1B,0x36
                 .dseg
Platz für die konstanten Matrizen U und V sowie X^j im RAM
vbdAesU:         .byte   4*4
vbdAesV:         .byte   4*4
vbdAesXhochJ:    .byte   10
                 .cseg
Das Unterprogramm zur Initialisierung
mcAesIni:        ldi     r28,LOW(vbdAesU)       1
                 ldi     r29,HIGH(vbdAesU)      1
                 ldi     r30,LOW(2*vbcAesU)     1
                 ldi     r31,HIGH(2*vbcAesU)    1
                 ldi     r16,16+16+10           1
mcAesIni02:      lpm     r17,Z+                 3
                 st      Y+,r17                 2
                 dec     r16                    1
                 brne    mcAesIni02             1/2
                 ret                            4
```

Die S-Box und ihre Inverse werden bei der Vorberechnung der Schlüssel in Abschnitt 5.2 vom ROM in das RAM kopiert.

5.2. Die Berechnung der Rundenschlüssel

Das Unterprogramm zur Erzeugung der Rundenschlüssel ist eine direkte Umsetzung des Abschnittes 4.4. Es ist dabei allerdings im Blick zu behalten, daß die 4×4-Matrizen, die eigentlichen Objekte von AES, im Prozessorspeicher zeilenweise angeordnet sind. Hier ist zunächst das Interface des Unterprogramms:

Unterprogramm `mcAesSchluessel`

Basierend auf einem Schlüssel K werden die Rundenschlüssel $\mathbf{K}_i$ berechnet, $i \in \{0, \ldots, 10\}$.

Input

$\mathbf{r}_{27:26}$ Die Adresse κ eines externen Schlüssels K

Der Schlüssel $\mathsf{K} = (k_0, k_1, \ldots, k_{14}, k_{15})$ ist ein Bytevektor der Länge 16, also keine 4×4-Matrix. Das Unterprogramm kann keine Fehler erzeugen.

Es werden sukzessive alle elf Rundenschlüssel berechnet bzw. erzeugt. Dazu muß ein Bytevektor der Länge 11 × 16 zur Verfügung stehen. Sollte das nicht der Fall sein, kann das Unterprogramm ohne Schwierigkeiten so geändert werden, daß bei jedem Aufruf der nächste gebrauchte Rundenschlüssel berechnet wird. Wird so verfahren dann werden nur noch 2 × 16 Bytes benötigt.

Es folgt nun das Unterprogramm selbst. Es ist bei Beachtung von Abschnitt 4.4 beinahe selbsterklärend.

```
              .cseg
vbcAesSBox:   .db    0x63,0x7C,0x77,0x7B,0xF2,0x6B,0x6F,0xC5 S-Box Σ
              .db    0x30,0x01,0x67,0x2B,0xFE,0xD7,0xAB,0x76
              .db    0xCA,0x82,0xC9,0x7D,0xFA,0x59,0x47,0xF0
              .db    0xAD,0xD4,0xA2,0xAF,0x9C,0xA4,0x72,0xC0
              .db    0xB7,0xFD,0x93,0x26,0x36,0x3F,0xF7,0xCC
              .db    0x34,0xA5,0xE5,0xF1,0x71,0xD8,0x31,0x15
              .db    0x04,0xC7,0x23,0xC3,0x18,0x96,0x05,0x9A
              .db    0x07,0x12,0x80,0xE2,0xEB,0x27,0xB2,0x75
              .db    0x09,0x83,0x2C,0x1A,0x1B,0x6E,0x5A,0xA0
              .db    0x52,0x3B,0xD6,0xB3,0x29,0xE3,0x2F,0x84
              .db    0x53,0xD1,0x00,0xED,0x20,0xFC,0xB1,0x5B
              .db    0x6A,0xCB,0xBE,0x39,0x4A,0x4C,0x58,0xCF
              .db    0xD0,0xEF,0xAA,0xFB,0x43,0x4D,0x33,0x85
              .db    0x45,0xF9,0x02,0x7F,0x50,0x3C,0x9F,0xA8
              .db    0x51,0xA3,0x40,0x8F,0x92,0x9D,0x38,0xF5
              .db    0xBC,0xB6,0xDA,0x21,0x10,0xFF,0xF3,0xD2
              .db    0xCD,0x0C,0x13,0xEC,0x5F,0x97,0x44,0x17
              .db    0xC4,0xA7,0x7E,0x3D,0x64,0x5D,0x19,0x73
              .db    0x60,0x81,0x4F,0xDC,0x22,0x2A,0x90,0x88
              .db    0x46,0xEE,0xB8,0x14,0xDE,0x5E,0x0B,0xDB
```

```
                .db     0xE0,0x32,0x3A,0x0A,0x49,0x06,0x24,0x5C
                .db     0xC2,0xD3,0xAC,0x62,0x91,0x95,0xE4,0x79
                .db     0xE7,0xC8,0x37,0x6D,0x8D,0xD5,0x4E,0xA9
                .db     0x6C,0x56,0xF4,0xEA,0x65,0x7A,0xAE,0x08
                .db     0xBA,0x78,0x25,0x2E,0x1C,0xA6,0xB4,0xC6
                .db     0xE8,0xDD,0x74,0x1F,0x4B,0xBD,0x8B,0x8A
                .db     0x70,0x3E,0xB5,0x66,0x48,0x03,0xF6,0x0E
                .db     0x61,0x35,0x57,0xB9,0x86,0xC1,0x1D,0x9E
                .db     0xE1,0xF8,0x98,0x11,0x69,0xD9,0x8E,0x94
                .db     0x9B,0x1E,0x87,0xE9,0xCE,0x55,0x28,0xDF
                .db     0x8C,0xA1,0x89,0x0D,0xBF,0xE6,0x42,0x68
                .db     0x41,0x99,0x2D,0x0F,0xB0,0x54,0xBB,0x16
vbcAesSBoxI:    .db     0x52,0x09,0x6A,0xD5,0x30,0x36,0xA5,0x38 Inverse S-Box Λ
                .db     0xBF,0x40,0xA3,0x9E,0x81,0xF3,0xD7,0xFB
                .db     0x7C,0xE3,0x39,0x82,0x9B,0x2F,0xFF,0x87
                .db     0x34,0x8E,0x43,0x44,0xC4,0xDE,0xE9,0xCB
                .db     0x54,0x7B,0x94,0x32,0xA6,0xC2,0x23,0x3D
                .db     0xEE,0x4C,0x95,0x0B,0x42,0xFA,0xC3,0x4E
                .db     0x08,0x2E,0xA1,0x66,0x28,0xD9,0x24,0xB2
                .db     0x76,0x5B,0xA2,0x49,0x6D,0x8B,0xD1,0x25
                .db     0x72,0xF8,0xF6,0x64,0x86,0x68,0x98,0x16
                .db     0xD4,0xA4,0x5C,0xCC,0x5D,0x65,0xB6,0x92
                .db     0x6C,0x70,0x48,0x50,0xFD,0xED,0xB9,0xDA
                .db     0x5E,0x15,0x46,0x57,0xA7,0x8D,0x9D,0x84
                .db     0x90,0xD8,0xAB,0x00,0x8C,0xBC,0xD3,0x0A
                .db     0xF7,0xE4,0x58,0x05,0xB8,0xB3,0x45,0x06
                .db     0xD0,0x2C,0x1E,0x8F,0xCA,0x3F,0x0F,0x02
                .db     0xC1,0xAF,0xBD,0x03,0x01,0x13,0x8A,0x6B
                .db     0x3A,0x91,0x11,0x41,0x4F,0x67,0xDC,0xEA
                .db     0x97,0xF2,0xCF,0xCE,0xF0,0xB4,0xE6,0x73
                .db     0x96,0xAC,0x74,0x22,0xE7,0xAD,0x35,0x85
                .db     0xE2,0xF9,0x37,0xE8,0x1C,0x75,0xDF,0x6E
                .db     0x47,0xF1,0x1A,0x71,0x1D,0x29,0xC5,0x89
                .db     0x6F,0xB7,0x62,0x0E,0xAA,0x18,0xBE,0x1B
                .db     0xFC,0x56,0x3E,0x4B,0xC6,0xD2,0x79,0x20
                .db     0x9A,0xDB,0xC0,0xFE,0x78,0xCD,0x5A,0xF4
                .db     0x1F,0xDD,0xA8,0x33,0x88,0x07,0xC7,0x31
                .db     0xB1,0x12,0x10,0x59,0x27,0x80,0xEC,0x5F
                .db     0x60,0x51,0x7F,0xA9,0x19,0xB5,0x4A,0x0D
                .db     0x2D,0xE5,0x7A,0x9F,0x93,0xC9,0x9C,0xEF
                .db     0xA0,0xE0,0x3B,0x4D,0xAE,0x2A,0xF5,0xB0
                .db     0xC8,0xEB,0xBB,0x3C,0x83,0x53,0x99,0x61
                .db     0x17,0x2B,0x04,0x7E,0xBA,0x77,0xD6,0x26
                .db     0xE1,0x69,0x14,0x63,0x55,0x21,0x0C,0x7D
                .dseg
vbdAesSchlssl:  .byte   11*16                          K0 bis K10
```

	.cseg			
mcAesSchluessel:	push5	r0,r16,r17,r26,r27	5×2	
	push4	r28,r29,r30,r31	4×2	
Die Umwandlung des externen sSchlüssel K in den internen Schlüssel $\mathbf{K}_0$				
	ldi	r28,LOW(vbdAesSchlssl)	1	$\mathbf{Y} \leftarrow \mathcal{A}(\mathsf{k}_{00})$
	ldi	r29,HIGH(vbdAesSchlssl)	1	
	ldi	r16,4	1	$\mathbf{r_{16}} \leftarrow \hat{j} = 4$, also $j \leftarrow 4 - \hat{j} = 0$
mcAesSchlssel04:	ld	r17,X+	2	$\mathsf{k}_{0j} \leftarrow \mathsf{K}[j]$
	std	Y+0,r17	2	
	ld	r17,X+	2	$\mathsf{k}_{1j} \leftarrow \mathsf{K}[j+1]$
	std	Y+4,r17	2	
	ld	r17,X+	2	$\mathsf{k}_{2j} \leftarrow \mathsf{K}[j+2]$
	std	Y+8,r17	2	
	ld	r17,X+	2	$\mathsf{k}_{3j} \leftarrow \mathsf{K}[j+3]$
	std	Y+12,r17	2	
	adiw	r29:r28,1	2	$\mathbf{Y} \leftarrow \mathcal{A}(\mathsf{k}_{0,j+1})$
	dec	r16	1	$\hat{j} \leftarrow \hat{j} - 1$, also $j \leftarrow j + 1$
	brne	mcAesSchlssel04	1/2	Falls $j < 3$ zur nächsten Spalte von $\mathbf{K}_0$
	sbiw	r29:r28,4	2	$\mathbf{Y} \leftarrow \mathcal{A}(\mathsf{k}_{00})$
Die Initialisierung der Register für die Schleifendurchläufe				
	ldi	r26,LOW(vbdAesXhochJ)	1	$\mathbf{X} \leftarrow \mathcal{A}(\mathsf{x}^0)$
	ldi	r27,HIGH(vbdAesXhochJ)	1	
	clr	r0	1	$\mathbf{r_0} \leftarrow 0$
	ldi	r17,10	1	$\mathbf{r_{17}} \leftarrow \hat{i} = 10$, also $i \leftarrow 11 - \hat{j} = 0$
Die Berechnung von $\mathbf{K}_i$ aus $\mathbf{K}_{i-1}$, $i \in \{1, \ldots, 10\}$				
mcAesSchlssel08:				
Die Berechnung der ersten Spalte von $\mathbf{K}_i$, $i \in \{1, \ldots, 10\}$				
	ldd	r16,Y+7	2	$\mathbf{r_{16}} \leftarrow \mathsf{k}_{13}$
	ldi	r30,LOW(2*vbcAesSBox)	1	$\mathbf{Z} \leftarrow 2\mathcal{A}(\boldsymbol{\Sigma})$
	ldi	r31,HIGH(2*vbcAesSBox)	1	
	add	r30,r16	1	$\mathbf{Z} \leftarrow 2(\mathcal{A}(\boldsymbol{\Sigma}) + \lfloor \mathsf{k}_{13}/2 \rfloor) + \mathsf{k}_{13} \bmod 2$
	adc	r31,r0	1	
	lpm	r16,Z	3	$\mathbf{r_{16}} \leftarrow \mathsf{s}_{13} = \boldsymbol{\Sigma}[\mathsf{k}_{13}]$
	ldd	r30,Y+0	2	$\mathbf{r_{30}} \leftarrow \mathsf{k}_{00}$
	eor	r16,r30	1	$\mathbf{r_{16}} \leftarrow \mathsf{s}_{13} \oplus \mathsf{k}_{00}$
	ld	r30,X+	2	$\mathbf{r_{30}} \leftarrow \mathsf{x}^{i-1}$
	eor	r16,r30	1	$\mathbf{r_{16}} \leftarrow \mathsf{s}_{13} \oplus \mathsf{k}_{00} \oplus \mathsf{x}^{i-1}$
	std	Y+16,r16	2	$\tilde{\mathsf{k}}_{00} \leftarrow \mathsf{s}_{13} \oplus \mathsf{k}_{00} \oplus \mathsf{x}^{i-1}$
	ldd	r16,Y+11	2	$\mathbf{r_{16}} \leftarrow \mathsf{k}_{23}$
	ldi	r30,LOW(2*vbcAesSBox)	1	$\mathbf{Z} \leftarrow 2\mathcal{A}(\boldsymbol{\Sigma})$
	ldi	r31,HIGH(2*vbcAesSBox)	1	
	add	r30,r16	1	$\mathbf{Z} \leftarrow 2(\mathcal{A}(\boldsymbol{\Sigma}) + \lfloor \mathsf{k}_{23}/2 \rfloor) + \mathsf{k}_{23} \bmod 2$
	adc	r31,r0	1	
	lpm	r16,Z	3	$\mathbf{r_{16}} \leftarrow \mathsf{s}_{13} = \boldsymbol{\Sigma}[\mathsf{k}_{13}]$
	ldd	r30,Y+4	2	$\mathbf{r_{30}} \leftarrow \mathsf{k}_{10}$
	eor	r16,r30	1	$\mathbf{r_{16}} \leftarrow \mathsf{s}_{23} \oplus \mathsf{k}_{10}$

`std`	`Y+20,r16`	2	$\tilde{\mathsf{k}}_{10} \leftarrow \mathsf{s}_{23} \oplus \mathsf{k}_{10}$
`ldd`	`r16,Y+15`	2	$\mathsf{r}_{16} \leftarrow \mathsf{k}_{33}$
`ldi`	`r30,LOW(2*vbcAesSBox)`	1	$\mathbf{Z} \leftarrow 2\mathcal{A}(\boldsymbol{\Sigma})$
`ldi`	`r31,HIGH(2*vbcAesSBox)`	1	
`add`	`r30,r16`	1	$\mathbf{Z} \leftarrow 2(\mathcal{A}(\boldsymbol{\Sigma}) + \lfloor \mathsf{k}_{33}/2 \rfloor) + \mathsf{k}_{33} \bmod 2$
`adc`	`r31,r0`	1	
`lpm`	`r16,Z`	3	$\mathsf{r}_{16} \leftarrow \mathsf{s}_{33} = \boldsymbol{\Sigma}[\mathsf{k}_{33}]$
`ldd`	`r30,Y+8`	2	$\mathsf{r}_{30} \leftarrow \mathsf{k}_{20}$
`eor`	`r16,r30`	1	$\mathsf{r}_{16} \leftarrow \mathsf{s}_{33} \oplus \mathsf{k}_{20}$
`std`	`Y+24,r16`	2	$\tilde{\mathsf{k}}_{20} \leftarrow \mathsf{s}_{33} \oplus \mathsf{k}_{20}$
`ldd`	`r16,Y+3`	2	$\mathsf{r}_{16} \leftarrow \mathsf{k}_{03}$
`ldi`	`r30,LOW(2*vbcAesSBox)`	1	$\mathbf{Z} \leftarrow 2\mathcal{A}(\boldsymbol{\Sigma})$
`ldi`	`r31,HIGH(2*vbcAesSBox)`	1	
`add`	`r30,r16`	1	$\mathbf{Z} \leftarrow 2(\mathcal{A}(\boldsymbol{\Sigma}) + \lfloor \mathsf{k}_{03}/2 \rfloor) + \mathsf{k}_{03} \bmod 2$
`adc`	`r31,r0`	1	
`lpm`	`r16,Z`	3	$\mathsf{r}_{16} \leftarrow \mathsf{s}_{03} = \boldsymbol{\Sigma}[\mathsf{k}_{03}]$
`ldd`	`r30,Y+12`	2	$\mathsf{r}_{30} \leftarrow \mathsf{k}_{30}$
`eor`	`r16,r30`	1	$\mathsf{r}_{16} \leftarrow \mathsf{s}_{03} \oplus \mathsf{k}_{30}$
`std`	`Y+28,r16`	2	$\tilde{\mathsf{k}}_{30} \leftarrow \mathsf{s}_{03} \oplus \mathsf{k}_{30}$
Die Berechnung der zweiten Spalte von $\mathbf{K}_i$, $i \in \{1, \ldots, 10\}$			
`ldd`	`r16,Y+1`	2	$\mathsf{r}_{16} \leftarrow \mathsf{k}_{01}$
`ldd`	`r30,Y+16`	2	$\mathsf{r}_{30} \leftarrow \tilde{\mathsf{k}}_{00}$
`eor`	`r16,r30`	1	$\tilde{\mathsf{k}}_{01} \leftarrow \mathsf{k}_{01} \oplus \tilde{\mathsf{k}}_{00}$
`std`	`Y+17,r16`	2	
`ldd`	`r16,Y+5`	2	$\mathsf{r}_{16} \leftarrow \mathsf{k}_{11}$
`ldd`	`r30,Y+20`	2	$\mathsf{r}_{30} \leftarrow \tilde{\mathsf{k}}_{10}$
`eor`	`r16,r30`	1	$\tilde{\mathsf{k}}_{11} \leftarrow \mathsf{k}_{11} \oplus \tilde{\mathsf{k}}_{10}$
`std`	`Y+21,r16`	2	
`ldd`	`r16,Y+9`	2	$\mathsf{r}_{16} \leftarrow \mathsf{k}_{21}$
`ldd`	`r30,Y+24`	2	$\mathsf{r}_{30} \leftarrow \tilde{\mathsf{k}}_{20}$
`eor`	`r16,r30`	1	$\tilde{\mathsf{k}}_{21} \leftarrow \mathsf{k}_{21} \oplus \tilde{\mathsf{k}}_{20}$
`std`	`Y+25,r16`	2	
`ldd`	`r16,Y+13`	2	$\mathsf{r}_{16} \leftarrow \mathsf{k}_{31}$
`ldd`	`r30,Y+28`	2	$\mathsf{r}_{30} \leftarrow \tilde{\mathsf{k}}_{30}$
`eor`	`r16,r30`	1	$\tilde{\mathsf{k}}_{31} \leftarrow \mathsf{k}_{31} \oplus \tilde{\mathsf{k}}_{30}$
`std`	`Y+29,r16`	2	
Die Berechnung der dritten Spalte von $\mathbf{K}_i$, $i \in \{1, \ldots, 10\}$			
`ldd`	`r16,Y+2`	2	$\mathsf{r}_{16} \leftarrow \mathsf{k}_{02}$
`ldd`	`r30,Y+17`	2	$\mathsf{r}_{30} \leftarrow \tilde{\mathsf{k}}_{01}$
`eor`	`r16,r30`	1	$\tilde{\mathsf{k}}_{02} \leftarrow \mathsf{k}_{02} \oplus \tilde{\mathsf{k}}_{01}$
`std`	`Y+18,r16`	2	
`ldd`	`r16,Y+6`	2	$\mathsf{r}_{16} \leftarrow \mathsf{k}_{12}$
`ldd`	`r30,Y+21`	2	$\mathsf{r}_{30} \leftarrow \tilde{\mathsf{k}}_{11}$
`eor`	`r16,r30`	1	$\tilde{\mathsf{k}}_{12} \leftarrow \mathsf{k}_{12} \oplus \tilde{\mathsf{k}}_{11}$
`std`	`Y+22,r16`	2	
`ldd`	`r16,Y+10`	2	$\mathsf{r}_{16} \leftarrow \mathsf{k}_{22}$

154	ldd	r30,Y+25	2	$r_{30} \leftarrow \tilde{k}_{21}$
155	eor	r16,r30	1	$\tilde{k}_{22} \leftarrow k_{22} \oplus \tilde{k}_{21}$
156	std	Y+26,r16	2	
157	ldd	r16,Y+14	2	$r_{16} \leftarrow k_{32}$
158	ldd	r30,Y+29	2	$r_{30} \leftarrow \tilde{k}_{31}$
159	eor	r16,r30	1	$\tilde{k}_{32} \leftarrow k_{32} \oplus \tilde{k}_{31}$
160	std	Y+30,r16	2	

Die Berechnung der vierten Spalte von $\mathbf{K}_i$, $i \in \{1, \ldots, 10\}$

161	ldd	r16,Y+3	2	$r_{16} \leftarrow k_{03}$
162	ldd	r30,Y+18	2	$r_{30} \leftarrow \tilde{k}_{02}$
163	eor	r16,r30	1	$\tilde{k}_{03} \leftarrow k_{03} \oplus \tilde{k}_{02}$
164	std	Y+19,r16	2	
165	ldd	r16,Y+7	2	$r_{16} \leftarrow k_{13}$
166	ldd	r30,Y+22	2	$r_{30} \leftarrow \tilde{k}_{12}$
167	eor	r16,r30	1	$\tilde{k}_{13} \leftarrow k_{13} \oplus \tilde{k}_{12}$
168	std	Y+23,r16	2	
169	ldd	r16,Y+11	2	$r_{16} \leftarrow k_{23}$
170	ldd	r30,Y+26	2	$r_{30} \leftarrow \tilde{k}_{22}$
171	eor	r16,r30	1	$\tilde{k}_{23} \leftarrow k_{23} \oplus \tilde{k}_{22}$
172	std	Y+27,r16	2	
173	ldd	r16,Y+15	2	$r_{16} \leftarrow k_{33}$
174	ldd	r30,Y+30	2	$r_{30} \leftarrow \tilde{k}_{32}$
175	eor	r16,r30	1	$\tilde{k}_{33} \leftarrow k_{33} \oplus \tilde{k}_{32}$
176	std	Y+31,r16	2	

Der Abschluß eines Schleifendurchlaufs

177	adiw	r29:r28,16	2	$\mathbf{Y} \leftarrow \mathcal{A}(\tilde{k}_{00})$
178	dec	r17	1	$i \leftarrow i + 1$, d.h. $i \leftarrow 11 - \hat{i}$
179	skeq		1/2	Falls $i \leq 10$:
180	rjmp	mcAesSchlssel08	2	Zum nächsten Schleifendurchlauf
181	pop4	r31,r30,r29,r28	4×2	
182	pop5	r27,r26,r17,r16,r0	5×2	
183	ret		4	

Die internen Schlüssel liegen ab der Adresse vbdAesSchlssl als zeilenweise hintereinander gespeicherte 4×4-Bytematrizen im RAM. Ist $\varkappa_{i-1}$ die Adresse von $\mathbf{K}_{i-1}$, also von $\mathbf{k}_{00}$, dann haben die Koeffizienten von $\mathbf{K}_{i-1}$ und $\mathbf{K}_i$ die folgenden relativen Adressen (*offsets*) bezüglich $\varkappa_{i-1}$:

$\mathbf{K}_{i-1}$				$\mathbf{K}_i$			
0	1	2	3	16	17	18	19
4	5	6	7	20	21	22	23
8	9	10	11	24	25	26	27
12	13	14	15	28	29	30	31

Es ist die erste Aufgabe des Unterprogramms, die Matrix $\mathbf{K}_0$ mit den Koeffizienten des externen Schlüsselvektors $\mathbf{K}$ zu belegen. Wie die Einführung zu Kapitel 4 zeigt, müssen die Koeffizienten von $\mathbf{K}$ strukturell (d.h. mathematisch) gesehen spaltenweise in die Matrix eingefügt werden. Das sieht formelmäßig wie folgt aus:

$$\mathsf{K} = \begin{pmatrix} k_0 \\ k_1 \\ \vdots \\ k_{14} \\ k_{15} \end{pmatrix} \longrightarrow \begin{pmatrix} k_0 & k_4 & k_8 & k_{12} \\ k_1 & k_5 & k_9 & k_{13} \\ k_2 & k_6 & k_{10} & k_{14} \\ k_3 & k_7 & k_{11} & k_{15} \end{pmatrix} = \begin{pmatrix} \mathsf{k}_{00} & \mathsf{k}_{01} & \mathsf{k}_{02} & \mathsf{k}_{03} \\ \mathsf{k}_{10} & \mathsf{k}_{11} & \mathsf{k}_{12} & \mathsf{k}_{13} \\ \mathsf{k}_{20} & \mathsf{k}_{21} & \mathsf{k}_{22} & \mathsf{k}_{23} \\ \mathsf{k}_{30} & \mathsf{k}_{31} & \mathsf{k}_{32} & \mathsf{k}_{33} \end{pmatrix} = \mathbf{K}_0$$

Wegen der zeilenweisen Anordnung der Matrix als Speicherstruktur gehört daher k_0 an die Adresse $\varkappa_0 + 0$, k_1 an $\varkappa_0 + 4$, k_2 an $\varkappa_0 + 8$, k_3 an $\varkappa_0 + 12$, k_4 an $\varkappa_0 + 1$, usw. Eben diese Zuordnung wird nun in den Zeilen *71–85* vorgenommen. Dabei werden die vier Spalten von $\mathbf{K}_0$ in einer Schleife durchlaufen. Falls es wirklich auf jeden Prozessortakt ankommt können die 16 Speicherzugriffspaare natürlich auch direkt hingeschrieben werden.

Anschließend werden die Rundenschlüssel $\mathbf{K}_1$ bis $\mathbf{K}_{10}$ wie in Abschnitt 4.4 vorgegeben berechnet, und zwar in einer zehnmal durchlaufenen Schleife. Die benötigten Werte der S-Box werden einer Tabelle im ROM entnommen. Falls genügend Platz vorhanden ist empfiehlt es sich, die Tabelle in das RAM zu kopieren, weil auf die S-Box doch recht häufig zugegriffen werden muß.

Noch eine Bemerkung zu den Zeilen *92–95* (auch Zeilen *103–106* usw.). Zum Zugriff auf das Tabellenelement $\mathsf{S}[k]$ im ROM ist zum einen die 15-Bit-Wortadresse von $\mathsf{S}[k]$ in die oberen 15 Bit von Register **Z** zu laden und zum anderen das untere Bit von **Z** zu löschen, falls auf die unteren acht Bit an der Wortadresse zuzugreifen ist, oder das untere Bit ist zu setzen, falls auf die oberen acht Bit an der Wortadresse zugegriffen werden soll. Die Wortadresse von $\mathsf{S}[k]$ ist natürlich gegeben als

$$\mathcal{A}(\mathsf{S}) + \left\lfloor \frac{k}{2} \right\rfloor$$

und das Bit zur Bestimmung des Byteanteils des Wortes ist $k \bmod 2$. Daher wird Register **Z** wie es im Programm geschieht mit den korrekten Bits geladen, wenn die Summe

$$2\mathcal{A}(\mathsf{S}) + k$$

in das Register geschrieben wird (siehe dazu auch [Mss1] Kapitel 12).

5.3. Die Spaltenmischung

Gegeben sind ein Rundentext $\mathbf{T}$ und eine 4×4-Konstantenmatrix $\mathbf{M}$ mit Koeffizienten aus $\mathbb{K}_{2^8}$. Zu berechnen ist ihr Matrizenprodukt $\mathbf{MT}$, und zwar ist die Matrix $\mathbf{T}$ mit dem Matrizenprodukt zu überschreiben:

$$\mathbf{MT} = \begin{pmatrix} \mathbf{m}_{00} & \mathbf{m}_{01} & \mathbf{m}_{02} & \mathbf{m}_{03} \\ \mathbf{m}_{10} & \mathbf{m}_{11} & \mathbf{m}_{12} & \mathbf{m}_{13} \\ \mathbf{m}_{20} & \mathbf{m}_{21} & \mathbf{m}_{22} & \mathbf{m}_{23} \\ \mathbf{m}_{30} & \mathbf{m}_{31} & \mathbf{m}_{32} & \mathbf{m}_{33} \end{pmatrix} \begin{pmatrix} \mathbf{t}_{00} & \mathbf{t}_{01} & \mathbf{t}_{02} & \mathbf{t}_{03} \\ \mathbf{t}_{10} & \mathbf{t}_{11} & \mathbf{t}_{12} & \mathbf{t}_{13} \\ \mathbf{t}_{20} & \mathbf{t}_{21} & \mathbf{t}_{22} & \mathbf{t}_{23} \\ \mathbf{t}_{30} & \mathbf{t}_{31} & \mathbf{t}_{32} & \mathbf{t}_{33} \end{pmatrix} \longrightarrow \begin{pmatrix} \mathbf{t}_{00} & \mathbf{t}_{01} & \mathbf{t}_{02} & \mathbf{t}_{03} \\ \mathbf{t}_{10} & \mathbf{t}_{11} & \mathbf{t}_{12} & \mathbf{t}_{13} \\ \mathbf{t}_{20} & \mathbf{t}_{21} & \mathbf{t}_{22} & \mathbf{t}_{23} \\ \mathbf{t}_{30} & \mathbf{t}_{31} & \mathbf{t}_{32} & \mathbf{t}_{33} \end{pmatrix} = \mathbf{T}$$

Das Unterprogramm zur Matrizenmultiplikation in Abschnitt dcsvh ist dazu nicht geeignet, denn mit vielen berechneten Produkten $\mathbf{g}_{ij}$ kann der Koeffizient $\mathbf{t}_{ij}$ von $\mathbf{T}$ nicht überschrieben werden, weil er noch für die Berechnung weiterer Produkte benötigt wird (siehe dort). Die Multiplikation der Matrizen muß daher anders organisiert werden.

Unterprogramm mcAesSpMisch

Es wird ein Text $\mathbf{T}$ mit einer 4×4-Konstantenmatrix $\mathbf{M}$ mit Koeffizienten aus $\mathbb{K}_{2^8}$ multipliziert.

Input

$\mathbf{r}_{31:30}$	Die Adresse μ der Matrix $\mathbf{M}$
$\mathbf{r}_{29:28}$	Die Adresse τ des Textes $\mathbf{T}$

Der Text $\mathbf{T}$ wird mit dem Matrizenprodukt $\mathbf{MT}$ überschrieben.
Es werden die Inhalte der Register $\mathbf{r}_0$ bis $\mathbf{r}_6$ und $\mathbf{r}_{16}$ bis $\mathbf{r}_{18}$ verändert (siehe Text).
Das Unterprogramm kann keine Fehler erzeugen.

1	mcAesSpMisch:clr	r6		1	Für Unterprogramm mcK28Mul
2	clr	r0		1	$\mathbf{r}_0 \leftarrow s = 1 = 2^0$, d.h. $j \leftarrow 0$
3	inc	r0		1	
4	mcAesSpMsh04:ldd	r1,Y+0		2	$\mathbf{r}_1 \leftarrow \mathbf{a} = \mathbf{t}_{0j}$
5	ldd	r2,Y+4		2	$\mathbf{r}_2 \leftarrow \mathbf{b} = \mathbf{t}_{1j}$
6	ldd	r3,Y+8		2	$\mathbf{r}_3 \leftarrow \mathbf{c} = \mathbf{t}_{2j}$
7	ldd	r4,Y+12		2	$\mathbf{r}_4 \leftarrow \mathbf{d} = \mathbf{t}_{3j}$
8	ld	r16,Z+		2	$\mathbf{r}_{16} \leftarrow \mathbf{m}_{00}$
9	mov	r17,r1		1	$\mathbf{r}_{17} \leftarrow \mathbf{a}$
10	rcall	mcK28Mul		3+	$\mathbf{r}_{18} \leftarrow \mathbf{am}_{00}$
11	mov	r5,r18		1	$\mathbf{r}_5 \leftarrow \mathbf{p} = \mathbf{am}_{00}$
12	ld	r16,Z+		2	$\mathbf{r}_{16} \leftarrow \mathbf{m}_{01}$
13	mov	r17,r2		1	$\mathbf{r}_{17} \leftarrow \mathbf{b}$
14	rcall	mcK28Mul		3+	$\mathbf{r}_{18} \leftarrow \mathbf{bm}_{01}$
15	eor	r5,r18		1	$\mathbf{r}_5 \leftarrow \mathbf{p} + \mathbf{bm}_{01}$
16	ld	r16,Z+		2	$\mathbf{r}_{16} \leftarrow \mathbf{m}_{02}$
17	mov	r17,r3		1	$\mathbf{r}_{17} \leftarrow \mathbf{c}$
18	rcall	mcK28Mul		3+	$\mathbf{r}_{18} \leftarrow \mathbf{cm}_{02}$

19	eor	r5,r18	1	$r_5 \leftarrow p + cm_{02}$
20	ld	r16,Z+	2	$r_{16} \leftarrow m_{03}$
21	mov	r17,r4	1	$r_{17} \leftarrow d$
22	rcall	mcK28Mul	3+	$r_{18} \leftarrow dm_{03}$
23	eor	r5,r18	1	$r_5 \leftarrow p + dm_{03}$
24	std	Y+0,r5	2	$t_{0j} \leftarrow p$
25	ld	r16,Z+	2	$r_{16} \leftarrow m_{10}$
26	mov	r17,r1	1	$r_{17} \leftarrow a$
27	rcall	mcK28Mul	3+	$r_{18} \leftarrow am_{10}$
28	mov	r5,r18	1	$r_5 \leftarrow p = am_{10}$
29	ld	r16,Z+	2	$r_{16} \leftarrow m_{11}$
30	mov	r17,r2	1	$r_{17} \leftarrow b$
31	rcall	mcK28Mul	3+	$r_{18} \leftarrow bm_{11}$
32	eor	r5,r18	1	$r_5 \leftarrow p + bm_{11}$
33	ld	r16,Z+	2	$r_{16} \leftarrow m_{12}$
34	mov	r17,r3	1	$r_{17} \leftarrow c$
35	rcall	mcK28Mul	3+	$r_{18} \leftarrow cm_{12}$
36	eor	r5,r18	1	$r_5 \leftarrow p + cm_{12}$
37	ld	r16,Z+	2	$r_{16} \leftarrow m_{13}$
38	mov	r17,r4	1	$r_{17} \leftarrow d$
39	rcall	mcK28Mul	3+	$r_{18} \leftarrow dm_{13}$
40	eor	r5,r18	1	$r_5 \leftarrow p + dm_{13}$
41	std	Y+4,r5	2	$t_{1j} \leftarrow p$
42	ld	r16,Z+	2	$r_{16} \leftarrow m_{20}$
43	mov	r17,r1	1	$r_{17} \leftarrow a$
44	rcall	mcK28Mul	3+	$r_{18} \leftarrow am_{20}$
45	mov	r5,r18	1	$r_5 \leftarrow p = am_{20}$
46	ld	r16,Z+	2	$r_{16} \leftarrow m_{21}$
47	mov	r17,r2	1	$r_{17} \leftarrow b$
48	rcall	mcK28Mul	3+	$r_{18} \leftarrow bm_{21}$
49	eor	r5,r18	1	$r_5 \leftarrow p + bm_{21}$
50	ld	r16,Z+	2	$r_{16} \leftarrow m_{22}$
51	mov	r17,r3	1	$r_{17} \leftarrow c$
52	rcall	mcK28Mul	3+	$r_{18} \leftarrow cm_{22}$
53	eor	r5,r18	1	$r_5 \leftarrow p + cm_{22}$
54	ld	r16,Z+	2	$r_{16} \leftarrow m_{23}$
55	mov	r17,r4	1	$r_{17} \leftarrow d$
56	rcall	mcK28Mul	3+	$r_{18} \leftarrow dm_{23}$
57	eor	r5,r18	1	$r_5 \leftarrow p + dm_{23}$
58	std	Y+8,r5	2	$t_{2j} \leftarrow p$
59	ld	r16,Z+	2	$r_{16} \leftarrow m_{30}$
60	mov	r17,r1	1	$r_{17} \leftarrow a$
61	rcall	mcK28Mul	3+	$r_{18} \leftarrow am_{30}$
62	mov	r5,r18	1	$r_5 \leftarrow p = am_{30}$
63	ld	r16,Z+	2	$r_{16} \leftarrow m_{31}$
64	mov	r17,r2	1	$r_{17} \leftarrow b$

```
65    rcall  mcK28Mul       3+   r18 ← bm31
66    eor    r5,r18         1    r5 ← p + bm31
67    ld     r16,Z+         2    r16 ← m32
68    mov    r17,r3         1    r17 ← c
69    rcall  mcK28Mul       3+   r18 ← cm32
70    eor    r5,r18         1    r5 ← p + cm32
71    ld     r16,Z+         2    r16 ← m33
72    mov    r17,r4         1    r17 ← d
73    rcall  mcK28Mul       3+   r18 ← dm33
74    eor    r5,r18         1    r5 ← p + dm33
75    std    Y+12,r5        2    t3j ← p
76    adiw   Y,1            2    Y ← A(t0,j+1)
77    sbiw   Z,16           2    Z ← μ
78    lsl    r0             1    s ← 2s, d.h. j ← j + 1
79    sbrs   r0,4           1/2  Falls s < 2^4, d.h. j < 3:
80    rjmp   mcAesSpMsh04   2      Zum nächsten Schleifendurchlauf
81    sbiw   Y,4            2    Y ← τ
82    ret                   4
```

Die große Schleife des Unterprogramms wird einmal für jede Spalte von $\mathbf{T}$ durchlaufen. Beim ersten Durchlauf werden die Elemente der ersten Spalte von $\mathbf{T}$ in temporären Variablen abgelegt, etwa

$$\mathsf{a} \leftarrow \mathsf{t}_{00} \quad \mathsf{b} \leftarrow \mathsf{t}_{10} \quad \mathsf{c} \leftarrow \mathsf{t}_{20} \quad \mathsf{d} \leftarrow \mathsf{t}_{30}$$

Die neue erste Spalte von $\mathbf{T}$ wird dann berechnet als

$$\begin{aligned}
\mathsf{t}_{00} &\leftarrow \mathsf{m}_{00}\mathsf{a} + \mathsf{m}_{01}\mathsf{b} + \mathsf{m}_{02}\mathsf{c} + \mathsf{m}_{03}\mathsf{d} \\
\mathsf{t}_{10} &\leftarrow \mathsf{m}_{10}\mathsf{a} + \mathsf{m}_{11}\mathsf{b} + \mathsf{m}_{12}\mathsf{c} + \mathsf{m}_{23}\mathsf{d} \\
\mathsf{t}_{20} &\leftarrow \mathsf{m}_{20}\mathsf{a} + \mathsf{m}_{21}\mathsf{b} + \mathsf{m}_{22}\mathsf{c} + \mathsf{m}_{23}\mathsf{d} \\
\mathsf{t}_{30} &\leftarrow \mathsf{m}_{30}\mathsf{a} + \mathsf{m}_{31}\mathsf{b} + \mathsf{m}_{32}\mathsf{c} + \mathsf{m}_{33}\mathsf{d}
\end{aligned}$$

Mit den übrigen drei Spalten von $\mathbf{T}$ wird ebenso verfahren.

Der Inhalt von Register $\mathbf{Z}$ durchläuft bei der Berechnung einer Spalte von $\mathbf{T}$ die Adressen der Elemente von $\mathbf{M}$, wegen der zeilenweisen Speicherung der Matrizen zeilenweise, genau einmal. Es kann nach der Berechnung der Spalte deshalb durch Subtraktion von 16 auf seinen Anfangswert μ zurückgesetzt werden.

Dagegen durchläuft der Inhalt von Register $\mathbf{Y}$ die Adressen der Spaltenanfänge t_{0j}, es erhält daher am Ende des Unterprogramms durch Subtraktion von 4 wieder seinen Anfangswert τ.

Die Schleife des Unterprogramms ist zu groß, als daß mit einem relativen Sprung von ihrem Ende zu ihrem Anfange gesprungen werden könnte. Es wird daher in Zeile *79* ein absoluter Sprung an den Schleifenanfang verwendet, der mit dem Befehl in der vorigen Zeile übersprungen wird, falls noch nicht alle vier Spalten berechnet worden sind. Dieser Befehl `sbrs` reagiert auf ein gesetztes Bit in Register $\mathtt{r}_0$. Register $\mathtt{r}_0$ wird deshalb vor dem Betreten der Schleife mit $\mathtt{01}_{16}$ geladen, und nach jeder Spaltenberechnung wird das Bit um eine Position nach links verschoben. Hat das Bit dabei die Position 2^4 erreicht, sind die vier Spalten berechnet worden und der Sprungbefehl zum Anfang der Schleife wird übersprungen.

Zur Beachtung: Wird als Multiplikationsunterprogramm `mcK28Mul` die optimierte Variante aus Abschnitt 10.1.2 aufgerufen, dann wird beim Aufruf der Inhalt von $\mathbf{X}$ verändert, $\mathbf{r_6}$ muß den Inhalt $\mathtt{00}_{16}$ besitzen und die Anfangsadressen der RAM-Tabellen des Unterprogramms müssen bestimmte Bedingungen erfüllen (siehe Abschnitt 10.1.2).

5.4. Die optimierte Spaltenmischung

Die Optimierung des Unterprogramms zur Ausführung der Körpermultiplikation von $\mathbb{K}_{2^8}$ in Abschnitt 10.1.2 hat die Ausführungszeit der Verschlüsselung von 40214 auf 21795 Prozessortakte reduzieren können. Die Körpermultiplikation ist also ein gewichtiger Takteverbraucher der Verschlüsselung (und natürlich auch der Entschlüsselung). Es wird daher sicher lohnend sein, nach der internen Optimierung noch eine externe Optimierung vorzunehmen.

Damit ist gemeint, daß in Abschnitt 10.1.2 nur Befehlssequenzen des Unterprogramms verändert wurden, und zwar lediglich solche, welche die Funktionalität des Unterprogramms bestimmen. Mit einer Ausnahme: Die Befehle `push` und `pop` tragen natürlich nichts zur Funktionalität bei, aber sie wurden doch wegen interner Umstellungen des Registereinsatzes überflüssig.

Jedenfalls wurden bisher keine externen Optimierungen vorgenommen. Dazu zählen auf jeden Fall Umstellungen, die sich auf das Aufrufen des Unterprogramms beziehen, sowohl innerhalb als auch außerhalb des Unterprogramms. Es gehören aber auch Befehle dazu, die wegen einer solchen Umstellung aus dem Unterprogramm entfernt werden können.

Im nachfolgenden optimierten Unterprogramm zur Spaltenmischung wird das Unterprogramm zur Ausführung der Körpermultiplikation nicht mehr zur Laufzeit aufgerufen, sondern zur Assemblierungszeit als Makro.

Unterprogramm `mcAesSpMisch`

Es wird ein Text **T** mit einer 4×4-Konstantenmatrix **M** mit Koeffizienten aus $\mathbb{K}_{2^8}$ multipliziert.

Input

$\mathbf{r}_{31:30}$ Die Adresse μ der Matrix **M**
$\mathbf{r}_{29:28}$ Die Adresse τ des Textes **T**

Der Text **T** wird mit dem Matrizenprodukt **MT** überschrieben.
Es werden die Inhalte der Register $\mathbf{r}_0$ bis $\mathbf{r}_6$, $\mathbf{r}_{16}$ bis $\mathbf{r}_{18}$, $\mathbf{r}_{26}$ und $\mathbf{r}_{27}$ verändert.
Das Unterprogramm kann keine Fehler erzeugen.

```
      .macro K28Mul
      clr    r18                       1    r18 ← w = 00 (vorläufig)
      tst    r17                       1    v = 0?
      skeq9                            1/2  Falls v = 0 mit w = 0 und S.3 = 1 zurück
      ldi    r27,HIGH(vbdK28Lam)       1    r27 ← A(Λa[u])^⊤
      mov    r26,r16                   1    r26 ← u = A(Λa[u])^⊥
      ld     r18,X                     2    r18 ← p = Λa[u]
      mov    r26,r17                   1    r26 ← v = A(Λa[v])^⊥
      ld     r26,X                     2    r26 ← q = Λa[v]
      add    r26,r18                   1    r26 ← A(Υa[(p + q) mod 255])^⊥
      adc    r26,r6                    1      r6 enthält hier 00_16
      ldi    r27,HIGH(vbdK28Yps)       1    r27 ← A(Υa[(p + q) mod 255])^⊤
      ld     r18,X                     2    r18 ← w = Υa[(p + q) mod 255]
      .endm
```

```
15 mcAesSpMisch:   clr     r6         1     Zur Übertragsaddition (Zeile 11)
16                 clr     r0         1     r0 ← s = 1 = 2^0, d.h. j ← 0
17                 inc     r0         1
18 mcAesSpMisch04: ldd     r1,Y+0     2     r1 ← a = t0j
19                 ldd     r2,Y+4     2     r2 ← b = t1j
20                 ldd     r3,Y+8     2     r3 ← c = t2j
21                 ldd     r4,Y+12    2     r4 ← d = t3j
22                 ld      r16,Z+     2     r16 ← m00
23                 mov     r17,r1     1     r17 ← a
24                 K28Mul             4/15  r18 ← am00
25                 mov     r5,r18     1     r5 ← p = am00
26                 ld      r16,Z+     2     r16 ← m01
27                 mov     r17,r2     1     r17 ← b
28                 K28Mul             4/15  r18 ← bm01
29                 eor     r5,r18     1     r5 ← p + bm01
30                 ld      r16,Z+     2     r16 ← m02
31                 mov     r17,r3     1     r17 ← c
32                 K28Mul             4/15  r18 ← cm02
33                 eor     r5,r18     1     r5 ← p + cm02
34                 ld      r16,Z+     2     r16 ← m03
35                 mov     r17,r4     1     r17 ← d
36                 K28Mul             4/15  r18 ← dm03
37                 eor     r5,r18     1     r5 ← p + dm03
38                 std     Y+0,r5     2     t0j ← p
39                 ld      r16,Z+     2     r16 ← m10
40                 mov     r17,r1     1     r17 ← a
41                 K28Mul             4/15  r18 ← am10
42                 mov     r5,r18     1     r5 ← p = am10
43                 ld      r16,Z+     2     r16 ← m11
44                 mov     r17,r2     1     r17 ← b
45                 K28Mul             4/15  r18 ← bm11
46                 eor     r5,r18     1     r5 ← p + bm11
47                 ld      r16,Z+     2     r16 ← m12
48                 mov     r17,r3     1     r17 ← c
49                 K28Mul             4/15  r18 ← cm12
50                 eor     r5,r18     1     r5 ← p + cm12
51                 ld      r16,Z+     2     r16 ← m13
52                 mov     r17,r4     1     r17 ← d
53                 K28Mul             4/15  r18 ← dm13
54                 eor     r5,r18     1     r5 ← p + dm13
55                 std     Y+4,r5     2     t1j ← p
56                 ld      r16,Z+     2     r16 ← m20
57                 mov     r17,r1     1     r17 ← a
58                 K28Mul             4/15  r18 ← am20
59                 mov     r5,r18     1     r5 ← p = am20
60                 ld      r16,Z+     2     r16 ← m21
```

61	mov	r17,r2	1	$r_{17} \leftarrow b$
62	K28Mul		4/15	$r_{18} \leftarrow bm_{21}$
63	eor	r5,r18	1	$r_5 \leftarrow p + bm_{21}$
64	ld	r16,Z+	2	$r_{16} \leftarrow m_{22}$
65	mov	r17,r3	1	$r_{17} \leftarrow c$
66	K28Mul		4/15	$r_{18} \leftarrow cm_{22}$
67	eor	r5,r18	1	$r_5 \leftarrow p + cm_{22}$
68	ld	r16,Z+	2	$r_{16} \leftarrow m_{23}$
69	mov	r17,r4	1	$r_{17} \leftarrow d$
70	K28Mul		4/15	$r_{18} \leftarrow dm_{23}$
71	eor	r5,r18	1	$r_5 \leftarrow p + dm_{23}$
72	std	Y+8,r5	2	$t_{2j} \leftarrow p$
73	ld	r16,Z+	2	$r_{16} \leftarrow m_{30}$
74	mov	r17,r1	1	$r_{17} \leftarrow a$
75	K28Mul		4/15	$r_{18} \leftarrow am_{30}$
76	mov	r5,r18	1	$r_5 \leftarrow p = am_{30}$
77	ld	r16,Z+	2	$r_{16} \leftarrow m_{31}$
78	mov	r17,r2	1	$r_{17} \leftarrow b$
79	K28Mul		4/15	$r_{18} \leftarrow bm_{31}$
80	eor	r5,r18	1	$r_5 \leftarrow p + bm_{31}$
81	ld	r16,Z+	2	$r_{16} \leftarrow m_{32}$
82	mov	r17,r3	1	$r_{17} \leftarrow c$
83	K28Mul		4/15	$r_{18} \leftarrow cm_{32}$
84	eor	r5,r18	1	$r_5 \leftarrow p + cm_{32}$
85	ld	r16,Z+	2	$r_{16} \leftarrow m_{33}$
86	mov	r17,r4	1	$r_{17} \leftarrow d$
87	K28Mul		4/15	$r_{18} \leftarrow dm_{33}$
88	eor	r5,r18	1	$r_5 \leftarrow p + dm_{33}$
89	std	Y+12,r5	2	$t_{3j} \leftarrow p$
90	adiw	Y,1	2	$Y \leftarrow \mathcal{A}(t_{0,j+1})$
91	sbiw	Z,16	2	$Z \leftarrow \mu$
92	lsl	r0	1	$s \leftarrow 2s$, d.h. $j \leftarrow j + 1$
93	sbrs	r0,4	1/2	Falls $s < 2^4$, d.h. $j < 3$:
94	rjmp	mcAesSpMisch04	2	Zum nächsten Schleifendurchlauf
95	sbiw	Y,4	2	$Y \leftarrow \tau$
96	ret		4	

Der Aufruf des Makros unterscheidet sich äußerlich nicht vom Aufruf des Unterprogramms in Abschnitt 5.3, beide sind jedoch grundverschieden. Denn beim Aufruf des Makros wird nur der wesentliche Text des Unterprogramms in den laufenden Programmtext eingefügt, insbesondere also zur Assemblierungszeit. Der Laufzeitmechanismus zum Aufruf und Rücksprung eines Unterprogramms entfällt daher. Dieser Mechanismus erfordert sieben oder acht Takte (bzw. acht oder neun Takte bei Prozessoren mit großem ROM), das erklärt natürlich das hohe Einsparungspotential bei der Ersetzung eines Unterprogramms durch ein Makro insbesondere in einer Schleife, erst recht natürlich in der inneren Schleife einer geschachtelten Schleife.

Es gibt jedoch ein Problem beim Einsatz von Makros. Der Makroprozessor des verwendeten Assemblers kennt keine in einem Makro lokalen Programmmarken (*no local labels*). Falls es sie doch geben sollte, sind sie jedenfalls gut versteckt. Man kann sich jedoch gut behelfen, indem man eine weitere negative Eigenschaft des Assemblers nutzt: Der Assembler verschleiert nämlich die wahre Natur der konditionierten Sprünge bei AVR-Prozessoren. Ein bedingter Sprung ist nämlich nicht, wie der Assembler vorgibt, ein Sprung an eine bestimmte Programmmarke, sondern ein Sprung über eine bestimmme Anzahl von Programmworten hinweg, ob vorwärts, ob rückwärts. Hier ist das Bitmuster des im Unterprogramm verwendeten als Makro verkleideten Befehls `breq`:

$$111100\mathrm{nnnnnnn}001$$

Bei nnnnnnn = 0000001 wird das auf den Sprungbefehl folgende Programmwort übersprungen, bei nnnnnnn = 0000010 die beiden nächstfolgenden, usw.

Die Zahl nnnnnnn ist allerdings im Zweierkomplement verschlüsselt, und Rückwärtssprünge werden ausgeführt, wenn sie negativ ist. Und zwar wird bei nnnnnnn = 1111111, was -1 bedeutet, über das Programmwort des Sprungbefehls selbst zurückgesprungen, d.h. damit wird eine Endlosschleife erzeugt! Einen echten Rücksprung über das dem Sprungbefehl vorangehende Programmwort wird daher erst mit nnnnnnn = 1111110 ereicht, was -2 bedeutet.

Es ist klar, wie der Assembler vorgeht: Er berechnet die Differenz zwischen dem Sprungbefehlswort und der Programmmarke und bestimmt so die Zahl nnnnnnn.

Das Makro `skeq9` in Zeile *4* erzeugt das Bitmuster 1111000001001001 mit nnnnnnn = 0001001 = 9, es wird also ein Vorwärtssprung über neun Programmworte durchgeführt, d.h. ein Sprung über alle restlichen Programmworte des Makros.

Die Laufzeit der Verschlüsselung mit der optimierten Spaltenmischung konnte gegenüber der Laufzeit mit optimierter Körpermultiplikation aus Abschnitt 10.1.2 noch beträchtlich reduziert werden, und zwar von 20643 Takten auf hier nur noch 16611 Prozessortakte. Die Laufzeit wird also um etwa 19,5% vermindert, das bedeutet noch einmal eine beträchtliche Reduktion.

Zur Beachtung: Die ROM-Tabellen, RAM-Tabellen und das Initialisierungsunterprogramm aus Abschnitt 10.1.2 werden auch für die optimierte Spaltenmischung benötigt. Auch die Bedingung, daß die Startadressen der RAM-Tabellen von der Gestalt $\mathtt{XX00}_{16}$ sind, muß erfüllt sein.

5.5. Die Verschlüsselung

Die Implementierung der Verschlüsselung ist eine direkte Umsetzung von Abschnitt 4.5. Das ist allerdings auf Assemblerebene nicht zu wörtlich zu nehmen.

Unterprogramm `mcAesVersch`

Es wird ein externer Klartext **T** zu einem externen Geheimtext **G** verschlüsselt.

Input

$\mathbf{r}_{27:26}$ Die Adresse τ des Klartextes $\mathsf{T} = (t_0, \ldots, t_{15})$
$\mathbf{r}_{29:28}$ Die Adresse β eines Bytevektors $\mathfrak{b} = (b_0, \ldots, b_{15})$ der Länge 16

Der Bytevektor $\mathfrak{b}$ wird mit dem externen Geheimtext $\mathsf{G} = (g_0, \ldots, g_{15})$ von T geladen.
Das Unterprogramm kann keine Fehler erzeugen.

`mcAesVersch:`	`push6`	`r0,r1,r2,r3,r4,r5`	6×2	
	`push2`	`r14,r15`	2×2	
	`push4`	`r16,r17,r18,r19`	4×2	
	`push4`	`r26,r27,r30,r31`	4×2	

Die Umwandlung des externen Klartextes **T** in den internen Rundentext **T** (d.h. $\mathfrak{b}$ als **T** interpretiert)
Register **Y** enthält also $\mathcal{A}(\mathbf{T}) = \mathcal{A}(\mathbf{t}_{00})$

	`ldi`	`r16,4`	1	$\mathbf{r_{16}} \leftarrow \hat{\imath} = 4$, also $i \leftarrow 4 - \hat{\imath} = 0$
`mcAesVersch04:`	`ld`	`r17,X+`	2	$\mathbf{t}_{0i} \leftarrow \mathsf{T}[i] = t_i$
	`std`	`Y+0,r17`	2	
	`ld`	`r17,X+`	2	$\mathbf{t}_{1i} \leftarrow \mathsf{T}[i+1] = t_{i+1}$
	`std`	`Y+4,r17`	2	
	`ld`	`r17,X+`	2	$\mathbf{t}_{2i} \leftarrow \mathsf{T}[i+2] = t_{i+2}$
	`std`	`Y+8,r17`	2	
	`ld`	`r17,X+`	2	$\mathbf{t}_{3i} \leftarrow \mathsf{T}[i+3] = t_{i+3}$
	`std`	`Y+12,r17`	2	
	`adiw`	`r29:r28,1`	2	$\mathbf{Y} \leftarrow \mathcal{A}(\mathbf{t}_{0,i+1})$
	`dec`	`r16`	1	$\hat{\imath} \leftarrow \hat{\imath} - 1$, also $i \leftarrow i + 1$
	`brne`	`mcAesVersch04`	1/2	Falls $i < 3$ zur nächsten Spalte von **T**
	`sbiw`	`r29:r28,4`	2	$\mathbf{Y} \leftarrow \mathcal{A}(\mathbf{t}_{00})$

Runde 0: Addition des Rundenschlüssels $\mathbf{K}_0$ erzeugt $\mathbf{T}_0$, siehe Text bezüglich t_m und k_m!

	`ldi`	`r30,LOW(vbdAesSchlssl)`	1	$\mathbf{Z} \leftarrow \mathcal{A}(\mathbf{K}_0) = \mathcal{A}(\mathbf{k}_{00}^{\langle 0 \rangle})$
	`ldi`	`r31,HIGH(vbdAesSchlssl)`	1	
	`ldi`	`r16,16`	1	$\mathbf{r_{16}} \leftarrow \hat{m} = 16$, also $m \leftarrow 16 - \hat{m} = 0$
`mcAesVersch08:`	`ld`	`r17,Y`	2	$\mathbf{r_{17}} \leftarrow t_m$
	`ld`	`r18,Z+`	2	$\mathbf{r_{18}} \leftarrow k_m$, $\mathbf{Z} \leftarrow \mathcal{A}(k_{m+1})$
	`eor`	`r17,r18`	1	$\mathbf{r_{17}} \leftarrow t_m \oplus k_m$
	`st`	`Y+,r17`	2	$t_m \leftarrow t_m \oplus k_m$, $\mathbf{Y} \leftarrow \mathcal{A}(t_{m+1})$
	`dec`	`r16`	1	$\hat{m} \leftarrow \hat{m} - 1$, also $m \leftarrow m + 1$
	`brne`	`mcAesVersch08`	1/2	Falls $m < 16$ weiter mod 2 addieren

27		sbiw	r29:r28,16	2	$\mathbf{Y} \leftarrow \mathcal{A}(\mathbf{T}_0)$
28		movw	r15:r14,r31:r30	1	$\mathbf{r_{15:14}} \leftarrow \mathcal{A}(\mathbf{K}_1) = \mathcal{A}(\mathbf{k}_{00}^{\langle 1 \rangle})$

Hier beginnt die Berechnung der Rundentexte $\mathbf{T}_1$ bis $\mathbf{T}_{10}$

| 29 | | ldi | r19,10 | 1 | $\mathbf{r_{19}} \leftarrow \hat{j} = 10$, also $j \leftarrow 10 - \hat{j} + 1 = 1$ |

Runde j: Berechnung von $\mathbf{T}_j$ aus $\mathbf{T}_{j-1}$ und $\mathbf{K}_j$.

Die Elementesubstitution. Dazu wird $\mathbf{T}_{j-1}$ als ein Vektor $\mathbf{t} = (t_0, \ldots, t_{15})$ mit $t_i \in \{0, \ldots, 255\}$ interpretiert. Berechnet wird der Zwischentext $\mathbf{S}$ mit $\mathbf{s}_{\nu\mu} = \boldsymbol{\Sigma}[\mathbf{t}_{\nu\mu}^{\langle j-1 \rangle}]$ (siehe Abschnitt 4.5).

30	mcAesVersch0A:	ldi	r26,LOW(2*vbcAesSBox)	1	$\mathbf{X} \leftarrow 2\mathcal{A}(\boldsymbol{\Sigma})$
31		ldi	r27,HIGH(2*vbcAesSBox)	1	
32		ldi	r16,16	1	$\mathbf{r_{16}} \leftarrow \hat{m} = 16$, also $m \leftarrow 16 - \hat{m} = 0$
33		clr	r17	1	$\mathbf{r_{17}} \leftarrow 00_{16}$
34	mcAesVersch0C:	ld	r18,Y	2	$\mathbf{r_{18}} \leftarrow t_m$
35		movw	r31:r30,r27:r26	1	$\mathbf{Z} \leftarrow 2\mathcal{A}(\boldsymbol{\Sigma})$
36		add	r30,r18	1	$\mathbf{Z} \leftarrow 2(\mathcal{A}(\boldsymbol{\Sigma}) + \lfloor t_m/2 \rfloor) + t_m \bmod 2$
37		adc	r31,r17	1	
38		lpm	r18,Z	3	$\mathbf{r_{18}} \leftarrow \boldsymbol{\Sigma}[t_m]$
39		st	Y+,r18	2	$t_m \leftarrow \boldsymbol{\Sigma}[t_m]$, $\mathbf{Y} \leftarrow \mathcal{A}(t_{m+1})$
40		dec	r16	1	$\hat{m} \leftarrow \hat{m} - 1$, also $m \leftarrow m + 1$
41		brne	mcAesVersch0C	1/2	Falls $m < 10$: Weiter substituieren
42		sbiw	r29:r28,16	2	$\mathbf{Y} \leftarrow \mathcal{A}(\mathbf{S}) = \mathcal{A}(\mathbf{s}_{00})$

Bestimmung des Zwischentextes $\mathbf{R}$ aus dem Zwischentext $\mathbf{S}$ durch Reihenrotation. Zur Bezeichnung und zur Art der Zuordnung siehe Abschnitt 4.5.
Rotation der zweiten Reihe von $\mathbf{S}$:

43		ldd	r16,Y+4	2	$\mathbf{r_{16}} \leftarrow \mathbf{s}_{10}$
44		ldd	r17,Y+5	2	$\mathbf{r_{17}} \leftarrow \mathbf{s}_{11}$
45		ldd	r26,Y+6	2	$\mathbf{r_{26}} \leftarrow \mathbf{s}_{12}$
46		ldd	r27,Y+7	2	$\mathbf{r_{27}} \leftarrow \mathbf{s}_{13}$
47		std	Y+4,r17	2	$\mathbf{r_{10}} \leftarrow \mathbf{s}_{11}$
48		std	Y+5,r26	2	$\mathbf{r_{11}} \leftarrow \mathbf{s}_{12}$
49		std	Y+6,r27	2	$\mathbf{r_{12}} \leftarrow \mathbf{s}_{13}$
50		std	Y+7,r16	2	$\mathbf{r_{13}} \leftarrow \mathbf{s}_{10}$

Rotation der dritten Reihe von $\mathbf{S}$:

51		ldd	r16,Y+8	2	$\mathbf{r_{16}} \leftarrow \mathbf{s}_{20}$
52		ldd	r17,Y+9	2	$\mathbf{r_{17}} \leftarrow \mathbf{s}_{21}$
53		ldd	r26,Y+10	2	$\mathbf{r_{26}} \leftarrow \mathbf{s}_{22}$
54		ldd	r27,Y+11	2	$\mathbf{r_{27}} \leftarrow \mathbf{s}_{23}$
55		std	Y+8,r26	2	$\mathbf{r_{20}} \leftarrow \mathbf{s}_{22}$
56		std	Y+9,r27	2	$\mathbf{r_{21}} \leftarrow \mathbf{s}_{23}$
57		std	Y+10,r16	2	$\mathbf{r_{22}} \leftarrow \mathbf{s}_{20}$
58		std	Y+11,r17	2	$\mathbf{r_{23}} \leftarrow \mathbf{s}_{21}$

Rotation der vierten Reihe von $\mathbf{S}$:

59		ldd	r16,Y+12	2	$\mathbf{r_{16}} \leftarrow \mathbf{s}_{30}$
60		ldd	r17,Y+13	2	$\mathbf{r_{17}} \leftarrow \mathbf{s}_{31}$
61		ldd	r26,Y+14	2	$\mathbf{r_{26}} \leftarrow \mathbf{s}_{32}$
62		ldd	r27,Y+15	2	$\mathbf{r_{27}} \leftarrow \mathbf{s}_{33}$
63		std	Y+12,r27	2	$\mathbf{r_{30}} \leftarrow \mathbf{s}_{33}$

	`std`	`Y+13,r16`	2	$\mathbf{r}_{31} \leftarrow \mathbf{s}_{30}$
	`std`	`Y+14,r17`	2	$\mathbf{r}_{32} \leftarrow \mathbf{s}_{31}$
	`std`	`Y+15,r26`	2	$\mathbf{r}_{33} \leftarrow \mathbf{s}_{32}$

Bestimmung des Zwischentextes **M** aus dem Zwischentext **R** durch Spaltenmischung.

	`cpi`	`r19,1`	1	Falls $j = 10$:
	`breq`	`mcAesVersch10`	1/2	Spaltenmischung überspringen
	`ldi`	`r30,LOW(vbdAesU)`	1	$\mathbf{Z} \leftarrow \mathcal{A}(\mathbf{U})$
	`ldi`	`r31,HIGH(vbdAesU)`	1	
	`rcall`	`mcAesSpMisch`	3+	Spaltenmischung ausführen (siehe 5.3)

Berechnung des Rundentextes $\mathbf{T}_j$ aus **M** durch Addition des Rundenschlüssels $\mathbf{K}_j$
Bezeichnungen wie bei Addition des Rundenschlüssels oben.

`mcAesVersch10:`	`movw`	`r31:r30,r15:r14`	1	$\mathbf{Z} \leftarrow \mathcal{A}(\mathbf{K}_j) = \mathcal{A}(\mathbf{k}_{00}^{\langle j \rangle})$
	`ldi`	`r16,16`	1	$\mathbf{r}_{16} \leftarrow \hat{m} = 16$, also $m \leftarrow 16 - \hat{m} = 0$
`mcAesVersch14:`	`ld`	`r17,Y`	2	$\mathbf{r}_{17} \leftarrow t_m$
	`ld`	`r18,Z+`	2	$\mathbf{r}_{18} \leftarrow k_m$, $\mathbf{Z} \leftarrow \mathcal{A}(k_{m+1})$
	`eor`	`r17,r18`	1	$\mathbf{r}_{17} \leftarrow t_m \oplus k_m$
	`st`	`Y+,r17`	2	$t_m \leftarrow t_m \oplus k_m$, $\mathbf{Y} \leftarrow \mathcal{A}(t_{m+1})$
	`dec`	`r16`	1	$\hat{m} \leftarrow \hat{m} - 1$, also $m \leftarrow m + 1$
	`brne`	`mcAesVersch14`	1/2	Falls $m < 16$ weiter mod 2 addieren
	`sbiw`	`r29:r28,16`	2	$\mathbf{Y} \leftarrow \mathcal{A}(\mathbf{T}_j)$
	`movw`	`r15:r14,r31:r30`	1	$\mathbf{r}_{15:14} \leftarrow \mathcal{A}(\mathbf{K}_{j+1}) = \mathcal{A}(\mathbf{k}_{00}^{\langle j+1 \rangle})$

Abschluß Runde j

	`dec`	`r19`	1	$\hat{\jmath} \leftarrow \hat{\jmath} - 1$, also $j \leftarrow j + 1$
	`skeq`		1/2	Falls $j < 10$:
	`rjmp`	`mcAesVersch0A`	2	Berechne $\mathbf{T}_{j+1}$

Hier ist der interne Geheimtext $\mathbf{G} = \mathbf{T}_{10}$ berechnet.
Übertragung des internen Geheimtextes **G** in den externen Geheimtext **G**:

	`ldd`	`r16,Y+1`	2	$\mathbf{r}_{16} \leftarrow \mathbf{g}_{01}$
	`ldd`	`r17,Y+2`	2	$\mathbf{r}_{17} \leftarrow \mathbf{g}_{02}$
	`ldd`	`r18,Y+3`	2	$\mathbf{r}_{18} \leftarrow \mathbf{g}_{03}$
	`ldd`	`r15,Y+4`	2	$\mathbf{r}_{15} \leftarrow \mathbf{g}_{01}$
	`std`	`Y+1,r15`	2	$g_1 \leftarrow \mathbf{g}_{01}$
	`ldd`	`r15,Y+8`	2	$\mathbf{r}_{15} \leftarrow \mathbf{g}_{02}$
	`std`	`Y+2,r15`	2	$g_2 \leftarrow \mathbf{g}_{02}$
	`ldd`	`r15,Y+12`	2	$\mathbf{r}_{15} \leftarrow \mathbf{g}_{03}$
	`std`	`Y+3,r15`	2	$g_3 \leftarrow \mathbf{g}_{03}$
	`std`	`Y+4,r16`	2	$g_4 \leftarrow \mathbf{g}_{01}$
	`ldd`	`r16,Y+6`	2	$\mathbf{r}_{16} \leftarrow \mathbf{g}_{21}$
	`ldd`	`r19,Y+7`	2	$\mathbf{r}_{19} \leftarrow \mathbf{g}_{31}$
	`ldd`	`r15,Y+9`	2	$\mathbf{r}_{15} \leftarrow \mathbf{g}_{12}$
	`std`	`Y+6,r15`	2	$g_6 \leftarrow \mathbf{g}_{12}$
	`ldd`	`r15,Y+13`	2	$\mathbf{r}_{15} \leftarrow \mathbf{g}_{13}$
	`std`	`Y+7,r15`	2	$g_7 \leftarrow \mathbf{g}_{13}$
	`std`	`Y+8,r17`	2	$g_8 \leftarrow \mathbf{g}_{02}$
	`std`	`Y+9,r16`	2	$g_9 \leftarrow \mathbf{g}_{21}$
	`ldd`	`r16,Y+11`	2	$\mathbf{r}_{16} \leftarrow \mathbf{g}_{32}$

```
104        ldd    r15,Y+14               2      r15 ← g23
105        std    Y+11,r15               2      g11 ← g23
106        std    Y+12,r18               2      g12 ← g03
107        std    Y+13,r19               2      g13 ← g31
108        std    Y+14,r16               2      g14 ← g32
```

Die Verschlüsselung endet hier, der Bytevektor $\mathfrak{b}$ wurde mit dem externen Geheimtext G überschrieben.

```
109        pop4   r31,r30,r27,r26        4×2
110        pop4   r19,r18,r17,r16        4×2
111        pop2   r15,r14                2×2
112        pop6   r5,r4,r3,r2,r1,r0      6×2
113        ret                           4
```

Es empfiehlt sich, dieses Unterprogramm etwas genauer zu betrachten, denn mit ihm wird schließlich die Chiffrierung tatsächlich durchgeführt. Die allgemeine Struktur ist wie folgt:

- Zeilen *5–17*: Es wird die Umwandlung des externen Klartextes T in den internen Rundentext $\mathbf{T}$ durchgeführt.
- Zeilen *18–84*: In diesem Bereich werden die Rundentexte $\mathbf{T}_0$ bis $\mathbf{T}_{10}$ und damit ultimativ der interne Geheimtext $\mathbf{G} = \mathbf{T}_{10}$ berechnet.
- Zeilen *85–108*: Der interne Geheimtext $\mathbf{G}$ wird *in situ* in den externen Geheimtext G umgewandelt, d.h. ohne neben $\mathfrak{b}$ noch weiteren Speicherplatz zu verwenden.

Bevor die drei Teile genauer betrachtet werden noch eine Bemerkung: Offensichtlich können irgendwelche 4×4-Matrizen $\mathbf{T}$ und $\mathbf{K}$ mit Koeffizienten im Körper $\mathbb{K}_{2^8}$ zum Zwecke ihrer Addition (also mit einer Addition mod 2) als Bytevektoren $\mathfrak{t} = (t_0, \ldots, t_{15})$ und $\mathfrak{k} = (k_0, \ldots, k_{15})$ interpretiert werden.

Der Ort, an welchem die Rundentexte und damit ultimativ auch der Geheimtext entwickelt werden ist der Bytevektor $\mathfrak{b} = (b_0, \ldots, b_{15})$, dessen Adresse β dem Unterprogramm als Parameter in Register $\mathbf{Y}$ übergeben wird. Wegen der zeilenweisen Anordnung von Matrizen im Speicher stellt der Vektor die folgende Matrix dar:

$$\begin{pmatrix} b_0 & b_1 & b_2 & b_3 \\ b_4 & b_5 & b_6 & b_7 \\ b_8 & b_9 & b_{10} & b_{11} \\ b_{12} & b_{13} & b_{14} & b_{15} \end{pmatrix}$$

Um also den externen Text T als Rundentext $\mathbf{T}$ in den Vektor $\mathfrak{b}$ zu laden, sind die folgenden Zuweisungen vorzunehmen, dabei spielt die Reihenfolgen natürlich keine Rolle:

$$\begin{array}{llll} b_0 \leftarrow t_0 & b_4 \leftarrow t_1 & b_8 \leftarrow t_2 & b_{12} \leftarrow t_3 \\ b_1 \leftarrow t_4 & b_5 \leftarrow t_5 & b_9 \leftarrow t_6 & b_{13} \leftarrow t_7 \\ b_2 \leftarrow t_8 & b_6 \leftarrow t_9 & b_{10} \leftarrow t_{10} & b_{14} \leftarrow t_{11} \\ b_3 \leftarrow t_{12} & b_7 \leftarrow t_{13} & b_{11} \leftarrow t_{14} & b_{15} \leftarrow t_{15} \end{array}$$

In den Zeilen *5–17* des Unterprogramms werden diese Zusweisungen in einer Schleife ausgeführt, dabei wird eine Zeile der Zuweisungen in einem Schleifendurchlauf zusammengefaßt.

In den Zeilen *18–26* wird aus dem internen Text $\mathbf{T}$ der erste Rundentext $\mathbf{T}_0$ durch Addition des Rundenschlüssels $\mathbf{K}_0$. Wie oben bemerkt werden dazu $\mathbf{T}$ und $\mathbf{K}_0$ als Bytevektoren aufgefaßt. Danach wird die Adresse β in Register $\mathbf{Y}$ restauriert. Register $\mathbf{Z}$ enthält nach der Addition die Adresse von $\mathbf{K}_1$, die im Doppelregister $\mathbf{r}_{15:14}$ aufbewahrt wird.

Der nächste Programmabschnitt in den Zeilen *30–41*, der erste Teil eines Durchlaufes durch die große Schleife des Unterprogramms (Schleifenanfang in Zeile *30*, Schleifenende in Zeile *84*) realisiert die Elementesubstitution. Er entspricht vollständig dem analogen Teil des Unterprogrammes in Abschnitt 5.2, man vergleiche die dortigen Bemerkungen zum Einsatz des Registers $\mathbf{Z}$.

Der zweite Teil des Schleifenkörpers, die Zeilen *43–66*, führt die Reihenrotationen aus. Dabei werden die vier Register $\mathbf{r_{16}}$, $\mathbf{r_{17}}$, $\mathbf{r_{26}}$ und $\mathbf{r_{27}}$ in offensichtlicher Weise als temporäre Speicher für auszutauschende Matrixkoeffizienten verwendet.

Der dritte Teil des Schleifenkörpers, die Zeilen *67–71*, ruft lediglich das Unterprogramm in Abschnitt 5.3 auf, um die Spaltenmischung durchzuführen zu lassen. Der Aufruf wird wie vom Verfahren vorgeschrieben bei der Berechnung von $\mathbf{T}_{10}$, d.h. im letzten Schleifendurchlauf, übersprungen.

Der letzte funktionelle Teil des Schleifenkörpers, die Zeilen *72–81*, besteht noch einmal aus der Addition eines Rundenschlüssels.

Damit ist der interne Geheimtext $\mathbf{G} = \mathbf{T}_{10}$ berechnet. Es bleibt noch, ihn in den externen Geheimtext **G** zu überführen. Nun befindet sich **G** im Bytevektor $\mathfrak{b}$, der auch **G** aufzunehmen hat. Die Transformation muß daher *in situ* durchgeführt werden, wenn kein zusätzlicher Speicherplatz eingesetzt werden soll. Das gelingt auf einfache Weise durch den Einsatz von vier Registern als Zwischenspeicher. Die folgende Skizze beschreibt den gesamten Vorgang:

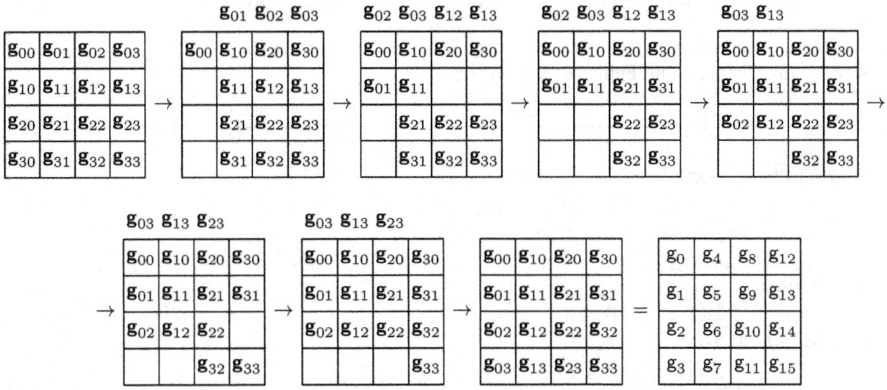

Über den Zustandsmatrizen sind die Matrixkoeffizienten angegeben, die in den Registern zwischengespeichert werden. Auf diese Weise kann der Transformationsvorgang ohne Mühe verfolgt werden.

Der Aufruf des Unterprogramms dauert 40214 Takte, Ein- und Aussprung mitgezählt. Bei einer Taktfrequenz von 16 MHz benötigt eine Verschlüsselung daher etwas mehr als 2,5 Millisekunden.

Zum Vergleich: Die in Hardware ausgeführte Chiffrierung mit dem AES-Modul eines ATxmega128 ist nach 375 Takten beendet!

5.6. Die Entschlüsselung

Analog zur Verschlüsselung ist die Implementierung der Entschlüsselung eine direkte Umsetzung von Abschnitt 4.6. Beide Realisierungen stimmen natürlich über weite Strecken überein, die Erläuterung kann deshalb hier kurz gehalten werden.

Unterprogramm mcAesEntsch

Es wird ein externer Geheimtext **G** zu einem externen Klartext **T** entschlüsselt.

Input

$r_{27:26}$ Die Adresse γ des Geheimtextes $\mathbf{G} = (g_0, \ldots, g_{15})$

$r_{29:28}$ Die Adresse β eines Bytevektors $\mathbf{b} = (b_0, \ldots, b_{15})$ der Länge 16

Der Bytevektor $\mathbf{b}$ wird mit dem externen Klartext $\mathbf{T} = (t_0, \ldots, t_{15})$ von **G** geladen. Das Unterprogramm kann keine Fehler erzeugen.

1	mcAesEntsch:	push6	r0,r1,r2,r3,r4,r5	6×2	
2		push6	r14,r15,r16,r17,r18,r19	6×2	
3		push4	r26,r27,r30,r31	4×2	

Die Umwandlung des externen Geheimtextes **G** in den internen Rundentext $\mathbf{T}_{10}$ (d.h. $\mathbf{b}$ als $\mathbf{T}_{10}$ interpretiert) Register **Y** enthält also $\mathcal{A}(\mathbf{T}_{10}) = \mathcal{A}(\mathbf{t}_{00}^{\langle 10 \rangle})$

4		ldi	r16,4	1	$r_{16} \leftarrow \hat{k} = 4$, also $k \leftarrow 4 - \hat{k} = 0$
5	mcAesEntsch04:ld		r17,X+	2	$t_{0k}^{\langle 10 \rangle} \leftarrow G[k] = g_k$
6		std	Y+0,r17	2	
7		ld	r17,X+	2	$t_{1k}^{\langle 10 \rangle} \leftarrow G[k+1] = g_{k+1}$
8		std	Y+4,r17	2	
9		ld	r17,X+	2	$t_{2k}^{\langle 10 \rangle} \leftarrow G[k+2] = g_{k+2}$
10		std	Y+8,r17	2	
11		ld	r17,X+	2	$t_{3k}^{\langle 10 \rangle} \leftarrow G[k+3] = g_{k+3}$
12		std	Y+12,r17	2	
13		adiw	r29:r28,1	2	$\mathbf{Y} \leftarrow \mathcal{A}(\mathbf{t}_{0,k+1}^{\langle 10 \rangle})$
14		dec	r16	1	$\hat{k} \leftarrow \hat{k} - 1$, also $k \leftarrow k + 1$
15		brne	mcAesEntsch04	1/2	Falls $k < 3$ zur nächsten Spalte von $\mathbf{T}_{10}$
16		sbiw	r29:r28,4	2	$\mathbf{Y} \leftarrow \mathcal{A}(\mathbf{t}_{00}^{\langle 10 \rangle})$

Hier beginnt die Berechnung der Rundentexte $\mathbf{T}_9$ bis $\mathbf{T}_0$

17		ldi	r30,LOW(vbdAesSchlssl+10*16)	1	$r_{15:14} \leftarrow \mathcal{A}(\mathbf{K}_{10}) = \mathcal{A}(\mathbf{k}_{00}^{\langle 10 \rangle})$
18		ldi	r31,HIGH(vbdAesSchlssl+10*16)	1	
19		movw	r15:r14,r31:r30	1	
20		ldi	r19,10	1	$r_{19} \leftarrow j = 10$

Runde j: Berechnung von $\mathbf{T}_{j-1}$ aus $\mathbf{T}_j$ und $\mathbf{K}_j$.

Addition des Rundenschlüssels $\mathbf{K}_j$ erzeugt **X**, siehe Text bezüglich t_m und k_m!

21	mcAesEntsch10:movw		r31:r30,r15:r14	1	$\mathbf{Z} \leftarrow \mathcal{A}(\mathbf{K}_j) = \mathcal{A}(\mathbf{k}_{00}^{\langle j \rangle})$
22		ldi	r16,16	1	$r_{16} \leftarrow \hat{m} = 16$, also $m \leftarrow 16 - \hat{m} = 0$
23	mcAesEntsch14:ld		r17,Y	2	$r_{17} \leftarrow t_m$

	`ld`	`r18,Z+`	2	$\mathbf{r_{18}} \leftarrow k_m$, $\mathbf{Z} \leftarrow \mathcal{A}(k_{m+1})$
	`eor`	`r17,r18`	1	$\mathbf{r_{17}} \leftarrow t_m \oplus k_m$
	`st`	`Y+,r17`	2	$t_m \leftarrow t_m \oplus k_m$, $\mathbf{Y} \leftarrow \mathcal{A}(t_{m+1})$
	`dec`	`r16`	1	$\hat{m} \leftarrow \hat{m} - 1$, also $m \leftarrow m + 1$
	`brne`	`mcAesEntsch14`	1/2	Falls $m < 16$ weiter mod 2 addieren
	`sbiw`	`r29:r28,16`	2	$\mathbf{Y} \leftarrow \mathcal{A}(\mathbf{T}_j)$
	`sbiw`	`r31:r30,2*16`	2	$\mathbf{r_{15:14}} \leftarrow \mathcal{A}(\mathbf{K}_{j-1})$
	`movw`	`r15:r14,r31:r30`	1	

Bestimmung des Zwischentextes **M** aus dem Zwischentext **F** durch Spaltenmischung.

	`cpi`	`r19,10`	1	Falls $j = 10$:
	`breq`	`mcAesEntsch18`	1/2	Spaltenmischung überspringen
	`ldi`	`r30,LOW(vbdAesV)`	1	$\mathbf{Z} \leftarrow \mathcal{A}(\mathbf{V})$
	`ldi`	`r31,HIGH(vbdAesV)`	1	
	`rcall`	`mcAesSpMisch`	3+	$\mathbf{M} \leftarrow \mathbf{VF}$ (siehe 5.3)

Bestimmung des Zwischentextes **P** aus dem Zwischentext **M** durch Reihenrotation.
Zur Bezeichnung und zur Art der Zuordnung siehe Abschnitt 4.6.
Rotation der zweiten Reihe von **M**:

`mcAesEntsch18:`	`ldd`	`r16,Y+4`	2	$\mathbf{r_{16}} \leftarrow \mathbf{m}_{10}$
	`ldd`	`r17,Y+5`	2	$\mathbf{r_{17}} \leftarrow \mathbf{m}_{11}$
	`ldd`	`r26,Y+6`	2	$\mathbf{r_{26}} \leftarrow \mathbf{m}_{12}$
	`ldd`	`r27,Y+7`	2	$\mathbf{r_{27}} \leftarrow \mathbf{m}_{13}$
	`std`	`Y+4,r27`	2	$\mathbf{p}_{10} \leftarrow \mathbf{m}_{13}$
	`std`	`Y+5,r16`	2	$\mathbf{p}_{11} \leftarrow \mathbf{m}_{10}$
	`std`	`Y+6,r17`	2	$\mathbf{p}_{12} \leftarrow \mathbf{m}_{11}$
	`std`	`Y+7,r26`	2	$\mathbf{p}_{13} \leftarrow \mathbf{m}_{12}$

Rotation der dritten Reihe von **M**:

	`ldd`	`r16,Y+8`	2	$\mathbf{r_{16}} \leftarrow \mathbf{m}_{20}$
	`ldd`	`r17,Y+9`	2	$\mathbf{r_{17}} \leftarrow \mathbf{m}_{21}$
	`ldd`	`r26,Y+10`	2	$\mathbf{r_{26}} \leftarrow \mathbf{m}_{22}$
	`ldd`	`r27,Y+11`	2	$\mathbf{r_{27}} \leftarrow \mathbf{m}_{23}$
	`std`	`Y+8,r26`	2	$\mathbf{p}_{20} \leftarrow \mathbf{m}_{22}$
	`std`	`Y+9,r27`	2	$\mathbf{p}_{21} \leftarrow \mathbf{m}_{23}$
	`std`	`Y+10,r16`	2	$\mathbf{p}_{22} \leftarrow \mathbf{m}_{20}$
	`std`	`Y+11,r17`	2	$\mathbf{p}_{23} \leftarrow \mathbf{m}_{21}$

Rotation der vierten Reihe von **M**:

	`ldd`	`r16,Y+12`	2	$\mathbf{r_{16}} \leftarrow \mathbf{m}_{30}$
	`ldd`	`r17,Y+13`	2	$\mathbf{r_{17}} \leftarrow \mathbf{m}_{31}$
	`ldd`	`r26,Y+14`	2	$\mathbf{r_{26}} \leftarrow \mathbf{m}_{32}$
	`ldd`	`r27,Y+15`	2	$\mathbf{r_{27}} \leftarrow \mathbf{m}_{33}$
	`std`	`Y+12,r17`	2	$\mathbf{p}_{30} \leftarrow \mathbf{m}_{31}$
	`std`	`Y+13,r26`	2	$\mathbf{p}_{31} \leftarrow \mathbf{m}_{32}$
	`std`	`Y+14,r27`	2	$\mathbf{p}_{32} \leftarrow \mathbf{m}_{33}$
	`std`	`Y+15,r16`	2	$\mathbf{p}_{33} \leftarrow \mathbf{m}_{30}$

Die Elementesubstitution. Dazu wird **P** als ein Vektor $\mathfrak{p} = (p_0, \ldots, p_{15})$ mit $p_i \in \{0, \ldots, 255\}$ interpretiert. Berechnet wird der Rundentext $\mathbf{T}_{j-1}$ mit $\mathbf{t}^{\langle j-1 \rangle}_{\nu\mu} = \boldsymbol{\Lambda}[\mathbf{p}_{\nu\mu}]$ (siehe Abschnitt 4.6).

	`ldi`	`r26,LOW(2*vbcAesSBoxI)`	1	$\mathbf{X} \leftarrow 2\mathcal{A}(\boldsymbol{\Lambda})$

62		ldi	r27,HIGH(2*vbcAesSBoxI)	1
63		ldi	r16,16	1	$r_{16} \leftarrow \hat{m} = 16$, also $m \leftarrow 16 - \hat{m} = 0$
64		clr	r17	1	$r_{17} \leftarrow 00_{16}$
65	mcAesEntsch1C:	ld	r18,Y	2	$r_{18} \leftarrow t_m$
66		movw	r31:r30,r27:r26	1	$\mathbf{Z} \leftarrow 2\mathcal{A}(\Lambda)$
67		add	r30,r18	1	$\mathbf{Z} \leftarrow 2(\mathcal{A}(\Lambda) + \lfloor t_m/2 \rfloor) + t_m \bmod 2$
68		adc	r31,r17	1	
69		lpm	r18,Z	3	$r_{18} \leftarrow \Lambda[t_m]$
70		st	Y+,r18	2	$t_m \leftarrow \Lambda[t_m]$, $\mathbf{Y} \leftarrow \mathcal{A}(t_{m+1})$
71		dec	r16	1	$\hat{m} \leftarrow \hat{m} - 1$, also $m \leftarrow m + 1$
72		brne	mcAesEntsch1C	1/2	Falls $m < 16$: Weiter substituieren
73		sbiw	r29:r28,16	2	$\mathbf{Y} \leftarrow \mathcal{A}(\mathbf{T}_{j-1})$

Abschluß Runde j

74		dec	r19	1	$j \leftarrow j - 1$
75		skeq		1/2	Falls $j > 0$:
76		rjmp	mcAesEntsch10	2	Bestimme $\mathbf{T}_{j-1}$

Umkehrrunde 0: Berechnung des internen Klartextes $\mathbf{T}$ aus $\mathbf{T}_0$ und $\mathbf{K}_0$.

77		movw	r31:r30,r15:r14	1	$\mathbf{Z} \leftarrow \mathcal{A}(\mathbf{K}_0) = \mathcal{A}(\mathbf{k}_{00}^{\langle 0 \rangle})$
78		ldi	r16,16	1	$r_{16} \leftarrow \hat{m} = 16$, also $m \leftarrow 16 - \hat{m} = 0$
79	mcAesEntsch20:	ld	r17,Y	2	$r_{17} \leftarrow t_m$
80		ld	r18,Z+	2	$r_{18} \leftarrow k_m$, $\mathbf{Z} \leftarrow \mathcal{A}(k_{m+1})$
81		eor	r17,r18	1	$r_{17} \leftarrow t_m \oplus k_m$
82		st	Y+,r17	2	$t_m \leftarrow t_m \oplus k_m$, $\mathbf{Y} \leftarrow \mathcal{A}(t_{m+1})$
83		dec	r16	1	$\hat{m} \leftarrow \hat{m} - 1$, also $m \leftarrow m + 1$
84		brne	mcAesEntsch20	1/2	Falls $m < 16$ weiter mod 2 addieren
85		sbiw	r29:r28,16	2	$\mathbf{Y} \leftarrow \mathcal{A}(\mathbf{T})$

Hier ist der interne Klartext $\mathbf{T}$ berechnet.
Übertragung des internen Klartextes $\mathbf{T}$ in den externen Klartext T:

86		ldd	r16,Y+1	2	$r_{16} \leftarrow \mathbf{t}_{01}$
87		ldd	r17,Y+2	2	$r_{17} \leftarrow \mathbf{t}_{02}$
88		ldd	r18,Y+3	2	$r_{18} \leftarrow \mathbf{t}_{03}$
89		ldd	r15,Y+4	2	$r_{15} \leftarrow \mathbf{t}_{01}$
90		std	Y+1,r15	2	$t_1 \leftarrow \mathbf{t}_{01}$
91		ldd	r15,Y+8	2	$r_{15} \leftarrow \mathbf{t}_{02}$
92		std	Y+2,r15	2	$t_2 \leftarrow \mathbf{t}_{02}$
93		ldd	r15,Y+12	2	$r_{15} \leftarrow \mathbf{t}_{03}$
94		std	Y+3,r15	2	$t_3 \leftarrow \mathbf{t}_{03}$
95		std	Y+4,r16	2	$t_4 \leftarrow \mathbf{t}_{01}$
96		ldd	r16,Y+6	2	$r_{16} \leftarrow \mathbf{t}_{21}$
97		ldd	r19,Y+7	2	$r_{19} \leftarrow \mathbf{t}_{31}$
98		ldd	r15,Y+9	2	$r_{15} \leftarrow \mathbf{t}_{12}$
99		std	Y+6,r15	2	$t_6 \leftarrow \mathbf{t}_{12}$
100		ldd	r15,Y+13	2	$r_{15} \leftarrow \mathbf{t}_{13}$
101		std	Y+7,r15	2	$t_7 \leftarrow \mathbf{t}_{13}$
102		std	Y+8,r17	2	$t_8 \leftarrow \mathbf{t}_{02}$
103		std	Y+9,r16	2	$t_9 \leftarrow \mathbf{t}_{21}$

```
104         ldd   r16,Y+11                  2    r16 ← t32
105         ldd   r15,Y+14                  2    r15 ← t23
106         std   Y+11,r15                  2    t11 ← t23
107         std   Y+12,r18                  2    t12 ← t03
108         std   Y+13,r19                  2    t13 ← t31
109         std   Y+14,r16                  2    t14 ← t32
      Die Verschlüsselung endet hier, der Bytevektor b wurde mit dem externen Klartext T überschrieben.
110         pop4  r31,r30,r27,r26           4×2
111         pop4  r19,r18,r17,r16           4×2
112         pop2  r15,r14                   2×2
113         pop6  r5,r4,r3,r2,r1,r0         6×2
114         ret                             4
```

Bis auf die etwas andere Anordnung der Teile stimmen das Entschlüsselungsprogramm und das Verschlüsselungsprogamm nahezu überein. Man hat nur darauf zu achten, daß die Schlüssel von $\mathbf{K}_{10}$ an rückwärts durchlaufen werden, etwa in den Zeilen *30–31*. Weiter muß bei der Spaltenmischung mit der Matrix **V** multipliziert werden, bei der Substitution hat man die Tabelle Λ zu verwenden, und schließlich hat die Spaltenrotation nach rechts gerichtet zu sein.

Dieses Programm wird also auch in Abschnitt 5.5 kommentiert, wenn die eben angegebenen Verschiedenheiten dort beachtet werden.

5.7. Nachrede

Der bei den Unterprogrammen angegebene Prozessortaktverbrauch allein macht es schon deutlich: Die Realisierung von AES mit einem AVR-Mikrocontroller der mittleren Leistungsklasse ist keine ganz leichte Aufgabe, wenn akzeptable Laufzeiten erreicht werden sollen. Immerhin kommt dem Programmierer zugute, daß die Entwickler von AES (siehe [DaRi]) bei ihrer Arbeit die Umsetzung ihrer Algorithmen in Code bereits ins Auge gefasst hatten.

Dennoch zwingt der vergleichsweise primitive Befehlssatz der AVR-Prozessoren nicht nur gelegentlich zur Anwendung von Programmiertricks, die — und hier spricht der Autor — zwar beim Programmieren wenig Mühe machen, desto mehr dafür aber beim Kommentieren. Und kommentiert und erläutert werden muß ausgiebig, andernfalls manches nach einiger Zeit selbst für den Programmierer unverständlich wird, vom frustrierten Leser ganz zu schweigen.

Natürlich können die Unterprogramme dieses Kapitels auch aufgerufen werden, ohne zu verstehen, was in ihnen abläuft. Wie schon im Vorwort angesprochen wurde ist die Intention dieses Buches allerdings weiter gefasst, das Ablaufen der Unterprogramme ist davon nur ein kleiner Teil.

Der Verlauf der Implementierungen war nahezu problemlos und gemessen an der Komplexität der zu realisierenden Algorithmen von recht kurzer Dauer, was allerdings wohl darauf zurückzuführen ist, daß im Programmcode nirgends auf die Peripherie zugegriffen wird, d.h. also auf Zähler, Interrupts usw. Soll daher ein Mikrocontroller nur mit AES programmiert werden, dann kann auch schon ein etwas älteres Modell zur Anwendung kommen.

Die Angaben zur Speichergröße am Anfang des Kapitels stellen klar, welche Mikrocontroller für eine Implementierung in die nähere Auswahl kommen. Spezifische Aussagen können an dieser Stelle nicht gemacht werden, es kommt im praktischen Einsatz auf den Kontext an, in welchem die Implementierung von AES eingesetzt werden soll. Wie eben schon angedeutet arbeiten die Unterprogramme dieses Kapitels problemlos mit jeglicher Peripherie zusammen.

6. Die Implementierung von AES für dsPIC-Mikrocontroller

Die C-Programme in [DaRi] sind auch für diese Implementierung **keine** Grundlage gewesen. Um der hier gewählten Umsetzung von AES in dsPIC-Assemblercode in allen Einzelheiten folgen zu können empfiehlt es sich, Abschnitt 4 durchzuarbeiten. Es folgt zunächst ein einfaches Programm, mit dem der Controller für den Simulator des MPLAB hochgefahren wird.

```
 1                  .equ     __33FJ256GP710, 1
 2                  .include "p33FJ256GP710aes.inc"
 3                  .global  mcReset
 4                  .global  mcOscFail, mcAddrError, mcStackError, mcMathError
 5                  .global  mcDefInt
 6                  .extern  mcAesStart
 7                  .section .stack, bss
 8                  .global  vbdSPinit, vbdSPLIMinit
 9  vbdSPinit:    .space     0x1000
10  vbdSPLIMinit:space       0x10
11                  .section .neartext, code
12                  .section .nearbss, bss
13                  .section .konst, psv
14  wcPsv:        .word      0x1234
15                  .text
       Sehr einfache ISRs für nicht abstellbare Interrupts (Endlosschleifen)
16  mcOscFail:    bclr       INTCON1, #OSCFAIL    1
17                  nop                            1
18                  bra        .-2                 1/2
19                  retfie                         3
20  mcAddrError:  bclr       INTCON1, #ADDRERR    1
21                  nop                            1
22                  bra        .-2                 1/2
23                  retfie                         3
24  mcStackError: bclr       INTCON1, #STKERR     1
25                  nop                            1
26                  bra        .-2                 1/2
27                  retfie                         3
28  mcMathError:  bclr       INTCON1, #MATHERR    1
29                  nop                            1
30                  bra        .-2                 1/2
31                  retfie                         3
32  mcDefInt:     reset                          1
33                  .section .neartext, code
       Einrichten des Stapels
34  mcReset:      mov        #vbdSPinit,w15       1
```

```
            mov    #vbdSPLIMinit,w0  1
            mov    w0,SPLIM          1
Einrichten des PSV-Bereiches
            bset   CORCON,#PSV       1
            mov    #psvpage(wcPsv),w0 1
            mov    w0,PSVPAG         1
Aufruf des Testunterprogramms
            rcall  mcAesStart        2
mcForever:  bra    mcForever         2
            .end
```

Der eigentliche Test von AES wird mit einem Unterprogramm durchgeführt, damit dieser unabhängig von dem Kontext ist, in welchem der Test abläuft.

```
            .equ     __33FJ256GP710, 1
            .include "p33FJ256GP710aes.inc"
            .include "aes.inc"
            .section .konst, psv
Schlüssel und Klartext im ROM
vbcSchl:    .byte    0x2b,0x7e,0x15,0x16
            .byte    0x28,0xae,0xd2,0xa6
            .byte    0xab,0xf7,0x15,0x88
            .byte    0x09,0xcf,0x4f,0x3c
vbcKlar:    .byte    0x32,0x43,0xF6,0xA8
            .byte    0x88,0x5A,0x30,0x8D
            .byte    0x31,0x31,0x98,0xA2
            .byte    0xE0,0x37,0x07,0x34
            .section .bss, bss
Schlüssel, Klartext, Geheimtext und entschlüsselter Klartext im RAM
vbdSchl:    .space   16
vbdKlar:    .space   16
vbdGehm:    .space   16
vbdKlarE:   .space   16
            .text
            .global  mcAesStart          1
AES initialisieren
mcAesStart: rcall    mcAesInit           2
Schlüssel und Klartext vom ROM in das RAM kopieren
            mov      #(2*16)/2,w0        1
            mov      #vbcSchl,w1         1
            mov      #vbdSchl,w2         1
0:          mov      [w1++],[w2++]       1
            dec      w0,w0               1
            bra      nz,0b               2
            mov      #vbdSchl,w0         1
Erzeugen der internen Schlüssel
            rcall    mcAesSchluessel     2
```

```
Klartext verschlüsseln
        mov     #vbdGehm,w3     1
        mov     #vbdKlar,w4     1
        rcall   mcAesVersch     2
Geheimtext entschlüsseln
        mov     #vbdGehm,w4     1
        mov     #vbdKlarE,w3    1
        rcall   mcAesEntsch     2
        return                  3
        .end
```

Wie ein wirklicher (d.h. kein simulierter) dsPIC-Mikrocontroller hochgefahren wird kann in [Mss3] nachgelesen werden.

6.1. Die Initialisierung

Die Initialisierung besteht hier nur darin, die Matrizen **U**, **V** und die S-Box $\boldsymbol{\Sigma}$ und ihre Inverse vom ROM in das RAM zu kopieren. Die drei Konstantenblöcke werden im PSV-Bereich des ROM angelegt, auf sie kann daher mit normalen Lesebefehlen zugegriffen werden. Allerdings wird dieser ROM-Bereich auf diese Weise nur zu zwei Dritteln ausgenutzt (siehe dazu [Mss3]).

```
            .include "makros.inc"
            .include "aes.inc"
            .section .konst, psv
vbcU:       .byte    0x02,0x03,0x01,0x01,0x01,0x02,0x03,0x01  Matrix U
            .byte    0x01,0x01,0x02,0x03,0x03,0x01,0x01,0x02
vbcV:       .byte    0x0E,0x0B,0x0D,0x09,0x09,0x0E,0x0B,0x0D  Matrix V
            .byte    0x0D,0x09,0x0E,0x0B,0x0B,0x0D,0x09,0x0E
vbcSBox:    .byte    0x63,0x7C,0x77,0x7B,0xF2,0x6B,0x6F,0xC5  S-Box Σ
            .byte    0x30,0x01,0x67,0x2B,0xFE,0xD7,0xAB,0x76
            .byte    0xCA,0x82,0xC9,0x7D,0xFA,0x59,0x47,0xF0
            .byte    0xAD,0xD4,0xA2,0xAF,0x9C,0xA4,0x72,0xC0
            .byte    0xB7,0xFD,0x93,0x26,0x36,0x3F,0xF7,0xCC
            .byte    0x34,0xA5,0xE5,0xF1,0x71,0xD8,0x31,0x15
            .byte    0x04,0xC7,0x23,0xC3,0x18,0x96,0x05,0x9A
            .byte    0x07,0x12,0x80,0xE2,0xEB,0x27,0xB2,0x75
            .byte    0x09,0x83,0x2C,0x1A,0x1B,0x6E,0x5A,0xA0
            .byte    0x52,0x3B,0xD6,0xB3,0x29,0xE3,0x2F,0x84
            .byte    0x53,0xD1,0x00,0xED,0x20,0xFC,0xB1,0x5B
            .byte    0x6A,0xCB,0xBE,0x39,0x4A,0x4C,0x58,0xCF
            .byte    0xD0,0xEF,0xAA,0xFB,0x43,0x4D,0x33,0x85
            .byte    0x45,0xF9,0x02,0x7F,0x50,0x3C,0x9F,0xA8
            .byte    0x51,0xA3,0x40,0x8F,0x92,0x9D,0x38,0xF5
            .byte    0xBC,0xB6,0xDA,0x21,0x10,0xFF,0xF3,0xD2
            .byte    0xCD,0x0C,0x13,0xEC,0x5F,0x97,0x44,0x17
            .byte    0xC4,0xA7,0x7E,0x3D,0x64,0x5D,0x19,0x73
            .byte    0x60,0x81,0x4F,0xDC,0x22,0x2A,0x90,0x88
            .byte    0x46,0xEE,0xB8,0x14,0xDE,0x5E,0x0B,0xDB
            .byte    0xE0,0x32,0x3A,0x0A,0x49,0x06,0x24,0x5C
            .byte    0xC2,0xD3,0xAC,0x62,0x91,0x95,0xE4,0x79
            .byte    0xE7,0xC8,0x37,0x6D,0x8D,0xD5,0x4E,0xA9
            .byte    0x6C,0x56,0xF4,0xEA,0x65,0x7A,0xAE,0x08
            .byte    0xBA,0x78,0x25,0x2E,0x1C,0xA6,0xB4,0xC6
            .byte    0xE8,0xDD,0x74,0x1F,0x4B,0xBD,0x8B,0x8A
            .byte    0x70,0x3E,0xB5,0x66,0x48,0x03,0xF6,0x0E
            .byte    0x61,0x35,0x57,0xB9,0x86,0xC1,0x1D,0x9E
            .byte    0xE1,0xF8,0x98,0x11,0x69,0xD9,0x8E,0x94
            .byte    0x9B,0x1E,0x87,0xE9,0xCE,0x55,0x28,0xDF
            .byte    0x8C,0xA1,0x89,0x0D,0xBF,0xE6,0x42,0x68
            .byte    0x41,0x99,0x2D,0x0F,0xB0,0x54,0xBB,0x16
vbcSBoxI:   .byte    0x52,0x09,0x6A,0xD5,0x30,0x36,0xA5,0x38  S-Box Λ
```

```
              .byte    0xBF,0x40,0xA3,0x9E,0x81,0xF3,0xD7,0xFB
              .byte    0x7C,0xE3,0x39,0x82,0x9B,0x2F,0xFF,0x87
              .byte    0x34,0x8E,0x43,0x44,0xC4,0xDE,0xE9,0xCB
              .byte    0x54,0x7B,0x94,0x32,0xA6,0xC2,0x23,0x3D
              .byte    0xEE,0x4C,0x95,0x0B,0x42,0xFA,0xC3,0x4E
              .byte    0x08,0x2E,0xA1,0x66,0x28,0xD9,0x24,0xB2
              .byte    0x76,0x5B,0xA2,0x49,0x6D,0x8B,0xD1,0x25
              .byte    0x72,0xF8,0xF6,0x64,0x86,0x68,0x98,0x16
              .byte    0xD4,0xA4,0x5C,0xCC,0x5D,0x65,0xB6,0x92
              .byte    0x6C,0x70,0x48,0x50,0xFD,0xED,0xB9,0xDA
              .byte    0x5E,0x15,0x46,0x57,0xA7,0x8D,0x9D,0x84
              .byte    0x90,0xD8,0xAB,0x00,0x8C,0xBC,0xD3,0x0A
              .byte    0xF7,0xE4,0x58,0x05,0xB8,0xB3,0x45,0x06
              .byte    0xD0,0x2C,0x1E,0x8F,0xCA,0x3F,0x0F,0x02
              .byte    0xC1,0xAF,0xBD,0x03,0x01,0x13,0x8A,0x6B
              .byte    0x3A,0x91,0x11,0x41,0x4F,0x67,0xDC,0xEA
              .byte    0x97,0xF2,0xCF,0xCE,0xF0,0xB4,0xE6,0x73
              .byte    0x96,0xAC,0x74,0x22,0xE7,0xAD,0x35,0x85
              .byte    0xE2,0xF9,0x37,0xE8,0x1C,0x75,0xDF,0x6E
              .byte    0x47,0xF1,0x1A,0x71,0x1D,0x29,0xC5,0x89
              .byte    0x6F,0xB7,0x62,0x0E,0xAA,0x18,0xBE,0x1B
              .byte    0xFC,0x56,0x3E,0x4B,0xC6,0xD2,0x79,0x20
              .byte    0x9A,0xDB,0xC0,0xFE,0x78,0xCD,0x5A,0xF4
              .byte    0x1F,0xDD,0xA8,0x33,0x88,0x07,0xC7,0x31
              .byte    0xB1,0x12,0x10,0x59,0x27,0x80,0xEC,0x5F
              .byte    0x60,0x51,0x7F,0xA9,0x19,0xB5,0x4A,0x0D
              .byte    0x2D,0xE5,0x7A,0x9F,0x93,0xC9,0x9C,0xEF
              .byte    0xA0,0xE0,0x3B,0x4D,0xAE,0x2A,0xF5,0xB0
              .byte    0xC8,0xEB,0xBB,0x3C,0x83,0x53,0x99,0x61
              .byte    0x17,0x2B,0x04,0x7E,0xBA,0x77,0xD6,0x26
              .byte    0xE1,0x69,0x14,0x63,0x55,0x21,0x0C,0x7D
              .section .bss, bss
              .global  vbdAesU
              .global  vbdAesV
              .global  vbdAesSBox
              .global  vbdAesSBoxI
vbdAesU:      .space   16                               Die Matrix U
vbdAesV:      .space   16                               Die Matrix V
vbdAesSBox:   .space   256                              Die S-Box Σ
vbdAesSBoxI:  .space   256                              Die inverse S-Box Λ
              .text
              .global  mcAesInit
mcAesInit:    rcall    mcK28Ini                  2
              rcall    mcAesSchInit              2
              push3    w0,w1,w2                  3×1
              mov      #(2*16+2*256)/2,w0        1
```

```
87            mov     #vbcU,w1              1
88            mov     #vbdAesU,w2           1
89 0:         mov     [w1++],[w2++]         1
90            dec     w0,w0                 1
91            bra     nz,0b                 1/2
92            pop3    w0,w1,w2              3×1
93            return                        3
94            .end
```

Das Initialisierungsunterprogramm besteht nur aus einer Schleife, in der die vier ROM-Bereiche in das RAM kopiert werden. Und zwar werden 16-Bit-Worte kopiert, was die Division durch zwei in Zeile *86* erklärt.

6.2. Die Berechnung der Rundenschlüssel

Das Unterprogramm zur Erzeugung der Rundenschlüssel ist eine direkte Umsetzung des Abschnittes 4.4. Es ist dabei allerdings im Blick zu behalten, daß die 4×4-Matrizen, die eigentlichen Objekte von AES, im Prozessorspeicher zeilenweise angeordnet sind. Hier ist zunächst das Interface des Unterprogramms:

Unterprogramm mcAesSchluessel

Basierend auf einem Schlüssel $\mathbf{K}$ werden die Rundenschlüssel $\mathbf{K}_i$ berechnet, $i \in \{0, \dots, 10\}$.

Input

$\mathbf{w_0}$ Die Adresse κ eines externen Schlüssels $\mathbf{K}$

Der Schlüssel $\mathbf{K} = (k_0, k_1, \dots, k_{14}, k_{15})$ ist ein Bytevektor der Länge 16, also keine 4×4-Matrix.

Das Unterprogramm kann keine Fehler erzeugen.

Es werden sukzessive alle elf Rundenschlüssel berechnet bzw. erzeugt. Dazu muß ein Bytevektor der Länge 11×16 zur Verfügung stehen. Sollte das nicht der Fall sein, kann das Unterprogramm ohne Schwierigkeiten so geändert werden, daß bei jedem Aufruf der nächste gebrauchte Rundenschlüssel berechnet wird. Wird so verfahren dann werden nur noch 2×16 Bytes benötigt.

Es folgt nun das Unterprogramm selbst. Es ist bei Beachtung von Abschnitt 4.4 beinahe selbsterklärend.

1		.include	"makros.inc"	
2		.include	"aes.inc"	
3		.section	.konst, psv	
4	vbcXhochJ:	.byte	0x01,0x02,0x04,0x08	x^0, x^1, x^2, x^3
5		.byte	0x10,0x20,0x40,0x80	x^4, x^5, x^6, x^7
6		.byte	0x1B,0x36	x^8, x^9
7		.section	.bss, bss	
8		.global	vbdAesSchlssl	
9	vbdXhochJ:	.space	10	$x^0, \dots, x^9$
10	vbdAesSchlssl:	.space	11*16	$\mathbf{K}_0$ bis $\mathbf{K}_{10}$
11		.text		
12		.global	mcAesSchInit	
13		.global	mcAesSchluessel	

Das Initialisierunguntersprogramm zur Erzeugung der Rundenschlüssel

14	mcAesSchInit:	push2	w1,w2	2×1
15		mov	#vbcXhochJ,w1	1 x^j ins RAM kopieren
16		mov	#vbdXhochJ,w2	1
17		mov	[w1++],[w2++]	1 x^0, x^1
18		mov	[w1++],[w2++]	1 x^2, x^3
19		mov	[w1++],[w2++]	1 x^4, x^5
20		mov	[w1++],[w2++]	1 x^6, x^7
21		mov	[w1++],[w2++]	1 x^8, x^9
22		pop2	w1,w2	2×1
23		return		3

Das Unterprogramm zur Erzeugung der Rundenschlüssel

`mcAesSchluessel:`	`push3`	`w1,w2,w3`	3×1	
	`push3`	`w4,w5,w6`	3×1	
	`mov`	`#vbdAesSchlssl,w1`	1	$\mathbf{w_1} \leftarrow \mathcal{A}(\mathsf{k}_{00})$
	`mov`	`#vbdXhochJ,w2`	1	$\mathbf{w_2} \leftarrow \mathcal{A}(\mathsf{x}^0)$
	`mov`	`#vbdAesSBox,w3`	1	$\mathbf{w_3} \leftarrow \mathcal{A}(\boldsymbol{\Sigma})$

Die Umwandlung des externen Schlüssels K in den internen Schlüssel $\mathbf{K}_0$

	`mov`	`#4,w4`	1	$\mathbf{w_4} \leftarrow \hat{\jmath} = 4$, also $j \leftarrow 4 - \hat{\jmath} = 0$
`0:`	`mov.b`	`[w0++],w5`	1	$\mathsf{k}_{0j} \leftarrow \mathsf{K}[j]$
	`mov.b`	`w5,[w1]`	1	
	`mov.b`	`[w0++],w5`	1	$\mathsf{k}_{1j} \leftarrow \mathsf{K}[j+1]$
	`mov.b`	`w5,[w1+4]`	1	
	`mov.b`	`[w0++],w5`	1	$\mathsf{k}_{2j} \leftarrow \mathsf{K}[j+2]$
	`mov.b`	`w5,[w1+8]`	1	
	`mov.b`	`[w0++],w5`	1	$\mathsf{k}_{3j} \leftarrow \mathsf{K}[j+3]$
	`mov.b`	`w5,[w1+12]`	1	
	`inc`	`w1,w1`	1	$\mathbf{w_1} \leftarrow \mathcal{A}(\mathsf{k}_{0,j+1})$
	`dec`	`w4,w4`	1	$\hat{\jmath} \leftarrow \hat{\jmath} - 1$, also $j \leftarrow j + 1$
	`bra`	`nz,0b`	1/2	Falls $j < 3$ zur nächst. Spalte von $\mathbf{K}_0$
	`sub`	`w1,#4,w1`	1	$\mathbf{w_1} \leftarrow \mathcal{A}(\mathsf{k}_{00})$
	`sub`	`w0,#16,w0`	1	$\mathbf{w_0} \leftarrow \mathcal{A}(\mathsf{K})$

Die Initialisierung der Register für die Schleifendurchläufe

	`clr`	`w5`	1	$\mathbf{w_5}^{\top} \leftarrow 00_{16}$
	`mov`	`#10,w4`	1	$\mathbf{w_4} \leftarrow \hat{\imath} = 10$, d.h. $i \leftarrow 11 - \hat{\imath} = 1$

Die Berechnung von $\mathbf{K}_i$ aus $\mathbf{K}_{i-1}$, $i \in \{1, \ldots, 10\}$

```
mcSchleife:
```

Die Berechnung der ersten Spalte von $\mathbf{K}_i$, $i \in \{1, \ldots, 10\}$

	`mov.b`	`[w1+7],w5`	1	$\mathbf{w_5} \leftarrow \mathsf{k}_{13}$
	`mov.b`	`[w3+w5],w5`	1	$\mathbf{w_5} \leftarrow \mathsf{s}_{13} = \boldsymbol{\Sigma}[\mathsf{k}_{13}]$
	`mov.b`	`[w1+0],w6`	1	$\mathbf{w_6} \leftarrow \mathsf{k}_{00}$
	`xor.b`	`w5,w6,w5`	1	$\mathbf{w_5} \leftarrow \mathsf{s}_{13} \oplus \mathsf{k}_{00}$
	`xor.b`	`w5,[w2++],w5`	1	$\mathbf{w_5} \leftarrow \mathsf{s}_{13} \oplus \mathsf{k}_{00} \oplus \mathsf{x}^{i-1}$
	`mov.b`	`w5,[w1+16]`	1	$\tilde{\mathsf{k}}_{00} \leftarrow \mathsf{s}_{13} \oplus \mathsf{k}_{00} \oplus \mathsf{x}^{i-1}$
	`mov.b`	`[w1+11],w5`	1	$\mathbf{w_5} \leftarrow \mathsf{k}_{23}$
	`mov.b`	`[w3+w5],w5`	1	$\mathbf{w_5} \leftarrow \mathsf{s}_{13} = \boldsymbol{\Sigma}[\mathsf{k}_{13}]$
	`mov.b`	`[w1+4],w6`	1	$\mathbf{w_6} \leftarrow \mathsf{k}_{10}$
	`xor.b`	`w5,w6,w5`	1	$\mathbf{w_5} \leftarrow \mathsf{s}_{23} \oplus \mathsf{k}_{10}$
	`mov.b`	`w5,[w1+20]`	1	$\tilde{\mathsf{k}}_{10} \leftarrow \mathsf{s}_{23} \oplus \mathsf{k}_{10}$
	`mov.b`	`[w1+15],w5`	1	$\mathbf{w_5} \leftarrow \mathsf{k}_{33}$
	`mov.b`	`[w3+w5],w5`	1	$\mathbf{w_5} \leftarrow \mathsf{s}_{33} = \boldsymbol{\Sigma}[\mathsf{k}_{33}]$
	`mov.b`	`[w1+8],w6`	1	$\mathbf{w_6} \leftarrow \mathsf{k}_{20}$
	`xor.b`	`w5,w6,w5`	1	$\mathbf{w_5} \leftarrow \mathsf{s}_{33} \oplus \mathsf{k}_{20}$
	`mov.b`	`w5,[w1+24]`	1	$\tilde{\mathsf{k}}_{20} \leftarrow \mathsf{s}_{33} \oplus \mathsf{k}_{20}$
	`mov.b`	`[w1+3],w5`	1	$\mathbf{w_5} \leftarrow \mathsf{k}_{03}$
	`mov.b`	`[w3+w5],w5`	1	$\mathbf{w_5} \leftarrow \mathsf{s}_{03} = \boldsymbol{\Sigma}[\mathsf{k}_{03}]$
	`mov.b`	`[w1+12],w6`	1	$\mathbf{w_6} \leftarrow \mathsf{k}_{30}$

xor.b	w5,w6,w5	1	$w_5 \leftarrow s_{03} \oplus k_{30}$
mov.b	w5,[w1+28]	1	$\tilde{k}_{30} \leftarrow s_{03} \oplus k_{30}$

Die Berechnung der zweiten Spalte von $\mathbf{K}_i$, $i \in \{1, \ldots, 10\}$

mov.b	[w1+1],w5	1	$w_5 \leftarrow k_{01}$
mov.b	[w1+16],w6	1	$w_6 \leftarrow \tilde{k}_{00}$
xor.b	w5,w6,w6	1	$w_6 \leftarrow k_{01} \oplus \tilde{k}_{00}$
mov.b	w6,[w1+17]	1	$\tilde{k}_{01} \leftarrow k_{01} \oplus \tilde{k}_{00}$
mov.b	[w1+5],w5	1	$w_5 \leftarrow k_{11}$
mov.b	[w1+20],w6	1	$w_6 \leftarrow \tilde{k}_{10}$
xor.b	w5,w6,w6	1	$w_6 \leftarrow k_{11} \oplus \tilde{k}_{10}$
mov.b	w6,[w1+21]	1	$\tilde{k}_{11} \leftarrow k_{11} \oplus \tilde{k}_{10}$
mov.b	[w1+9],w5	1	$w_5 \leftarrow k_{21}$
mov.b	[w1+24],w6	1	$w_6 \leftarrow \tilde{k}_{20}$
xor.b	w5,w6,w6	1	$w_6 \leftarrow k_{21} \oplus \tilde{k}_{20}$
mov.b	w6,[w1+25]	1	$\tilde{k}_{21} \leftarrow k_{21} \oplus \tilde{k}_{20}$
mov.b	[w1+13],w5	1	$w_5 \leftarrow k_{31}$
mov.b	[w1+28],w6	1	$w_6 \leftarrow \tilde{k}_{30}$
xor.b	w5,w6,w6	1	$w_6 \leftarrow k_{31} \oplus \tilde{k}_{30}$
mov.b	w6,[w1+29]	1	$\tilde{k}_{31} \leftarrow k_{31} \oplus \tilde{k}_{30}$

Die Berechnung der dritten Spalte von $\mathbf{K}_i$, $i \in \{1, \ldots, 10\}$

mov.b	[w1+2],w5	1	$w_5 \leftarrow k_{02}$
mov.b	[w1+17],w6	1	$w_6 \leftarrow \tilde{k}_{01}$
xor.b	w5,w6,w6	1	$w_6 \leftarrow k_{02} \oplus \tilde{k}_{01}$
mov.b	w6,[w1+18]	1	$\tilde{k}_{02} \leftarrow k_{02} \oplus \tilde{k}_{01}$
mov.b	[w1+6],w5	1	$w_5 \leftarrow k_{12}$
mov.b	[w1+21],w6	1	$w_6 \leftarrow \tilde{k}_{11}$
xor.b	w5,w6,w6	1	$w_6 \leftarrow k_{12} \oplus \tilde{k}_{11}$
mov.b	w6,[w1+22]	1	$\tilde{k}_{12} \leftarrow k_{12} \oplus \tilde{k}_{11}$
mov.b	[w1+10],w5	1	$w_5 \leftarrow k_{22}$
mov.b	[w1+25],w6	1	$w_6 \leftarrow \tilde{k}_{21}$
xor.b	w5,w6,w6	1	$w_6 \leftarrow k_{22} \oplus \tilde{k}_{21}$
mov.b	w6,[w1+26]	1	$\tilde{k}_{22} \leftarrow k_{22} \oplus \tilde{k}_{21}$
mov.b	[w1+14],w5	1	$w_5 \leftarrow k_{32}$
mov.b	[w1+29],w6	1	$w_6 \leftarrow \tilde{k}_{31}$
xor.b	w5,w6,w6	1	$w_6 \leftarrow k_{32} \oplus \tilde{k}_{31}$
mov.b	w6,[w1+30]	1	$\tilde{k}_{32} \leftarrow k_{32} \oplus \tilde{k}_{31}$

Die Berechnung der vierten Spalte von $\mathbf{K}_i$, $i \in \{1, \ldots, 10\}$

mov.b	[w1+3],w5	1	$w_5 \leftarrow k_{03}$
mov.b	[w1+18],w6	1	$w_6 \leftarrow \tilde{k}_{02}$
xor.b	w5,w6,w6	1	$w_6 \leftarrow k_{03} \oplus \tilde{k}_{02}$
mov.b	w6,[w1+19]	1	$\tilde{k}_{03} \leftarrow k_{03} \oplus \tilde{k}_{02}$
mov.b	[w1+7],w5	1	$w_5 \leftarrow k_{13}$
mov.b	[w1+22],w6	1	$w_6 \leftarrow \tilde{k}_{12}$
xor.b	w5,w6,w6	1	$w_6 \leftarrow k_{13} \oplus \tilde{k}_{12}$
mov.b	w6,[w1+23]	1	$\tilde{k}_{13} \leftarrow k_{13} \oplus \tilde{k}_{12}$
mov.b	[w1+11],w5	1	$w_5 \leftarrow k_{23}$

```
108        mov.b     [w1+26],w6        1      w6 ← k̃22
109        xor.b     w5,w6,w6          1      w6 ← k23 ⊕ k̃22
110        mov.b     w6,[w1+27]        1      k̃23 ← k23 ⊕ k̃22
111        mov.b     [w1+15],w5        1      w5 ← k33
112        mov.b     [w1+30],w6        1      w6 ← k̃32
113        xor.b     w5,w6,w6          1      w6 ← k33 ⊕ k̃32
114        mov.b     w6,[w1+31]        1      k̃33 ← k33 ⊕ k̃32
     Der Abschluß eines Schleifendurchlaufs
115        add       w1,#16,w1         1      w1 ← A(k̃00)
116        dec       w4,w4             1      î ← î − 1 d.h. i ← 11 − î
117        bra       nz,mcSchleife     1/2    Falls i ≤ 10: Ki berechnen
118        pop3      w1,w2,w3          3×1
119        pop3      w4,w5,w6          3×1
120        return                      3
121        .end
```

Die internen Schlüssel liegen ab der Adresse `vbdAesSchlssl` als zeilenweise hintereinander gespeicherte 4×4-Bytematrizen im RAM. Ist $\varkappa_{i-1}$ die Adresse von $\mathbf{K}_{i-1}$, also von k_{00}, dann haben die Koeffizienten von $\mathbf{K}_{i-1}$ und $\mathbf{K}_i$ die folgenden relativen Adressen (*offsets*) bezüglich $\varkappa_{i-1}$:

$\mathbf{K}_{i-1}$				$\mathbf{K}_i$			
0	1	2	3	16	17	18	19
4	5	6	7	20	21	22	23
8	9	10	11	24	25	26	27
12	13	14	15	28	29	30	31

Es ist die erste Aufgabe des Unterprogramms, die Matrix $\mathbf{K}_0$ mit den Koeffizienten des externen Schlüsselvektors K zu belegen. Wie die Einführung zu Kapitel 4 zeigt, müssen die Koeffizienten von K strukturell (d.h. mathematisch) gesehen spaltenweise in die Matrix eingefügt werden. Das sieht formelmäßig wie folgt aus:

$$\mathsf{K} = \begin{pmatrix} k_0 \\ k_1 \\ \vdots \\ k_{14} \\ k_{15} \end{pmatrix} \longrightarrow \begin{pmatrix} k_0 & k_4 & k_8 & k_{12} \\ k_1 & k_5 & k_9 & k_{13} \\ k_2 & k_6 & k_{10} & k_{14} \\ k_3 & k_7 & k_{11} & k_{15} \end{pmatrix} = \begin{pmatrix} \mathsf{k}_{00} & \mathsf{k}_{01} & \mathsf{k}_{02} & \mathsf{k}_{03} \\ \mathsf{k}_{10} & \mathsf{k}_{11} & \mathsf{k}_{12} & \mathsf{k}_{13} \\ \mathsf{k}_{20} & \mathsf{k}_{21} & \mathsf{k}_{22} & \mathsf{k}_{23} \\ \mathsf{k}_{30} & \mathsf{k}_{31} & \mathsf{k}_{32} & \mathsf{k}_{33} \end{pmatrix} = \mathbf{K}_0$$

Wegen der zeilenweisen Anordnung der Matrix als Speicherstruktur gehört daher k_0 an die Adresse $\varkappa_0+0$, k_1 an $\varkappa_0+4$, k_2 an $\varkappa_0+8$, k_3 an $\varkappa_0+12$, k_4 an $\varkappa_0+1$, usw. Eben diese Zuordnung wird nun in den Zeilen *29–40* vorgenommen. Dabei werden die vier Spalten von $\mathbf{K}_0$ in einer Schleife durchlaufen. Falls es wirklich auf jeden Prozessortakt ankommt können die 16 Speicherzugriffspaare natürlich auch direkt hingeschrieben werden.

Anschließend werden die Rundenschlüssel $\mathbf{K}_1$ bis $\mathbf{K}_{10}$ wie in Abschnitt 4.4 vorgegeben berechnet, und zwar in einer zehnmal durchlaufenen Schleife.

6.3. Die Spaltenmischung

Gegeben sind ein Rundentext **T** und eine 4×4-Konstantenmatrix **M** mit Koeffizienten aus $\mathbb{K}_{2^8}$. Zu berechnen ist ihr Matrizenprodukt **MT**, und zwar ist die Matrix **T** mit dem Matrizenprodukt zu überschreiben:

$$\mathbf{MT} = \begin{pmatrix} \mathsf{m}_{00} & \mathsf{m}_{01} & \mathsf{m}_{02} & \mathsf{m}_{03} \\ \mathsf{m}_{10} & \mathsf{m}_{11} & \mathsf{m}_{12} & \mathsf{m}_{13} \\ \mathsf{m}_{20} & \mathsf{m}_{21} & \mathsf{m}_{22} & \mathsf{m}_{23} \\ \mathsf{m}_{30} & \mathsf{m}_{31} & \mathsf{m}_{32} & \mathsf{m}_{33} \end{pmatrix} \begin{pmatrix} \mathsf{t}_{00} & \mathsf{t}_{01} & \mathsf{t}_{02} & \mathsf{t}_{03} \\ \mathsf{t}_{10} & \mathsf{t}_{11} & \mathsf{t}_{12} & \mathsf{t}_{13} \\ \mathsf{t}_{20} & \mathsf{t}_{21} & \mathsf{t}_{22} & \mathsf{t}_{23} \\ \mathsf{t}_{30} & \mathsf{t}_{31} & \mathsf{t}_{32} & \mathsf{t}_{33} \end{pmatrix} \longrightarrow \begin{pmatrix} \mathsf{t}_{00} & \mathsf{t}_{01} & \mathsf{t}_{02} & \mathsf{t}_{03} \\ \mathsf{t}_{10} & \mathsf{t}_{11} & \mathsf{t}_{12} & \mathsf{t}_{13} \\ \mathsf{t}_{20} & \mathsf{t}_{21} & \mathsf{t}_{22} & \mathsf{t}_{23} \\ \mathsf{t}_{30} & \mathsf{t}_{31} & \mathsf{t}_{32} & \mathsf{t}_{33} \end{pmatrix} = \mathbf{T}$$

Das erfordert eine spezielle Organisation der Matrizenmultiplikation.

Unterprogramm `mcAesSpMisch`

Es wird ein Text **T** mit einer 4×4-Konstantenmatrix **M** mit Koeffizienten aus $\mathbb{K}_{2^8}$ multipliziert.

Input

- $\mathbf{w_3}$ Die Adresse τ des Textes **T**
- $\mathbf{w_4}$ Die Adresse μ der Matrix **M**

Der Text **T** wird mit dem Matrizenprodukt **MT** überschrieben.
Das Unterprogramm ist speziell auf das Unterprogramm **mcAesVersch** aus Abschnitt 6.5 zugeschnitten (siehe Text). Das gilt insbesondere für den Einsatz der Register $\mathbf{w_0}$ bis $\mathbf{w_{13}}$.
Das Unterprogramm kann keine Fehler erzeugen.

```
               .include "makros.inc"
               .include "aes.inc"
mcAesSpMisch:  mov      #4,w5          1   w5 ← k̂ = 4, also k ← 4 − k̂ = 0
mcSchleife:    mov.b    [w3],w7        1   w7 ← a = t0j
               mov.b    [w3+4],w8      1   w8 ← b = t1j
               mov.b    [w3+8],w9      1   w9 ← c = t2j
               mov.b    [w3+12],w10    1   w10 ← d = t3j
               mov.b    [w4++],w0      1   w0 ← m00
               mov      w7,w1          1   w1 ← a
               rcall    mcK28Mul       2   w2 ← am00
               mov      w2,w6          1   w6 ← p = am00
               mov.b    [w4++],w0      1   w0 ← m01
               mov      w8,w1          1   w1 ← b
               rcall    mcK28Mul       2   w2 ← bm01
               xor      w2,w6,w6       1   p ← p + bm01
               mov.b    [w4++],w0      1   w0 ← m02
               mov      w9,w1          1   w1 ← c
               rcall    mcK28Mul       2   w2 ← cm02
               xor      w2,w6,w6       1   p ← p + cm02
               mov.b    [w4++],w0      1   w0 ← m03
               mov      w10,w1         1   w1 ← d
               rcall    mcK28Mul       2   w2 ← dm03
               xor      w2,w6,w6       1   p ← p + dm03
```

```
        mov.b   w6,[w3]       1   t0j ← p
        mov.b   [w4++],w0     1   w0 ← m10
        mov     w7,w1         1   w1 ← a
        rcall   mcK28Mul      2   w2 ← am10
        mov     w2,w6         1   w6 ← p = am10
        mov.b   [w4++],w0     1   w0 ← m11
        mov     w8,w1         1   w1 ← b
        rcall   mcK28Mul      2   w2 ← bm11
        xor     w2,w6,w6      1   p ← p + bm11
        mov.b   [w4++],w0     1   w0 ← m12
        mov     w9,w1         1   w1 ← c
        rcall   mcK28Mul      2   w2 ← cm12
        xor     w2,w6,w6      1   p ← p + cm12
        mov.b   [w4++],w0     1   w0 ← m13
        mov     w10,w1        1   w2 ← d
        rcall   mcK28Mul      2   w2 ← dm13
        xor     w2,w6,w6      1   p ← p + dm13
        mov.b   w6,[w3+4]     1   t1j ← p
        mov.b   [w4++],w0     1   w0 ← m20
        mov     w7,w1         1   w1 ← a
        rcall   mcK28Mul      2   w2 ← am20
        mov     w2,w6         1   w6 ← p = am20
        mov.b   [w4++],w0     1   w1 ← m21
        mov     w8,w1         1   w1 ← b
        rcall   mcK28Mul      2   w2 ← bm21
        xor     w2,w6,w6      1   p ← p + bm21
        mov.b   [w4++],w0     1   w0 ← m22
        mov     w9,w1         1   w1 ← c
        rcall   mcK28Mul      2   w2 ← cm22
        xor     w2,w6,w6      1   p ← p + cm22
        mov.b   [w4++],w0     1   w0 ← m23
        mov     w10,w1        1   w1 ← d
        rcall   mcK28Mul      2   w2 ← dm23
        xor     w2,w6,w6      1   p ← p + dm23
        mov.b   w6,[w3+8]     1   t2j ← p
        mov.b   [w4++],w0     1   w0 ← m30
        mov     w7,w1         1   w1 ← a
        rcall   mcK28Mul      2   w2 ← am30
        mov     w2,w6         1   w6 ← p = am30
        mov.b   [w4++],w0     1   w0 ← m31
        mov     w8,w1         1   w1 ← b
        rcall   mcK28Mul      2   w2 ← bm31
        xor     w2,w6,w6      1   p ← p + bm31
        mov.b   [w4++],w0     1   w0 ← m32
        mov     w9,w1         1   w1 ← c
        rcall   mcK28Mul      2   w2 ← cm32
```

```
        xor     w2,w6,w6          1    p ← p + cm32
        mov.b   [w4++],w0         1    w0 ← m33
        mov     w10,w1            1    w1 ← d
        rcall   mcK28Mul          2    w2 ← dm33
        xor     w2,w6,w6          1    p ← p + dm33
        mov.b   w6,[w3+12]        1    t3j ← p
        sub     w4,#16,w4         1    w4 ← μ
        inc     w3,w3             1    w3 ← A(t0,j+1)
        dec     w5,w5             1    ĵ ← ĵ − 1, also j ← j + 1
        bra     nz,mcSchleife     1/2  Falls j < 3 zum nächsten Schleifendurchlauf
        sub     w3,#4,w3          1    w3 ← τ
        return                    3
        .end
```

Die große Schleife des Unterprogramms wird einmal für jede Spalte von $\mathbf{T}$ durchlaufen. Beim ersten Durchlauf werden die Elemente der ersten Spalte von $\mathbf{T}$ in temporären Variablen abgelegt, etwa

$$\mathsf{a} \leftarrow \mathsf{t}_{00} \quad \mathsf{b} \leftarrow \mathsf{t}_{10} \quad \mathsf{c} \leftarrow \mathsf{t}_{20} \quad \mathsf{d} \leftarrow \mathsf{t}_{30}$$

Die neue erste Spalte von $\mathbf{T}$ wird dann berechnet als

$$\begin{aligned}
\mathsf{t}_{00} &\leftarrow \mathsf{m}_{00}\mathsf{a} + \mathsf{m}_{01}\mathsf{b} + \mathsf{m}_{02}\mathsf{c} + \mathsf{m}_{03}\mathsf{d} \\
\mathsf{t}_{10} &\leftarrow \mathsf{m}_{10}\mathsf{a} + \mathsf{m}_{11}\mathsf{b} + \mathsf{m}_{12}\mathsf{c} + \mathsf{m}_{23}\mathsf{d} \\
\mathsf{t}_{20} &\leftarrow \mathsf{m}_{20}\mathsf{a} + \mathsf{m}_{21}\mathsf{b} + \mathsf{m}_{22}\mathsf{c} + \mathsf{m}_{23}\mathsf{d} \\
\mathsf{t}_{30} &\leftarrow \mathsf{m}_{30}\mathsf{a} + \mathsf{m}_{31}\mathsf{b} + \mathsf{m}_{32}\mathsf{c} + \mathsf{m}_{33}\mathsf{d}
\end{aligned}$$

Mit den übrigen drei Spalten von $\mathbf{T}$ wird ebenso verfahren.

Der Inhalt von Register $\mathbf{w_4}$ durchläuft bei der Berechnung einer Spalte von $\mathbf{T}$ die Adressen der Elemente von $\mathbf{M}$, wegen der zeilenweisen Speicherung der Matrizen zeilenweise, genau einmal. Es kann nach der Berechnung der Spalte deshalb durch Subtraktion von 16 auf seinen Anfangswert μ zurückgesetzt werden.

Dagegen durchläuft der Inhalt von Register $\mathbf{w_3}$ die Adressen der Spaltenanfänge t_{0j}, es erhält daher am Ende des Unterprogramms durch Subtraktion von 4 wieder seinen Anfangswert τ.

6.4. Die optimierte Spaltenmischung

Die in Abschnitt 5.4 mit der Spaltenmischung vorgenommene Optimierung kann natürlich in ähnlicher Weise auch für den dsPIC-Prozessor durchgeführt werden. Sie erweist sich bei dsPIC sogar als noch effektiver. Das optimierte Unterprogramm ist wie folgt aufgebaut:

	`.macro`	`K28Mul`		
	`clr`	`w2`	1	$\mathbf{w_2} \leftarrow \mathbf{w} = \mathbf{00}$ (vorläufig)
	`cp0.b`	`w0`	1	$\mathbf{u} = \mathbf{0}$?
	`bra`	`z,.+16`	1/2	Falls $\mathbf{u} = \mathbf{0}$ mit $\mathbf{w} = \mathbf{0}$ weiter
	`cp0.b`	`w1`	1	$\mathbf{v} = \mathbf{0}$?
	`bra`	`z,.+12`	1/2	Falls $\mathbf{v} = \mathbf{0}$ mit $\mathbf{w} = \mathbf{0}$ weiter
	`mov.b`	`[w11+w0],w2`	1	$\mathbf{w_2} \leftarrow p = \Lambda[\mathbf{u}]$
	`mov.b`	`[w11+w1],w13`	1	$\mathbf{w_{13}} \leftarrow q = \Lambda[\mathbf{v}]$
	`add.b`	`w2,w13,w2`	1	$\mathbf{w_2} \leftarrow (p+q)^{\perp}$
	`addc.b`	`#0,w2`	1	$\mathbf{w_2} \leftarrow (p+q) \bmod 255 = (p+q)^{\perp} + (p+q)^{\top}$
	`mov.b`	`[w12+w2],w2`	1	$\mathbf{w_2} \leftarrow \mathbf{w} = \Upsilon[(p+q) \bmod 255]$
	`.endm`			
`mcAesSpMisch:`	`push3`	`w11,w12,w13`	3×1	
	`mov`	`#vbdLam,w11`	1	$\mathbf{w_{11}} \leftarrow \mathcal{A}(\Lambda)$
	`mov`	`#vbdYps,w12`	1	$\mathbf{w_{12}} \leftarrow \mathcal{A}(\Upsilon)$
	`clr`	`w13`	1	$\mathbf{w_{13}}^{\top} \leftarrow 00_{16}$
	`mov`	`#4,w5`	1	$\mathbf{w_5} \leftarrow \hat{k} = 4$, also $k \leftarrow 4 - \hat{k} = 0$
`mcSchleife:`	`mov.b`	`[w3],w7`	1	$\mathbf{w_7} \leftarrow \mathbf{a} = \mathbf{t}_{0j}$
	`mov.b`	`[w3+4],w8`	1	$\mathbf{w_8} \leftarrow \mathbf{b} = \mathbf{t}_{1j}$
	`mov.b`	`[w3+8],w9`	1	$\mathbf{w_9} \leftarrow \mathbf{c} = \mathbf{t}_{2j}$
	`mov.b`	`[w3+12],w10`	1	$\mathbf{w_{10}} \leftarrow \mathbf{d} = \mathbf{t}_{3j}$
	`mov.b`	`[w4++],w0`	1	$\mathbf{w_0} \leftarrow \mathbf{m}_{00}$
	`mov`	`w7,w1`	1	$\mathbf{w_1} \leftarrow \mathbf{a}$
	`mcK28Mul`		10	$\mathbf{w_2} \leftarrow \mathbf{am}_{00}$
	`mov`	`w2,w6`	1	$\mathbf{w_6} \leftarrow \mathbf{p} = \mathbf{am}_{00}$
	`mov.b`	`[w4++],w0`	1	$\mathbf{w_0} \leftarrow \mathbf{m}_{01}$
	`mov`	`w8,w1`	1	$\mathbf{w_1} \leftarrow \mathbf{b}$
	`mcK28Mul`		10	$\mathbf{w_2} \leftarrow \mathbf{bm}_{01}$
	`xor`	`w2,w6,w6`	1	$\mathbf{p} \leftarrow \mathbf{p} + \mathbf{bm}_{01}$
	`mov.b`	`[w4++],w0`	1	$\mathbf{w_0} \leftarrow \mathbf{m}_{02}$
	`mov`	`w9,w1`	1	$\mathbf{w_1} \leftarrow \mathbf{c}$
	`mcK28Mul`		10	$\mathbf{w_2} \leftarrow \mathbf{cm}_{02}$
	`xor`	`w2,w6,w6`	1	$\mathbf{p} \leftarrow \mathbf{p} + \mathbf{cm}_{02}$
	`mov.b`	`[w4++],w0`	1	$\mathbf{w_0} \leftarrow \mathbf{m}_{03}$
	`mov`	`w10,w1`	1	$\mathbf{w_1} \leftarrow \mathbf{d}$
	`mcK28Mul`		10	$\mathbf{w_2} \leftarrow \mathbf{dm}_{03}$
	`xor`	`w2,w6,w6`	1	$\mathbf{p} \leftarrow \mathbf{p} + \mathbf{dm}_{03}$
	`mov.b`	`w6,[w3]`	1	$\mathbf{t}_{0j} \leftarrow \mathbf{p}$
	`mov.b`	`[w4++],w0`	1	$\mathbf{w_0} \leftarrow \mathbf{m}_{10}$
	`mov`	`w7,w1`	1	$\mathbf{w_1} \leftarrow \mathbf{a}$
	`mcK28Mul`		10	$\mathbf{w_2} \leftarrow \mathbf{am}_{10}$

```
mov      w2,w6          1    w6 ← p = am10
mov.b    [w4++],w0      1    w0 ← m11
mov      w8,w1          1    w1 ← b
mcK28Mul                10   w2 ← bm11
xor      w2,w6,w6       1    p ← p + bm11
mov.b    [w4++],w0      1    w0 ← m12
mov      w9,w1          1    w1 ← c
mcK28Mul                10   w2 ← cm12
xor      w2,w6,w6       1    p ← p + cm12
mov.b    [w4++],w0      1    w0 ← m13
mov      w10,w1         1    w2 ← d
mcK28Mul                10   w2 ← dm13
xor      w2,w6,w6       1    p ← p + dm13
mov.b    w6,[w3+4]      1    t1j ← p
mov.b    [w4++],w0      1    w0 ← m20
mov      w7,w1          1    w1 ← a
mcK28Mul                10   w2 ← am20
mov      w2,w6          1    w6 ← p = am20
mov.b    [w4++],w0      1    w1 ← m21
mov      w8,w1          1    w1 ← b
mcK28Mul                10   w2 ← bm21
xor      w2,w6,w6       1    p ← p + bm21
mov.b    [w4++],w0      1    w0 ← m22
mov      w9,w1          1    w1 ← c
mcK28Mul                10   w2 ← cm22
xor      w2,w6,w6       1    p ← p + cm22
mov.b    [w4++],w0      1    w0 ← m23
mov      w10,w1         1    w1 ← d
mcK28Mul                10   w2 ← dm23
xor      w2,w6,w6       1    p ← p + dm23
mov.b    w6,[w3+8]      1    t2j ← p
mov.b    [w4++],w0      1    w0 ← m30
mov      w7,w1          1    w1 ← a
mcK28Mul                10   w2 ← am30
mov      w2,w6          1    w6 ← p = am30
mov.b    [w4++],w0      1    w0 ← m31
mov      w8,w1          1    w1 ← b
mcK28Mul                10   w2 ← bm31
xor      w2,w6,w6       1    p ← p + bm31
mov.b    [w4++],w0      1    w0 ← m32
mov      w9,w1          1    w1 ← c
mcK28Mul                10   w2 ← cm32
xor      w2,w6,w6       1    p ← p + cm32
mov.b    [w4++],w0      1    w0 ← m33
mov      w10,w1         1    w1 ← d
K28Mul                  10   w2 ← dm33
```

88	`xor`	`w2,w6,w6`	1	$\mathsf{p} \leftarrow \mathsf{p} + \mathsf{dm}_{33}$
89	`mov.b`	`w6,[w3+12]`	1	$\mathbf{t}_{3\jmath} \leftarrow \mathsf{p}$
90	`sub`	`w4,#16,w4`	1	$\mathbf{w_4} \leftarrow \mu$
91	`inc`	`w3,w3`	1	$\mathbf{w_3} \leftarrow \mathcal{A}(\mathbf{t}_{0,\jmath+1})$
92	`dec`	`w5,w5`	1	$\hat{\jmath} \leftarrow \hat{\jmath} - 1$, also $\jmath \leftarrow \jmath + 1$
93	`bra`	`nz,mcSchleife`	1/2	Falls $\jmath < 3$ zum nächsten Schleifendurchlauf
94	`sub`	`w3,#4,w3`	1	$\mathbf{w_3} \leftarrow \tau$
95	`pop3`	`w11,w12,w13`	3×1	
96	`return`		3	

Die Aufrufe des Unterprogramms `mcK28Mul` werden also durch Aufrufe des Makros `K28Mul` in den Zeilen *1–12* ersetzt. Dabei werden die folgenden Änderungen am Unterprogramm `mcK28Mul` (um zum Makro `K28Mul` zu gelangen) und am Unterprogramm `mcAesSpMisch` selbst vorgenommen:

(i) Die Zugriffe auf die Tabellen Λ_{a} und Υ_{a} werden nicht mit Register $\mathbf{w_3}$, sondern respektive mit den Registern $\mathbf{w_{11}}$ und $\mathbf{w_{12}}$ durchgeführt. Diese beiden Register werden mit ihren Tabellenadressen am Anfang von Unterprogramm `mcAesSpMisch` geladen (Zeilen *14–15*), d.h. außerhalb des Makros. Auch die beiden Befehle `push w3` und `pop w3` werden so überflüssig.

(ii) Allerdings wird Register $\mathbf{w_3}$ in Unterprogramm `mcK28Mul` auch für Tabellenelemente verwendet, es ist dafür durch ein anderes Register zu ersetzen. Eine sorgfältige Durchsicht von Unterprogramm `mcAesSpMisch` zeigt, daß ohne eine Rettungsmaßnahme im Makro nur noch Register $\mathbf{w_{13}}$ zur Verfügung steht.

(iii) Als Folge daraus sind die Inhalte der Register $\mathbf{w_{11}}$, $\mathbf{w_{12}}$ und $\mathbf{w_{13}}$ am Anfang von `mcAesSpMisch` im Stapel aufzubewahren und an seinem Ende zu restaurieren.

(iv) Das Unterprogramm `mcK28Mul` enthält nur relative Sprünge zur laufenden Adresse (Zeile *4* und Zeile *6*), d.h. die Sprünge können direkt in das Makro übernommen werden, denn es werden keine Programmmarken verwendet, die Mehrfachmarken ergeben würden. Natürlich sind die relativen Sprungentfernungen an die geänderte Zahl der auf die Sprünge folgenden Befehle anzupassen.

Damit sind alle wichtigen Änderungen zur Optimierung beschrieben.

Die optimierte Spaltenmischung (das optimierte Unterprogramm `mcAesSpMisch`) ergibt für die gesamte Verschlüsselung eine Laufzeit von 11284 Takten. Gegenüber der nicht optimierten Spaltenmischung ist das eine Verbesserung um 68% . Die Optimierung erbringt also beim dsPIC mehr Einsparung als bei AVR. Dieses Resultat entspricht selbstverständlich der Erwartung, denn den drei Registern bei AVR, mit welchen auf das RAM zugegriffen werden kann, stehen 14 solche Register des dsPIC gegenüber.

6.5. Die Verschlüsselung

Lesern, die in der Assemblerprogrammierung von AVR und dsPIC zu programmieren in der Lage sind, werden die große Ähnlichkeit des folgenden Unterprogramms mit dem in Abschnitt 5.5 sicherlich erkennen. Das ist natürlich nicht die Normalität, der Befehlssatz des dsPIC ist dem AVR-Befehlssatz so weit überlegen, daß als Minimum mit dem dsPIC beträchtlich kürzere Programme möglich sind. Oft ist auch eine effizientere Programmorganisation möglich. Bei der Programmierung der Verschlüsselung läßt sich allerdings die Überlegenheit des dsPIC-Befehlssatzes nur an wenigen Stellen ausnutzen.

Unterprogramm mcAesVersch

Es wird ein externer Klartext **T** zu einem externen Geheimtext **G** verschlüsselt.

Input

w_3 Die Adresse β eines Bytevektors $\mathbf{b} = (b_0, \ldots, b_{15})$ der Länge 16

w_4 Die Adresse τ des Klartextes $\mathbf{T} = (t_0, \ldots, t_{15})$

Der Bytevektor **b** wird mit dem externen Geheimtext $\mathbf{G} = (g_0, \ldots, g_{15})$ von **T** geladen.

Das Unterprogramm kann keine Fehler erzeugen.

1		.include	"makros.inc"		
2		.include	"aes.inc"		
3	mcAesVersch:	push5	w0,w1,w2,w4,w5	5×1	
4		push5	w6,w7,w8,w9,w10	5×1	
5		push3	w11,w12,w13	3×1	
6		clr	w7	1	$\mathbf{w_7}^\top \leftarrow 00_{16}$
7		clr	w8	1	$\mathbf{w_8}^\top \leftarrow 00_{16}$
8		clr	w9	1	$\mathbf{w_9}^\top \leftarrow 00_{16}$
9		clr	w10	1	$\mathbf{w_{10}}^\top \leftarrow 00_{16}$

Die Umwandlung des externen Klartextes **T** in den internen Rundentext **T** (d.h. **b** als **T** interpretiert)
Register $\mathbf{w_3}$ enthält also $\mathcal{A}(\mathbf{T}) = \mathcal{A}(\mathbf{t}_{00})$

10		mov	#4,w0	1	$\mathbf{r_{16}} \leftarrow \hat{\imath} = 4$, also $i \leftarrow 4 - \hat{\imath} = 0$
11	0:	mov.b	[w4++],w1	1	$\mathbf{t}_{0i} \leftarrow \mathbf{T}[i] = t_i$
12		mov.b	w1,[w3]	1	
13		mov.b	[w4++],w1	1	$\mathbf{t}_{1i} \leftarrow \mathbf{T}[i+1] = t_{i+1}$
14		mov.b	w1,[w3+4]	1	
15		mov.b	[w4++],w1	1	$\mathbf{t}_{2i} \leftarrow \mathbf{T}[i+2] = t_{i+2}$
16		mov.b	w1,[w3+8]	1	
17		mov.b	[w4++],w1	1	$\mathbf{t}_{3i} \leftarrow \mathbf{T}[i+3] = t_{i+3}$
18		mov.b	w1,[w3+12]	1	
19		inc	w3,w3	1	$\mathbf{w_3} \leftarrow \mathcal{A}(\mathbf{t}_{0,i+1})$
20		dec	w0,w0	1	$\hat{\imath} \leftarrow \hat{\imath} - 1$, also $i \leftarrow i + 1$
21		bra	nz,0b	1/2	Falls $i < 3$ zur nächsten Spalte von **T**
22		sub	w3,#4,w3	1	$\mathbf{w_3} \leftarrow \mathcal{A}(\mathbf{t}_{00})$

Runde 0: Addition des Rundenschlüssels $\mathbf{K}_0$ erzeugt $\mathbf{T}_0$, siehe Text bezüglich t_m und k_m!

23		mov	#vbdAesSchlssl,w11	1	$\mathbf{w_{11}} \leftarrow \mathcal{A}(\mathbf{K}_0) = \mathcal{A}(\mathbf{k}_{00}^{(0)})$
24		mov	#16,w0	1	$\mathbf{w_0} \leftarrow \hat{m} = 16$, also $m \leftarrow 16 - \hat{m} = 0$

1:	mov.b	[w3],w1	1	$\mathbf{w_1} \leftarrow t_m$
	mov.b	[w11++],w2	1	$\mathbf{w_2} \leftarrow k_m$, $\mathbf{w_{11}} \leftarrow \mathcal{A}(k_{m+1})$
	xor.b	w1,w2,[w3++]	1	$t_m \leftarrow t_m \oplus k_m$, $\mathbf{w_3} \leftarrow \mathcal{A}(t_{m+1})$
	dec	w0,w0	1	$\hat{m} \leftarrow \hat{m} - 1$, also $m \leftarrow m + 1$
	bra	nz,1b	1/2	Falls $m < 16$ weiter mod 2 addieren
	sub	w3,#16,w3	1	$\mathbf{w_3} \leftarrow \mathcal{A}(\mathbf{T}_0)$

Hier beginnt die Berechnung der Rundentexte $\mathbf{T}_1$ bis $\mathbf{T}_{10}$

	mov	#10,w13	1	$\mathbf{w_{13}} \leftarrow \hat{\jmath} = 10$, also $j \leftarrow 10 - \hat{\jmath} + 1 = 1$
	mov	#vbdAesSBox,w12	1	$\mathbf{w_{12}} \leftarrow \mathcal{A}(\boldsymbol{\Sigma})$
mcSchleife:			1	

Runde j: Berechnung von $\mathbf{T}_j$ aus $\mathbf{T}_{j-1}$ und $\mathbf{K}_j$.

Die Elementesubstitution. Dazu wird $\mathbf{T}_{j-1}$ als ein Vektor $\mathbf{t} = (t_0, \ldots, t_{15})$ mit $t_i \in \{0, \ldots, 255\}$ interpretiert. Berechnet wird der Zwischentext $\mathbf{S}$ mit $\mathbf{s}_{\nu\mu} = \boldsymbol{\Sigma}[\mathbf{t}_{\nu\mu}^{\langle j-1 \rangle}]$ (siehe Abschnitt 4.5).

	mov	#16,w0	1	$\mathbf{r_{16}} \leftarrow \hat{m} = 16$, also $m \leftarrow 16 - \hat{m} = 0$
0:	mov.b	[w3],w2	1	$\mathbf{w_2} \leftarrow t_m$
	mov.b	[w12+w2],w1	1	$\mathbf{w_1} \leftarrow \boldsymbol{\Sigma}[t_m]$
	mov.b	w1,[w3++]	1	$t_m \leftarrow \boldsymbol{\Sigma}[t_m]$, $\mathbf{w_3} \leftarrow \mathcal{A}(t_{m+1})$
	dec	w0,w0	1	$\hat{m} \leftarrow \hat{m} - 1$, also $m \leftarrow m + 1$
	bra	nz,0b	1/2	Falls $m < 10$: Weiter substituieren
	sub	w3,#16,w3	1	$\mathbf{w_3} \leftarrow \mathcal{A}(\mathbf{S}) = \mathcal{A}(\mathbf{s}_{00})$

Bestimmung des Zwischentextes $\mathbf{R}$ aus dem Zwischentext $\mathbf{S}$ durch Reihenrotation.
Zur Bezeichnung und zur Art der Zuordnung siehe Abschnitt 4.5.
Rotation der zweiten Reihe von $\mathbf{S}$:

	mov.b	[w3+4],w7	1	$\mathbf{w_7} \leftarrow \mathbf{s}_{10}$
	mov.b	[w3+5],w8	1	$\mathbf{w_8} \leftarrow \mathbf{s}_{11}$
	mov.b	[w3+6],w9	1	$\mathbf{w_9} \leftarrow \mathbf{s}_{12}$
	mov.b	[w3+7],w10	1	$\mathbf{w_{10}} \leftarrow \mathbf{s}_{13}$
	mov.b	w8,[w3+4]	1	$\mathbf{r}_{10} \leftarrow \mathbf{s}_{11}$
	mov.b	w9,[w3+5]	1	$\mathbf{r}_{11} \leftarrow \mathbf{s}_{12}$
	mov.b	w10,[w3+6]	1	$\mathbf{r}_{12} \leftarrow \mathbf{s}_{13}$
	mov.b	w7,[w3+7]	1	$\mathbf{r}_{13} \leftarrow \mathbf{s}_{10}$

Rotation der dritten Reihe von $\mathbf{S}$:

	mov.b	[w3+8],w7	1	$\mathbf{w_7} \leftarrow \mathbf{s}_{20}$
	mov.b	[w3+9],w8	1	$\mathbf{w_8} \leftarrow \mathbf{s}_{21}$
	mov.b	[w3+10],w9	1	$\mathbf{w_9} \leftarrow \mathbf{s}_{22}$
	mov.b	[w3+11],w10	1	$\mathbf{w_{10}} \leftarrow \mathbf{s}_{23}$
	mov.b	w9,[w3+8]	1	$\mathbf{r}_{20} \leftarrow \mathbf{s}_{22}$
	mov.b	w10,[w3+9]	1	$\mathbf{r}_{21} \leftarrow \mathbf{s}_{23}$
	mov.b	w7,[w3+10]	1	$\mathbf{r}_{22} \leftarrow \mathbf{s}_{20}$
	mov.b	w8,[w3+11]	1	$\mathbf{r}_{23} \leftarrow \mathbf{s}_{21}$

Rotation der vierten Reihe von $\mathbf{S}$:

	mov.b	[w3+12],w7	1	$\mathbf{w_7} \leftarrow \mathbf{s}_{30}$
	mov.b	[w3+13],w8	1	$\mathbf{w_8} \leftarrow \mathbf{s}_{31}$
	mov.b	[w3+14],w9	1	$\mathbf{w_9} \leftarrow \mathbf{s}_{32}$
	mov.b	[w3+15],w10	1	$\mathbf{w_{10}} \leftarrow \mathbf{s}_{33}$
	mov.b	w10,[w3+12]	1	$\mathbf{r}_{30} \leftarrow \mathbf{s}_{33}$

62	mov.b	w7,[w3+13]	1	$r_{31} \leftarrow s_{30}$
63	mov.b	w8,[w3+14]	1	$r_{32} \leftarrow s_{31}$
64	mov.b	w9,[w3+15]	1	$r_{33} \leftarrow s_{32}$

Bestimmung des Zwischentextes M aus dem Zwischentext R durch Spaltenmischung.

65	cp	w13,#1	1	Falls $j = 10$:
66	bra	z,1f	1/2	Spaltenmischung überspringen
67	mov	#vbdAesU,w4	1	$w_4 \leftarrow \mathcal{A}(U)$
68	rcall	mcAesSpMisch	2	Spaltenmischung ausführen (siehe 6.3)

Berechnung des Rundentextes T_j aus M durch Addition des Rundenschlüssels K_j
Bezeichnungen wie bei Addition des Rundenschlüssels oben.

69	1:	mov	#16,w0	1	$w_0 \leftarrow \hat{m} = 16$, also $m \leftarrow 16 - \hat{m} = 0$
70	2:	mov.b	[w3],w1	1	$w_1 \leftarrow t_m$
71		mov.b	[w11++],w2	1	$w_2 \leftarrow k_m$, $w_{11} \leftarrow \mathcal{A}(k_{m+1})$
72		xor.b	w1,w2,[w3++]	1	$t_m \leftarrow t_m \oplus k_m$, $w_3 \leftarrow \mathcal{A}(t_{m+1})$
73		dec	w0,w0	1	$\hat{m} \leftarrow \hat{m} - 1$, also $m \leftarrow m + 1$
74		bra	nz,2b	1/2	Falls $m < 16$ weiter mod 2 addieren
75		sub	w3,#16,w3	1	$w_3 \leftarrow \mathcal{A}(T_j)$

Abschluß Runde j

76	dec	w13,w13	1	$\hat{j} \leftarrow \hat{j} - 1$, also $j \leftarrow j + 1$
77	bra	nz,mcSchleife	1/2	Falls $j < 10$ berechne T_{j+1}

Hier ist der interne Geheimtext $G = T_{10}$ berechnet.
Übertragung des internen Geheimtextes G in den externen Geheimtext G:

78	mov.b	[w3+1],w7	1	$w_7 \leftarrow g_{01}$
79	mov.b	[w3+2],w8	1	$w_8 \leftarrow g_{02}$
80	mov.b	[w3+3],w9	1	$w_9 \leftarrow g_{03}$
81	mov.b	[w3+4],w10	1	$w_{10} \leftarrow g_{01}$
82	mov.b	w10,[w3+1]	1	$g_1 \leftarrow g_{01}$
83	mov.b	[w3+8],w10	1	$w_{10} \leftarrow g_{02}$
84	mov.b	w10,[w3+2]	1	$g_2 \leftarrow g_{02}$
85	mov.b	[w3+12],w10	1	$w_{10} \leftarrow g_{03}$
86	mov.b	w10,[w3+3]	1	$g_3 \leftarrow g_{03}$
87	mov.b	w7,[w3+4]	1	$g_4 \leftarrow g_{01}$
88	mov.b	[w3+6],w7	1	$w_7 \leftarrow g_{21}$
89	mov.b	[w3+7],w6	1	$w_6 \leftarrow g_{31}$
90	mov.b	[w3+9],w10	1	$w_{10} \leftarrow g_{12}$
91	mov.b	w10,[w3+6]	1	$g_6 \leftarrow g_{12}$
92	mov.b	[w3+13],w10	1	$w_{10} \leftarrow g_{13}$
93	mov.b	w10,[w3+7]	1	$g_7 \leftarrow g_{13}$
94	mov.b	w8,[w3+8]	1	$g_8 \leftarrow g_{02}$
95	mov.b	w7,[w3+9]	1	$g_9 \leftarrow g_{21}$
96	mov.b	[w3+11],w7	1	$w_7 \leftarrow g_{32}$
97	mov.b	[w3+14],w10	1	$w_{10} \leftarrow g_{23}$
98	mov.b	w10,[w3+11]	1	$g_{11} \leftarrow g_{23}$
99	mov.b	w9,[w3+12]	1	$g_{12} \leftarrow g_{03}$
100	mov.b	w6,[w3+13]	1	$g_{13} \leftarrow g_{31}$
101	mov.b	w7,[w3+14]	1	$g_{14} \leftarrow g_{32}$

Die Verschlüsselung endet hier, der Bytevektor $\mathfrak{b}$ wurde mit dem externen Geheimtext G überschrieben.

```
102         pop5      w0,w1,w2,w4,w5      5×1
103         pop5      w6,w7,w8,w9,w10     5×1
104         pop3      w11,w12,w13         3×1
105         return                        3
106         .end
```

Es empfiehlt sich, dieses Unterprogramm etwas genauer zu betrachten, denn mit ihm wird schließlich die Chiffrierung tatsächlich durchgeführt. Die allgemeine Struktur ist wie folgt:

- Zeilen *10–22*: Es wird die Umwandlung des externen Klartextes T in den internen Rundentext $\mathbf{T}$ durchgeführt.
- Zeilen *23–77*: In diesem Bereich werden die Rundentexte $\mathbf{T}_0$ bis $\mathbf{T}_{10}$ und damit ultimativ der interne Geheimtext $\mathbf{G} = \mathbf{T}_{10}$ berechnet.
- Zeilen *78–101*: Der interne Geheimtext $\mathbf{G}$ wird *in situ* in den externen Geheimtext G umgewandelt, d.h. ohne neben $\mathfrak{b}$ noch weiteren Speicherplatz zu verwenden.

Bevor die drei Teile genauer betrachtet werden noch eine Bemerkung: Offensichtlich können irgendwelche 4×4-Matrizen $\mathbf{T}$ und $\mathbf{K}$ mit Koeffizienten im Körper $\mathbb{K}_{2^8}$ zum Zwecke ihrer Addition (also mit einer Addition mod 2) als Bytevektoren $\mathfrak{t} = (t_0, \ldots, t_{15})$ und $\mathfrak{k} = (k_0, \ldots, k_{15})$ interpretiert werden.

Der Ort, an welchem die Rundentexte und damit ultimativ auch der Geheimtext entwickelt werden ist der Bytevektor $\mathfrak{b} = (b_0, \ldots, b_{15})$, dessen Adresse β dem Unterprogramm als Parameter in Register $\mathbf{w_3}$ übergeben wird. Wegen der zeilenweisen Anordnung von Matrizen im Speicher stellt der Vektor die folgende Matrix dar:

$$\begin{pmatrix} b_0 & b_1 & b_2 & b_3 \\ b_4 & b_5 & b_6 & b_7 \\ b_8 & b_9 & b_{10} & b_{11} \\ b_{12} & b_{13} & b_{14} & b_{15} \end{pmatrix}$$

Um also den externen Text T als Rundentext $\mathbf{T}$ in den Vektor $\mathfrak{b}$ zu laden, sind die folgenden Zuweisungen vorzunehmen, dabei spielt die Reihenfolgen natürlich keine Rolle:

$$\begin{array}{llll} b_0 \leftarrow t_0 & b_4 \leftarrow t_1 & b_8 \leftarrow t_2 & b_{12} \leftarrow t_3 \\ b_1 \leftarrow t_4 & b_5 \leftarrow t_5 & b_9 \leftarrow t_6 & b_{13} \leftarrow t_7 \\ b_2 \leftarrow t_8 & b_6 \leftarrow t_9 & b_{10} \leftarrow t_{10} & b_{14} \leftarrow t_{11} \\ b_3 \leftarrow t_{12} & b_7 \leftarrow t_{13} & b_{11} \leftarrow t_{14} & b_{15} \leftarrow t_{15} \end{array}$$

In den Zeilen *10–22* des Unterprogramms werden diese Zusweisungen in einer Schleife ausgeführt, dabei wird eine Zeile der Zuweisungen in einem Schleifendurchlauf zusammengefaßt.

In den Zeilen *23–30* wird aus dem internen Text $\mathbf{T}$ der erste Rundentext $\mathbf{T}_0$ durch Addition des Rundenschlüssels $\mathbf{K}_0$. Wie oben bemerkt werden dazu $\mathbf{T}$ und $\mathbf{K}_0$ als Bytevektoren aufgefaßt. Danach wird die Adresse β in Register $\mathbf{w_3}$ restauriert. Register $\mathbf{w_3}$ enthält nach der Addition die Adresse von $\mathbf{K}_1$.

Der nächste Programmabschnitt in den Zeilen *30–40*, der erste Teil eines Durchlaufes durch die große Schleife des Unterprogramms (Schleifenanfang in Zeile *30*, Schleifenende in Zeile *77*) realisiert die Elementesubstitution. Er entspricht vollständig dem analogen Teil des Unterprogrammes in Abschnitt 6.2.

Der zweite Teil des Schleifenkörpers, die Zeilen *41–64*, führt die Reihenrotationen aus. Dabei werden die vier Register $\mathbf{w_7}$, $\mathbf{w_8}$, $\mathbf{w_9}$ und $\mathbf{w_{10}}$ in offensichtlicher Weise als temporäre Speicher für auszutauschende Matrixkoeffizienten verwendet.

Der dritte Teil des Schleifenkörpers, die Zeilen *65–68*, ruft lediglich das Unterprogramm in Abschnitt 5.3 auf, um die Spaltenmischung durchzuführen zu lassen. Der Aufruf wird wie vom Verfahren vorgeschrieben bei der Berechnung von $\mathbf{T}_{10}$, d.h. im letzten Schleifendurchlauf, übersprungen.

Der letzte funktionelle Teil des Schleifenkörpers, die Zeilen *69–75*, besteht noch einmal aus der Addition eines Rundenschlüssels.

Damit ist der interne Geheimtext $\mathbf{G} = \mathbf{T}_{10}$ berechnet. Es bleibt noch, ihn in den externen Geheimtext G zu überführen. Nun befindet sich $\mathbf{G}$ im Bytevektor $\mathfrak{b}$, der auch G aufzunehmen hat. Die Transformation muß daher *in situ* durchgeführt werden, wenn kein zusätzlicher Speicherplatz eingesetzt werden soll. Das gelingt auf einfache Weise durch den Einsatz von vier Registern als Zwischenspeicher. Die folgende Skizze beschreibt den gesamten Vorgang:

$$
\begin{array}{|c|c|c|c|}\hline \mathfrak{g}_{00}&\mathfrak{g}_{01}&\mathfrak{g}_{02}&\mathfrak{g}_{03}\\\hline \mathfrak{g}_{10}&\mathfrak{g}_{11}&\mathfrak{g}_{12}&\mathfrak{g}_{13}\\\hline \mathfrak{g}_{20}&\mathfrak{g}_{21}&\mathfrak{g}_{22}&\mathfrak{g}_{23}\\\hline \mathfrak{g}_{30}&\mathfrak{g}_{31}&\mathfrak{g}_{32}&\mathfrak{g}_{33}\\\hline \end{array}
\rightarrow
\overset{\mathfrak{g}_{01}\ \mathfrak{g}_{02}\ \mathfrak{g}_{03}}{\begin{array}{|c|c|c|c|}\hline \mathfrak{g}_{00}&\mathfrak{g}_{10}&\mathfrak{g}_{20}&\mathfrak{g}_{30}\\\hline &\mathfrak{g}_{11}&\mathfrak{g}_{12}&\mathfrak{g}_{13}\\\hline &\mathfrak{g}_{21}&\mathfrak{g}_{22}&\mathfrak{g}_{23}\\\hline &\mathfrak{g}_{31}&\mathfrak{g}_{32}&\mathfrak{g}_{33}\\\hline \end{array}}
\rightarrow
\overset{\mathfrak{g}_{02}\ \mathfrak{g}_{03}\ \mathfrak{g}_{12}\ \mathfrak{g}_{13}}{\begin{array}{|c|c|c|c|}\hline \mathfrak{g}_{00}&\mathfrak{g}_{10}&\mathfrak{g}_{20}&\mathfrak{g}_{30}\\\hline \mathfrak{g}_{01}&\mathfrak{g}_{11}&&\\\hline &\mathfrak{g}_{21}&\mathfrak{g}_{22}&\mathfrak{g}_{23}\\\hline &\mathfrak{g}_{31}&\mathfrak{g}_{32}&\mathfrak{g}_{33}\\\hline \end{array}}
\rightarrow
\overset{\mathfrak{g}_{02}\ \mathfrak{g}_{03}\ \mathfrak{g}_{12}\ \mathfrak{g}_{13}}{\begin{array}{|c|c|c|c|}\hline \mathfrak{g}_{00}&\mathfrak{g}_{10}&\mathfrak{g}_{20}&\mathfrak{g}_{30}\\\hline \mathfrak{g}_{01}&\mathfrak{g}_{11}&\mathfrak{g}_{21}&\mathfrak{g}_{31}\\\hline &&\mathfrak{g}_{22}&\mathfrak{g}_{23}\\\hline &&\mathfrak{g}_{32}&\mathfrak{g}_{33}\\\hline \end{array}}
\rightarrow
\overset{\mathfrak{g}_{03}\ \mathfrak{g}_{13}}{\begin{array}{|c|c|c|c|}\hline \mathfrak{g}_{00}&\mathfrak{g}_{10}&\mathfrak{g}_{20}&\mathfrak{g}_{30}\\\hline \mathfrak{g}_{01}&\mathfrak{g}_{11}&\mathfrak{g}_{21}&\mathfrak{g}_{31}\\\hline \mathfrak{g}_{02}&\mathfrak{g}_{12}&\mathfrak{g}_{22}&\mathfrak{g}_{23}\\\hline &&\mathfrak{g}_{32}&\mathfrak{g}_{33}\\\hline \end{array}}
\rightarrow
$$

$$
\rightarrow
\overset{\mathfrak{g}_{03}\ \mathfrak{g}_{13}\ \mathfrak{g}_{23}}{\begin{array}{|c|c|c|c|}\hline \mathfrak{g}_{00}&\mathfrak{g}_{10}&\mathfrak{g}_{20}&\mathfrak{g}_{30}\\\hline \mathfrak{g}_{01}&\mathfrak{g}_{11}&\mathfrak{g}_{21}&\mathfrak{g}_{31}\\\hline \mathfrak{g}_{02}&\mathfrak{g}_{12}&\mathfrak{g}_{22}&\\\hline &&\mathfrak{g}_{32}&\mathfrak{g}_{33}\\\hline \end{array}}
\rightarrow
\overset{\mathfrak{g}_{03}\ \mathfrak{g}_{13}\ \mathfrak{g}_{23}}{\begin{array}{|c|c|c|c|}\hline \mathfrak{g}_{00}&\mathfrak{g}_{10}&\mathfrak{g}_{20}&\mathfrak{g}_{30}\\\hline \mathfrak{g}_{01}&\mathfrak{g}_{11}&\mathfrak{g}_{21}&\mathfrak{g}_{31}\\\hline \mathfrak{g}_{02}&\mathfrak{g}_{12}&\mathfrak{g}_{22}&\mathfrak{g}_{32}\\\hline &&&\mathfrak{g}_{33}\\\hline \end{array}}
\rightarrow
\begin{array}{|c|c|c|c|}\hline \mathfrak{g}_{00}&\mathfrak{g}_{10}&\mathfrak{g}_{20}&\mathfrak{g}_{30}\\\hline \mathfrak{g}_{01}&\mathfrak{g}_{11}&\mathfrak{g}_{21}&\mathfrak{g}_{31}\\\hline \mathfrak{g}_{02}&\mathfrak{g}_{12}&\mathfrak{g}_{22}&\mathfrak{g}_{32}\\\hline \mathfrak{g}_{03}&\mathfrak{g}_{13}&\mathfrak{g}_{23}&\mathfrak{g}_{33}\\\hline \end{array}
=
\begin{array}{|c|c|c|c|}\hline \mathfrak{g}_{0}&\mathfrak{g}_{4}&\mathfrak{g}_{8}&\mathfrak{g}_{12}\\\hline \mathfrak{g}_{1}&\mathfrak{g}_{5}&\mathfrak{g}_{9}&\mathfrak{g}_{13}\\\hline \mathfrak{g}_{2}&\mathfrak{g}_{6}&\mathfrak{g}_{10}&\mathfrak{g}_{14}\\\hline \mathfrak{g}_{3}&\mathfrak{g}_{7}&\mathfrak{g}_{11}&\mathfrak{g}_{15}\\\hline \end{array}
$$

Über den Zustandsmatrizen sind die Matrixkoeffizienten angegeben, die in den Registern zwischengespeichert werden. Auf diese Weise kann der Transformationsvorgang ohne Mühe verfolgt werden.

Der Aufruf des Unterprogramms dauert 16963 Takte, Ein- und Aussprung mitgezählt. Bei einer Taktfrequenz von 16 MHz benötigt eine Verschlüsselung daher etwas weniger als 1,1 Millisekunden. Bei gleicher Taktfrequenz berechnet ein dsPIC daher eine Verschlüsselung etwas weniger als 40% schneller als ein AVR-Mikrocontrollers. Zum Vergleich: Die in Hardware ausgeführte Chiffrierung mit dem AES-Modul eines ATxmega128 ist nach 375 Takten beendet!

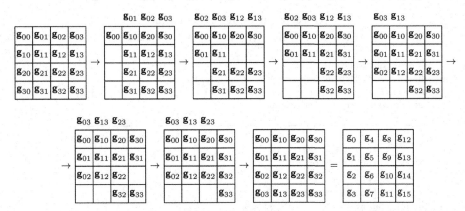

6.6. Die Entschlüsselung

Analog zur Verschlüsselung ist die Implementierung der Verschlüsselung eine direkte Umsetzung von Abschnitt 4.6. Die Realisierungen der Verschlüsselung und Entschlüsselung stimmen natürlich über weite Strecken überein, die letztere ist im Wesentlichen eine Umordnung der ersteren. Die Erläuterung kann deshalb hier kurz gehalten werden.

Unterprogramm `mcAesEntsch`

Es wird ein externer Geheimtext $\mathbf{G}$ zu einem externen Klartext $\mathbf{T}$ entschlüsselt.

Input

$\mathbf{w_4}$ Die Adresse γ des Geheimtextes $\mathbf{G} = (g_0, \ldots, g_{15})$

$\mathbf{w_3}$ Die Adresse β eines Bytevektors $\mathbf{b} = (b_0, \ldots, b_{15})$ der Länge 16

Der Bytevektor $\mathbf{b}$ wird mit dem externen Geheimtext $\mathbf{G} = (g_0, \ldots, g_{15})$ von $\mathbf{T}$ geladen.
Das Unterprogramm kann keine Fehler erzeugen.

1		`.include "makros.inc"`			
2		`.include "aes.inc"`			
3		`.text`			
4		`.global  mcAesEntsch`			
5	`mcAesEntsch:`	`push5`	`w0,w1,w2,w4,w5`	5×1	
6		`push5`	`w6,w7,w8,w9,w10`	5×1	
7		`push3`	`w11,w12,w13`	3×1	
8		`clr`	`w7`	1	$\mathbf{w_7}^\top \leftarrow 00_{16}$
9		`clr`	`w8`	1	$\mathbf{w_8}^\top \leftarrow 00_{16}$
10		`clr`	`w9`	1	$\mathbf{w_9}^\top \leftarrow 00_{16}$
11		`clr`	`w10`	1	$\mathbf{w_{10}}^\top \leftarrow 00_{16}$

Die Umwandlung des externen Geheimtextes $\mathbf{G}$ in den internen Rundentext $\mathbf{T}_{10}$ (d.h. $\mathbf{b}$ als $\mathbf{T}_{10}$ interpretiert) Register $\mathbf{w_3}$ enthält also $\mathcal{A}(\mathbf{T}_{10}) = \mathcal{A}(\mathbf{t}_{00}^{\langle 10 \rangle})$

12		`mov`	`#4,w0`	1	$\mathbf{w_0} \leftarrow \hat{k} = 4$, also $k \leftarrow 4 - \hat{k} = 0$
13	`0:`	`mov.b`	`[w4++],w1`	1	$\mathbf{t}_{0k}^{\langle 10 \rangle} \leftarrow \mathbf{G}[k] = g_k$
14		`mov.b`	`w1,[w3]`	1	
15		`mov.b`	`[w4++],w1`	1	$\mathbf{t}_{1k}^{\langle 10 \rangle} \leftarrow \mathbf{G}[k+1] = g_{k+1}$
16		`mov.b`	`w1,[w3+4]`	1	
17		`mov.b`	`[w4++],w1`	1	$\mathbf{t}_{2k}^{\langle 10 \rangle} \leftarrow \mathbf{G}[k+2] = g_{k+2}$
18		`mov.b`	`w1,[w3+8]`	1	
19		`mov.b`	`[w4++],w1`	1	$\mathbf{t}_{3k}^{\langle 10 \rangle} \leftarrow \mathbf{G}[k+3] = g_{k+3}$
20		`mov.b`	`w1,[w3+12]`	1	
21		`inc`	`w3,w3`	1	$\mathbf{w_3} \leftarrow \mathcal{A}(\mathbf{t}_{0,k+1}^{\langle 10 \rangle})$
22		`dec`	`w0,w0`	1	$\hat{k} \leftarrow \hat{k} - 1$, also $k \leftarrow k + 1$
23		`bra`	`nz,0b`	1/2	Falls $k < 3$ zur nächsten Spalte von $\mathbf{T}_{10}$
24		`sub`	`w3,#4,w3`	1	$\mathbf{w_3} \leftarrow \mathcal{A}(\mathbf{t}_{00}^{\langle 10 \rangle})$

Hier beginnt die Berechnung der Rundentexte $\mathbf{T}_9$ bis $\mathbf{T}_0$

25		`mov`	`#vbdAesSchlssl+160,w11`	1	$\mathbf{w_{11}} \leftarrow \mathcal{A}(\mathbf{K}_{10}) = \mathcal{A}(\mathbf{k}_{00}^{\langle 10 \rangle})$
26		`mov`	`#vbdAesSBoxI,w12`	1	$\mathbf{w_{12}} \leftarrow \mathcal{A}(\Lambda)$
27		`mov`	`#10,w13`	1	$\mathbf{w_{13}} \leftarrow j = 10$

Runde j: Berechnung von $\mathbf{T}_{j-1}$ aus $\mathbf{T}_j$ und $\mathbf{K}_j$.

Addition des Rundenschlüssels $\mathbf{K}_j$ erzeugt $\mathbf{X}$, siehe Text bezüglich t_m und k_m!

mcSchleife:	mov	#16,w0	1	$\mathbf{r_{16}} \leftarrow \hat{m} = 16$, also $m \leftarrow 16 - \hat{m} = 0$
1:	mov.b	[w3],w1	1	$\mathbf{w_1} \leftarrow t_m$
	mov.b	[w11++],w2	1	$\mathbf{w_2} \leftarrow k_m$, $\mathbf{w_{11}} \leftarrow \mathcal{A}(k_{m+1})$
	xor.b	w1,w2,[w3++]	1	$t_m \leftarrow t_m \oplus k_m$, $\mathbf{w_3} \leftarrow \mathcal{A}(t_{m+1})$
	dec	w0,w0	1	$\hat{m} \leftarrow \hat{m} - 1$, also $m \leftarrow m + 1$
	bra	nz,1b	1/2	Falls $m < 16$ weiter mod 2 addieren
	sub	w3,#16,w3	1	$\mathbf{w_3} \leftarrow \mathcal{A}(\mathbf{T}_j)$
	sub	#(2*16),w11	1	$\mathbf{w_{11}} \leftarrow \mathcal{A}(\mathbf{K}_{j-1})$

Bestimmung des Zwischentextes **M** aus dem Zwischentext **F** durch Spaltenmischung.

	cp	w13,#10	1	Falls $j = 10$:
	bra	z,2f	1/2	Spaltenmischung überspringen
	mov	#vbdAesV,w4	1	$\mathbf{w_4} \leftarrow \mathcal{A}(\mathbf{V})$
	rcall	mcAesSpMisch	2	$\mathbf{M} \leftarrow \mathbf{VF}$ (siehe 5.3)

Bestimmung des Zwischentextes **P** aus dem Zwischentext **M** durch Reihenrotation.
Zur Bezeichnung und zur Art der Zuordnung siehe Abschnitt 4.6.
Rotation der zweiten Reihe von **M**:

2:	mov.b	[w3+4],w7	1	$\mathbf{w_7} \leftarrow \mathbf{m}_{10}$
	mov.b	[w3+5],w8	1	$\mathbf{w_8} \leftarrow \mathbf{m}_{11}$
	mov.b	[w3+6],w9	1	$\mathbf{w_9} \leftarrow \mathbf{m}_{12}$
	mov.b	[w3+7],w10	1	$\mathbf{w_{10}} \leftarrow \mathbf{m}_{13}$
	mov.b	w10,[w3+4]	1	$\mathbf{p}_{10} \leftarrow \mathbf{m}_{13}$
	mov.b	w7,[w3+5]	1	$\mathbf{p}_{11} \leftarrow \mathbf{m}_{10}$
	mov.b	w8,[w3+6]	1	$\mathbf{p}_{12} \leftarrow \mathbf{m}_{11}$
	mov.b	w9,[w3+7]	1	$\mathbf{p}_{13} \leftarrow \mathbf{m}_{12}$

Rotation der dritten Reihe von **M**:

	mov.b	[w3+8],w7	1	$\mathbf{w_7} \leftarrow \mathbf{m}_{20}$
	mov.b	[w3+9],w8	1	$\mathbf{w_8} \leftarrow \mathbf{m}_{21}$
	mov.b	[w3+10],w9	1	$\mathbf{w_9} \leftarrow \mathbf{m}_{22}$
	mov.b	[w3+11],w10	1	$\mathbf{w_{10}} \leftarrow \mathbf{m}_{23}$
	mov.b	w9,[w3+8]	1	$\mathbf{p}_{20} \leftarrow \mathbf{m}_{22}$
	mov.b	w10,[w3+9]	1	$\mathbf{p}_{21} \leftarrow \mathbf{m}_{23}$
	mov.b	w7,[w3+10]	1	$\mathbf{p}_{22} \leftarrow \mathbf{m}_{20}$
	mov.b	w8,[w3+11]	1	$\mathbf{p}_{23} \leftarrow \mathbf{m}_{21}$

Rotation der vierten Reihe von **M**:

	mov.b	[w3+12],w7	1	$\mathbf{w_7} \leftarrow \mathbf{m}_{30}$
	mov.b	[w3+13],w8	1	$\mathbf{w_8} \leftarrow \mathbf{m}_{31}$
	mov.b	[w3+14],w9	1	$\mathbf{w_9} \leftarrow \mathbf{m}_{32}$
	mov.b	[w3+15],w10	1	$\mathbf{w_{10}} \leftarrow \mathbf{m}_{33}$
	mov.b	w8,[w3+12]	1	$\mathbf{p}_{30} \leftarrow \mathbf{m}_{31}$
	mov.b	w9,[w3+13]	1	$\mathbf{p}_{31} \leftarrow \mathbf{m}_{32}$
	mov.b	w10,[w3+14]	1	$\mathbf{p}_{32} \leftarrow \mathbf{m}_{33}$
	mov.b	w7,[w3+15]	1	$\mathbf{p}_{33} \leftarrow \mathbf{m}_{30}$

Die Elementesubstitution. Dazu wird **P** als ein Vektor $\mathfrak{p} = (p_0, \ldots, p_{15})$ mit $p_i \in \{0, \ldots, 255\}$ interpretiert.
Berechnet wird der Rundentext $\mathbf{T}_{j-1}$ mit $\mathbf{t}_{\nu\mu}^{\langle j-1 \rangle} = \boldsymbol{\Lambda}[\mathbf{p}_{\nu\mu}]$ (siehe Abschnitt 4.6).

	mov	#16,w0	1	$\mathbf{w_0} \leftarrow \hat{m} = 16$, also $m \leftarrow 16 - \hat{m} = 0$
3:	mov.b	[w3],w2	1	$\mathbf{w_2} \leftarrow t_m$
	mov.b	[w12+w2],w1	1	$\mathbf{w_1} \leftarrow \Lambda[t_m]$
	mov.b	w1,[w3++]	1	$t_m \leftarrow \Lambda[t_m]$, $\mathbf{w_3} \leftarrow \mathcal{A}(t_{m+1})$
	dec	w0,w0	1	$\hat{m} \leftarrow \hat{m} - 1$, also $m \leftarrow m + 1$
	bra	nz,3b	1/2	Falls $m < 16$: Weiter substituieren
	sub	w3,#16,w3	1	$\mathbf{w_3} \leftarrow \mathcal{A}(\mathbf{T}_{j-1})$

Abschluß Runde j

	dec	w13,w13	1	$j \leftarrow j - 1$
	bra	nz,mcSchleife	1/2	Falls $j > 0$ bestimme $\mathbf{T}_{j-1}$

Umkehrrunde 0: Berechnung des internen Klartextes $\mathbf{T}$ aus $\mathbf{T}_0$ und $\mathbf{K}_0$.

	mov	#16,w0	1	$\mathbf{w_0} \leftarrow \hat{m} = 16$, also $m \leftarrow 16 - \hat{m} = 0$
4:	mov.b	[w3],w1	1	$\mathbf{w_1} \leftarrow t_m$
	mov.b	[w11++],w2	1	$\mathbf{w_2} \leftarrow k_m$, $\mathbf{w_{11}} \leftarrow \mathcal{A}(k_{m+1})$
	xor.b	w1,w2,[w3++]	1	$t_m \leftarrow t_m \oplus k_m$, $\mathbf{w_3} \leftarrow \mathcal{A}(t_{m+1})$
	dec	w0,w0	1	$\hat{m} \leftarrow \hat{m} - 1$, also $m \leftarrow m + 1$
	bra	nz,4b	1/2	Falls $m < 16$ weiter mod 2 addieren
	sub	w3,#16,w3	1	$\mathbf{w_3} \leftarrow \mathcal{A}(\mathbf{T})$

Hier ist der innere Klartext $\mathbf{T}$ berechnet.
Übertragung des internen Klartextes $\mathbf{T}$ in den externen Klartext T:

	mov.b	[w3+1],w7	1	$\mathbf{w_7} \leftarrow \mathbf{t}_{01}$
	mov.b	[w3+2],w8	1	$\mathbf{w_8} \leftarrow \mathbf{t}_{02}$
	mov.b	[w3+3],w9	1	$\mathbf{w_9} \leftarrow \mathbf{t}_{03}$
	mov.b	[w3+4],w10	1	$\mathbf{w_{10}} \leftarrow \mathbf{t}_{01}$
	mov.b	w10,[w3+1]	1	$t_1 \leftarrow \mathbf{t}_{01}$
	mov.b	[w3+8],w10	1	$\mathbf{w_{10}} \leftarrow \mathbf{t}_{02}$
	mov.b	w10,[w3+2]	1	$t_2 \leftarrow \mathbf{t}_{02}$
	mov.b	[w3+12],w10	1	$\mathbf{w_{10}} \leftarrow \mathbf{t}_{03}$
	mov.b	w10,[w3+3]	1	$t_3 \leftarrow \mathbf{t}_{03}$
	mov.b	w7,[w3+4]	1	$t_4 \leftarrow \mathbf{t}_{01}$
	mov.b	[w3+6],w7	1	$\mathbf{w_7} \leftarrow \mathbf{t}_{21}$
	mov.b	[w3+7],w6	1	$\mathbf{w_6} \leftarrow \mathbf{t}_{31}$
	mov.b	[w3+9],w10	1	$\mathbf{w_{10}} \leftarrow \mathbf{t}_{12}$
	mov.b	w10,[w3+6]	1	$t_6 \leftarrow \mathbf{t}_{12}$
	mov.b	[w3+13],w10	1	$\mathbf{w_{10}} \leftarrow \mathbf{t}_{13}$
	mov.b	w10,[w3+7]	1	$t_7 \leftarrow \mathbf{t}_{13}$
	mov.b	w8,[w3+8]	1	$t_8 \leftarrow \mathbf{t}_{02}$
	mov.b	w7,[w3+9]	1	$t_9 \leftarrow \mathbf{t}_{21}$
	mov.b	[w3+11],w7	1	$\mathbf{w_7} \leftarrow \mathbf{t}_{32}$
	mov.b	[w3+14],w10	1	$\mathbf{w_{10}} \leftarrow \mathbf{t}_{23}$
	mov.b	w10,[w3+11]	1	$t_{11} \leftarrow \mathbf{t}_{23}$
	mov.b	w9,[w3+12]	1	$t_{12} \leftarrow \mathbf{t}_{03}$
	mov.b	w6,[w3+13]	1	$t_{13} \leftarrow \mathbf{t}_{31}$
	mov.b	w7,[w3+14]	1	$t_{14} \leftarrow \mathbf{t}_{32}$

Die Verschlüsselung endet hier, der Bytevektor $\mathfrak{b}$ wurde mit dem externen Klartext T überschrieben.

	pop5	w0,w1,w2,w4,w5	5×1	

```
105        pop5     w6,w7,w8,w9,w10        5×1
106        pop3     w11,w12,w13            3×1
107        return                          3
108        .end
```

Bis auf die etwas andere Anordnung der Teile stimmen das Entschlüsselungsprogramm und das Verschlüsselungsprogamm nahezu überein. Man hat nur darauf zu achten, daß die Schlüssel von $\mathbf{K}_{10}$ an rückwärts durchlaufen werden, etwa in Zeile *25*. Weiter muß bei der Spaltenmischung mit der Matrix **V** multipliziert werden, bei der Substitution hat man die Tabelle Λ zu verwenden, und schließlich hat die Spaltenrotation nach rechts gerichtet zu sein.

Dieses Programm wird also auch in Abschnitt 6.5 kommentiert, wenn die eben angegebenen Verschiedenheiten dort beachtet werden.

Die Entschlüsselung dauert 11265 Prozessortakte, wenn die optimale Spaltenmischung aus Abschnitt 6.4 verwendet wird. Es ist natürlich klar, daß die Laufzeiten von Verschlüsselung und Entschlüsselung nahezu übereinstimmen.

6.7. Nachrede

Daß mit der 16-Bit-CPU des dsPIC schneller ablaufende Programme realisiert werden können als mit der 8-Bit-CPU bei AVR erstaunt sicherlich niemanden, besonders, wenn noch der weit überlegene Befehlssatz des dsPIC berücksichtigt wird. Wirklich erstaunlich ist jedoch die Tatsache, daß der Vorsprung des dsPIC so gering ausgefallen ist. Vorab wurde geschätzt, daß der dsPIC die Rechenzeit gegenüber AVR mindestens halbieren würde.

Gewiss, die dsPIC-Programme sind nicht so weit optimiert worden wie die AVR-Programme, aber das hat seinen Grund einfach darin, daß es beim dsPIC weniger Möglichkeiten zur Optimierung gibt als bei AVR. Es ist zwar durchaus möglich, daß ein eifriger Leser in den dsPIC-Programmen noch den einen oder anderen Trick findet, mit dem noch Prozessortakte eingespart werden können, doch wird das kaum ausreichen, den Vorsprung des dsPIC bei der Laufzeit nennenswert zu erhöhen.

Der wahre Grund, warum AVR vom dsPIC laufzeitmäßig nicht weit abgehängt wird, ist der geschickte Aufbau des AES-Verfahrens. Denn AES kann bei beiden Prozessortypen in einfach strukturierten Maschinencode umgesetzt werden, der von den Prozessoren sehr effizient ausgeführt werden kann. Der Code ist so klar strukturiert, daß selbst die geringe Anzahl von Adressregistern bei AVR keine starke Bremsumg beim Programmablauf bewirkt (was sonst leider oft der Fall ist).

Also hier ein großes Lob für J. Daemen und V. Rijmen

7. Chipher Block Chaining (CBC) mit AES

7.1. Motivation

Eine Diskussion der Sicherheit des Verfahrens ist in diesem Buch, das Kryptographisches nur ganz am Rande streift, nicht möglich. Ein Aspekt der direkten Verschlüsselung mit dem Verfahren, bei dem es doch um die Sicherheit geht, muß jedoch erörtert werden. Es sei dazu

$$\boldsymbol{\Psi} : \mathcal{M} \longrightarrow \mathcal{M} \qquad \boldsymbol{\Psi} = \boldsymbol{\Psi}_{10} \circ \boldsymbol{\Psi}_9 \circ \boldsymbol{\Psi}_8 \circ \boldsymbol{\Psi}_7 \circ \boldsymbol{\Psi}_6 \circ \boldsymbol{\Psi}_5 \circ \boldsymbol{\Psi}_4 \circ \boldsymbol{\Psi}_3 \circ \boldsymbol{\Psi}_2 \circ \boldsymbol{\Psi}_1 \circ \boldsymbol{\Psi}_0$$

die Chiffrierabbildung. Nun ist $\mathcal{M}$ eine endliche Menge, die (bijektive) Abbildung $\boldsymbol{\Psi}$ kann also durch eine Tabelle dargestellt werden:

$\mathbf{T}$	$\boldsymbol{\Psi}(\mathbf{T})$
$\vdots$	$\vdots$

Die erste Spalte der Tabelle durchläuft alle Klartexte von $\mathcal{M}$, die zweite Spalte enthält zu jedem Klartext $\mathbf{T}$ in der ersten Spalte in derselben Zeile den Geheimtext $\boldsymbol{\Psi}(\mathbf{T})$. Ist daher ein Geheimtext $\mathbf{G}$ gegeben, so kann man in der zweiten Spalte der Tabelle nach ihm suchen. Man findet ihn in irgendeiner Zeile der Tabelle als $\mathbf{G} = \boldsymbol{\Psi}(\mathbf{T})$, der Klartext $\mathbf{T}$ steht dann in der Zeile direkt vor $\mathbf{G}$.

Nun ist $\mathcal{M}$ zwar eine endliche Menge, es ist jedoch eine sehr große Menge. Es ist nämlich sehr einfach, eine bijektive Abbildung $\mathcal{M} \longrightarrow \mathbb{K}_2^{128}$ zu finden, d.h. es ist $\|\mathcal{M}\| = 2^{128}$: Die Menge hat 2^{128} Elemente. Das ist dezimal etwa $3,39 \cdot 10^{38}$. Angesichts dieser ungeheuren Zahl kann man sich wohl beruhigt von diesem Thema verabschieden.

So einfach kann das jedoch nicht abgetan werden, denn viele der Klartexte aus $\mathcal{M}$ kommen als „echte“ Klartexte gar nicht in Betracht. Beschränkt man sich beispielsweise auf Elemente von $\mathcal{M}$, die Textfragmente darstellen, wird die Anzahl der Klartexte beträchtlich vermindert. Im Kapitel 4 wird gezeigt, daß ein $\mathbf{T} \in \mathcal{M}$ für 16 Bytes steht, also beispielsweise ein Textfragment von 16 ASCII-Zeichen repräsentiert. Betrachtet man nur Klein- und Großbuchstaben, Dezimalziffern und Satzzeichen, dann sind 70 Zeichen zu berücksichtigen. Das ergibt also $70^{16} \approx 3,32 \cdot 10^{29}$ relevante Klartexte.

Diese Anzahl ist für alle praktischen Zwecke natürlich immer noch viel zu groß. Es ist jedoch nicht immer nötig, einen Geheimtext vollständig zu dechiffrieren, um zu wesentlichen Einsichten zu gelangen. Das folgende (hypothetische) Szenarium ist dafür ein Beispiel:

Die Firma F entwickelt ein Gerät, das in starkem Maße von Sensortechnik Gebrauch macht. Es ist bekannt, daß die Firma K auch solch ein Gerät entwickelt.

Der Spionageabteilung von F ist es nun gelungen, in das Computernetz von K einzudringen. Sie entdeckt dort den Abschlußbericht des Entwicklungslabors von K an den Vorstand. Der Bericht, aller Wahrscheinlichkeit nach ein Textdokument, ist allerdings mit AES verschlüsselt und besteht aus 150 Geheimtexten. Glücklicherweise kann die Spionageabteilung den Computer ausfindig machen, mit dem im Labor verschlüsselt wird, und übernimmt die heimliche Kontrolle über diesen Computer. Sie kann jetzt beliebige Klartexte wie in K verschlüsseln, ohne den Schlüssel zu kennen.

Die von K eingesetzte Sensortechnik kann mit ziemlicher Sicherheit an einigen für diese Technik spezifischen Fachbegriffen erkannt werden. Es ist daher nicht nötig, das gesamte Dokument zu dechiffrieren (so schön das auch wäre), es genügt vielmehr, zu untersuchen, welche dieser spezifischen Fachausdrücke das Dokument enthält.

Einer dieser Fachausdrücke sei `Metalloxid`. Um festzustellen, ob ein Dokumentfragment diesen Fachausdruck enthält, bildet man alle Klartexte, welche den Fachausdruck enthalten wie folgt:

```
Metalloxid******
*Metalloxid*****
**Metalloxid****
***Metalloxid***
****Metalloxid**
*****Metalloxid*
******Metalloxid
```

Dabei steht $*$ für eines der 70 zulässigen ASCII-Zeichen. Es ist klar, daß mit jeder Zeile 70^6 Klartexte erzeugt werden, insgesamt erhält man so $7 \cdot 70^6 \approx 8,24 \cdot 10^{11}$ Klartexte $\mathbf{M}$. Diese werden verschlüsselt zu $\mathbf{G} = \boldsymbol{\Psi}(\mathbf{M})$, und nach jedem Geheimtext $\mathbf{G}$ wird in den 150 Geheimtexten von K gesucht. Wird $\mathbf{G}$ unter diesen gefunden, dann enthält das Dokument offenbar das Wort `Metalloxid`.

Verschlüsselt man mit einem XMEGA-Prozessor, der für eine Chiffrierung 375 Takte verbraucht, dann werden für die $8,24 \cdot 10^{11}$ Klartexte $2,68 \cdot 10^3$ Stunden benötigt. Das ist noch recht viel, allerdings ist ein XMEGA-Prozessor, selbst an einem preiswerten Massenware-PC gemessen, extrem langsam. Wird also zu den Berechnungen ein PC mit einer Taktfrequenz von beispielsweise 10 GHz benutzt, dann können die $8,24 \cdot 10^{11}$ Chiffrierungen in größenordungsmäßig drei Stunden durchgeführt werden. Wird nichts gefunden, so wird mit `etalloxid`, `Metalloxi` usw. fortgefahren.

Es ist jedenfalls klar, *daß dem verschlüsselten Dokument innerhalb von Tagen wesentliche Informationen entlockt werden können*. Wird mehr Ausrüstung eingesetzt, kann man innerhalb von Stunden auf ein Ergebnis kommen, denn die Chiffrierungen können parallel durchgeführt werden.

7.2. Definition

Die einfache Verschlüsselung mit der Chiffrierabbildung $\boldsymbol{\Psi}$ genügt also nicht. Man könnte zweimal chiffrieren, natürlich mit verschiedenen Schlüsseln, doch dauert eine Chiffrierung am Standard eines Mikrocontrollers gemessen recht lange. Andere Möglichkeiten sind jedoch leicht zu finden. Denn was geschieht denn bei einer einfachen Verschlüsselung mit $\boldsymbol{\Psi}$:

$$(\mathbf{T}_1, \mathbf{T}_2, \ldots, \mathbf{T}_k) \longleftrightarrow (\boldsymbol{\Psi}(\mathbf{T}_1, \boldsymbol{\Psi}(\mathbf{T}_2), \ldots, \boldsymbol{\Psi}(\mathbf{T}_k))$$

Diese ist dadurch charakterisiert, daß jeder Klartext *unabhängig von allen übrigen* Klartexten verschlüsselt wird. Es sollte daher so verschlüsselt werden,

$$(\mathbf{T}_1, \mathbf{T}_2, \ldots, \mathbf{T}_k) \longleftrightarrow (\mathbf{G}_1, \mathbf{G}_2, \ldots, \mathbf{G}_k)$$

daß jeder Geheimtext $\mathbf{G}_\kappa$ von allen Geheimtexten $\mathbf{G}_\lambda$ mit $\lambda \in \{1, \ldots, \kappa - 1\}$ abhängt. Das kann natürlich auf verschiedene Weisen geschehen. Die wohl einfachste Methode, *cipher block chaining* (CBC) genannt, verläuft wie folgt:

$$\begin{aligned} \mathbf{G}_1 &= \boldsymbol{\Psi}(\mathbf{A} + \mathbf{T}_1) \\ \mathbf{G}_\kappa &= \boldsymbol{\Psi}(\mathbf{G}_{\kappa-1} + \mathbf{T}_\kappa) \qquad \kappa \in \{2, \ldots, k\} \end{aligned}$$

Dabei ist der Anfangstext $\mathbf{A}$ ein Text, der auf irgendeine Weise zusammengesetzt werden kann. Die Addition wird wie stets mit der Arithmetik von $\mathbb{K}_{2^8}$ durchgeführt.

Zur Dechiffrierung, d.h. zur Umkehrung des Verfahrens, gelangt man wie folgt. Man hat zunächst durch Einsetzen in $\boldsymbol{\Psi}^{-1}$

$$\begin{aligned} \boldsymbol{\Psi}^{-1}(\mathbf{G}_1) &= \boldsymbol{\Psi}^{-1}\big(\boldsymbol{\Psi}(\mathbf{A} + \mathbf{T}_1)\big) = \mathbf{A} + \mathbf{T}_1 \\ \boldsymbol{\Psi}^{-1}(\mathbf{G}_\kappa) &= \boldsymbol{\Psi}^{-1}\big(\boldsymbol{\Psi}(\mathbf{G}_{\kappa-1} + \mathbf{T}_\kappa)\big) = \mathbf{G}_{\kappa-1} + \mathbf{T}_\kappa \qquad \kappa \in \{2, \ldots, k\} \end{aligned}$$

woraus das Ergebnis unmittelbar folgt:

$$\begin{aligned} \mathbf{T}_1 &= \boldsymbol{\Psi}^{-1}(\mathbf{G}_1) + \mathbf{A} \\ \mathbf{T}_\kappa &= \boldsymbol{\Psi}^{-1}(\mathbf{G}_\kappa) + \mathbf{G}_{\kappa-1} \qquad \kappa \in \{2, \ldots, k\} \end{aligned}$$

Man beachte, daß der zusätzliche Anfangstext (oder Initialisierungstext) $\mathbf{A}$ sowohl bei der Chiffrierung als auch bei der Dechiffrierung präsent sein muss. Der Anfangstext $\mathbf{A}$ muß jedoch nicht geheim gehalten werden, er kann daher den Geheimtexten beigefügt werden.

Allerdings sollen in diesem Abschnitt Folgen von externen Texten verschlüsselt werden. Es sei deshalb die Menge $\boldsymbol{\mathcal{E}}$ definiert als

$$\boldsymbol{\mathcal{E}} = \big\{ (\mathbf{e}_0, \mathbf{e}_1, \ldots, \mathbf{e}_{14}, \mathbf{e}_{15}) \;\big|\; \mathbf{e}_\nu \in \mathbb{K}_{2^8} \big\}$$

wobei wie in Kapitel 4 die Elemente von $\mathbb{K}_{2^8}$ aus den Bytes $\mathsf{00}_{16}$ bis FF_{16} bestehen. Die Addition von Bytes $\mathbf{u}$ und $\mathbf{v}$ erfolgt nach den Regeln von $\mathbb{K}_{2^8}$, d.h. bitweise modulo 2. Diese Addition überträgt sich auf $\boldsymbol{\mathcal{E}}$:

$$(\mathbf{e}_0, \mathbf{e}_1, \ldots, \mathbf{e}_{14}, \mathbf{e}_{15}) + (\mathbf{f}_0, \mathbf{f}_1, \ldots, \mathbf{f}_{14}, \mathbf{f}_{15}) = (\mathbf{e}_0 + \mathbf{f}_0, \mathbf{e}_1 + \mathbf{f}_1, \ldots, \mathbf{e}_{14} + \mathbf{f}_{14}, \mathbf{e}_{15} + \mathbf{f}_{15})$$

Es ist nun die Verbindung der externen Texte mit den internen Texten herzustellen, also die Verbindung von $\boldsymbol{\mathcal{E}}$ mit $\boldsymbol{\mathcal{M}}$. Das ist in Kapitel 4 bereits geschehen, und zwar mit der folgenden Abbildung $\boldsymbol{\vartheta}\colon \boldsymbol{\mathcal{E}} \longrightarrow \boldsymbol{\mathcal{M}}$:

$$\boldsymbol{\vartheta}\big((\mathbf{e}_0, \mathbf{e}_1, \ldots, \mathbf{e}_{14}, \mathbf{e}_{15})\big) = \begin{pmatrix} \mathbf{e}_0 & \mathbf{e}_4 & \mathbf{e}_8 & \mathbf{e}_{12} \\ \mathbf{e}_1 & \mathbf{e}_5 & \mathbf{e}_9 & \mathbf{e}_{13} \\ \mathbf{e}_2 & \mathbf{e}_6 & \mathbf{e}_{10} & \mathbf{e}_{14} \\ \mathbf{e}_3 & \mathbf{e}_7 & \mathbf{e}_{11} & \mathbf{e}_{15} \end{pmatrix}$$

Die Abbildung $\boldsymbol{\vartheta}$ ist natürlich bijektiv, und sie ist offensichtlich additiv, d.h. es gilt für alle $\mathsf{E}, \mathsf{F} \in \boldsymbol{\mathcal{E}}$ und für alle $\mathrm{M}, \mathrm{N} \in \boldsymbol{\mathcal{M}}$

$$\boldsymbol{\vartheta}(\mathsf{E} + \mathsf{F}) = \boldsymbol{\vartheta}(\mathsf{E}) + \boldsymbol{\vartheta}(\mathsf{F}) \qquad \boldsymbol{\vartheta}^{-1}(\mathrm{M} + \mathrm{N}) = \boldsymbol{\vartheta}^{-1}(\mathrm{M}) + \boldsymbol{\vartheta}^{-1}(\mathrm{N})$$

Es ist nun klar, daß die Verschlüsselungen mit der folgenden Abbildung $\widehat{\boldsymbol{\Psi}}\colon \boldsymbol{\mathcal{E}} \longrightarrow \boldsymbol{\mathcal{E}}$ vorgenommen werden:

$$\widehat{\boldsymbol{\Psi}} = \boldsymbol{\vartheta}^{-1} \circ \boldsymbol{\Psi} \circ \boldsymbol{\vartheta} \qquad \widehat{\boldsymbol{\Psi}}(\mathsf{T}) = \boldsymbol{\vartheta}^{-1}\Big(\boldsymbol{\Psi}\big(\boldsymbol{\vartheta}(\mathsf{T})\big)\Big)$$

Für die Entschlüsselung erhält man daraus

$$\widehat{\boldsymbol{\Psi}}^{-1} = \boldsymbol{\vartheta} \circ \boldsymbol{\Psi}^{-1} \circ \boldsymbol{\vartheta}^{-1} \qquad \widehat{\boldsymbol{\Psi}}^{-1}(\mathsf{G}) = \boldsymbol{\vartheta}\Big(\boldsymbol{\Psi}^{-1}\big(\boldsymbol{\vartheta}^{-1}(\mathsf{G})\big)\Big)$$

Nach diesen Vorbereitungen kann nun die Chiffriermethode CBC für externe Texte exakt formuliert werden. Für die Verschlüsselung erhält man

$$\begin{aligned} \mathsf{G}_1 &= \widehat{\boldsymbol{\Psi}}(\mathsf{A} + \mathsf{T}_1) \\ \mathsf{G}_\kappa &= \widehat{\boldsymbol{\Psi}}(\mathsf{G}_{\kappa-1} + \mathsf{T}_\kappa) \qquad \kappa \in \{2, \ldots, k\} \end{aligned}$$

Und für die Entschlüsselung ergibt sich

$$\begin{aligned} \mathsf{T}_1 &= \widehat{\boldsymbol{\Psi}}^{-1}(\mathsf{G}_1) + \mathsf{A} \\ \mathsf{T}_\kappa &= \widehat{\boldsymbol{\Psi}}^{-1}(\mathsf{G}_\kappa) + \mathsf{G}_{\kappa-1} \qquad \kappa \in \{2, \ldots, k\} \end{aligned}$$

Der aufmerksame Leser wird bemerkt haben, daß die Unterprogramme in Abschnitt 5.5 und Abschnitt 5.6 tatsächlich nicht Implementierungen der Abbildungen $\boldsymbol{\Psi}$ und $\boldsymbol{\Psi}^{-1}$ sind, sondern Implementierungen der Abbildungen $\widehat{\boldsymbol{\Psi}}$ und $\widehat{\boldsymbol{\Psi}}^{-1}$.

7.3. Implementierung für AVR

Die Realisierung der Verschlüsselung und Entschlüsselung des vorigem Abschnittes besteht aus der strikten Übersetzung der Formeln des Abschnittes in die AVR-Assemblersprache. Wie schon bemerkt, wird die Übertragung der externen Texte in interne und umgekehrt die Übertragung interner Texte in externe von den Chiffrier- und Dechiffrierunterprogrammen für AES selbst automatisch vorgenommen.

Zunächst also die Verschlüsselung. Hier ist für das Chiffrierunterprogramm von AES ein Bytevektor $\mathfrak{b}$ der Länge 16 bereitzustellen. Er wird der Einfachheit halber als statischer Speicherblock im RAM angelegt. Falls ein solcher Block unerwünscht ist, kann der Speicherblock auf einfache Weise als dynamische Variante im Stapel eingerichtet werden. Wie man dazu vorzugehen hat, kann in [Mss1a] nachgelesen werden. Mit dem dsPIC-Mikrocontroller gelingt das Einrichten dynamischer Speicherblöcke allerdings leichter, denn der Befehlssatz dieses Controllers enthält spezielle Befehle zu diesem Zweck. In Abschnitt 9.3.2 wird das zuständige Befehlspaar tatsächlich eingesetzt.

Unterprogramm `mcAesCbcVers`

Eine Folge $(\mathbf{T}_1, \mathbf{T}_2, \ldots, \mathbf{T}_k)$ von externen Klartexten wird in eine Folge $(\mathbf{G}_1, \mathbf{G}_2, \ldots, \mathbf{G}_k)$ von externen Geheimtexten verschlüsselt.

Input

$\mathbf{r}_{16}$	Die Zahl k
$\mathbf{r}_{27:26}$	Die Adresse eines Initialisierungstextes $\mathbf{A}$
$\mathbf{r}_{31:30}$	Die Adresse des Klartextes $\mathbf{T}_1$
$\mathbf{r}_{29:28}$	Die Adresse des Geheimtextes $\mathbf{G}_1$

Das Unterprogramm kann keine Fehler erzeugen.

```
               .dseg
vbdAesCbc:     .byte  16                         𝔟
               .cseg
mcAesCbcVers:  push4  r17,r18,r19,r20        4×2
               push4  r26,r27,r28,r29        4×2
               push2  r30,r31                2×2
               push2  r28,r29                2×2
               movw   r29:r28,r27:r26        1   Y ← 𝒜(A) = 𝒜(A[0])
               ldi    r26,LOW(vbdAesCbc)     1   X ← 𝒜(𝔟) = 𝒜(𝔟[0])
               ldi    r27,HIGH(vbdAesCbc)    1
               ldi    r17,16                 1   r17 ← n̂ = 16, also n ← 16 − n̂ = 0
mcAesCbcVs04:  ld     r18,Z+                 2   r18 ← T1[n], Z ← 𝒜(T1[n + 1])
               ld     r19,Y+                 2   r19 ← A1[n], Y ← 𝒜(A[n + 1])
               eor    r18,r19                1   r18 ← T1[n] ⊕ A[n]
               st     X+,r18                 2   𝔟[n] ← T1[n] ⊕ A[n], X ← 𝒜(E[n + 1])
               dec    r17                    1   n̂ ← n̂ − 1, also n ← n + 1
```

17		brne	mcAesCbcVs04	1/2	Falls $n < 16$: weiter addieren
18		sbiw	r27:r26,16	2	$\mathbf{X} \leftarrow \mathcal{A}(\mathfrak{b}) = \mathcal{A}(\mathfrak{b}[0])$
19		pop2	r29,r28	2×2	$\mathbf{Y} \leftarrow \mathcal{A}(\mathsf{G}_1) = \mathcal{A}(\mathsf{G}_1[0])$
20		rcall	mcAesVersch	3+	$\mathsf{G}_1 \leftarrow \widehat{\Psi}(\mathsf{A} + \mathsf{T}_1)$
21		adiw	r31:r30,16	2	$\mathbf{Z} \leftarrow \mathcal{A}(\mathsf{T}_2) = \mathcal{A}(\mathsf{T}_2[0])$
22		mov	r20,r16	1	$\mathbf{r_{20}} \leftarrow \hat{\kappa} = k$, also $\kappa \leftarrow k - \hat{\kappa} = 0$
23		dec	r20	1	$\hat{\kappa} \leftarrow \hat{\kappa} - 1$, also $\kappa \leftarrow \kappa + 1$
24		breq	mcAesCbcVs10	1/2	Falls $k = 1$: fertig
25	mcAesCbcVs08:	ldi	r17,16	1	$\mathbf{r_{17}} \leftarrow \hat{n} = 16$, also $n \leftarrow 16 - \hat{n} = 0$
26	mcAesCbcVs0C:	ld	r18,Z+	2	$\mathbf{r_{18}} \leftarrow \mathsf{T}_\kappa[n]$, $\mathbf{Z} \leftarrow \mathcal{A}(\mathsf{T}_\kappa[n+1])$
27		ld	r19,Y+	2	$\mathbf{r_{19}} \leftarrow \mathsf{G}_{\kappa-1}[n]$, $\mathbf{Z} \leftarrow \mathcal{A}(\mathsf{G}_{\kappa-1}[n+1])$
28		eor	r18,r19	1	$\mathbf{r_{18}} \leftarrow \mathsf{T}_\kappa[n] \oplus \mathsf{G}_{\kappa-1}[n]$
29		st	X+,r18	2	$\mathfrak{b}[n] \leftarrow \mathsf{T}_\kappa[n] \oplus \mathsf{G}_{\kappa-1}[n]$, $\mathbf{X} \leftarrow \mathcal{A}(\mathsf{E}[n+1])$
30		dec	r17	1	$\hat{n} \leftarrow \hat{n} - 1$, also $n \leftarrow n + 1$
31		brne	mcAesCbcVs0C	1/2	Falls $n < 16$: weiter addieren
32		sbiw	r27:r26,16	2	$\mathbf{X} \leftarrow \mathcal{A}(\mathfrak{b}) = \mathcal{A}(\mathfrak{b}[0])$
33		rcall	mcAesVersch	3+	$\mathsf{G}_\kappa \leftarrow \widehat{\Psi}(\mathsf{T}_\kappa \oplus \mathsf{G}_{\kappa-1})$
34		dec	r20	1	$\hat{\kappa} \leftarrow \hat{\kappa} - 1$, also $\kappa \leftarrow \kappa + 1$
35		brne	mcAesCbcVs08	1/2	Falls $\kappa < k$: zum nächsten Schleifendurchlauf
36	mcAesCbcVs10:	pop2	r31,r30	2×2	
37		pop4	r29,r28,r27,r26	4×2	
38		pop4	r20,r19,r18,r17	4×2	
39		ret		4	

Zur Berechnung von $\mathsf{A} + \mathsf{T}_1$ wird die Adresse des Initialisierungstextes A von Register $\mathbf{X}$ in Register $\mathbf{Y}$ kopiert und die Adresse des Bytevektors $\mathfrak{b}$ in Register $\mathbf{X}$ geladen, dessen Inhalt zuvor in den Stapel gerettet wurde. Register $\mathbf{r_{17}}$ dient als Zähler für die folgende Additionsschleife und wird deshalb mit der Konstanten 16 geladen (Zeilen *8–11*).

Diese Schleife ist so einfach aufgebaut, daß sie wirklich nur für einen Programmierernovizen interessant sein kann, der Anfangserfahrungen zu sammeln hat, daher weiter keine Erläuterungen (Zeilen *12–17)*

Register $\mathbf{X}$ wird mittels Subtraktion der Länge des Bytevektors $\mathfrak{b}$ erneut mit der Adresse von $\mathfrak{b}$ geladen, Register $\mathbf{Y}$ wird vom Stapel aus mit seinem Startwert, der Adresse von G_1, restauriert. Anschließend wird durch Aufruf des AES-Chiffrierunterprogramms der Zwischentext $\widehat{\Psi}(\mathsf{A} + \mathsf{T}_1)$ berechnet und nach G_1 kopiert (Zeilen *18–20*). Damit ist der erste Geheimtext berechnet.

Die weiteren $k-1$ Klartexte, falls vorhanden, werden von einer Schleife in den Zeilen *25–35* bestimmt. Der Schleifenzähler ist Register $\mathbf{r_{16}}$, das so mit dem Zählerwert $k-1$ geladen wird, daß dabei festgestellt werden kann, ob $k = 1$ gilt oder nicht. Bei $k = 1$ wird das Unterprogramm nach bereits getaner Arbeit verlassen (Zeilen *22–24*). Zur Vorbereitung der Schleife wird noch in Zeile *21* Register $\mathbf{Z}$ durch Addition der Textlänge mit der Adresse von T_2 geladen.

Der Schleifenkörper besteht zum größten Teil aus einer inneren Schleife (Zeilen *25–31*), die genau der Schleife in den Zeilen *12–17* entspricht, nur daß hier $\mathsf{G}_{\kappa-1} + \mathsf{T}_\kappa$ berechnet wird, für $\kappa \in \{2, \ldots, k\}$. Anschließend wird wie schon oben das AES-Chiffrierunterprogramm aufgerufen, um hier jedoch den Geheimtext $\mathsf{G}_\kappa = \widehat{\Psi}(\mathsf{G}_{\kappa-1} + \mathsf{T}_\kappa)$ zu berechnen.

Die (immer wieder beklagenswerte) Tatsache, daß bei AVR-Prozessoren nur drei Adressregister zur Verfügung stehen, macht selbst dieses an sich inhaltlich sehr einfach aufgebaute Unterprogramm ein wenig unübersichtlich. Soll unnötiges Umkopieren von Registern vermieden werden, muß die Registerverwendung sorgfältig geplant werden.

Weil die Dechiffrierung von CBC sich von der Chiffrierung kaum unterscheidet, hat auch das Entschlüsselungsunterprogramm einen Aufbau, der sich kaum vom Aufbau des Verschlüsselungsunterprogramms unterscheidet. Es gibt eine äußere Schleife, mit der die Geheimtexte durchlaufen werden. Diese enthält eine innere Schleife zur Ausführung der Additionen $\widehat{\boldsymbol{\Psi}}^{-1}(\mathbf{G}_\kappa) + \mathbf{G}_{\kappa-1}$ zur Bestimmung der Klartexte. Die Addition $\widehat{\boldsymbol{\Psi}}^{-1}(\mathbf{G}_1) + \mathbf{A}$, mit der die Entschlüsselung beginnt, wird natürlich nicht in der Schleife, sondern vorab ausgeführt.

Unterprogramm mcAesCbcEnts

Eine Folge $(\mathbf{G}_1, \mathbf{G}_2, \ldots, \mathbf{G}_k)$ von externen Geheimtexten wird in eine Folge $(\mathbf{T}_1, \mathbf{T}_2, \ldots, \mathbf{T}_k)$ von externen Klartexten entschlüsselt.

Input

$\mathbf{r}_{16}$ Die Zahl k

$\mathbf{r}_{31:30}$ Die Adresse des Initialisierungstextes $\mathbf{A}$

$\mathbf{r}_{29:28}$ Die Adresse des Klartextes $\mathbf{T}_1$

$\mathbf{r}_{27:26}$ Die Adresse des Geheimtextes $\mathbf{G}_1$

Das Unterprogramm kann keine Fehler erzeugen.

1	mcAesCbcEnts:	push4	r17,r18,r19,r20	4×2
2		push4	r26,r27,r28,r29	4×2
3		push2	r30,r31	2×2
4		rcall	mcAesEntsch	3+ $\mathbf{T}_1 \leftarrow \widehat{\boldsymbol{\Psi}}^{-1}(\mathbf{G}_1)$
5		ldi	r17,16	1 $\mathbf{r_{17}} \leftarrow \hat{n} = 16$, also $n \leftarrow 16 - \hat{n} = 0$
6	mcAesCbcEs04:	ld	r18,Z+	2 $\mathbf{r_{18}} \leftarrow \mathbf{A}_1[n],\ \mathbf{Z} \leftarrow \mathcal{A}(\mathbf{A}[n+1])$
7		ld	r19,Y	2 $\mathbf{r_{19}} \leftarrow \mathbf{T}_1[n]$
8		eor	r18,r19	1 $\mathbf{r_{18}} \leftarrow \mathbf{T}_1[n] \oplus \mathbf{A}[n]$
9		st	Y+,r18	2 $\mathbf{T}_1[n] \leftarrow \mathbf{T}_1[n] \oplus \mathbf{A}[n],\ \mathbf{Y} \leftarrow \mathcal{A}(\mathbf{T}_1[n+1])$
10		dec	r17	1 $\hat{n} \leftarrow \hat{n} - 1$, also $n \leftarrow n + 1$
11		brne	mcAesCbcEs04	1/2 Falls $n < 16$: weiter addieren
12		movw	r31:r30,r27:r26	1 $\mathbf{Z} \leftarrow \mathcal{A}(\mathbf{G}_1)$
13		adiw	r27:r26,16	2 $\mathbf{X} \leftarrow \mathcal{A}(\mathbf{G}_2)$
14		mov	r20,r16	1 $\mathbf{r_{20}} \leftarrow \hat{\kappa} = k$, also $\kappa \leftarrow k - \hat{\kappa} = 0$
15		dec	r20	1 $\hat{\kappa} \leftarrow \hat{\kappa} - 1$, also $\kappa \leftarrow \kappa + 1$
16		breq	mcAesCbcEs10	1/2 Falls $k = 1$: fertig
17	mcAesCbcEs08:	rcall	mcAesEntsch	3+ $\mathbf{T}_\kappa \leftarrow \widehat{\boldsymbol{\Psi}}^{-1}(\mathbf{G}_\kappa)$
18		ldi	r17,16	1 $\mathbf{r_{17}} \leftarrow \hat{n} = 16$, also $n \leftarrow 16 - \hat{n} = 0$
19	mcAesCbcEs0C:	ld	r18,Z+	2 $\mathbf{r_{18}} \leftarrow \mathbf{G}_{\kappa-1}[n],\ \mathbf{Z} \leftarrow \mathcal{A}(\mathbf{G}_{\kappa-1}[n+1])$
20		ld	r19,Y	2 $\mathbf{r_{19}} \leftarrow \mathbf{T}_\kappa[n]$
21		eor	r18,r19	1 $\mathbf{r_{18}} \leftarrow \mathbf{T}_\kappa[n] \oplus \mathbf{G}_{\kappa-1}[n]$
22		st	Y+,r18	2 $\mathbf{T}_\kappa[n] \leftarrow \mathbf{T}_\kappa[n] \oplus \mathbf{G}_{\kappa-1}[n],\ \mathbf{Y} \leftarrow \mathcal{A}(\mathbf{T}_\kappa[n+1])$
23		dec	r17	1 $\hat{n} \leftarrow \hat{n} - 1$, also $n \leftarrow n + 1$
24		brne	mcAesCbcEs0C	1/2 Falls $n < 16$: weiter addieren
25		adiw	r27:r26,16	2 $\mathbf{X} \leftarrow \mathcal{A}(\mathbf{G}_{\kappa+1})$

```
              dec    r20                 1    k̂ ← k̂ − 1, also κ ← κ + 1
              brne   mcAesCbcEs08        1/2  Falls κ < k: zum nächsten Schleifendurchlauf
mcAesCbcEs10: pop2   r31,r30             2×2
              pop4   r29,r28,r27,r26     4×2
              pop4   r20,r19,r18,r17     4×2
              ret                        4
```

Der Einsatz der drei Adressenregister **X**, **Y** und **Z** ist hier nicht so verwickelt wie bei der Verschlüsselung, man kann dem Programmablauf anhand der Kommentare problemlos folgen.

8. Chipher-Feedback Mode (CFM) mit AES

8.1. Motivation

Wie bei CBC geht es hauptsächlich darum, daß bei einer Folge von Klartexten die einzelnen Klartexte nicht unabhängig voneinander verschlüsselt werden. Das wird hier bei CFM allerdings auf eine kompliziertere Weise erreicht.

Das Verfahren ist so aufgebaut, daß nur der Verschlüsselungsteil von AES eingesetzt wird. Das kann von Vorteil sein, weil der Entschlüsselungsteil möglicherweise gar nicht implementiert werden muß.

Von Vorteil ist auch, daß das Verfahren vollkommen symmetrisch aufgebaut ist: Man hat zur Dechiffrierung lediglich die Geheimtexte mit den Klartexten zu vertauschen. Auch das hält den Aufwand für die Implementierung klein.

Es ist mit dem Verfahren im Prinzip möglich, als Klar- und Geheimtexte Bytes zu verwenden. Man kann also eine Bytefolge (einen Bytestrom), die über irgendeine Schnittstelle empfangen wird, Byte für Byte entschlüsseln (oder verschlüsseln) und jedes entschlüsselte Byte sofort weiterverwenden (*streaming chipher*).

Allerdings sind dann für jedes Byte, das verschlüsselt wird, 16 Bytes mit AES zu verschlüsseln. Weil natürlicherweise eine mit Software vorgenommene Implementierung von AES recht langsam arbeitet, wenn ein Mikrocontroller am unteren Ende des Leistungsspektrums eingesetzt wird, können nur Byteströme mit geringer Fließgeschwindigkeit verarbeitet werden. Bei statischen Bytefolgen, etwa bei der Verschlüsselung (Entschlüsselung) von Maschinenprogrammen, ist eine solche Verarbeitung Byte für Byte jedoch sehr bequem.

8.2. Definition

In diesem Kapitel sind Klartexte $\mathfrak{p}$ und Geheimtexte $\mathfrak{q}$ Elemente von $\mathbb{Z}_2^m$, dabei ist $1 \le m \le 127$. Es ist also $\mathfrak{p} = (p_0, \ldots, p_{m-1})$ und $\mathfrak{q} = (q_0, \ldots, q_{m-1})$ mit $p_\mu, q_\mu \in \mathbb{Z}_2$. Es genügt hier, sich $\mathbb{Z}_2$ als die Menge $\{0,1\}$ vorzustellen, die mit der Addition modulo 2 als Verknüpfung versehen ist, also mit der gewöhnlichen Addition von 0 und 1 mit der Ausnahme $1+1=0$. Soll diese Addtion von der gewöhnlichen unterschieden werden, wird sie mit dem Zeichen $\oplus$ geschrieben, also beispielsweise $1 \oplus 1 = 0$.

Vereinfacht ausgedrückt sind Texte $\mathfrak{s}, \mathfrak{t} \in \mathbb{Z}_2^m$ also Bitfolgen der Länge m, die so addiert werden, daß sich als Resultat wieder eine Bitfolge der Länge m ergibt. Präziser ausgedrückt ist

$$\mathfrak{s} \oplus \mathfrak{t} = (s_0 \oplus t_0, \ldots, s_{m-1} \oplus t_{m-1})$$

Allerdings stehen in diesem Kapitel nicht die einzelnen Texte im Vordergrund, die hauptsächlichen Objekte sind vielmehr endliche Folgen von Texten, kurz Dokumente genannt. Und zwar ist für eine positive natürlich Zahl k ein Dokument $\mathfrak{D}$ gegeben als

$$\mathfrak{D} = (\mathfrak{d}_0, \ldots, \mathfrak{d}_{k-1}) \quad \text{mit } \mathfrak{d}_\kappa \in \mathbb{Z}_2^m$$

Das Ziel des Verfahrens ist es nun, ein Dokument $\mathfrak{P} = (\mathfrak{p}_0, \ldots, \mathfrak{p}_{k-1})$ von Klartexten in ein Dokument $\mathfrak{Q} = (\mathfrak{q}_0, \ldots, \mathfrak{q}_{k-1})$ von Geheimtexten zu verschlüsseln und natürlich auch das Dokument $\mathfrak{Q}$ in das Dokument $\mathfrak{P}$ zu entschlüsseln. Dabei soll $\mathfrak{q}_\mu$ von allen vorangehenden Geheimtexten $\mathfrak{q}_{\mu-1}$ bis $\mathfrak{q}_0$ abhängen.

Verschlüsselung und Entschlüsselung sollen mit AES vorgenommen werden. Es ist also eine Verbindung von den hier definierten Texten (als Elementen von $\mathbb{Z}_2^m$) zu den externen Texten von AES herzustellen. Zu diesem Zweck werden auch Elemente a aus $\mathbb{Z}_2^{128}$ betrachtet:

$$\mathsf{a} = (a_0, \ldots, a_{127}) \quad \text{mit } a_\nu \in \mathbb{Z}_2$$

Diese Bitfolgen können natürlich genauso wie die Bitfolgen aus $\mathbb{Z}_2^m$ modulo 2 addiert werden.

Es sei weiter $\boldsymbol{\theta} : \mathbb{Z}_2^{128} \longrightarrow \boldsymbol{\mathcal{M}}$ eine bijektive Abbildung, die jeder Bitfolge aus $\mathbb{Z}_2^{128}$ einen internen Text $\mathbf{A} = \boldsymbol{\theta}(\mathsf{a})$ des AES-Verfahrens zuordnet (wie das geschehen kann wird weiter unten diskutiert). Ein $\mathsf{a} \in \mathbb{Z}_2^{128}$ wird dann mit der folgenden Chiffrierabbildung $\widetilde{\boldsymbol{\Psi}}$ mit dem AES-Verfahren verschlüsselt:

$$\widetilde{\boldsymbol{\Psi}} : \mathbb{Z}_2^{128} \longrightarrow \mathbb{Z}_2^{128} \qquad \widetilde{\boldsymbol{\Psi}} = \boldsymbol{\theta}^{-1} \circ \boldsymbol{\Psi} \circ \boldsymbol{\theta}$$

Anschaulich wird die Bitfolge $\mathsf{a} \in \mathbb{Z}_2^{128}$ mit $\boldsymbol{\theta}$ in einen AES-internen Text transformiert, mit der AES-Chiffrierabbildung $\boldsymbol{\Psi}$ verschlüsselt und der entstandene AES-interne Geheimtext mit der Umkehrfunktion $\boldsymbol{\theta}^{-1}$ in eine Bitfolge aus $\mathbb{Z}_2^{128}$ zurückverwandelt.

Zur Formulierung des Verfahrens wird eine Abbildung $\overrightarrow{} : \mathbb{Z}_2^{128} \longrightarrow \mathbb{Z}_2^{128}$ benötigt, welche die Bits einer Bitfolge a um m Positionen in die Richtung der aufsteigenden Indizes verschiebt und dabei Nullen nachzieht.

$$\langle \overrightarrow{\mathsf{a}} \rangle_\mu = \begin{cases} 0 & \text{für } \mu \in \{0, \ldots, m-1\} \\ \langle \mathsf{a} \rangle_{\mu-m} & \text{für } \mu \in \{m, \ldots, 127\} \end{cases}$$

Dabei wird für $\mathsf{a} = (a_0, \ldots, a_{127})$ die suggestive Schreibweise $\langle \mathsf{a} \rangle_\mu = a_\mu$ verwendet. Die m Koeffizienten a_{128-m} bis a_{127} von $\mathbf{a}$ gehen bei dieser Verschiebung verloren. So ist z.B. für $m = 2$

$$\overrightarrow{(a_0, \dots, a_{127})} = (0, 0, a_2, \dots, a_{125})$$

Weiterhin werden Abbildungen $^\uparrow : \mathbb{Z}_2^m \longrightarrow \mathbb{Z}_2^{128}$ und $^\downarrow : \mathbb{Z}_2^{128} \longrightarrow \mathbb{Z}_2^m$ zur Umwandlung einer Bitfolge in die längere bzw. kürzere gebraucht. Diese sind wie folgt definiert:

$$\langle \mathbf{t}^\uparrow \rangle_\mu = \begin{cases} \langle \mathbf{t}_\mu \rangle & \text{für } \mu \in \{0, \dots, m-1\} \\ 0 & \text{für } \mu \in \{m, \dots, 127\} \end{cases}$$
$$\langle \mathbf{a}^\downarrow \rangle_\mu = \langle \mathbf{a} \rangle_{128-m+\mu} \quad \mu \in \{0, \dots, m-1\}$$

Die Verlängerung wird also mit den unteren m Bits und die Verkürzung mit den oberen m Bits vorgenommen. So ist beispielsweise für $m = 2$

$$(t_0, t_1)^\uparrow = (t_0, t_1, \underbrace{0, \dots, 0}_{126})$$
$$(a_0, \dots, a_{127})^\downarrow = (a_{126}, a_{127})$$

Mit diesen Bezeichnungen kann das Verfahren nun präzise formuliert werden. Gegeben ist eine Folge $\mathfrak{P} = (\mathfrak{p}_0, \dots, \mathfrak{p}_{k-1})$ von Klartexten, d.h. von Bitfolgen der Länge m, die in eine Folge $\mathfrak{Q} = (\mathfrak{q}_0, \dots, \mathfrak{q}_{k-1})$ von Geheimtexten, ebenfalls Bitfolgen der Länge m, verschlüsselt werden. Das Verfahren macht von einer Folge $\mathbf{A} = (\mathbf{a}_0, \dots, \mathbf{a}_{k-1})$ von Bitfolgen der Länge 128 Gebrauch, wobei $\mathbf{a}_0$ auf eine noch zu diskutierende Weise vorzugeben ist. Damit ist die Verschlüsselung für $\kappa \in \{0, \dots, k-1\}$ gegeben als

$$\mathfrak{q}_\kappa = \mathfrak{p}_\kappa \oplus \widetilde{\Psi}(\mathbf{a}_\kappa)^\downarrow$$
$$\mathbf{a}_{\kappa+1} = \overrightarrow{\mathbf{a}_\kappa} \oplus \mathfrak{q}_\kappa^\uparrow$$

Löst man die erste Gleichung nach $\mathfrak{p}_\kappa$ auf, erhält man die Entschlüsselung:

$$\mathfrak{p}_\kappa = \mathfrak{q}_\kappa \oplus \widetilde{\Psi}(\mathbf{a}_\kappa)^\downarrow$$
$$\mathbf{a}_{\kappa+1} = \overrightarrow{\mathbf{a}_\kappa} \oplus \mathfrak{q}_\kappa^\uparrow$$

Sowohl bei der Verschlüsselung als auch bei der Entschlüsselung mit CFM wird also tatsächlich nur die Chiffrierung von AES benutzt.

Skizzen zur Veranschaulichung des Vorgehens sind auf der nächsten Seite zu finden. Natürlich läßt sich das Verfahren auch mit Worten beschreiben. Es beginnt damit, daß die Bitfolge $\mathbf{a}_0$ auf irgendeine Weise vorbelegt wird. Der Verfahrensschritt zur Bestimmung des Geheimtextes $\mathfrak{q}_\kappa$ aus dem Klartext $\mathfrak{p}_\kappa$ und der Bitfolge $\mathbf{a}_\kappa$ besteht zuerst darin, die Bitfolge $\mathbf{a}_\kappa$ mit AES in die Bitfolge $\mathbf{b} = \widetilde{\Psi}(\mathbf{a}_\kappa)$ zu verschlüsseln. Die oberen m Bits von $\mathbf{b}$ werden dann modulo 2 zum Klartext $\mathfrak{p}_\kappa$ addiert, um den Geheimtext $\mathfrak{p}_\kappa$ zu bekommen. Anschließend wird $\mathbf{a}$ bitweise um m Positionen in die Richtung des höchsten Index (also 127) verschoben, was in obiger Schreibweise eine Verschiebung um m Bitpositionen nach rechts bedeutet. Die so frei werdenden Bits von $\mathbf{a}_\kappa$ werden mit den Bits von $\mathfrak{p}_\kappa$ besetzt. Die daraus entstandene Bitfolge ist $\mathbf{a}_{\kappa+1}$. Dieser Vorgang wird k-mal durchgeführt, wobei beim letzten Durchgang natürlich darauf verzichtet werden kann, $\mathbf{a}_k$ zu konstruieren. Die Verschlüsselung kann wie folgt veranschaulicht werden:

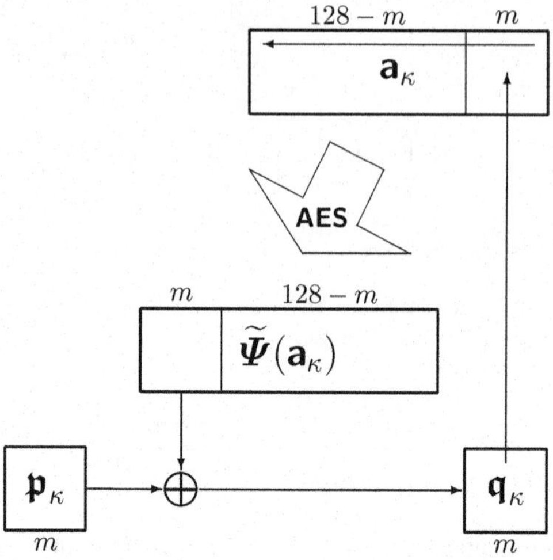

Die Entschlüsselung erhält man aus dieser Skizze durch Pfeilumkehr, d.h. der Datenfluss verläuft von rechts nach links:

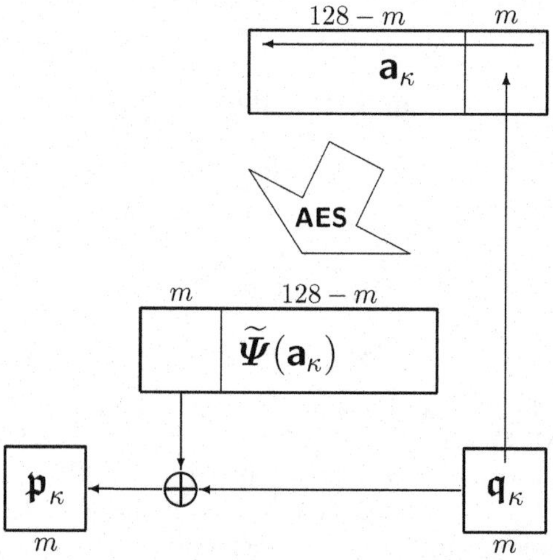

Es bleibt noch zu überlegen, wie der Startwert $\mathbf{a}_0$ besetzt werden kann. Hier gibt es nur eine Einschränkung: Jedes Dokument $\mathfrak{P}$ ist mit einem eigenen Startwert zu versehen. Denn existieren verschiedene Dokumente mit demselben $\mathbf{a}_0$, dann ist die Verschlüsselung nicht mehr sicher. Allerdings muß $\mathbf{a}_0$ nicht geheim gehalten werden, sondern kann dem verschlüsselten Dokument offen beigegeben werden.

Beispielsweise kann man Datum und Uhrzeit der Verschlüsselung verwenden, sofern die Auflösung der Uhrzeit groß genug ist. Zufallszahlengeneratoren und selbst einfache Zähler sind ebenso geeignet. Schließlich kann man dem verschlüsselten Dokument mit a_0 Informationen über das Dokument beigeben, etwa seine Länge, seine Herkunft etc.

8.3. Implementierung für AVR

Die Verschlüsselung und die Entschlüsselung sind sich hier so ähnlich, daß *ein* Unterprogramm für beide Vorgänge geschrieben wurde. Die Zeichen `Pqrs` im *interface* des Unterprogramms stehen daher für `Vers` oder `Ents`. Zur Chiffrierung wird das Unterprogramm via `mcAesCfmVers` aufgerufen, zur Dechiffrierung via `mcAesCfmEnts`.

Unterprogramm `mcAesCfmPqrs`

Ein Bytevektor $\mathfrak{p} = (p_0, \ldots, p_{k-1})$ der Länge k wird in einen Bytevektor $\mathfrak{q} = (q_0, \ldots, q_{k-1})$ verschlüsselt.

Input

r_{16}	Die Zahl k
$r_{19:18}$	Die Adresse eines Anfangswertes **A** für das Schieberegister **S**
$r_{21:20}$	Die Adresse des Bytevektors $\mathfrak{p}$
$r_{23:22}$	Die Adresse des Bytevektors $\mathfrak{q}$

Das Unterprogramm kann keine Fehler erzeugen.

1		`.dseg`		
2	`vbdAesCfmSrg:`	`.byte`	`16`	Schieberegister **S**
3	`vbdAesCfmVrg:`	`.byte`	`16`	Verschlüsselungsregister **V**
4		`.cseg`		
5	`mcAesCfm:`	`push4`	`r16,r17,r18,r19`	4×2
6		`push4`	`r20,r21,r22,r23`	4×2
7		`push4`	`r24,r26,r27,r28`	4×2
8		`push3`	`r29,r30,r31`	3×2
9		`ldi`	`r26,LOW(vbdAesCfmSrg)`	1 $X \leftarrow \mathcal{A}(S)$
10		`ldi`	`r27,HIGH(vbdAesCfmSrg)`	1
11		`movw`	`r31:r30,r19:r18`	1 $Z \leftarrow \mathcal{A}(A)$
12		`ldi`	`r17,16`	1 $r_{17} \leftarrow \hat{n} = 16$, also $n \leftarrow 16 - \hat{n} = 0$
13	`mcAesCfm04:`	`ld`	`r24,Z+`	2 $r_{24} \leftarrow A[n]$
14		`st`	`X+,r24`	2 $S[n] \leftarrow A[n]$
15		`dec`	`r17`	1 $\hat{n} \leftarrow \hat{n} - 1$, also $n \leftarrow n + 1$
16		`brne`	`mcAesCfm04`	1/2 Falls $n < 16$: weiter kopieren
17		`sbiw`	`r27:r26,16`	2 $X \leftarrow \mathcal{A}(S)$
18		`ldi`	`r28,LOW(vbdAesCfmVrg)`	1 $Y \leftarrow \mathcal{A}(V)$
19		`ldi`	`r29,HIGH(vbdAesCfmVrg)`	1
20	`mcAesCfm08:`	`rcall`	`mcAesVersch`	3+ $V \leftarrow \Psi(S)$
21		`ldi`	`r30,LOW(vbdAesCfmSrg+15)`	1 $Z \leftarrow \mathcal{A}(S[15])$

```
22                 ldi    r31,HIGH(vbdAesCfmSrg+15) 1
23                 ldi    r17,14                    1    r17 ← m = 14
24 mcAesCfm0C:     ld     r24,-Z                    2    Z ← A(S[m − 1]), r24 ← S[m − 1]
25                 std    Z+1,r24                   2    S[m] ← S[m − 1]
26                 dec    r17                       1    m ← m − 1
27                 brpl   mcAesCfm0C                1/2  Falls m ≥ 0: weiter verschieben
28                 movw   r31:r30,r21:r20           1    Z ← A(p_κ)
29                 ld     r17,Z+                    2    r17 ← p_κ, Z ← A(p_κ+1)
30                 movw   r21:r20,r31:r30           1    r21:20 ← A(p_κ+1)
31                 sbrc   r25,0                     1/2  Falls r25.0 = 1 :
32                 st     X,r17                     2      S[0] ← p_κ
33                 ldd    r24,Y+15                  2    r24 ← V[15]
34                 eor    r17,r24                   1    r17 ← p_κ ⊕ V[15]
35                 movw   r31:r30,r23:r22           1    Z ← A(q_κ)
36                 st     Z+,r17                    2    q_κ ← p_κ ⊕ V[15], Z ← A(q_κ+1)
37                 movw   r23:r22,r31:r30           1    r23:22 ← A(q_κ+1)
38                 sbrs   r25,0                     1/2  Falls r25.0 = 0 :
39                 st     X,r17                     2      S[0] ← p_κ ⊕ V[15]
40                 dec    r16                       1    κ̂ ← κ̂ − 1, also κ ← κ + 1
41                 brne   mcAesCfm08                1/2  Falls κ < k: weiter verschlüsseln
42                 pop3   r31,r30,r29               3×2
43                 pop4   r28,r27,r26,r24           4×2
44                 pop4   r23,r22,r21,r20           4×2
45                 pop4   r19,r18,r17,r16           4×2
46                 pop    r25                       2
47                 ret                              4
   Einsprung in das Unterprogramm zur Verschlüsselung.
48 mcAesCfmVers:   push   r25                       2
49                 ldi    r25,0b00000000            1    Verlange Verschlüsseln
50                 rjmp   mcAesCfm                  2
   Einsprung in das Unterprogramm zur Entschlüsselung.
51 mcAesCfmEnts:   push   r25                       2
52                 ldi    r25,0b00000001            1    Verlange Entschlüsseln
53                 rjmp   mcAesCfm                  2
```

Beim Einsprung zur Chiffrierung wird das untere Bit von $\mathbf{r_{25}}$ gelöscht, beim Einsprung zur Dechiffrierung wird es gesetzt. In Zeile *31* und in Zeile *38* wird dieses Bit dann abgefragt, um entsprechend zu reagieren.

Zum Nachvollzug des Unterprogramms sind die Skizzen aus Abschnitt 8.2 sehr hilfreich. Die Folge der $\mathbf{a}_\kappa$ wird als das Schieberegister **S** realisiert.

9. Verschlüsselung mit dem Rucksackproblem

Chiffriersysteme, die mit einer Falltürfunktion arbeiten und daher öffentlich bekannte Schlüssel besitzen, sind sehr rechenintensiv. Ein Beispiel ist das in Abschnitt 2.3 vorgestellte System, in dem Multiplikationen und weitaus mehr Rechenleistung erfordernde Divisionen mit sehr großen Zahlen vorgenommen werden müssen. Zwar können diese Systeme mit AVR-Controllern am oberen Ende des Leistungsspektrums realisiert werden, doch sind ihre Ausführungszeiten zu lang, praktikable Systeme sind so nicht zu erreichen.

Doch es gibt zumindest eine Ausnahme, nämlich Verschlüsselungen, deren Falltürfunktion mit Hilfe des Rucksackproblems konstruiert werden. Die Verschlüsselungen bestehen nur aus Additionen und Vergleichen, allerdings ist bei den Entschlüsselungen *eine* Multiplikation und *eine* Division mit großen Zahlen durchzuführen. Jedenfalls sind die Ausführungszeiten selbst bei AVR-Controllern akzeptabel, wie die Abschnitte 9.2.2 und 9.2.4 zeigen.

Nachteilig ist jedoch, daß beide Schlüssel des Verfahrens — der private und der daraus abgeleitete öffentliche — recht groß sind. Im implementierten Beispiel werden für beide Schlüssel jeweils 1536 Bytes benötigt, wobei zu beachten ist, daß die Sicherheit des implementierten Systems an der unteren Grenze des zulässigen liegt.

Es gibt allerdings auch unabhängig von der Größe des Schlüssels ein Problem: Die Verschlüsselungsmethode ist nicht sicher. Ein Geheimtext läßt sich, wenn auch mit beträchtlichem Aufwand (siehe [LUBB] 6.4), entziffern, ohne den Schlüssel zu kennen. Die dazu eingesetzte Methode ist allerdings nicht einfach zu verstehen, geschweige denn zu programmieren.

Hier geht es jedoch nicht darum, Staatsgeheimnisse oder Tresorkombinationen zu verschlüsseln. Es ist mit weitaus geringeren Ambitionen eher daran gedacht, Programme für AVR-Mikrocontroller zu verschlüsseln, um den unautorisierten Gebrauch der Programme zu verhindern. Dabei dient der öffentliche Schlüssel dazu, AVR-Programme, die zum Herunterladen zur Verfügung gestellt werden, zu verschlüsseln. Mikrocontroller, auf welchen ein Dechiffrierprogramm mit dem passenden privaten Schlüssel installiert wurde, können solch ein heruntergeladenes verschlüsseltes Programm dechiffrieren, in das ROM laden und ausführen. AVR-Mikrocontroller können so konfiguriert werden, daß weder das Dechiffrierungsprogramm noch der Dechiffrierschlüssel ausgelesen werden können.

Allerdings wird man das Programm selbst z.B. mit AES verschlüsseln und das Chiffriersystem mit öffentlichem Schlüssel dazu verwenden, den AES-Schlüssel auf eine sichere Weise zu verteilen.

Setzt man ein Rucksacksystem zu diesem oder einem ähnlichen Zweck ein, kann man wohl davon ausgehen, daß das System hinreichend sicher ist. Ein ganz normaler Nutzer eines AVR-Mikrocontrollers dürfte kaum in der Lage sein, ohne Kenntnis des privaten Schlüssels den Klartext zu ermitteln, sei es, weil die nötigen Kenntnisse fehlen oder sei es, weil der Aufwand in keinem vernünftigen Verhältnis zum Nutzen steht.

9.1. Theorie

In dem Gebiet der diskreten Optimierung wird das folgende Problem behandelt: Es ist eine Reihe von Objekten mit bekanntem Gewicht gegeben, aus welchen eine Teilmenge so auszusondern ist, daß mit deren Elementen ein Rucksack optimal gepackt werden kann, d.h. das größtmögliche Gewicht erzielt wird. *Dieses Problem ist hier nicht gemeint.*

Das hier benutzte Problem hat nichts mit Optimierung zu tun, sondern kann etwa wie folgt beschrieben werden. Gegeben sind n positive natürliche Zahlen a_1 bis a_n und eine positive natürliche Zahl s. Für eine Teilmenge $N \subset \{1, \ldots, n\}$ gilt

$$\sum_{\nu \in N} a_\nu = s$$

Das Problem ist, aus der Kenntnis der a_1 bis a_n und der Kenntnis von s auf die Teilmenge N zu schließen! Es ist ein echtes Problem, denn man kennt, von einem Spezialfall abgesehen, nur ein Mittel, eine solche Teilmenge N zu bestimmen (davon es mehrere oder auch keine geben kann), nämlich das Durchprobieren aller Teilmengen von $\{1, \ldots, n\}$.

Wie man das Problem zur Verschlüsselung nutzen kann, liegt auf der Hand: Der Klartext besteht aus der Teilmenge N und der Geheimtext ist die Summe $s = \sum_{\nu \in N} a_\nu$. Sind nur die a_ν und s bekannt, dann ist die Entschlüsselung von s zu N (jedenfalls bei großem n) unmöglich. Allerdings ist soweit bisher vorgestellt eine solche Entschlüsselung *Jedem* unmöglich. Wie man die Idee zu einem Verschlüsselungssystem ausbauen kann ist das Thema des restlichen Abschnittes.

Die Menge $\mathbb{N}_+^n$ besteht aus allen Vektoren $\boldsymbol{a} = (a_1, \ldots, a_n)$ positiver natürlicher Zahlen. Ein solcher Vektor heiße **stark monoton steigend**, wenn er die folgende Bedingung erfüllt:

$$\sum_{\mu=1}^{\nu} a_\mu < a_{\nu+1} \quad \text{für alle } \nu \in \{1, \ldots, n-1\}$$

Es ist also $a_1 < a_2$, $a_1 + a_2 < a_3$ usw. bis $a_1 + \cdots + a_{n-1} < a_n$. Die Menge aller stark monoton steigenden Elemente von $\mathbb{N}_+^n$ wird mit $\mathbb{S}_n$ bezeichnet. Ein ausgezeichnetes Element von $\mathbb{S}_n$ ist gegeben als $\boldsymbol{z} = (1, 2, 4, \ldots, 2^n)$, also $z_\nu = 2^{\nu-1}$. Daß der Vektor $\boldsymbol{z}$ zu $\mathbb{S}_n$ gehört ergibt sich direkt aus der bekannten Formel

$$\sum_{\mu=1}^{m} 2^{\mu-1} = 2^m - 1 \quad \text{d.h. es gilt} \quad \sum_{\mu=1}^{m} 2^{\mu-1} < 2^m$$

Tatsächlich ist $\boldsymbol{z}$ ein ausgezeichnetes Element, denn es ist das *kleinste* Element von $\mathbb{S}_n$, wenn man die Ordungsrelation $\leq$ von $\mathbb{N}_+$ auf $\mathbb{N}_+^n$ überträgt. Und zwar definiert man für $\boldsymbol{a}, \boldsymbol{b} \in \mathbb{N}_+^n$

$$\boldsymbol{a} \preccurlyeq \boldsymbol{b} \iff a_\nu \leq b_\nu \text{ für alle } \nu \in \{1, \ldots, n\}$$

Bezüglich dieser Relation ist $\boldsymbol{z}$ nun das kleinste Element von $\mathbb{S}_n$, denn für jedes $\boldsymbol{a} \in \mathbb{S}_n$ gilt

$$a_\nu \geq 2^{\nu-1} \text{ für alle } \nu \in \{1, \ldots, n\}$$

Das ist mit vollständiger Induktion über n leicht einzusehen. Für $n = 1$ ist $a_1 \geq 1$ nach Wahl von $\boldsymbol{a}$, d.h. wegen $a_1 \in \mathbb{N}_+$. Die Behauptung gelte für $n \geq 1$. Es sei $\boldsymbol{a} \in \mathbb{S}_{n+1}$. Dann ist natürlich

$\tilde{\boldsymbol{a}} = (a_1, \ldots, a_n) \in \mathbb{S}_n$, d.h. es gilt $a_\nu \geq 2^{\nu-1}$ für $\nu \in \{1, \ldots, n\}$. Daraus folgt unmittelbar die Behauptung auch für a_{n+1}:

$$a_{n+1} > \sum_{\nu=1}^{n} a_\nu \geq \sum_{\nu=1}^{n} 2^{\nu-1} = 2^n - 1$$

Es gilt also wie oben behauptet $\boldsymbol{z} \preccurlyeq \boldsymbol{a}$ für alle $\boldsymbol{a} \in \mathbb{S}_n$.

Man weiß hiermit also, wo in $\mathbb{N}_+^n$ nach einem $\boldsymbol{a} \in \mathbb{S}_n$ *nicht* gesucht werden darf. Allerdings ist es sehr einfach, ein $\boldsymbol{a} \in \mathbb{S}_n$ zu konstruieren. Man wähle beispielsweise n Zufallszahlen u_1 bis u_n aus $\mathbb{N}_+$, setze dann $a_1 = u_1$, $a_2 = a_1 + u_2$, $a_3 = a_1 + a_2 + u_3$ usw. Natürlich erhält man $\boldsymbol{z}$ bei der Wahl $u_1 = \cdots = u_n = 1$.

Neben den Vektoren aus $\mathbb{N}_+^n$ werden auch die Bitvektoren $\mathsf{x} = (\mathsf{x}_1, \ldots, \mathsf{x}_n)$ aus $\mathbb{K}_2^n$ betrachtet, d.h. es ist $\mathsf{x}_\nu \in \{0, 1\}$. Die $\mathsf{x} \in \mathbb{K}_2^n$ sind die Klartexte des noch zu beschreibenden Verfahrens. Zu jedem $\boldsymbol{a} \in \mathbb{N}_+^n$ sei die Abbildung $\boldsymbol{\Psi}_{\boldsymbol{a}} : \mathbb{K}_2^n \longrightarrow \mathbb{N}_+$ definiert durch

$$\boldsymbol{\Psi}_{\boldsymbol{a}}(\mathsf{x}) = \sum_{\nu=1}^{n} \mathsf{x}_\nu a_\nu$$

In der Sprache der linearen Algebra ist $\boldsymbol{\Psi}_{\boldsymbol{a}}(\mathsf{x})$ das Skalarprodukt der beiden Vektoren x und $\boldsymbol{a}$. Die Abbildungen $\boldsymbol{\Psi}_{\boldsymbol{a}}$ sind allgemein nicht injektiv:

$$\boldsymbol{\Psi}_{(1,2,3)}(1,1,0) = 3 = \boldsymbol{\Psi}_{(1,2,3)}(0,0,1)$$

Dabei wurden wie üblich die Vektorklammern bei Funktionsargumenten unterdrückt. Für stark monoton ansteigende Vektoren ist das jedoch der Fall:

$$\boldsymbol{\Psi}_{\boldsymbol{a}} \text{ ist injektiv für jedes } \boldsymbol{a} \in \mathbb{S}_n$$

Beweis mit vollständiger Induktion über n.
Es gelte $\mathsf{x}_1 a_1 = \mathsf{y}_1 a_1$. Das ist wegen $\mathsf{x}_1, \mathsf{y}_1 \in \{0, 1\}$ und $a_1 \in \mathbb{N}_+$ nur möglich für $\mathsf{x}_1 = 0 = \mathsf{y}_1$ oder $\mathsf{x}_1 = 1 = \mathsf{y}_1$. Die Behauptung ist daher für $n = 1$ wahr.
Die Behauptung gelte für $n \geq 1$. Es seien $\boldsymbol{a} \in \mathbb{N}_+^{n+1}$ und $\mathsf{x}, \mathsf{y} \in \mathbb{K}_2^{n+1}$, und es gelte

$$\sum_{\nu=1}^{n+1} \mathsf{x}_\nu a_\nu = \boldsymbol{\Psi}_{\boldsymbol{a}}(\mathsf{x}) = \boldsymbol{\Psi}_{\boldsymbol{a}}(\mathsf{y}) = \sum_{\nu=1}^{n+1} \mathsf{y}_\nu a_\nu$$

Nun ist offensichtlich $\tilde{\boldsymbol{a}} = (a_1, \ldots, a_n) \in \mathbb{S}_n$, folglich ist $\boldsymbol{\Psi}_{\tilde{\boldsymbol{a}}} : \mathbb{K}_2^n \longrightarrow \mathbb{N}_+$ nach Induktionsvoraussetzung injektiv. Angenommen, es gälte $\mathsf{x}_{n+1} = 0$ und $\mathsf{y}_{n+1} = 1$. Dann wäre

$$\sum_{\nu=1}^{n} \mathsf{x}_\nu a_\nu = \sum_{\nu=1}^{n+1} \mathsf{y}_\nu a_\nu = \sum_{\nu=1}^{n} \mathsf{y}_\nu a_\nu + a_{n+1}$$

Daraus folgt wegen $\sum_{\nu=1}^{n} \mathsf{y}_\nu a_\nu \geq 0$ die Ungleichung

$$\sum_{\nu=1}^{n} \mathsf{x}_\nu a_\nu \geq a_{n+1} \tag{$\star$}$$

Weil $\boldsymbol{a}$ ein stark monoton steigender Vektor ist, für den $\sum_{\nu=1}^{n} \mathsf{x}_\nu a_\nu < a_{n+1}$ gilt, so gilt **erst recht**

$$\sum_{\nu=1}^{n} \mathsf{x}_\nu a_\nu < a_{n+1}$$

im Widerspruch zur Ungleichung $(\star)$! Genauso führt natürlich auch die Annahme $\mathsf{x}_{n+1} = 1$ und $\mathsf{y}_{n+1} = 0$ auf einen Widerspruch, folglich ist $\mathsf{x}_{n+1} = 0 = \mathsf{y}_{n+1}$ oder $\mathsf{x}_{n+1} = 1 = \mathsf{y}_{n+1}$. Daher

$$\sum_{\nu=1}^{n} \mathsf{x}_\nu a_\nu = \sum_{\nu=1}^{n} \mathsf{y}_\nu a_\nu$$

oder mit $\mathbf{u} = (\mathsf{x}_1, \ldots, \mathsf{x}_n)$ und $\mathbf{v} = (\mathsf{y}_1, \ldots, \mathsf{y}_n)$

$$\boldsymbol{\Psi}_{\tilde{\boldsymbol{a}}}(\mathbf{u}) = \boldsymbol{\Psi}_{\tilde{\boldsymbol{a}}}(\mathbf{v})$$

Weil nach Induktionsvoraussetzung $\boldsymbol{\Psi}_{\tilde{\boldsymbol{a}}}$ injektiv ist, folgt daraus $\mathbf{u} = \mathbf{v}$ oder insgesamt $\mathbf{x} = \mathbf{y}$, was zu zeigen war.

Es sei nun $\boldsymbol{k} \in \mathbb{S}_n$ mit $\sum_{\nu=1}^{n} k_\nu = s$. Weiter seien $d \in \mathbb{N}_+$ und $c \in \mathbb{Z}_d^\star$ so gewählt, daß $s < d$ und $\mathrm{ggT}(c, d) = 1$ gelten. Letzteres garantiert, daß c^{-1} in $\mathbb{Z}_d^\star$ existiert. Mit c und d wird eine Abbildung ϑ definiert durch

$$\vartheta\colon \mathbb{N}_+ \longrightarrow \mathbb{Z}_d \qquad \vartheta(u) = \boldsymbol{\varrho}_d(cu)$$

Die Einschränkung dieser Abbildung auf $\mathbb{Z}_d^\star$, θ genannt, also $\theta = \vartheta_{/\mathbb{Z}_d^\star}$, ist injektiv! Denn für $u, v \in \mathbb{Z}_d^\star$ bedeutet $\theta(u) = \theta(v)$ natürlich $c \otimes u = c \otimes v$, wobei mit $\otimes$ die Multiplikation von $\mathbb{Z}_d$ bezeichnet wird. Multiplizieren mit c^{-1} gibt $u = v$. Schließlich wird auf dieser Basis noch eine weitere Abbildung $\boldsymbol{\Theta}$ definiert:

$$\boldsymbol{\Theta}\colon \mathbb{S}_n \longrightarrow \mathbb{Z}_d^n \qquad \boldsymbol{\Theta}(\boldsymbol{a}) = (\vartheta(a_1), \ldots, \vartheta(a_n))$$

Die Abbildung $\boldsymbol{\Theta}$ bildet einen stark monoton ansteigenden Vektor in einen Vektor von Elementen aus $\mathbb{Z}_d^n$ ab, der mit großer Sicherheit nicht stark monoton ansteigend ist (denn $\mathbb{Z}_d$ ist nach oben von d beschränkt).

Es wurde weiter oben gezeigt, daß die Abbildung $\boldsymbol{\Psi}_{\boldsymbol{k}}$ injektiv ist. Diese Aussage bleibt wahr, wenn $\boldsymbol{k}$ durch $\boldsymbol{\Theta}(\boldsymbol{k})$ ersetzt wird:

Die Abbildung $\boldsymbol{\Psi}_{\boldsymbol{\Theta}(\boldsymbol{k})}$ ist injektiv.

Zum Beweis der Behauptung seien $\mathbf{x}, \mathbf{y} \in \mathbb{K}_2^n$ mit

$$\sum_{\nu=1}^{n} \mathsf{x}_\nu \theta(ck_\nu) = \boldsymbol{\Psi}_{\boldsymbol{\Theta}(\boldsymbol{k})}(\mathbf{x}) = \boldsymbol{\Psi}_{\boldsymbol{\Theta}(\boldsymbol{k})}(\mathbf{y}) = \sum_{\nu=1}^{n} \mathsf{y}_\nu \theta(ck_\nu)$$

Zu zeigen ist $\mathbf{x} = \mathbf{y}$. Nun ist nach Konstruktion $c \in \mathbb{Z}_d$ und $k_\nu \in \mathbb{Z}_d$, folglich ist $\theta(ck_\nu) = c \otimes k_\nu$. Die voranstehende Gleichung kann also als eine Gleichung in $\mathbb{Z}_d$ aufgefaßt werden:

$$\sum_{\nu=1}^{n} \mathsf{x}_\nu c \otimes k_\nu = \sum_{\nu=1}^{n} \mathsf{y}_\nu c \otimes k_\nu$$

Denn es ist $\mathsf{x}_\nu c \otimes k_\nu = 0$ oder $\mathsf{x}_\nu c \otimes k_\nu = c \otimes k_\nu$, und entsprechend auf der anderen Seite der Gleichung. Multiplikation der Gleichung mit c^{-1} liefert

$$\boldsymbol{\Psi}_{\boldsymbol{k}}(\mathbf{x}) = \sum_{\nu=1}^{n} \mathsf{x}_\nu k_\nu = \sum_{\nu=1}^{n} \mathsf{x}_\nu c^{-1} \otimes c \otimes k_\nu = \sum_{\nu=1}^{n} \mathsf{y}_\nu c^{-1} \otimes c \otimes k_\nu = \sum_{\nu=1}^{n} \mathsf{y}_\nu k_\nu = \boldsymbol{\Psi}_{\boldsymbol{k}}(\mathbf{y})$$

Daraus folgt die Behauptung wegen der Injektivität der Abbildung $\boldsymbol{\Psi}_{\boldsymbol{k}}$.

Die Abbildung $\boldsymbol{\Psi}_{\boldsymbol{k}}$ ist injektiv. Betrachtet man daher die Abbildung als $\boldsymbol{\Psi}_{\boldsymbol{k}} : \mathbb{K}_2^n \longrightarrow \boldsymbol{\Psi}_{\boldsymbol{k}}[\mathbb{K}_2^n]$, d.h. beschränkt man die Abbildung in ihrer Zielmenge $\mathbb{N}_+$ auf ihr Bild, dann erhält man eine Bijektion, d.h. $\boldsymbol{\Psi}_{\boldsymbol{k}}$ besitzt eine inverse Abbildung. Gleiches gilt auch für die Abbildung $\boldsymbol{\Psi}_{\boldsymbol{\Theta}(\boldsymbol{k})}$. Diese beiden Abbildungen stehen nun in folgendem Zusammenhang:

$$\boldsymbol{\Psi}^{-1}_{\boldsymbol{\Theta}(\boldsymbol{k})} = \boldsymbol{\Psi}^{-1}_{\boldsymbol{k}} \circ \theta^{-1} = (\theta \circ \boldsymbol{\Psi}_{\boldsymbol{k}})^{-1}$$

Zunächst sei bemerkt, daß die Abbildung θ als injektive Abbildung der Menge $\mathbb{Z}_d^\star$ in sich selbst auch surjektiv ist, und daß natürlich $\theta^{-1}(v) = c^{-1} \otimes v$ gilt. Nun seien $\mathbf{x} \in \mathbb{K}_2^n$ und $s \in \mathbb{Z}_d^\star$ mit

$$\boldsymbol{\Psi}_{\boldsymbol{\Theta}(\boldsymbol{k})}(\mathbf{x}) = s = \sum_{\nu=1}^{n} \mathsf{x}_\nu c \otimes k_\nu$$

Die rechte Gleichung ist wieder eine Gleichung in $\mathbb{Z}_d$ und kann (in $\mathbb{Z}_d$) mit c^{-1} multipliziert werden. Das ergibt

$$\theta^{-1}(s) = c^{-1} \otimes s = c^{-1} \otimes \sum_{\nu=1}^{n} \mathsf{x}_\nu c \otimes k_\nu = \sum_{\nu=1}^{n} \mathsf{x}_\nu c^{-1} \otimes c \otimes k_\nu = \sum_{\nu=1}^{n} \mathsf{x}_\nu k_\nu = \boldsymbol{\Psi}_{\boldsymbol{k}}(\mathbf{x})$$

Wird $\boldsymbol{\Psi}^{-1}_{\boldsymbol{k}}$ auf beide Seiten der Gleichung $\theta^{-1}(s) = \boldsymbol{\Psi}_{\boldsymbol{k}}(\mathbf{x})$ angewandt, erhält man

$$\mathbf{x} = \boldsymbol{\Psi}^{-1}_{\boldsymbol{k}}\big(\theta^{-1}(s)\big) = \big(\boldsymbol{\Psi}^{-1}_{\boldsymbol{k}} \circ \theta^{-1}\big)(s)$$

Andererseits gilt natürlich auch

$$\mathbf{x} = \boldsymbol{\Psi}^{-1}_{\boldsymbol{\Theta}(\boldsymbol{k})}(s)$$

womit die Behauptung bewiesen ist.

Im folgenden Beispiel ist $n = 96$, es können daher Bytevektoren der Länge 12 verschlüsselt und entschlüsselt werden. Man bekommt es hier schon mit recht großen Zahlen zu tun. In einfachen Fällen, d.h. wenn nicht gerade Staatsgeheimnisse oder millionenschwere Börsendaten geschützt werden sollen, wenn es etwa um die Vermeidung von Raubkopien von Computerprogrammen geht, in solchen Fällen also kann das System durchaus nützliche Dienste leisten.

Der stark monoton ansteigende Vektor $\boldsymbol{k}$, der Schlüssel des Systems, wurde mit Hilfe eines Zufallszahlengenerators erzeugt, er ist auf der folgenden Seite in einer Tabelle aufgelistet. Auf der Summe s der Koeffizienten des Vektors basiert die Wahl der Zahl d. Es muß $s < d$ gelten:

$$s = 79399226030388268759216160829530445291 < d$$

Weil $\varrho_d(u)$ besonders einfach zu berechnen ist, wenn d eine Zweierpotenz ist, wird d als eine Zweierpotenz oberhalb von s gewählt. Das ist hier für das Beispiel natürlich nicht relevant.

Der Schlüssel $k = (k_1, \ldots, k_{96})$, ein stark monoton ansteigender Vektor natürlicher Zahlen

ν	k_ν	ν	k_ν
1	2004318054	49	282082716404333200299011
2	2004318271	50	564165432808666400598119
3	4008636523	51	1128330865617332801196155
4	8017272991	52	2256661731234665602392447
5	16034545971	53	4513323462469331204784819
6	32069091991	54	9026646924938662409569623
7	64138184043	55	18053293849877324819139243
8	128276368047	56	36106587699754649638278383
9	256552736035	57	72213175399509299276556899
10	513105472007	58	144426350799018598553113671
11	1026210944155	59	288852701598037197106227419
12	2052421888287	60	577705403196074394212454751
13	4104843776467	61	1155410806392148788424909587
14	8209687553015	62	2310821612784297576849819191
15	16419375105995	63	4621643225568595153699638283
16	32838750211983	64	9243286451137190307399276751
17	65677500424067	65	18486572902274380614798553539
18	131355000848103	66	36973145804548761229597106983
19	262710001696251	67	73946291609097522459194213947
20	525420003392511	68	147892583218195044918388427839
21	1050840006784819	69	295785166436390089836776855667
22	2101680013569751	70	591570332827801796735537113 83
23	4203360027139371	71	1183140665745560359347107422827
24	8406720054278767	72	2366281331491120718694214845615
25	16813440108557539	73	4732562662982241437388429691171
26	33626880217115079	74	9465125325964482874776859382279
27	67253760434230107	75	18930250651928965749553718764699
28	134507520868460255	76	37860501303857931499107437529375
29	269015041736920467	77	75721002607715862998214875058643
30	538030083473841079	78	151442005215431725996429750117367
31	1076060166947682187	79	302884010430863451992859500234699
32	2152120333895364431	80	605768020861726903985719000469391
33	4304240667790728771	81	1211536041723453807971438000938883
34	8608481335581457575	82	2423072083446907615942876001877735
35	17216962671162915003	83	4846144166893815231885752003755515
36	34433925342325830079	84	9692288333787630463771504007511039
37	68867850684651660275	85	19384576667575260927543008015022131
38	137735701369303320471	86	38769153335150521855086016030044119
39	275471402738606640875	87	77538306670301043710172032060088363
40	550942805477213281839	88	155076613340602087420344064120176751
41	1101885610954426563747	89	310153226681204178440688128240353251
42	2203771221908853127303	90	620306453362408349681376256480706503
43	4407542443817706254619	91	1240612906724816699362752512961413211
44	8815084887635412509343	92	2481225813449633987255050025922826463
45	17630169775270825018707	93	4962451626899266797451010051845652883
46	35260339550541650037367	94	9924903253798533594902020103691305655
47	70520679101083300074827	95	19849806507597067189804040207382611339
48	141041358202166600149519	96	39699613015194134379608080414765222735

$$s = \sum_{\nu=1}^{96} k_\nu = 7939922603038826875921616082953 0445291$$

$$= 3BBBBC151F74DE3C542A31891F8015EB_{16}$$

Der Schlüssel $\boldsymbol{\Theta}(\boldsymbol{k}) = \boldsymbol{e} = (e_1, \ldots, e_{96}) \in \mathbb{Z}_d^{96}$

ν	e_ν	ν	e_ν
1	15803534244672864416820973803292062918	49	48710478854937509967213424435869294515
2	76857261549300704634277949472015707567	50	72180184699264245625994946986494157911
3	39384360334577666527375171966088373915	51	74748437645294411020568327614733823915
4	74663154578935391341152796660750568463	52	11236616167999892798261626098975820527
5	29406367517498332127404971266097027043	53	32342113436651613417225442620178133347
6	67110635282478136828697411111716034951	54	32629766401339746052253862581624744007
7	49063910767680068644858796328820394907	55	24820404016192949601730859888326362331
8	82842697692442779948680255231292473119	56	79073915200258204372183542969992957279
9	79304127002605356224779258871947248339	57	22682460716101833408352004348224621587
10	75021875061104862683837213691987333111	58	6496773498887479560741865264230628919
11	8988601561446442217939450714752304587	59	1727221178035954347351566336869498379
12	76583113257512727333245425706176208015	60	21707991771246798235985165712157092047
13	15253039660602882010385318428539077251	61	26559878846405883884118272155261355971
14	16444864063292405339778525126755860711	62	83776773445688071597003593199888967463
15	14809714845493099431659765288432870395	63	24050581160604862724181758338503527483
16	77045782072908626133246264698615202303	64	46443413400997781054856420797632921407
17	40985309966797508185357028115313386291	65	24498803633765480538336500933037373811
18	61095717214328951215956823726817387223	66	72840935559054558431674929981953911575
19	48213632384079113046817411713945236779	67	31351708354085374122169132985964781931
20	47603467667148621870278115536775744879	68	58597850617950806530740718700503384495
21	24371094996059164849089439019270974947	69	82346351325763778372424467203544711971
22	12321859228810139762307185998375381447	70	2849419438539797587049099270727299079
23	73641051692713062041355827961204735835	71	5612070810038006027405824504784976027
24	2208156801484488366071506018430552799	72	81009609507393270579617963441163688223
25	43457997670368342281489903542418964115	73	75637950632506337486654675291689678547
26	43681977116075788153342994271184268215	74	67689522320906825207588046531472193527
27	80463498703757280686228493732211822731	75	79394487811284983131284768251664078283
28	4673493070875510028377047405522589263	76	47253702296720577428248757064115649679
29	81927343467242632488420356781369449027	77	41664809469253198066235633002360013443
30	20004648935547627920245789354786002087	78	69268403680593037451479154274397733095
31	62281645309448497948678784982746656699	79	35386202349859747789217371725774562299
32	42200820259795144791681491609612172735	80	33128165351407306982517825715356533247
33	20379487642704917165661311938430922227	81	38220668254029485749743802006738101043
34	60236433285588722532649882611305962647	82	55566433788792906344730371509666816727
35	10508574098498411477793707626103929835	83	37155065533007023304364507279644095787
36	12545711815432172088315198599346634543	84	25486333965004442385372306668173462895
37	70946795159616416199742409477738219171	85	56475678739316003437772134377138372323
38	69486769127824398261203305058491412103	86	192175567778619381178263619038214855
39	58182048749717300663545253603806194971	87	40649943787960602971748644439660311131
40	11642511634937918966534848541886974623	88	21296532722214186092700790833283756255
41	17608476326485540972657427969643258451	89	5295898364282540176254160077053409683
42	41067035730444557199111873126756451959	90	52428370234138799808715159198395212215
43	30515384921705156268007090823667640907	91	4153952626959269823779832965821566347
44	30200217956450830413862384684629782031	92	22195584377748720035167029588626182223
45	3191970497368994883788218861953232387	93	31900934350754436636156669289634582083
46	81759187758403956106102647232961269607	94	13754163015495270388911404992128412583
47	56001900214136875944789688261466589563	95	49780673469343782886010016257431477691
48	78725431371306272447337128168175633535	96	17198876579585714666343954158981814719

$$\tilde{s} = \sum_{\nu=1}^{96} e_\nu = 4030180979243148788560556720212518446107$$

$$= \texttt{BD7F89F77D814BA5D941C7710E5B1241B}_{16}$$

Es ist jedoch für die Implementierung des Chiffriersystem sehr wichtig, eine schnelle Methode des Dividierens zur Verfügung zu haben. Die kleinste Zweierpotenz oberhalb von s läßt sich leicht aus der Hexadezimaldarstellung von s herleiten:

$$\begin{aligned} s &= \texttt{3BBBBC151F74DE3C542A31891F8015EB}_{16} \\ d &= \texttt{40000000000000000000000000000000}_{16} \\ &= 2^{126} \\ &= 85070591730234615865843651857942052864 \end{aligned}$$

Nach der Bestimmung von d ist noch eine natürliche Zahl c mit $1 < c < d$ auszuwählen, die $\mathrm{ggT}(c,d) = 1$ erfüllt. Das ist natürlich kein Problem, man kann irgendeine *ungerade* Zahl unterhalb von d wählen, beispielsweise

$$c = 99977777777 = \texttt{174723D271}_{16}$$

Damit ist zwar garantiert, daß c und d teilerfremd sind, doch ist zur Berechnung von c^{-1} in $\mathbb{Z}_d$ dennoch der (verallgemeinerte) EUKLIDische Algorithmus einzusetzen. Dieser erbringt folgende Entwicklung der Eins:

$$41836573505573719456206839044288392849 \cdot c - 49167727223 \cdot d = 1$$

Vergleicht man den Koeffizienten von c der Entwicklung mit d, also

$$\begin{aligned} &85070591730234615865843651857942052864 \\ &41836573505573719456206839044288392849 \end{aligned}$$

erkennt man, daß er kleiner ist als d. Das bedeutet, daß in ihm schon das zu c inverse Element von $\mathbb{Z}_d$ gefunden ist:

$$c^{-1} = 41836573505573719456206839044288392849$$

Es bleibt nun noch, den (öffentlichen) Verschlüsselungsvektor zu berechnen:

$$\boldsymbol{\Theta}(\boldsymbol{k}) = \boldsymbol{e} = (e_1, \ldots, e_{96}) = (c \otimes k_1, \ldots, c \otimes k_{96})$$

Diese Berechnung ist allerdings problematisch, denn c ist so klein, daß für einige e_ν am Anfang von $\boldsymbol{e}$ das Produkt $c \otimes k_\nu$ gar nicht mit d reduziert wird, d.h. es gilt für solche ν (und der Leser wird unschwer feststellen, welche das sind) $e_\nu = c \otimes k_\nu = ck_\nu$. Das ist eine offene Flanke für eine Attacke! Dem läßt sich hier aber leicht abhelfen, indem c und c^{-1} vertauscht werden, denn c ist natürlich das in $\mathbb{Z}_d$ inverse Element zu c^{-1}. Es sei also

$$\begin{aligned} c &= 41836573505573719456206839044288392849 \\ c^{-1} &= 99977777777 \end{aligned}$$

Die Vertauschung hat auch noch den Vorteil, daß zur Entschlüsselung mit einer sehr viel kleineren Zahl multipliziert werden muß. Mit dieser Wahl erhält man den Verschlüsselungsvektor $\boldsymbol{e}$ auf der vorigen Seite, dessen sämtliche Koeffizienten e_ν durch Reduktion mit d erhalten wurden und so keine verwertbare Information über c und k_ν enthalten. Jedenfalls ist die Verschlüsselung eines Bitvektors $\mathsf{x} \in \mathbb{K}_2^{96}$ problemlos als einfache von den Bits des Bitvektors abhängige Summierung durchzuführen:

$$g = \sum_{\nu=1}^{96} \mathsf{x}_\nu e_\nu$$

Die Entschlüsselung erfordert allerdings etwas mehr Mühe, im Wesentlichen kommen eine Multiplikation und eine Division dazu (die vorzunehmenden Vergleiche entsprechen in etwa den Additionen bei Durchführung der Verschlüsselung). Und zwar ist der Bitvektor x aus der folgenden Gleichung zu ermitteln:

$$\sum_{\nu=1}^{96} \mathsf{x}_\nu k_\nu = \boldsymbol{\varrho}_d(c^{-1}g) = h \qquad (\star\star)$$

Man vergleicht dazu h mit k_{96} (also allgemein h mit k_n). Gilt $k_{96} > h$, dann ist notwendigerweise $\mathsf{x}_{96} = 0$, denn andernfalls gälte entgegen Gleichung $(\star\star)$ wegen des starken monotonen Anstiegs des Vektors $\boldsymbol{k}$ die Ungleichung

$$\sum_{\nu=1}^{96} \mathsf{x}_\nu k_\nu \geq k_{96} > h$$

Ist andererseits $k_{96} \leq h$, dann muß $\mathsf{x}_{96} = 1$ gelten, denn bei $\mathsf{x}_{96} = 0$ hätte man wegen des starken monotonen Anstiegs

$$\sum_{\nu=1}^{96} \mathsf{x}_\nu k_\nu = \sum_{\nu=1}^{95} \mathsf{x}_\nu k_\nu < k_{96} \leq h$$

auch hier im Widerspruch zur gegebenen Gleichung $(\star\star)$.

Man fährt so weiter fort, nachdem im Falle $\mathsf{x}_{96} = 1$ der Wert h durch $h - \mathsf{x}_{96}$ ersetzt wurde. Denn mit $\boldsymbol{k} = (k_1, \ldots, k_{96})$ ist natürlich auch $(k_1, \ldots, k_{95})$ ein stark monoton steigender Vektor.

Nun zurück zum Beispiel. Und zwar soll der in einer Hexadezimaldarstellung gegebene Bitvektor $\mathsf{x} = \mathtt{1112131415161718191A1B1C}_{16}$ verschlüsselt werden. Die Hexadezimaldarstellung erfolgt dabei Byte für Byte. Beispielsweise bilden die ersten acht Bit x_1 bis x_8 das Byte $b_7b_6\cdots b_0$ mit $b_0 = x_8$, $b_1 = x_7$ usw. bis $b_7 = x_1$. Die ersten acht Bit 10001000 von x gehen also über in das Byte $00010001 = \mathtt{11}_{16}$.Die Summierung mit $\boldsymbol{e}$ ergibt

$$\sum_{\nu=1}^{96} \mathsf{x}_\nu e_\nu = g = 1433236739903169324565007079785075185301$$

Die Multiplikation mit c^{-1} führt dann auf

$$h = \boldsymbol{\varrho}_d(c^{-1}g) = 8717125330733438687766923063792316869$$

Zur Bestimmung von x_{96} wird k_{96} mit h verglichen:

39699613015194134379608080414765222735
8717125330733438687766923063792316869

Wegen $k_{96} > h$ ist $\mathsf{x}_{96} = 0$. Das ist korrekt, denn $\mathtt{1C}_{16} = 00011100$ steht für 00111000, d.h. $\mathsf{x}_{93} = 1$,

$\mathsf{x}_{94} = 0$, $\mathsf{x}_{95} = 0$ und $\mathsf{x}_{96} = 0$. Weiter wird k_{95} mit h verglichen:

$$\begin{array}{r} 1984980650759706718980404020738261133 9\\ 871712533073343868776692306379231686 9\end{array}$$

Auch hier ist $k_{95} > h$, folglich gilt $\mathsf{x}_{95} = 0$ und es wird weiter k_{94} mit h verglichen:

$$\begin{array}{r} 992490325379853359490202010369130565 5\\ 871712533073343868776692306379231686 9\end{array}$$

Es ist $k_{94} > h$, also $\mathsf{x}_{94} = 0$ und es erfolgt noch ein Vergleich mit h:

$$\begin{array}{r} 496245162689926679745101005184565288 3\\ 871712533073343868776692306379231686 9\end{array}$$

Endlich ergibt sich ein Wechsel, wegen $k_{93} \le h$ wird $\mathsf{x}_{93} = 1$ und es ist h durch

$$h - k_{93} = 375467370383417189031591301194666398 6$$

zu ersetzen. Der nächste Vergleich ist daher

$$\begin{array}{r} 248122581344963339872550502592282646 3\\ 375467370383417189031591301194666398 6\end{array}$$

er ergibt $\mathsf{x}_{92} = 1$ mit 127344789038453849159040798602383752 3 als neuem h. So wird weiter verfahren bis schließlich k_1 mit dem laufenden h verglichen wird. Wenn die Entschlüsselung korrekt verlaufen ist sollte sich $h = 0$ ergeben haben.

Wie bei RSA sind auch hier zur Darstellung des Verfahrens im Chiffriersystem einige Vorbereitungen nötig. Für $\boldsymbol{a} \in \mathbb{S}_n$ sei $\varSigma(\boldsymbol{a}) = \sum_{\nu=1}^{n} a_\nu$. Weiter seien Abbildungen $\delta\colon \mathbb{S}_n \longrightarrow \mathbb{N}$ und $\gamma\colon \mathbb{S}_n \longrightarrow \mathbb{N}$ gegeben mit folgenden Eigenschaften:

$$\begin{aligned} \varSigma(\boldsymbol{a}) &< \delta(\boldsymbol{a})\\ \gamma(\boldsymbol{a}) &\in \mathbb{Z}^\star_{\delta(\boldsymbol{a})}\end{aligned}$$

Es soll also $\gamma(\boldsymbol{a})$ ein invertierbares Element von $\mathbb{Z}_{\delta(\boldsymbol{a})}$ sein. Das ist beispielsweise erfüllt, wenn die beiden Abbildungen so gewählt werden, daß gilt

$$\operatorname{ggT}\bigl(\delta(\boldsymbol{a}), \gamma(\boldsymbol{a})\bigr) = 1$$

Solche Abbildungen gibt es. Ein solches Paar ist beispielsweise gegeben durch

$$\begin{aligned} \delta(\boldsymbol{a}) &= \varSigma(\boldsymbol{a}) + 1\\ \gamma(\boldsymbol{a}) &= \max\bigl\{\, p \in \mathbb{P} \bigm| p < \delta(\boldsymbol{a}) \,\bigr\}\end{aligned}$$

denn für eine Primzahl $p < \delta(\boldsymbol{a})$ gilt natürlich $\operatorname{ggT}\bigl(p, \delta(\boldsymbol{a})\bigr) = 1$. In der Praxis wird man allerdings geeignetere Abbildungen δ und γ verwenden. Ist etwa $\delta(\boldsymbol{a})$ eine Zweierpotenz, dann genügt es, $\gamma(\boldsymbol{a})$ als eine ungerade Zahl kleiner als $\delta(\boldsymbol{a})$ zu wählen, z.B. $\gamma(\boldsymbol{a}) = \lfloor \delta(\boldsymbol{a})/2 \rfloor + 1$.

Es sei also ein Paar von Abbildungen δ und γ mit den verlangten Eigenschaften gegeben. Für festes $\boldsymbol{a} \in \mathbb{S}_n$ sei $d = \delta(\boldsymbol{a})$, $c = \gamma(\boldsymbol{a})$ und c^{-1} das zu c inverse Element in $\mathbb{Z}_d$. Es soll also $c \otimes c^{-1} = 1$ gelten, mit der Multiplikation $\otimes$ von $\mathbb{Z}_d$. Damit kann das folgende Schema formuliert werden:

(*i*) $\mathsf{T} = \mathbb{K}_2$
(*ii*) $\mathcal{T} = \mathbb{K}_2^n$
(*iii*) $\mathsf{G} = \mathbb{N}$
(*iv*) $\mathcal{G} = \mathbb{N}$
(*v*) $\mathcal{K} = \mathbb{S}_n$
(*vi*) Die Abbildung $\boldsymbol{\Omega}\colon \mathbb{S}_n \longrightarrow \mathbf{I}\langle \mathbb{K}_2^n, \mathbb{N}\rangle$ ist gegeben als $\boldsymbol{\Omega}(\boldsymbol{k}) = \boldsymbol{\Psi}_{\boldsymbol{\Theta}(\boldsymbol{k})}$ mit der Chiffrierabbildung $\boldsymbol{\Psi}_{\boldsymbol{\Theta}(\boldsymbol{k})}$ des Rucksackverschlüsselungssystems.

Darin wird $\mathbb{N}$ als die Menge aller 1-Tupel aus $\mathbb{N}^1$ aufgefasst. Wie oben gezeigt ist die Abbildung $\boldsymbol{\Omega}(\boldsymbol{k})$ tatsächlich injektiv. Sie ist natürlich nicht surjektiv und deshalb auch nicht bijektiv, die Dechiffrierabbildung $\boldsymbol{\Omega}(\boldsymbol{k})^{-1}$ ist daher auf der Menge

$$\mathrm{Bild}(\boldsymbol{\Psi}_{\boldsymbol{\Theta}(\boldsymbol{k})}) = \boldsymbol{\Psi}_{\boldsymbol{\Theta}(\boldsymbol{k})}[\mathbb{K}_2^n]$$

definiert. Die Umkehrabbildung ist gegeben durch (siehe oben)

$$\boldsymbol{\Psi}_{\boldsymbol{\Theta}(\boldsymbol{k})}^{-1} = \boldsymbol{\Psi}_{\boldsymbol{k}}^{-1} \circ \theta^{-1} = (\theta \circ \boldsymbol{\Psi}_{\boldsymbol{k}})^{-1}$$

die wegen $\boldsymbol{k} \in \mathbb{S}_n$ leicht zu berechnen ist. Eine grobe Abschätzung für den Bildbereich der Chiffrierabbildung ist gegeben durch

$$0 \le \boldsymbol{\Psi}_{\boldsymbol{\Theta}(\boldsymbol{k})}(\mathsf{x}) \le n\delta(\boldsymbol{k})$$

für alle $\mathsf{x} \in \mathbb{K}_2^n$. Die mit $\boldsymbol{k}$ verschlüsselten Geheimtexte sind also nach oben durch $n\delta(\boldsymbol{k})$ beschränkt. Allerdings hat man bei gegebenem $\boldsymbol{k}$ eine präzise Abschätzung nach oben in

$$0 \le \boldsymbol{\Psi}_{\boldsymbol{\Theta}(\boldsymbol{k})}(\mathsf{x}) \le \boldsymbol{\Psi}_{\boldsymbol{\Theta}(\boldsymbol{k})}(\mathbf{1})$$

dabei ist $\mathbf{1}$ der nur Einerbits enthaltende Bitvektor $\mathbf{1} = (1, 1, \ldots, 1)$. Im oben durchgerechneten Beispiel ist die Abschätzung des Bildbereiches der Chiffrierabbildung

$$0 \le \boldsymbol{\Psi}_{\boldsymbol{e}}(\mathsf{x}) \le \mathtt{BD7F89F77D814BA5D941C7710E5B1241B}_{16}$$

Für einen Geheimtext sind daher 17 Bytes bereitzustellen.

9.2. Implementierung für AVR

Welcher AVR-Mikrocontroller zur Verschlüsselung und Entschlüsselung mit dem Rücksackverfahren eingesetzt werden kann hängt natürlich davon ab, ob dessen Ausstattung mit RAM und ROM bei gegebenem n ausreichend ist. In diesem Abschnitt werden zwei minimale Hauptprogramme vorgestellt, welche einerseits eine Verschlüsselung und andererseits eine Entschlüsselung realisieren. Zunächst das Verschlüsselungsprogramm:

```
                .include "m1284def.inc"
                .include "makros.avr"
                .device  ATmega1284
                .cseg
                .org     0x000
                jmp      mcStart         3
                .dseg
                .org     0x100
                .cseg
                .include "rckiniv.avr"
                .include "rckVers.avr"
                .dseg
vbdT:           .byte    12                       Klartextvektor x
                .cseg
Erzeuge Klartext x = 1112131415161718191A1B1C16 als Klartextvektor x
mcStart:        ldi      r28,LOW(vbdT)   1
                ldi      r29,HIGH(vbdT)  1
                ldi      r16,0x11        1
mcErzKlarText:  st       Y+,r16          2
                inc      r16             1
                cpi      r16,0x1D        1
                brne     mcErzKlarText   1/2
Verschlüsselung initialisieren
                rcall    mcRckIniVers    3+
Klartextvektor x verschlüsseln
                ldi      r28,LOW(vbdT)   1
                ldi      r29,HIGH(vbdT)  1
                rcall    mcRckVers       3+
EndlosschleifeEndlosschleifeEndlosschleifeEndlosschleifeEndlosschleifeEndlosschleife...
mcEwig:         rjmp     mcEwig          2
```

Der zu verschlüsselnde Klartext wird in einer Schleife im RAM erzeugt. Anschließend wird das Verschlüsselungssystem initialisiert, dann wird der Klartext verschlüsselt. Der resultierende Geheimtext g wird vom Verschlüsselungsunterprogramm in die Register $\mathbf{r_0}$ bis $\mathbf{r_{16}}$ geschrieben. Der Speicherbedarf des Programms ist wie folgt: RAM 1578 Bytes, ROM Code 184 Bytes und ROM Daten 1578 Bytes.

Der soeben erzeugte Geheimtext wird vom folgenden Hauptprogramm entschlüsselt. Der Einfachheit halber wird dem Programm der Geheimtext g als Bytevektor $\boldsymbol{g} = (g_0, \ldots, g_{16})$ im ROM zur Verfügung gestellt.

```
                .include "mega1284.inc"
                .include "makros.avr"
                .device  ATmega1284
                .cseg
                .org     0x000
                jmp      mcStart                          3
                .dseg
                .org     0x100
                .cseg
                .include "rck12x5.avr"
                .include "rckinie.avr"
                .include "rckents.avr"
                .dseg
vbdG:           .byte    18                                   Geheimtextvektor g im RAM
vbdT:           .byte    12                                   Klartextvektor x im RAM
                .cseg
vbcG:           .db      0x95,0x16,0xB2,0x7D,0xA9,0x08        Geheimtextvektor g im ROM
                .db      0x5E,0x20,0x23,0x01,0x90,0x93
                .db      0x00,0x5B,0x3F,0x36,0x04,0x00
Geheimtextvektor vom ROM in das RAM kopieren
mcStart:        ldi      r28,LOW(vbdG)                    1
                ldi      r29,HIGH(vbdG)                   1
                ldi      r30,LOW(2*vbcG)                  1
                ldi      r31,HIGH(2*vbcG)                 1
                ldi      r17,17                           1
mcErzGehmText:  lpm      r16,Z+                           3
                st       Y+,r16                           2
                dec      r17                              1
                brne     mcErzGehmText                    1/2
Entschlüsselung initialisieren
                rcall    mcRckIniEnts                     3+
Geheimtextvektor g entschlüsseln
                ldi      r28,LOW(vbdG)                    1
                ldi      r29,HIGH(vbdG)                   1
                ldi      r26,LOW(vbdT)                    1
                ldi      r27,HIGH(vbdT)                   1
                rcall    mcRckEnts                        3+
EndlosschleifeEndlosschleifeEndlosschleifeEndlosschleifeEndlosschleifeEndlosschleife...
mcEwig:         rjmp     mcEwig                           2
```

Der Geheimtextvektor wird vom ROM in das RAM kopiert. Anschließend wird das Entschlüsselungssystem initialisiert und dann der Geheimtextvektor entschlüsselt. Der Speicherbedarf umfasst: RAM 1592 Bytes, ROM Code 1080 Bytes und ROM Daten 1560 Bytes.

9.2.1. Initialisierung

Die Initialisierung besteht darin, für die Verschlüsselung den öffentlichen Schlüssel und für die Entschlüsselung sowohl den privaten Schlüssel als auch c^{-1} vom ROM in das RAM zu kopieren. Zunächst die Verschlüsselung.

```
vbcRckVers:  .db 0xC6,0xF4,0x9F,0xA9,0xD5,0x61,0xA3,0xF2,0xE0,0x3F,0x73,0x47
             .db 0x65,0xA6,0xE3,0x0B,0xAF,0xED,0xA8,0xB2,0xC6,0x88,0x6C,0xAC
             .db 0x53,0xD1,0x8A,0xB2,0x8E,0x2B,0xD2,0x39,0x9B,0xE6,0x7D,0xAC
             .db 0x6D,0xA0,0x9A,0x3B,0xC4,0x1E,0x45,0x52,0xE2,0x26,0xA1,0x1D
             .db 0x0F,0x4C,0x7B,0x34,0x21,0x80,0x80,0x3D,0x8B,0x2B,0x21,0x53
             .db 0xBB,0x99,0x2B,0x38,0xE3,0x17,0x10,0xC8,0xB6,0xD9,0xDC,0xD5
             .db 0xE3,0xB9,0x93,0x2F,0xDB,0x75,0x1F,0x16,0x87,0x99,0xAE,0xA2
             .db 0x38,0xBC,0x5A,0x8B,0xC0,0x18,0x77,0xFB,0xC7,0x09,0x7D,0x32
             .db 0x9B,0xCB,0xCF,0x7B,0x1A,0xF1,0x7D,0xAA,0x82,0xB0,0x70,0xFD
             .db 0x90,0x5D,0xE9,0x24,0x1F,0xFF,0xF9,0x02,0xA3,0xB6,0x7B,0x0B
             .db 0x69,0x1C,0xBC,0xE1,0x57,0xEC,0x52,0x3E,0xD3,0xC2,0x7C,0xD5
             .db 0x41,0x87,0x35,0xA1,0x7C,0x33,0xFE,0xA3,0x56,0x6B,0xA9,0x3B
             .db 0xF7,0x8F,0x8B,0x6E,0x35,0x03,0x9C,0x90,0x4B,0x6E,0x71,0x5A
             .db 0x04,0xB0,0x70,0x38,0xCB,0x45,0xD0,0x02,0xDD,0x68,0x07,0x66
             .db 0x7D,0x5E,0xB8,0xD4,0x45,0x24,0xC3,0x06,0x8F,0xDC,0xD5,0x40
             .db 0x50,0x3B,0xC3,0x72,0xBF,0x45,0x8F,0xC8,0x00,0x5F,0x9D,0x39
             .db 0x83,0xC2,0xA3,0xC1,0x23,0xD1,0x26,0x9F,0x06,0x1E,0xD9,0xC8
             .db 0xEA,0xA0,0x79,0x0B,0xE7,0xC0,0x8B,0xF5,0x62,0xD5,0x57,0xFE
             .db 0xC7,0x7B,0x89,0x9E,0x65,0x2A,0x5F,0x0C,0xFB,0xA3,0x68,0x02
             .db 0x7E,0xA4,0x3C,0xEF,0x4B,0xA6,0xFE,0xF1,0x50,0x3F,0x24,0x0B
             .db 0xFF,0x81,0xE1,0x6F,0xBA,0x47,0x62,0x75,0xBD,0xA2,0x5F,0x3B
             .db 0x56,0x7A,0xF6,0x39,0x33,0xE3,0xD8,0x8D,0x02,0x7D,0x10,0xD7
             .db 0xEE,0x45,0xEB,0x89,0xCB,0x7B,0xD5,0x1E,0xD7,0xA2,0xF9,0x3E
             .db 0x07,0x19,0xBB,0xDC,0xF1,0x2D,0xD3,0x96,0x6C,0x9B,0xF6,0x2D
             .db 0x2B,0xF5,0x8A,0x84,0x8F,0x15,0x0A,0x5D,0x84,0x0D,0xE5,0xFB
             .db 0x9A,0x9B,0x45,0x24,0x6F,0x0D,0x01,0xA4,0x05,0xBF,0x31,0x41
             .db 0x8F,0x3E,0x70,0x87,0x29,0x18,0xD0,0x23,0xE3,0xAD,0xD8,0x68
             .db 0x9D,0x59,0xC8,0x9A,0x60,0x3F,0x04,0xF5,0xC0,0xB3,0x55,0x12
             .db 0xC7,0x69,0xAB,0xA3,0xA6,0x10,0x04,0xD6,0x3D,0x59,0x67,0x67
             .db 0x90,0x1A,0x45,0x09,0x5B,0x7F,0x86,0x3F,0x14,0x9C,0x59,0xFD
             .db 0xF1,0x90,0x23,0x32,0x2B,0xC0,0x66,0x37,0xDF,0x0A,0xD3,0x49
             .db 0x37,0x61,0x05,0x72,0xCB,0x12,0x31,0x2C,0x89,0x46,0xA9,0x01
             .db 0x93,0x7E,0x9A,0x22,0x0B,0x31,0x1B,0x2F,0xC5,0x55,0xF7,0x19
             .db 0xB6,0xB4,0xB1,0x20,0xB7,0xAB,0x32,0xC8,0x68,0xAB,0x39,0x6D
             .db 0x60,0xE8,0x72,0x27,0xC0,0xD7,0xDC,0x20,0x8B,0x90,0xDB,0x77
             .db 0x61,0xBB,0xCB,0xDC,0x1B,0xB2,0x8D,0xCB,0xC6,0xB4,0x88,0x3C
             .db 0x4F,0x16,0x58,0xEA,0xF9,0x34,0x1E,0x21,0x80,0x22,0x49,0x97
             .db 0xFF,0x14,0x84,0x03,0x43,0xDA,0x13,0xD4,0x17,0x19,0xAF,0xBC
             .db 0x0B,0x0D,0x5C,0x47,0xE5,0xA1,0xA2,0x3D,0xA7,0x94,0xD7,0xD9
             .db 0xEB,0xB9,0x3A,0xFA,0x55,0x8F,0x9E,0x7C,0x57,0xC1,0x0C,0x0F
             .db 0xBB,0xEF,0x6B,0x8A,0x30,0xC2,0xD4,0xA7,0xEB,0x02,0x38,0x8F
```

```
        .db 0x31,0x02,0xDB,0x2E,0xBF,0xBD,0x53,0x3F,0xC0,0xD7,0x64,0xA7
        .db 0x80,0x91,0xE1,0x56,0x14,0x95,0xBF,0x1F,0xF3,0x6D,0x7A,0xEE
        .db 0x2B,0x9F,0x9E,0xF8,0xE9,0x82,0xC1,0x1D,0x51,0xF2,0x54,0x0F
        .db 0x97,0x5C,0xA8,0xBF,0xFA,0xB1,0xA9,0xE0,0x6B,0xDD,0x8E,0x9F
        .db 0x74,0x1D,0x51,0x2D,0xEB,0x7B,0xA5,0x47,0x94,0x49,0x70,0x22
        .db 0xED,0xCB,0x2E,0x6A,0xB4,0xE0,0xE7,0x07,0x2F,0xBF,0xA1,0xE9
        .db 0xAF,0x7B,0xD0,0x8C,0xE4,0xF0,0x12,0x45,0x59,0x37,0x70,0x09
        .db 0xA3,0x46,0x34,0xB1,0x15,0x7A,0x21,0xF6,0x9D,0xAF,0x95,0xD5
        .db 0x10,0xDB,0x5F,0x35,0x87,0xAE,0x1F,0xF6,0xB4,0x53,0x3F,0x4A
        .db 0x2D,0x99,0x5C,0x85,0x39,0xAA,0x46,0x34,0x1B,0xAD,0xDA,0xA3
        .db 0xD1,0x76,0xA2,0xA6,0x54,0x46,0x1D,0x4F,0x7A,0x74,0xC5,0x2B
        .db 0x9F,0x0A,0xE7,0xD1,0x52,0x6B,0x69,0x85,0x14,0xB3,0x33,0x47
        .db 0x24,0x44,0xC2,0x08,0x53,0x22,0x2E,0xF2,0xE2,0x99,0xB5,0x16
        .db 0xDB,0xCB,0x0B,0x31,0xE9,0x44,0x3F,0x0D,0x77,0x06,0x17,0x29
        .db 0x36,0x7F,0xF7,0xF9,0x00,0x34,0x6E,0xB2,0x2F,0x39,0xE5,0x1E
        .db 0x4B,0xEA,0x0F,0xF9,0x9C,0xB7,0x19,0xB7,0xE0,0x7E,0x93,0xC2
        .db 0xA2,0x0C,0xF5,0x16,0x0F,0x6E,0x2C,0xAC,0x11,0x82,0x8C,0x96
        .db 0x8D,0xF1,0x63,0x66,0xB4,0x59,0xB8,0x16,0x03,0x2E,0x28,0x17
        .db 0xE8,0x07,0x5E,0x68,0xAA,0xE0,0xA0,0xC6,0x4B,0xC0,0x66,0x02
        .db 0x67,0x4F,0xBD,0x21,0xAA,0x99,0x21,0x0F,0x08,0x96,0xFA,0xD7
        .db 0x2D,0x3F,0x82,0x3D,0x7B,0x09,0xA3,0xD9,0x4D,0xD6,0x74,0x92
        .db 0xD3,0x45,0xFF,0x26,0xDB,0x92,0x21,0x2A,0x7F,0x04,0x7F,0x9F
        .db 0x18,0x02,0x2E,0x3A,0xC5,0x76,0x42,0xE3,0x70,0xF7,0x39,0x3B
        .db 0xB3,0x9F,0x3C,0x6E,0x7D,0x48,0x03,0xDF,0xF6,0x82,0x92,0x17
        .db 0x07,0x4C,0xA5,0x24,0x57,0x64,0x98,0x7E,0x3E,0x59,0x45,0x6E
        .db 0x09,0x13,0x40,0x74,0xDD,0x65,0x4D,0x36,0xAB,0x2F,0xF1,0x84
        .db 0xBC,0xEC,0x79,0xFE,0xAB,0x6C,0xA0,0xF4,0x82,0x06,0x3C,0x38
        .db 0xEF,0xCA,0xA4,0x23,0xA1,0x16,0xB6,0x05,0xE6,0x67,0x05,0x3B
        .db 0xF3,0x17,0x74,0x08,0x63,0x71,0xF7,0xE6,0x15,0xB2,0x75,0xA5
        .db 0x15,0xFD,0x4C,0x1E,0x4E,0xDD,0x54,0x18,0x47,0xA8,0x11,0x21
        .db 0x56,0x18,0xBA,0x69,0xA0,0x69,0xDA,0xF7,0xB0,0x43,0x8C,0x18
        .db 0xDB,0x44,0x2A,0xB9,0xB4,0x54,0x6A,0xA6,0xBE,0x1C,0x28,0x15
        .db 0x66,0x3C,0xAC,0x12,0x5F,0x4D,0x43,0xBE,0x36,0x29,0x82,0x42
        .db 0x5D,0xBF,0x1B,0x30,0x05,0x15,0x7D,0x3B,0x13,0x4C,0x52,0x8A
        .db 0x4B,0x6A,0xB9,0x51,0xF0,0x19,0xEB,0xE3,0xA7,0x7B,0x10,0x11
        .db 0x37,0xFE,0xCA,0x18,0xA8,0x74,0xD1,0x30,0xAF,0x05,0x3C,0xF9
        .db 0xA9,0x3B,0xE3,0x04,0x0B,0x7E,0xE3,0x97,0x21,0xF7,0x9F,0xE5
        .db 0xC0,0x57,0x3E,0x31,0x94,0xA6,0x4C,0x01,0xCF,0xA8,0x90,0xAB
        .db 0x38,0x03,0x22,0xB1,0xC2,0x02,0x8C,0xA0,0xA0,0xCE,0x54,0x10
        .db 0xC3,0x47,0x5C,0xD5,0xD6,0x5E,0x5B,0x5E,0x98,0x38,0x00,0x1C
        .db 0x21,0x3F,0xFB,0x13,0x27,0x27,0x91,0x5D,0x28,0x9C,0xEE,0xBB
        .db 0x67,0x7B,0xC8,0x63,0xD5,0xD1,0x06,0x3F,0x3B,0xCC,0x07,0x13
        .db 0x68,0xDD,0x97,0xA9,0x07,0x70,0x6D,0x9B,0x33,0xF9,0x17,0x12
        .db 0x3F,0xBF,0x62,0xCF,0x70,0xB7,0x8F,0x2C,0xC0,0xD6,0x6A,0x31
        .db 0x12,0xAD,0xF0,0x22,0x73,0xB9,0x6F,0x8D,0xCE,0x07,0x99,0x84
        .db 0x70,0x78,0xF2,0x94,0x46,0x4C,0x6E,0x12,0x17,0xAB,0xBB,0x7E
```

```
               .db 0xFE,0xD9,0xF9,0x76,0x71,0x5D,0xD2,0xCB,0x65,0xA7,0xCC,0x36
               .db 0x6B,0x61,0xA3,0x44,0xDD,0x42,0xB5,0xD0,0xFF,0x36,0xD4,0x84
               .db 0x90,0x1E,0x96,0x17,0xAF,0x41,0xC6,0x64,0x00,0xC5,0xB5,0x67
               .db 0x02,0x5C,0x3F,0xB8,0x17,0x89,0x15,0x2C,0x23,0x03,0xA6,0x28
               .db 0x75,0x63,0x47,0x2A,0xD2,0x1A,0xD0,0xF9,0x93,0x54,0xF3,0x3D
               .db 0x07,0x70,0xDA,0x63,0xB5,0xCF,0x2F,0x34,0x9D,0xDA,0xEF,0x8F
               .db 0x39,0xC7,0x24,0x02,0x9B,0x78,0x27,0xFE,0x13,0x18,0x28,0xFC
               .db 0x3B,0x34,0x62,0x26,0x74,0xD8,0x38,0x04,0x1F,0x59,0xA9,0x07
               .db 0x96,0x04,0xD0,0xAE,0xDB,0x23,0x9F,0x33,0x1E,0xE2,0xF1,0x3C
               .db 0xD3,0x76,0xDB,0xDE,0x27,0x23,0xDE,0xE7,0x61,0x42,0xC4,0x47
               .db 0xE3,0x56,0xE7,0x38,0xF7,0xF7,0x48,0x81,0x01,0x3B,0xED,0x1D
               .db 0x16,0x8C,0xFD,0xA1,0x1D,0x87,0xEC,0x32,0xCB,0x15,0x4B,0x28
               .db 0x75,0xD8,0xA9,0x80,0x12,0x9A,0xD0,0x63,0x78,0xD2,0xBA,0x3B
               .db 0x8F,0x7C,0xCB,0x8B,0x80,0x1A,0x08,0xA8,0xE9,0xBC,0xBF,0xE6
               .db 0x65,0xBB,0x8C,0x23,0x83,0x02,0x8F,0x57,0x84,0x8F,0xB0,0x09
               .db 0x5B,0x0C,0x3A,0x05,0xB5,0x59,0x58,0x1F,0xE7,0x40,0x62,0x21
               .db 0x24,0x52,0x6B,0xD3,0x70,0x58,0x4B,0x17,0xFA,0x9B,0x1C,0x34
               .db 0xFB,0xA3,0x15,0x5A,0x00,0x9E,0x63,0x99,0x9D,0x5F,0x82,0xE3
               .db 0x79,0x22,0x9F,0x1A,0xFF,0x81,0x3B,0x1F,0xBF,0x3A,0xB0,0xC9
               .db 0x60,0x15,0x67,0x1E,0xA8,0x40,0xEC,0x18,0x33,0xE3,0x8C,0xEC
               .db 0x0B,0x63,0xAC,0x7F,0x35,0x2B,0xFA,0x4F,0x6F,0x08,0xC1,0x1C
               .db 0xD7,0xA2,0x61,0xFC,0x19,0xE5,0xF2,0x2D,0x7F,0xF8,0xF0,0x22
               .db 0xB4,0xB4,0xCD,0x29,0x2B,0xF5,0x5A,0xFF,0xB4,0xAD,0x79,0xFF
               .db 0x9E,0xA2,0x20,0x14,0x2A,0xCE,0xF3,0x1B,0x6F,0x0D,0xA1,0x99
               .db 0x50,0xEF,0x10,0x86,0xC4,0x68,0xE7,0xB7,0x47,0x7D,0x2C,0x13
               .db 0xE3,0x3E,0xC7,0x51,0xB6,0x0C,0xD0,0x27,0xDA,0x69,0x2F,0xDA
               .db 0xF0,0xD1,0x7C,0x2A,0xC7,0xFA,0xD9,0x77,0x55,0x24,0xCA,0xEC
               .db 0x21,0xD8,0x80,0xAD,0xFC,0x02,0x25,0x00,0x5B,0x32,0x92,0xE5
               .db 0xF4,0x15,0x2F,0x2E,0xC9,0x64,0x93,0x42,0xF7,0xE4,0x94,0x1E
               .db 0xDF,0x70,0xEA,0x95,0xF8,0x54,0xB0,0xD3,0x79,0xBA,0x10,0x4D
               .db 0x21,0x90,0x05,0x10,0x93,0xB9,0x1A,0xBD,0x0A,0xC6,0x27,0xEF
               .db 0x12,0xCF,0x79,0xD7,0xF2,0xF3,0xFB,0x03,0xB7,0x21,0x33,0xFD
               .db 0x67,0xD5,0x52,0xED,0xFB,0xDA,0x77,0xA2,0x39,0x56,0x71,0x27
               .db 0x8B,0x0D,0x8B,0xDF,0xE2,0x61,0x47,0xE0,0x61,0x6D,0xD4,0x45
               .db 0xAD,0x05,0x20,0x03,0x4F,0x10,0xB7,0xB9,0xFC,0x81,0x15,0x28
               .db 0x0C,0x99,0xD6,0x8B,0xCC,0xB6,0xB2,0x10,0x43,0xCE,0xD1,0x72
               .db 0x1D,0xB3,0x9D,0xCA,0x23,0xFA,0x76,0x30,0x7F,0xE5,0xFF,0x17
               .db 0xA7,0xEB,0xA4,0x19,0x74,0x9B,0xCE,0x12,0x77,0x93,0x97,0xCA
               .db 0x97,0xF4,0x58,0x0A,0xBB,0x9D,0x06,0x0A,0x41,0x85,0xFC,0xD8
               .db 0x2D,0x0B,0x2A,0x2B,0xB2,0x68,0x73,0x25,0xBF,0x19,0x89,0x3E
               .db 0xE1,0x5D,0xB4,0x09,0x05,0xA2,0xC5,0x8E,0x15,0x62,0xF0,0x0C
               .dseg
vbdRckVers:    .byte 96*16
               .cseg
mcRckIniVers:ldi   r28,LOW(vbdRckVers)     1
             ldi   r29,HIGH(vbdRckVers)    1
```

```
                ldi   r30,LOW(2*vbcRckVers)  1
                ldi   r31,HIGH(2*vbcRckVers) 1
                ldi   r24,LOW(96*16)         1
                ldi   r25,HIGH(96*16)        1
mcRckIniVrs4:lpm   r16,Z+                 3
                st    Y+,r16                 2
                sbiw  r25:r24,1              2
                brne  mcRckIniVrs4           1/2
                ret                          4
```

Für die Entschlüsselung enthält das ROM den privaten Schlüssel und c^{-1}.

```
vbcRckEnts:   .db 0x66,0x77,0x77,0x77,0x00,0x00,0x00,0x00,0x00,0x00,0x00,0x00
              .db 0x00,0x00,0x00,0x00,0x3F,0x78,0x77,0x77,0x00,0x00,0x00,0x00
              .db 0x00,0x00,0x00,0x00,0x00,0x00,0x00,0x00,0x6B,0xF0,0xEE,0xEE
              .db 0x00,0x00,0x00,0x00,0x00,0x00,0x00,0x00,0x00,0x00,0x00,0x00
              .db 0x9F,0xE0,0xDD,0xDD,0x01,0x00,0x00,0x00,0x00,0x00,0x00,0x00
              .db 0x00,0x00,0x00,0x00,0x33,0xC1,0xBB,0xBB,0x03,0x00,0x00,0x00
              .db 0x00,0x00,0x00,0x00,0x00,0x00,0x00,0x00,0x97,0x82,0x77,0x77
              .db 0x07,0x00,0x00,0x00,0x00,0x00,0x00,0x00,0x00,0x00,0x00,0x00
              .db 0x6B,0x05,0xEF,0xEE,0x0E,0x00,0x00,0x00,0x00,0x00,0x00,0x00
              .db 0x00,0x00,0x00,0x00,0xAF,0x0A,0xDE,0xDD,0x1D,0x00,0x00,0x00
              .db 0x00,0x00,0x00,0x00,0x00,0x00,0x00,0x00,0x23,0x15,0xBC,0xBB
              .db 0x3B,0x00,0x00,0x00,0x00,0x00,0x00,0x00,0x00,0x00,0x00,0x00
              .db 0x07,0x2A,0x78,0x77,0x77,0x00,0x00,0x00,0x00,0x00,0x00,0x00
              .db 0x00,0x00,0x00,0x00,0x9B,0x54,0xF0,0xEE,0xEE,0x00,0x00,0x00
              .db 0x00,0x00,0x00,0x00,0x00,0x00,0x00,0x00,0x1F,0xA9,0xE0,0xDD
              .db 0xDD,0x01,0x00,0x00,0x00,0x00,0x00,0x00,0x00,0x00,0x00,0x00
              .db 0xD3,0x51,0xC1,0xBB,0xBB,0x03,0x00,0x00,0x00,0x00,0x00,0x00
              .db 0x00,0x00,0x00,0x00,0xF7,0xA3,0x82,0x77,0x77,0x07,0x00,0x00
              .db 0x00,0x00,0x00,0x00,0x00,0x00,0x00,0x00,0xCB,0x47,0x05,0xEF
              .db 0xEE,0x0E,0x00,0x00,0x00,0x00,0x00,0x00,0x00,0x00,0x00,0x00
              .db 0x8F,0x8F,0x0A,0xDE,0xDD,0x1D,0x00,0x00,0x00,0x00,0x00,0x00
              .db 0x00,0x00,0x00,0x00,0x83,0x1F,0x15,0xBC,0xBB,0x3B,0x00,0x00
              .db 0x00,0x00,0x00,0x00,0x00,0x00,0x00,0x00,0xE7,0x3E,0x2A,0x78
              .db 0x77,0x77,0x00,0x00,0x00,0x00,0x00,0x00,0x00,0x00,0x00,0x00
              .db 0xFB,0x7D,0x54,0xF0,0xEE,0xEE,0x00,0x00,0x00,0x00,0x00,0x00
              .db 0x00,0x00,0x00,0x00,0xFF,0xFB,0xA8,0xE0,0xDD,0xDD,0x01,0x00
              .db 0x00,0x00,0x00,0x00,0x00,0x00,0x00,0x00,0x33,0xF7,0x51,0xC1
              .db 0xBB,0xBB,0x03,0x00,0x00,0x00,0x00,0x00,0x00,0x00,0x00,0x00
              .db 0xD7,0xEE,0xA3,0x82,0x77,0x77,0x07,0x00,0x00,0x00,0x00,0x00
              .db 0x00,0x00,0x00,0x00,0x2B,0xDD,0x47,0x05,0xEF,0xEE,0x0E,0x00
              .db 0x00,0x00,0x00,0x00,0x00,0x00,0x00,0x00,0x6F,0xBA,0x8F,0x0A
              .db 0xDE,0xDD,0x1D,0x00,0x00,0x00,0x00,0x00,0x00,0x00,0x00,0x00
              .db 0xE3,0x74,0x1F,0x15,0xBC,0xBB,0x3B,0x00,0x00,0x00,0x00,0x00
              .db 0x00,0x00,0x00,0x00,0xC7,0xE9,0x3E,0x2A,0x78,0x77,0x77,0x00
              .db 0x00,0x00,0x00,0x00,0x00,0x00,0x00,0x00,0x5B,0xD3,0x7D,0x54
```

```
        .db 0xF0,0xEE,0xEE,0x00,0x00,0x00,0x00,0x00,0x00,0x00,0x00,0x00
        .db 0xDF,0xA6,0xFB,0xA8,0xE0,0xDD,0xDD,0x01,0x00,0x00,0x00,0x00
        .db 0x00,0x00,0x00,0x00,0x93,0x4D,0xF7,0x51,0xC1,0xBB,0xBB,0x03
        .db 0x00,0x00,0x00,0x00,0x00,0x00,0x00,0x00,0xB7,0x9B,0xEE,0xA3
        .db 0x82,0x77,0x77,0x07,0x00,0x00,0x00,0x00,0x00,0x00,0x00,0x00
        .db 0x8B,0x37,0xDD,0x47,0x05,0xEF,0xEE,0x0E,0x00,0x00,0x00,0x00
        .db 0x00,0x00,0x00,0x00,0x4F,0x6F,0xBA,0x8F,0x0A,0xDE,0xDD,0x1D
        .db 0x00,0x00,0x00,0x00,0x00,0x00,0x00,0x00,0x43,0xDE,0x74,0x1F
        .db 0x15,0xBC,0xBB,0x3B,0x00,0x00,0x00,0x00,0x00,0x00,0x00,0x00
        .db 0xA7,0xBC,0xE9,0x3E,0x2A,0x78,0x77,0x77,0x00,0x00,0x00,0x00
        .db 0x00,0x00,0x00,0x00,0xBB,0x78,0xD3,0x7D,0x54,0xF0,0xEE,0xEE
        .db 0x00,0x00,0x00,0x00,0x00,0x00,0x00,0x00,0xBF,0xF1,0xA6,0xFB
        .db 0xA8,0xE0,0xDD,0xDD,0x01,0x00,0x00,0x00,0x00,0x00,0x00,0x00
        .db 0xF3,0xE3,0x4D,0xF7,0x51,0xC1,0xBB,0xBB,0x03,0x00,0x00,0x00
        .db 0x00,0x00,0x00,0x00,0x97,0xC7,0x9B,0xEE,0xA3,0x82,0x77,0x77
        .db 0x07,0x00,0x00,0x00,0x00,0x00,0x00,0x00,0xEB,0x8E,0x37,0xDD
        .db 0x47,0x05,0xEF,0xEE,0x0E,0x00,0x00,0x00,0x00,0x00,0x00,0x00
        .db 0x2F,0x1E,0x6F,0xBA,0x8F,0x0A,0xDE,0xDD,0x1D,0x00,0x00,0x00
        .db 0x00,0x00,0x00,0x00,0xA3,0x3C,0xDE,0x74,0x1F,0x15,0xBC,0xBB
        .db 0x3B,0x00,0x00,0x00,0x00,0x00,0x00,0x00,0x87,0x78,0xBC,0xE9
        .db 0x3E,0x2A,0x78,0x77,0x77,0x00,0x00,0x00,0x00,0x00,0x00,0x00
        .db 0x1B,0xF1,0x78,0xD3,0x7D,0x54,0xF0,0xEE,0xEE,0x00,0x00,0x00
        .db 0x00,0x00,0x00,0x00,0x9F,0xE2,0xF1,0xA6,0xFB,0xA8,0xE0,0xDD
        .db 0xDD,0x01,0x00,0x00,0x00,0x00,0x00,0x00,0x53,0xC5,0xE3,0x4D
        .db 0xF7,0x51,0xC1,0xBB,0xBB,0x03,0x00,0x00,0x00,0x00,0x00,0x00
        .db 0x77,0x8A,0xC7,0x9B,0xEE,0xA3,0x82,0x77,0x77,0x07,0x00,0x00
        .db 0x00,0x00,0x00,0x00,0x4B,0x15,0x8F,0x37,0xDD,0x47,0x05,0xEF
        .db 0xEE,0x0E,0x00,0x00,0x00,0x00,0x00,0x00,0x0F,0x2A,0x1E,0x6F
        .db 0xBA,0x8F,0x0A,0xDE,0xDD,0x1D,0x00,0x00,0x00,0x00,0x00,0x00
        .db 0x03,0x54,0x3C,0xDE,0x74,0x1F,0x15,0xBC,0xBB,0x3B,0x00,0x00
        .db 0x00,0x00,0x00,0x00,0x67,0xA8,0x78,0xBC,0xE9,0x3E,0x2A,0x78
        .db 0x77,0x77,0x00,0x00,0x00,0x00,0x00,0x00,0x7B,0x50,0xF1,0x78
        .db 0xD3,0x7D,0x54,0xF0,0xEE,0xEE,0x00,0x00,0x00,0x00,0x00,0x00
        .db 0x7F,0xA1,0xE2,0xF1,0xA6,0xFB,0xA8,0xE0,0xDD,0xDD,0x01,0x00
        .db 0x00,0x00,0x00,0x00,0xB3,0x42,0xC5,0xE3,0x4D,0xF7,0x51,0xC1
        .db 0xBB,0xBB,0x03,0x00,0x00,0x00,0x00,0x00,0x57,0x85,0x8A,0xC7
        .db 0x9B,0xEE,0xA3,0x82,0x77,0x77,0x07,0x00,0x00,0x00,0x00,0x00
        .db 0xAB,0x0A,0x15,0x8F,0x37,0xDD,0x47,0x05,0xEF,0xEE,0x0E,0x00
        .db 0x00,0x00,0x00,0x00,0xEF,0x14,0x2A,0x1E,0x6F,0xBA,0x8F,0x0A
        .db 0xDE,0xDD,0x1D,0x00,0x00,0x00,0x00,0x00,0x63,0x2A,0x54,0x3C
        .db 0xDE,0x74,0x1F,0x15,0xBC,0xBB,0x3B,0x00,0x00,0x00,0x00,0x00
        .db 0x47,0x54,0xA8,0x78,0xBC,0xE9,0x3E,0x2A,0x78,0x77,0x77,0x00
        .db 0x00,0x00,0x00,0x00,0xDB,0xA8,0x50,0xF1,0x78,0xD3,0x7D,0x54
        .db 0xF0,0xEE,0xEE,0x00,0x00,0x00,0x00,0x00,0x5F,0x51,0xA1,0xE2
        .db 0xF1,0xA6,0xFB,0xA8,0xE0,0xDD,0xDD,0x01,0x00,0x00,0x00,0x00
        .db 0x13,0xA3,0x42,0xC5,0xE3,0x4D,0xF7,0x51,0xC1,0xBB,0xBB,0x03
```

```
        .db 0x00,0x00,0x00,0x00,0x37,0x46,0x85,0x8A,0xC7,0x9B,0xEE,0xA3
        .db 0x82,0x77,0x77,0x07,0x00,0x00,0x00,0x00,0x0B,0x8C,0x0A,0x15
        .db 0x8F,0x37,0xDD,0x47,0x05,0xEF,0xEE,0x0E,0x00,0x00,0x00,0x00
        .db 0xCF,0x18,0x15,0x2A,0x1E,0x6F,0xBA,0x8F,0x0A,0xDE,0xDD,0x1D
        .db 0x00,0x00,0x00,0x00,0xC3,0x31,0x2A,0x54,0x3C,0xDE,0x74,0x1F
        .db 0x15,0xBC,0xBB,0x3B,0x00,0x00,0x00,0x00,0x27,0x63,0x54,0xA8
        .db 0x78,0xBC,0xE9,0x3E,0x2A,0x78,0x77,0x77,0x00,0x00,0x00,0x00
        .db 0x3B,0xC6,0xA8,0x50,0xF1,0x78,0xD3,0x7D,0x54,0xF0,0xEE,0xEE
        .db 0x00,0x00,0x00,0x00,0x3F,0x8C,0x51,0xA1,0xE2,0xF1,0xA6,0xFB
        .db 0xA8,0xE0,0xDD,0xDD,0x01,0x00,0x00,0x00,0x73,0x18,0xA3,0x42
        .db 0xC5,0xE3,0x4D,0xF7,0x51,0xC1,0xBB,0xBB,0x03,0x00,0x00,0x00
        .db 0x17,0x31,0x46,0x85,0x8A,0xC7,0x9B,0xEE,0xA3,0x82,0x77,0x77
        .db 0x07,0x00,0x00,0x00,0x6B,0x62,0x8C,0x0A,0x15,0x8F,0x37,0xDD
        .db 0x47,0x05,0xEF,0xEE,0x0E,0x00,0x00,0x00,0xAF,0xC4,0x18,0x15
        .db 0x2A,0x1E,0x6F,0xBA,0x8F,0x0A,0xDE,0xDD,0x1D,0x00,0x00,0x00
        .db 0x23,0x89,0x31,0x2A,0x54,0x3C,0xDE,0x74,0x1F,0x15,0xBC,0xBB
        .db 0x3B,0x00,0x00,0x00,0x07,0x12,0x63,0x54,0xA8,0x78,0xBC,0xE9
        .db 0x3E,0x2A,0x78,0x77,0x77,0x00,0x00,0x00,0x9B,0x24,0xC6,0xA8
        .db 0x50,0xF1,0x78,0xD3,0x7D,0x54,0xF0,0xEE,0xEE,0x00,0x00,0x00
        .db 0x1F,0x49,0x8C,0x51,0xA1,0xE2,0xF1,0xA6,0xFB,0xA8,0xE0,0xDD
        .db 0xDD,0x01,0x00,0x00,0xD3,0x91,0x18,0xA3,0x42,0xC5,0xE3,0x4D
        .db 0xF7,0x51,0xC1,0xBB,0xBB,0x03,0x00,0x00,0xF7,0x23,0x31,0x46
        .db 0x85,0x8A,0xC7,0x9B,0xEE,0xA3,0x82,0x77,0x77,0x07,0x00,0x00
        .db 0xCB,0x47,0x62,0x8C,0x0A,0x15,0x8F,0x37,0xDD,0x47,0x05,0xEF
        .db 0xEE,0x0E,0x00,0x00,0x8F,0x8F,0xC4,0x18,0x15,0x2A,0x1E,0x6F
        .db 0xBA,0x8F,0x0A,0xDE,0xDD,0x1D,0x00,0x00,0x83,0x1F,0x89,0x31
        .db 0x2A,0x54,0x3C,0xDE,0x74,0x1F,0x15,0xBC,0xBB,0x3B,0x00,0x00
        .db 0xE7,0x3E,0x12,0x63,0x54,0xA8,0x78,0xBC,0xE9,0x3E,0x2A,0x78
        .db 0x77,0x77,0x00,0x00,0xFB,0x7D,0x24,0xC6,0xA8,0x50,0xF1,0x78
        .db 0xD3,0x7D,0x54,0xF0,0xEE,0xEE,0x00,0x00,0xFF,0xFB,0x48,0x8C
        .db 0x51,0xA1,0xE2,0xF1,0xA6,0xFB,0xA8,0xE0,0xDD,0xDD,0x01,0x00
        .db 0x33,0xF8,0x91,0x18,0xA3,0x42,0xC5,0xE3,0x4D,0xF7,0x51,0xC1
        .db 0xBB,0xBB,0x03,0x00,0xD7,0xEF,0x23,0x31,0x46,0x85,0x8A,0xC7
        .db 0x9B,0xEE,0xA3,0x82,0x77,0x77,0x07,0x00,0x2B,0xE0,0x47,0x62
        .db 0x8C,0x0A,0x15,0x8F,0x37,0xDD,0x47,0x05,0xEF,0xEE,0x0E,0x00
        .db 0x6F,0xC0,0x8F,0xC4,0x18,0x15,0x2A,0x1E,0x6F,0xBA,0x8F,0x0A
        .db 0xDE,0xDD,0x1D,0x00,0xE3,0x7F,0x1F,0x89,0x31,0x2A,0x54,0x3C
        .db 0xDE,0x74,0x1F,0x15,0xBC,0xBB,0x3B,0x00,0xC7,0xFF,0x3E,0x12
        .db 0x63,0x54,0xA8,0x78,0xBC,0xE9,0x3E,0x2A,0x78,0x77,0x77,0x00
        .db 0x5B,0x00,0x7E,0x24,0xC6,0xA8,0x50,0xF1,0x78,0xD3,0x7D,0x54
        .db 0xF0,0xEE,0xEE,0x00,0xDF,0x00,0xFC,0x48,0x8C,0x51,0xA1,0xE2
        .db 0xF1,0xA6,0xFB,0xA8,0xE0,0xDD,0xDD,0x01,0x93,0x01,0xF8,0x91
        .db 0x18,0xA3,0x42,0xC5,0xE3,0x4D,0xF7,0x51,0xC1,0xBB,0xBB,0x03
        .db 0xB7,0x02,0xF0,0x23,0x31,0x46,0x85,0x8A,0xC7,0x9B,0xEE,0xA3
        .db 0x82,0x77,0x77,0x07,0x8B,0x05,0xE0,0x47,0x62,0x8C,0x0A,0x15
        .db 0x8F,0x37,0xDD,0x47,0x05,0xEF,0xEE,0x0E,0x4F,0x0B,0xC0,0x8F
```

```
                .db 0xC4,0x18,0x15,0x2A,0x1E,0x6F,0xBA,0x8F,0x0A,0xDE,0xDD,0x1D
vbcRckCi:       .db 0x71,0xD2,0x23,0x47,0x17,0x00
                .dseg
vbdRckEnts:     .byte 96*16
vbdRckCi:       .byte 5
                .cseg
mcRckIniEnts:ldi    r28,LOW(vbdRckEnts)       1
             ldi    r29,HIGH(vbdRckEnts)      1
             ldi    r30,LOW(2*vbcRckEnts)     1
             ldi    r31,HIGH(2*vbcRckEnts)    1
             ldi    r24,LOW(96*16+5)          1
             ldi    r25,HIGH(96*16+5)         1
mcRckIniEnt4:lpm    r16,Z+                    3
             st     Y+,r16                    2
             sbiw   r25:r24,1                 2
             brne   mcRckIniEnt4              1/2
             ret                              4
```

Das Kopieren erfolgt bei beiden Initialisierungen mit einer Standardschleife, dabei wird das Doppelregister $\mathbf{r_{25:24}}$ als Schleifenzähler verwendet.

Es ist natürlich auch möglich, die beiden Schlüssel direkt im RAM zu erzeugen, wie es beim dsPIC geschieht, siehe Abschnitt 9.3.2. Wie man das dann benötigte Unterprogramm zur Multiplikation zweier 16-Byte-Zahlen konstruiert kann dem Abschnitt 9.3.1 entnommen werden (Unterprogramm `mcRckMul8x8m`).

9.2.2. Verschlüsselung

Die Implementierung der Verschlüsselung des Rucksackverfahrens ist nahezu trivial, ist dazu doch im Wesentlichen die Bildung einer Summe etwas größerer Zahlen zu programmieren. Wegen der für Mikrocontrollerverhältnisse doch recht großen Zahl der Summanden (nämlich 96) sollte jedoch auf Effizienz geachtet werden. Die Addition zweier Zahlen wird deshalb nicht in einer Schleife ausgeführt, und der eine immer gleiche Summand wird in einem aus Registern gebildeten Akkumulator gehalten.

Unterprogramm `mcRckVers`

Es wird der Geheimtext $g = \sum_{\nu=1}^{96} \mathsf{x}_\nu e_\nu$ eines Klartextes $\mathbf{x}$ berechnet.

Input

$\mathbf{r_{29:28}}$ Die Adresse des Klartextes $\mathbf{x}$

Output

$\mathbf{r_{16}}$–$\mathbf{r_0}$ Der Geheimtext g in den Registern $\mathbf{r_0}$ bis $\mathbf{r_{16}}$

Es werden **keine** Registerinhalte über den Aufruf des Unterprogramms hinweg erhalten.

```
mcRckVers:   ldi   r30,LOW(vbdRckVers)  1   Z ← A(e)
             ldi   r31,HIGH(vbdRckVers) 1
  Löschen des aus r0 bis r16 gebildeten Akkumulators A
             clr   r0                   1
             clr   r1                   1
             clr   r2                   1
             clr   r3                   1
             clr   r4                   1
             clr   r5                   1
             clr   r6                   1
             clr   r7                   1
             clr   r8                   1
             clr   r9                   1
             clr   r10                  1
             clr   r11                  1
             clr   r12                  1
             clr   r13                  1
             clr   r14                  1
             clr   r15                  1
             clr   r16                  1
             clr   r21                  1   r21 ← 00_16 zur Addition von Überträgen
             ldi   r17,12               1   r17 ← k̂ = 12, also k ← 12 − k̂ = 0
mcRckVers04: ld    r18,Y+               2   r18 ← x_k = (x_8k, ..., x_8k+7)
             ldi   r19,8                1   r19 ← l̂ = 8, also l ← 8 − l̂ = 0
```

```
24 mcRckVers08:lsr   r18            1    S.c ← x_{8k+l}, x_k ← (x_{8k+l+1},...,x_{8k+7},0,...,0)
25             brcc  mcRckVers0C    1/2  Falls S.c = 1: A ← A + e_{8k+l}
   Die Addition der laufenden Schlüsselkomponente e_{8k+l} zum Akkumulator A = r16:r15:···:r0
26             ldd   r20,Z+0        2
27             add   r0,r20         1
28             ldd   r20,Z+1        2
29             adc   r1,r20         1
30             ldd   r20,Z+2        2
31             adc   r2,r20         1
32             ldd   r20,Z+3        2
33             adc   r3,r20         1
34             ldd   r20,Z+4        2
35             adc   r4,r20         1
36             ldd   r20,Z+5        2
37             adc   r5,r20         1
38             ldd   r20,Z+6        2
39             adc   r6,r20         1
40             ldd   r20,Z+7        2
41             adc   r7,r20         1
42             ldd   r20,Z+8        2
43             adc   r8,r20         1
44             ldd   r20,Z+9        2
45             adc   r9,r20         1
46             ldd   r20,Z+10       2
47             adc   r10,r20        1
48             ldd   r20,Z+11       2
49             adc   r11,r20        1
50             ldd   r20,Z+12       2
51             adc   r12,r20        1
52             ldd   r20,Z+13       2
53             adc   r13,r20        1
54             ldd   r20,Z+14       2
55             adc   r14,r20        1
56             ldd   r20,Z+15       2
57             adc   r15,r20        1
58             adc   r16,r21        1
59 mcRckVers0C:adiw  r31:r30,16     2    Z ← A(e_{8k+l+1})
60             dec   r19            1    î ← î − 1, also l ← l + 1
61             brne  mcRckVers08    1/2  Falls l < 8 zum nächsten Klartextbit
62             dec   r17            1    k̂ ← k̂ − 1, also k ← k + 1
63             brne  mcRckVers04    1/2  Falls k < 12 zum nächsten Klartextbyte
64             ret                  4
```

Die 96 Bits des Klartextes können mit einem AVR-Mikrocontroller nicht bitweise verarbeitet werden, auf die Bits kann nur als Bestandteil eines Bytes zugegriffen werden. Der Klartext wird also in 12 Bitpakete der Länge 8 aufgeteilt. Folglich gibt es im Unterprogramm zwei Schleifen: Eine äußere Programmschleife mit 12 Durchgängen (Zeilen *22–63*), in welchen auf die Bytes zugegriffen wird, und eine innere Schleife mit acht Durchgängen (Zeilen *24–61*), in welchen die Bits des laufenden Bytes zur Verschlüsselung des Klartextes verwendet werden.

Der *virtuelle* Schleifenindex k der äußeren Schleife und der *virtuelle* Schleifenindex l der inneren Schleife bilden zusammen den Index $8k + l$ des laufenden Klartextbits x_{8k+l}. Beide Indizes sind virtuell, weil die real existierenden Schleifenzähler in der Registern $\mathbf{r_{17}}$ und $\mathbf{r_{19}}$ einen Anfangswert herunterzählen. In Zeile *22* wird daher das $(k + 1)$-te Byte des Klartextes in das Register $\mathbf{r_{18}}$ geladen, also das Byte

$$x_k = (\mathsf{x}_{8k}, \ldots, \mathsf{x}_{8k+7})$$

In Zeile *24* (in der inneren Schleife) wird das laufende Bit dieses Bytes in das Überlaufbit des Statusregisters geschoben, beginnend mit dem Bit 0, d.h. es wird nach rechts geshiftet. Das Statusregister enthält nach dem Shift also x_{8k+l} und in Register $\mathbf{r_{18}}$ verbleibt das Byte

$$(\mathsf{x}_{8k+l+1}, \ldots, \mathsf{x}_{8k+7}, 0, \ldots, 0)$$

Bei der Addition von e_{8k+l} zum Akkumulator **A** wird der Inhalt des die Adresse von e_{8k+l} enthaltenden Registers **Z** nicht verändert. Er wird erst angepasst, wenn die beiden von Zeile *25* ausgehenden Programmzweige wieder vereint sind. Das vermeidet die Taktanzahl erhöhende Sprünge. Ein Test bestätigte die Richtigkeit dieser Annahme.

Das Unterprogramm setzt so viele der Prozessorregister ein, daß es günstiger sein wird, das rufende Programm um die Registererhaltung besorgt sein zu lassen. Es wird daher vom Unterprogramm keinerlei Registerrettung unternommen.

Mit dem verwendeten Klartext dauert die Verschlüsselung 2487 Prozessortakte. Sind alle Bits des Klartextes gesetzt, dann werden 5463 Takte (das Maximum) benötigt.

Wenn nicht so sehr die Verschlüsselungsgeschwindigkeit sondern vielmehr der Gebrauch des RAM mininiert werden soll, kann der Schlüssel natürlich auch im ROM belassen werden. Der große Bytevektor im RAM für die Kopie des Schlüssels kann dann entfallen, mit der Folge, daß auch noch recht kleine AVR-Mikrocontroller eingesetzt werden können. Das obige Unterprogramm ist sehr leicht daraufhin zu ändern:

```
mcRckVers:  ldi    r30,LOW(2*vbcRckVers)  1    Z ← 2 * A(e) für lpm
            ldi    r31,HIGH(2*vbcRckVers) 1
   Löschen des aus r0 bis r16 gebildeten Akkumulators A
            clr    r0                     1
            clr    r1                     1
            clr    r2                     1
            clr    r3                     1
            clr    r4                     1
            clr    r5                     1
            clr    r6                     1
            clr    r7                     1
            clr    r8                     1
            clr    r9                     1
            clr    r10                    1
            clr    r11                    1
            clr    r12                    1
            clr    r13                    1
            clr    r14                    1
            clr    r15                    1
```

```
              clr   r16            1
              clr   r21            1    r21 ← 00_16 zur Addition von Überträgen
              ldi   r17,12         1    r17 ← k̂ = 12, also k ← 12 − k̂ = 0
mcRckVers04:  ld    r18,Y+         2    r18 ← x_k = (x_8k, ..., x_8k+7)
              ldi   r19,8          1    r19 ← l̂ = 8, also l ← 8 − l̂ = 0
mcRckVers08:  lsr   r18            1    S.c ← x_8k+l, x_k ← (x_8k+l+1, ..., x_8k+7, 0, ..., 0)
              brcc  mcRckVers0C    1/2  Falls S.c = 1: A ← A + e_8k+l
Die Addition der laufenden Schlüsselkomponente e_8k+l zum Akkumulator A = r16:r15:···:r0
              lpm   r20,Z+         3
              add   r0,r20         1
              lpm   r20,Z+         3
              adc   r1,r20         1
              lpm   r20,Z+         3
              adc   r2,r20         1
              lpm   r20,Z+         3
              adc   r3,r20         1
              lpm   r20,Z+         3
              adc   r4,r20         1
              lpm   r20,Z+         3
              adc   r5,r20         1
              lpm   r20,Z+         3
              adc   r6,r20         1
              lpm   r20,Z+         3
              adc   r7,r20         1
              lpm   r20,Z+         3
              adc   r8,r20         1
              lpm   r20,Z+         3
              adc   r9,r20         1
              lpm   r20,Z+         3
              adc   r10,r20        1
              lpm   r20,Z+         3
              adc   r11,r20        1
              lpm   r20,Z+         3
              adc   r12,r20        1
              lpm   r20,Z+         3
              adc   r13,r20        1
              lpm   r20,Z+         3
              adc   r14,r20        1
              lpm   r20,Z+         3
              adc   r15,r20        1
              adc   r16,r21        1
              skip                 2    Z enthält hier A(e_8k+l+1)
mcRckVers0C:  adiw  r31:r30,16     2    Z ← A(e_8k+l+1)
              dec   r19            1    l̂ ← l̂ − 1, also l ← l + 1
              brne  mcRckVers08    1/2  Falls l < 8 zum nächsten Klartextbit
              dec   r17            1    k̂ ← k̂ − 1, also k ← k + 1
```

```
64          brne    mcRckVers04         1/2  Falls k < 12 zum nächsten Klartextbyte
65          ret                         4
```

Dieses Unterprogramm unterscheidet sich nur wenig von dem vorigen. Am Anfang wird die ROM-Adresse des Schlüssels in das Register **Z** geladen, und zwar vorbereitet für den Befehl `lpm`, d.h. um eine Position nach links geshiftet.

Der Befehl `ldd` zum Zugriff auf die Schlüsselkomponenten im RAM wird durch den Befehl `lpm` zum Zugriff auf die Schlüsselkomponenten im ROM ersetzt. Allerdings muß dafür die Befehlsvariante verwendet werden, welche die „Adresse“ im Register **Z** nach dem Zugriff auf das ROM erhöht. Deshalb muß die Fortschaltung der Adresse in **Z** in Zeile *60* übersprungen werden.

Der Befehl `lpm` benötigt zu seiner Ausführung einen Prozessortakt mehr als der Befehl `ldd`. Das ergibt insgesamt für den Schlüssel des Beispiels eine Laufzeit von 3033 Takten gegenüber einer Laufzeit von 2489 Takten mit dem Schlüssel im RAM. Der Übergang vom RAM zum ROM hat daher ein Absinken der Verschlüsselungsgeschwindigkeit auf etwa 82% zur Folge.

9.2.3. Schnelle Multiplikation großer Zahlen

Zu einer Entschlüsselung mit dem Rucksackverfahren ist $\varrho_d(c^{-1}g)$ zu bestimmen (siehe Abschnitt 9.1). Im Beispiel ist c^{-1} bezüglich der Basis $\boldsymbol{\beta} = 2^8$ eine Zahl mit fünf Ziffern:

$$c^{-1} = \mathtt{17}_{16}\boldsymbol{\beta}^4 + \mathtt{47}_{16}\boldsymbol{\beta}^3 + \mathtt{23}_{16}\boldsymbol{\beta}^2 + \mathtt{D2}_{16}\boldsymbol{\beta} + \mathtt{71}_{16}$$

Die Zahl g hat bezüglich dieser Basis in der Praxis mindestens 17 Ziffern, im Beispiel in abkürzender Hexadezimalschreibweise $\mathtt{04363F5B0093900123205E08A97DB21695}_{16}$. Wegen

$$\varrho_d(c^{-1}g) = \varrho_d\big(\varrho_d(c^{-1})\varrho_d(g)\big) = \varrho_d\big(c^{-1}\varrho_d(g)\big)$$

kann die Zahl jedoch modulo d reduziert werden. Weil $d = 2^{126}$ hat $\varrho_d(g)$ höchstens 16 Ziffern zur Basis $\boldsymbol{\beta}$. Im Beispiel erhält man $\varrho_d(g) = \mathtt{363F5B0093900123205E08A97DB21695}_{16}$.

Es ist also ein Unterprogramm zu schreiben, das bezüglich der Basis $\boldsymbol{\beta}$ eine 16-ziffrige Zahl $u \in \mathbb{N}$ mit einer fünfziffrigen Zahl $v \in \mathbb{N}$ zu multiplizieren hat. Das Ergebnis ist natürlich eine 21-ziffrige Zahl $w \in \mathbb{N}$. Man hat also allgemein, mit $n+1$ Ziffern für u und $m+1$ Ziffern für v und mit $k = n+m$

$$\sum_{\nu=0}^{n} u_\nu \boldsymbol{\beta}^\nu \sum_{\mu=0}^{m} v_\mu \boldsymbol{\beta}^\mu = \sum_{\kappa=0}^{k+2} w_\kappa \boldsymbol{\beta}^\kappa \tag{$\star$}$$

Die dem Leser sicherlich bekannte traditionelle Weise der Multiplikation erfordert viele Speicherzugriffe auf die Ziffern von u, v und w. Das sind schlechte Voraussetzungen für ein für einen AVR-Mikrocontroller geschriebenes Programm, denn Speicherzugriffe erfordern bei diesen Mikrocontrollern zwei Prozessortakte, im Gegensatz zu fast allen übrigen Befehlen, die mit einem Prozessortakt auskommen (die Multiplikationsbefehle benötigen ebenfalls zwei Takte).

Das im anschließenden Unterprogramm verwendete Verfahren benötigt weit weniger Speicherzugriffe als das traditionelle Verfahren. Um zu ihm zu gelangen, werden die beiden Summen auf der linken Seite von ($\star$) ausmultipliziert und die erhalten Produkte, die zu derselben Basispotenz gehören, zusammengefasst. Man erhält damit

$$\sum_{\nu=0}^{n} u_\nu \boldsymbol{\beta}^\nu \sum_{\mu=0}^{m} v_\mu \boldsymbol{\beta}^\mu = \sum_{\kappa=0}^{k} z_\kappa \boldsymbol{\beta}^\kappa \tag{$\star\star$}$$

Die z_κ sind allerdings keine Ziffern zur Basis $\boldsymbol{\beta}$, sondern sind Summen von Produkten $u_\nu v_\mu$. Die Zahl der Summanden von z_κ schwankt zwischen 1 und $m+1$. Jeder Summand ist als ein Produkt zweier einziffriger Zahlen zur Basis $\boldsymbol{\beta}$ eine zweiziffrige Zahl zur Basis $\boldsymbol{\beta}$. Weil nun bei der Addition der Produkte ein Übertrag entstehen kann, sind die z_κ jedoch dreiziffrige Zahlen zur Basis $\boldsymbol{\beta}$:

$$z_\kappa = z_\kappa^{\langle 2\rangle}\boldsymbol{\beta}^2 + z_\kappa^{\langle 1\rangle}\boldsymbol{\beta} + z_\kappa^{\langle 0\rangle}$$

Die rechte Seite der Gleichung ($\star\star$) wird damit zu

$$\sum_{\kappa=0}^{k} z_\kappa \boldsymbol{\beta}^\kappa = \sum_{\kappa=0}^{k} \big(z_\kappa^{\langle 2\rangle}\boldsymbol{\beta}^2 + z_\kappa^{\langle 1\rangle}\boldsymbol{\beta} + z_\kappa^{\langle 0\rangle}\big)\boldsymbol{\beta}^\kappa$$

Das Gesamtprodukt wird also so erhalten, daß die z_κ addiert werden, wobei jedes z_κ um κ

Ziffernpositionen aufwärts (linkswärts) verschoben wird. Die Umsetzung wird anhand des (für die Praxis natürlich viel zu kleinen) Spezialfalles $n = 4$, $m = 3$ vorgestellt:

$$\begin{aligned}
z_0 &= u_0v_0\\
z_1 &= u_1v_0 + u_0v_1\\
z_2 &= u_2v_0 + u_1v_1 + u_0v_2\\
z_3 &= u_3v_0 + u_2v_1 + u_1v_2 + u_0v_3\\
z_4 &= u_4v_0 + u_3v_1 + u_2v_2 + u_1v_3\\
z_5 &= u_4v_1 + u_3v_2 + u_2v_3\\
z_6 &= u_4v_2 + u_3v_3\\
z_7 &= u_4v_3
\end{aligned}$$

Die z_κ werden in einem Akkumulator addiert, der drei Ziffern zur Basis $\boldsymbol{\beta}$ aufnehmen kann. Wegen $\boldsymbol{\beta} = 2^8$ besteht eine Ziffer zu dieser Basis programmtechnisch aus genau einem Byte, d.h. ein solcher Akkumulator wird aus drei Registern des Controllers zusammengesetzt. Wird angenommen, daß acht Akkumulatoren zur Verfügung stehen (was vorläufig einmal angenommen werden soll), dann kann die Zusammensetzung des Endproduktes uv wie folgt in einer Skizze veranschaulicht werden:

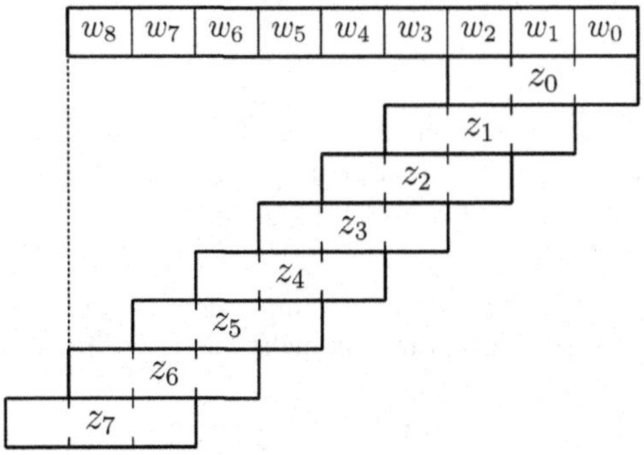

Das Produkt uv besteht aus neun Ziffern zur Basis $\boldsymbol{\beta}$, folglich gilt notwendigerweise $z_7^{\langle 2\rangle} = 0$. Diese Grenze, jenseits derer keine Überträge mehr erzeugt werden können, ist in der Skizze durch eine senkrechte gepunktete Linien markiert. Am anderen Ende hat man natürlich $z_0^{\langle 2\rangle} = 0$, weil ohne Addition kein Übertrag entstehen kann.

Man kann nun so vorgehen, daß die z_κ mit z_0 beginnend sukzessive berechnet und an passender Stelle zum entstehenden Produkt w addiert werden. Die Skizze macht deutlich, daß bei der Addition von z_κ keine Überträge über $w^{\kappa+2}$ hinaus entstehen können. Beispielsweise wird bei der Addition von z_2 kein Übertrag nach w_5 hin erzeugt, weil der Übertrag, der bei der Bildung von $z_2^{\langle 1\rangle} + z_1^{\langle 2\rangle} + w_3$ entstehen kann, zu $w_4 = 0$ hinzuaddiert wird. Das ist eine für eine Implementierung wichtige Information.

In der Praxis ist die Zahl w in den meisten Fällen zu groß, um noch vollständig in Registern Platz finden zu können. Geht man dann allerdings so vor wie eben angedeutet, dann hat man damit nicht allzu viel erreicht, denn auf jede der Ziffern (d.h. Bytes) w_κ wird mehrmals schreibend und lesend zugegriffen. Der Idealzustand wäre zweifellos dann erreicht, wenn auf jedes w_κ nur einmal schreibend zuzugreifen wäre. Dieser Idealzustand ist nun tatsächlich erreichbar. Wie man vorzugehen hat kann man erkennen, indem man von der Entwicklung

$$\sum_{\kappa=0}^{k} z_\kappa \boldsymbol{\beta}^\kappa = \sum_{\kappa=0}^{k} \big(z_\kappa^{\langle 2\rangle}\boldsymbol{\beta}^2 + z_\kappa^{\langle 1\rangle}\boldsymbol{\beta} + z_\kappa^{\langle 0\rangle}\big)\boldsymbol{\beta}^\kappa$$

die folgende Teilsumme für ein geeignetes κ

$$z_{\kappa+1}\boldsymbol{\beta}^{\kappa+1} + z_\kappa\boldsymbol{\beta}^\kappa + z_{\kappa-1}\boldsymbol{\beta}^{\kappa-1} + z_{\kappa-2}\boldsymbol{\beta}^{\kappa-2} + z_{\kappa-3}\boldsymbol{\beta}^{\kappa-3}$$

vollständig ausmultipliziert und die entstandenen Terme nach Potenzen von $\boldsymbol{\beta}$ ordnet:

$$\begin{aligned}
&z_{\kappa+1}^{\langle 2\rangle}\boldsymbol{\beta}^{\kappa+3}\\
&+ \big(z_{\kappa+1}^{\langle 1\rangle} + z_\kappa^{\langle 2\rangle}\big)\boldsymbol{\beta}^{\kappa+2}\\
&+ \big(z_{\kappa+1}^{\langle 0\rangle} + z_\kappa^{\langle 1\rangle} + z_{\kappa-1}^{\langle 2\rangle}\big)\boldsymbol{\beta}^{\kappa+1}\\
&+ \big(z_\kappa^{\langle 0\rangle} + z_{\kappa-1}^{\langle 1\rangle} + z_{\kappa-2}^{\langle 2\rangle}\big)\boldsymbol{\beta}^{\kappa}\\
&+ \big(z_{\kappa-1}^{\langle 0\rangle} + z_{\kappa-2}^{\langle 1\rangle} + z_{\kappa-3}^{\langle 2\rangle}\big)\boldsymbol{\beta}^{\kappa-1}\\
&+ \big(z_{\kappa-2}^{\langle 0\rangle} + z_{\kappa-3}^{\langle 1\rangle}\big)\boldsymbol{\beta}^{\kappa-2}\\
&+ z_{\kappa-3}^{\langle 0\rangle}\boldsymbol{\beta}^{\kappa-3}
\end{aligned}$$

Diesem Ausdruck kann abgelesen werden, wie sich die w_κ aus den z_κ zusammensetzen. Klar ist zunächst, daß z_κ nur Einfluss auf w_κ, $w_{\kappa+1}$ und $w_{\kappa+2}$ haben kann, also nur Einfluss auf die Koeffizienten von $\boldsymbol{\beta}^\kappa$, $\boldsymbol{\beta}^{\kappa+1}$ und $\boldsymbol{\beta}^{\kappa+2}$. Der Ausdruck zeigt auch wie: $z_\kappa^{\langle 1\rangle}$ ist (additiver) Bestandteil von $w_{\kappa+1}$ und $z_\kappa^{\langle 2\rangle}$ ist Bestandteil von $w_{\kappa+2}$. Und $z_\kappa^{\langle 0\rangle}$ ist natürlich Bestandteil von w_κ. Man liest weiter ab, daß Bestandteile von $z_{\kappa-1}$ und $z_{\kappa-2}$ Summanden von w_κ sind, nämlich $z_{\kappa-1}^{\langle 1\rangle}$ und $z_{\kappa-2}^{\langle 2\rangle}$. Weiter zurückliegende z_λ haben keinen Einfluss mehr auf w_κ. Für den Koeffizienten w_κ von $\boldsymbol{\beta}^\kappa$ gilt daher

$$w_\kappa = z_\kappa^{\langle 0\rangle} + z_{\kappa-1}^{\langle 1\rangle} + z_{\kappa-2}^{\langle 2\rangle} \tag{†}$$

Wie man am Anfang zu verfahren hat kann man durch die Entwicklung (d.h. das Ausmultiplizieren) des Ausdrucks $z_2\boldsymbol{\beta}^2 + z_1\boldsymbol{\beta} + z_0$ erkennen. Diese Entwicklung ist

$$\begin{aligned}
&z_2^{\langle 2\rangle}\boldsymbol{\beta}^4\\
&+ \big(z_2^{\langle 1\rangle} + z_1^{\langle 2\rangle}\big)\boldsymbol{\beta}^3\\
&+ \big(z_2^{\langle 0\rangle} + z_1^{\langle 1\rangle} + z_0^{\langle 2\rangle}\big)\boldsymbol{\beta}^2\\
&+ \big(z_1^{\langle 0\rangle} + z_0^{\langle 1\rangle}\big)\boldsymbol{\beta}\\
&+ z_0^{\langle 0\rangle}
\end{aligned}$$

Es ist also $w_0 = z_0^{\langle 0\rangle}$ und $w_1 = z_1^{\langle 0\rangle} + z_0^{\langle 1\rangle}$, womit die Startwerte für die Berechnung der w_κ gewonnen wären. Ab $\kappa = 2$ werden die w_κ dann mit der Formel (†) berechnet. Was am Ende der Rekursion, d.h. bei w_{k-1} und w_k, zu beachten ist wurde weiter oben schon erwähnt, eine

Entwicklung von $z_k\boldsymbol{\beta}^k + z_{k-1}\boldsymbol{\beta}^{k-1} + z_{k-2}\boldsymbol{\beta}^{k-2}$ ist daher nicht notwendig.

Der weiter oben vorgestellte Spezialfall $n = 4$, $m = 3$ ist einfach genug, um noch mit einer Skizze dargestellt werden zu können.

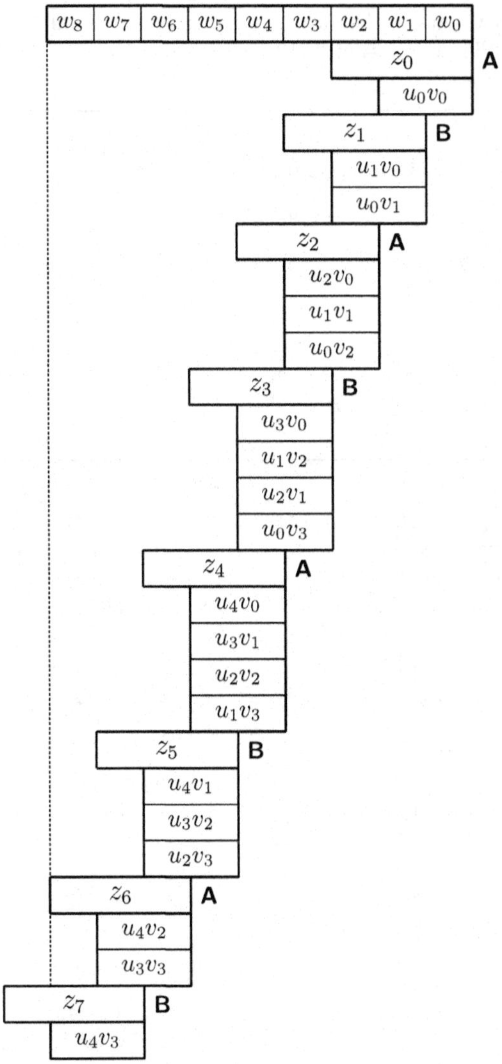

Die von einem Akkumulator aufaddierten Produkte sind unterhalb des Akkumulators eingezeichnet, und zwar in korrekter Anordnung der Ziffern zur Basis $\boldsymbol{\beta}$. Aufaddiert wird nach oben hin zum Produktvektor w, rechts oben mit z_0 beginnend. Dabei müssen z_0, z_6 und z_7 als Sonderfälle betrachtet werden. Das fällt insoweit nicht schwer, weil jedes z_κ als ein eigener Fall angesehen wird, es gibt im Unterprogramm weder Schleifen noch Sprünge! Das heißt mit anderen Worten daß jeder Befehl des Unterprogramms zur Produktbestimmung unmittelbar beiträgt, daß es keine Befehle zum Aufbau und Unterhalt einer bestimmten Programmorganisation gibt.

Nun stehen bei einem AVR-Controller natürlich keine acht Akkumulatoren für drei Ziffern zur Basis $\boldsymbol{\beta}$ zur Verfügung, denn dafür wären 24 Register bereitzustellen. Allerdings werden acht Akkumulatoren nicht wirklich benötigt, es genügen zwei, wenn diese abwechselnd eingesetzt werden. Sie sind in der Skizze mit **A** und **B** bezeichnet.

Unterprogramm `mcRckMul16x5`

Es wird das Produkt $w = \sum_{\kappa=0}^{20} w_\kappa \boldsymbol{\beta}^\kappa = \sum_{\nu=0}^{15} u_\nu \boldsymbol{\beta}^\nu \sum_{\mu=0}^{4} v_\mu \boldsymbol{\beta}^\mu = uv$ berechnet.

Input

$\mathbf{r}_{29:28}$ Die Adresse von u

$\mathbf{r}_{31:30}$ Die Adresse von v

Output

$\mathbf{r}_{27:26}$ Die Adresse von w

Es ist $\boldsymbol{\beta} = 2^8$ und $u_\nu, v_\mu, w_\kappa \in \{0,\ldots,255\}$.

Ein Makro für w_κ, $\kappa \in \{4,\ldots,15\}$, mit Akkumulator **A**

`.macro`	`s5A`		Makroparameter: $\boldsymbol{r}_\kappa$ bis $\boldsymbol{r}_{\kappa-4}$
`mul`	`@0,r9`	2	$\mathbf{r}_{1:0} \leftarrow u_\kappa v_0$
`movw`	`r3:r2,r1:r0`	1	$\mathsf{A} \leftarrow u_\kappa v_0$
`clr`	`r4`	1	
`mul`	`@1,r10`	2	$\mathbf{r}_{1:0} \leftarrow u_{\kappa-1} v_1$
`add`	`r2,r0`	1	$\mathsf{A} \leftarrow \mathsf{A} + u_{\kappa-1} v_1$
`adc`	`r3,r1`	1	
`adc`	`r4,r5`	1	
`mul`	`@2,r11`	2	$\mathbf{r}_{1:0} \leftarrow u_{\kappa-2} v_2$
`add`	`r2,r0`	1	$\mathsf{A} \leftarrow \mathsf{A} + u_{\kappa-2} v_2$
`adc`	`r3,r1`	1	
`adc`	`r4,r5`	1	
`mul`	`@3,r12`	2	$\mathbf{r}_{1:0} \leftarrow u_{\kappa-3} v_3$
`add`	`r2,r0`	1	$\mathsf{A} \leftarrow \mathsf{A} + u_{\kappa-3} v_3$
`adc`	`r3,r1`	1	
`adc`	`r4,r5`	1	
`mul`	`@4,r13`	2	$\mathbf{r}_{1:0} \leftarrow u_{\kappa-4} v_4$
`add`	`r2,r0`	1	$\mathsf{A} \leftarrow \mathsf{A} + u_{\kappa-4} v_4$, d.h. $\mathsf{A}[0] \leftarrow z_\kappa^{\langle 0\rangle}$
`adc`	`r3,r1`	1	$\mathsf{A}[1] \leftarrow z_\kappa^{\langle 1\rangle}$
`adc`	`r4,r5`	1	$\mathsf{A}[2] \leftarrow z_\kappa^{\langle 2\rangle}$
`add`	`r2,r7`	1	$\mathsf{A} \leftarrow \mathsf{A} + \mathsf{B}[1] + \mathsf{B}[2]\boldsymbol{\beta}$
`adc`	`r3,r8`	1	
`adc`	`r4,r5`	1	
`st`	`X+,r2`	2	$w_\kappa \leftarrow \mathsf{A}[0]$

25	`.endm`		

Ein Makro für w_κ, $\kappa \in \{4, \ldots, 15\}$, mit Akkumulator **B**

26	`.macro s5B`		Makroparameter: r_κ bis $r_{\kappa-4}$
27	`mul  @0,r9`	2	$r_{1:0} \leftarrow u_\kappa v_0$
28	`movw r7:r6,r1:r0`	1	$\mathbf{B} \leftarrow u_\kappa v_0$
29	`clr  r8`	1	
30	`mul  @1,r10`	2	$r_{1:0} \leftarrow u_{\kappa-1} v_1$
31	`add  r6,r0`	1	$\mathbf{B} \leftarrow \mathbf{B} + u_{\kappa-1} v_1$
32	`adc  r7,r1`	1	
33	`adc  r8,r5`	1	
34	`mul  @2,r11`	2	$r_{1:0} \leftarrow u_{\kappa-2} v_2$
35	`add  r6,r0`	1	$\mathbf{B} \leftarrow \mathbf{B} + u_{\kappa-2} v_2$
36	`adc  r7,r1`	1	
37	`adc  r8,r5`	1	
38	`mul  @3,r12`	2	$r_{1:0} \leftarrow u_{\kappa-3} v_3$
39	`add  r6,r0`	1	$\mathbf{B} \leftarrow \mathbf{B} + u_{\kappa-3} v_3$
40	`adc  r7,r1`	1	
41	`adc  r8,r5`	1	
42	`mul  @4,r13`	2	$r_{1:0} \leftarrow u_{\kappa-4} v_4$
43	`add  r6,r0`	1	$\mathbf{B} \leftarrow \mathbf{B} + u_{\kappa-4} v_4$, d.h. $\mathbf{B}[0] \leftarrow z_\kappa^{\langle 0 \rangle}$
44	`adc  r7,r1`	1	$\mathbf{B}[1] \leftarrow z_\kappa^{\langle 1 \rangle}$
45	`adc  r8,r5`	1	$\mathbf{B}[2] \leftarrow z_\kappa^{\langle 2 \rangle}$
46	`add  r6,r3`	1	$\mathbf{B} \leftarrow \mathbf{B} + \mathbf{A}[1] + \mathbf{A}[2]\beta$
47	`adc  r7,r4`	1	
48	`adc  r8,r5`	1	
49	`st   X+,r6`	2	$w_\kappa \leftarrow \mathbf{B}[0]$
50	`.endm`		

Der Einsprung in das Unterprogramm

51	`mcRckMul16x5:`		

Laden von v_0 bis v_4 in die Register r_9 bis r_{13}, $r_5 \leftarrow 00_{16}$ zur Übertragsaddition

52	`ldd  r9,Z+0`	2	$r_9 \leftarrow v_0$
53	`ldd  r10,Z+1`	2	$r_{10} \leftarrow v_1$
54	`ldd  r11,Z+2`	2	$r_{11} \leftarrow v_2$
55	`ldd  r12,Z+3`	2	$r_{12} \leftarrow v_3$
56	`ldd  r13,Z+4`	2	$r_{13} \leftarrow v_4$
57	`ldd  r16,Y+0`	2	$r_{16} \leftarrow u_0$
58	`ldd  r17,Y+1`	2	$r_{17} \leftarrow u_1$
59	`ldd  r18,Y+2`	2	$r_{18} \leftarrow u_2$
60	`ldd  r19,Y+3`	2	$r_{19} \leftarrow u_3$
61	`ldd  r20,Y+4`	2	$r_{20} \leftarrow u_4$
62	`ldd  r21,Y+5`	2	$r_{21} \leftarrow u_5$
63	`ldd  r22,Y+6`	2	$r_{22} \leftarrow u_6$
64	`ldd  r23,Y+7`	2	$r_{23} \leftarrow u_7$
65	`ldd  r24,Y+8`	2	$r_{24} \leftarrow u_8$
66	`ldd  r25,Y+9`	2	$r_{25} \leftarrow u_9$
67	`clr  r5`	1	$r_5 \leftarrow 00_{16}$

Die Berechnung von w_0

68	mul	r16,r9	2	$\mathbf{r}_{1:0} \leftarrow u_0 v_0$
69	st	X+,r0	2	$w_0 \leftarrow z_0^{\langle 0 \rangle} = (u_0 v_0)^{\perp}$
70	mov	r3,r1	1	$\mathbf{A}[1] \leftarrow z_0^{\langle 1 \rangle} = (u_0 v_0)^{\top}$
71	clr	r4	1	$\mathbf{A}[2] \leftarrow 00_{16} = z_0^{\langle 2 \rangle}$

Die Berechnung von w_1

72	mul	r17,r9	2	$\mathbf{r}_{1:0} \leftarrow u_1 v_0$
73	movw	r7:r6,r1:r0	1	$\mathbf{B} \leftarrow u_0 v_0$
74	clr	r8	1	
75	mul.	r16,r10	2	$\mathbf{r}_{1:0} \leftarrow u_0 v_1$
76	add	r6,r0	1	$\mathbf{B} \leftarrow \mathbf{B} + u_0 v_1$, d.h. $\mathbf{B}[0] \leftarrow z_1^{\langle 0 \rangle}$
77	adc	r7,r1	1	$\mathbf{B}[1] \leftarrow z_1^{\langle 1 \rangle}$
78	adc	r8,r5	1	$\mathbf{B}[2] \leftarrow z_1^{\langle 2 \rangle}$
79	add	r6,r3	1	$\mathbf{B} \leftarrow \mathbf{B} + \mathbf{A}[1] + \mathbf{A}[2]\beta$
80	adc	r7,r4	1	
81	adc	r8,r5	1	
82	st	X+,r6	2	$w_1 \leftarrow \mathbf{B}[0]$

Die Berechnung von w_2

83	mul	r18,r9	2	$\mathbf{r}_{1:0} \leftarrow u_2 v_0$
84	movw	r3:r2,r1:r0	1	$\mathbf{A} \leftarrow u_2 v_0$
85	clr	r4	1	
86	mul	r17,r10	2	$\mathbf{r}_{1:0} \leftarrow u_1 v_1$
87	add	r2,r0	1	$\mathbf{A} \leftarrow \mathbf{A} + u_1 v_1$
88	adc	r3,r1	1	
89	adc	r4,r5	1	
90	mul	r16,r11	2	$\mathbf{r}_{1:0} \leftarrow u_0 v_2$
91	add	r2,r0	1	$\mathbf{A} \leftarrow \mathbf{A} + u_0 v_2$, d.h. $\mathbf{A}[0] \leftarrow z_2^{\langle 0 \rangle}$
92	adc	r3,r1	1	$\mathbf{A}[1] \leftarrow z_2^{\langle 1 \rangle}$
93	adc	r4,r5	1	$\mathbf{A}[2] \leftarrow z_2^{\langle 2 \rangle}$
94	add	r2,r7	1	$\mathbf{A} \leftarrow \mathbf{A} + \mathbf{B}[1] + \mathbf{B}[2]\beta$
95	adc	r3,r8	1	
96	adc	r4,r5	1	
97	st	X+,r2	2	$w_2 \leftarrow \mathbf{A}[0]$

Die Berechnung von w_3

98	mul	r19,r9	2	$\mathbf{r}_{1:0} \leftarrow u_3 v_0$
99	movw	r7:r6,r1:r0	1	$\mathbf{B} \leftarrow u_3 v_0$
100	clr	r8	1	
101	mul	r18,r10	2	$\mathbf{r}_{1:0} \leftarrow u_2 v_1$
102	add	r6,r0	1	$\mathbf{B} \leftarrow \mathbf{B} + u_2 v_1$
103	adc	r7,r1	1	
104	adc	r8,r5	1	
105	mul	r17,r11	2	$\mathbf{r}_{1:0} \leftarrow u_1 v_2$
106	add	r6,r0	1	$\mathbf{B} \leftarrow \mathbf{B} + u_1 v_2$
107	adc	r7,r1	1	
108	adc	r8,r5	1	
109	mul	r16,r12	2	$\mathbf{r}_{1:0} \leftarrow u_0 v_3$

add	r6,r0	1	$\mathsf{B} \leftarrow \mathsf{B} + u_0 v_3$, d.h. $\mathsf{B}[0] \leftarrow z_3^{\langle 0 \rangle}$
adc	r7,r1	1	$\mathsf{B}[1] \leftarrow z_3^{\langle 1 \rangle}$
adc	r8,r5	1	$\mathsf{B}[2] \leftarrow z_3^{\langle 2 \rangle}$
add	r6,r3	1	$\mathsf{B} \leftarrow \mathsf{B} + \mathsf{A}[1] + \mathsf{A}[2]\boldsymbol{\beta}$
adc	r7,r4	1	
adc	r8,r5	1	
st	X+,r6	2	$w_3 \leftarrow \mathsf{B}[0]$

Die Berechnung von w_4 bis w_{15}

s5A	r20,r19,r18,r17,r16	29	
s5B	r21,r20,r19,r18,r17	29	
s5A	r22,r21,r20,r19,r18	29	
s5B	r23,r22,r21,r20,r19	29	
s5A	r24,r23,r22,r21,r20	29	
s5B	r25,r24,r23,r22,r21	29	
ldd	r16,Y+10	2	$\mathbf{r_{16}} \leftarrow u_{10}$
ldd	r17,Y+11	2	$\mathbf{r_{17}} \leftarrow u_{11}$
ldd	r18,Y+12	2	$\mathbf{r_{18}} \leftarrow u_{12}$
ldd	r19,Y+13	2	$\mathbf{r_{19}} \leftarrow u_{13}$
ldd	r20,Y+14	2	$\mathbf{r_{20}} \leftarrow u_{14}$
ldd	r21,Y+15	2	$\mathbf{r_{21}} \leftarrow u_{15}$
s5A	r16,r25,r24,r23,r22	29	
s5B	r17,r16,r25,r24,r23	29	
s5A	r18,r17,r16,r25,r24	29	
s5B	r19,r18,r17,r16,r25	29	
s5A	r20,r19,r18,r17,r16	29	
s5B	r21,r20,r19,r18,r17	29	

Die Berechnung von w_{16}

mul	r21,r10	2	$\mathbf{r_{1:0}} \leftarrow u_{15} v_1$
movw	r3:r2,r1:r0	1	$\mathsf{A} \leftarrow u_{15} v_1$
clr	r4	1	
mul	r20,r11	2	$\mathbf{r_{1:0}} \leftarrow u_{14} v_2$
add	r2,r0	1	$\mathsf{A} \leftarrow \mathsf{A} + u_{14} v_2$
adc	r3,r1	1	
adc	r4,r5	1	
mul	r19,r12	2	$\mathbf{r_{1:0}} \leftarrow u_{13} v_3$
add	r2,r0	1	$\mathsf{A} \leftarrow \mathsf{A} + u_{13} v_3$
adc	r3,r1	1	
adc	r4,r5	1	
mul	r18,r13	2	$\mathbf{r_{1:0}} \leftarrow u_{12} v_4$
add	r2,r0	1	$\mathsf{A} \leftarrow \mathsf{A} + u_{12} v_4$, d.h. $\mathsf{A}[0] \leftarrow z_{16}^{\langle 0 \rangle}$
adc	r3,r1	1	$\mathsf{A}[1] \leftarrow z_{16}^{\langle 1 \rangle}$
adc	r4,r5	1	$\mathsf{A}[2] \leftarrow z_{16}^{\langle 2 \rangle}$
add	r2,r7	1	$\mathsf{A} \leftarrow \mathsf{A} + \mathsf{B}[1] + \mathsf{B}[2]\boldsymbol{\beta}$
adc	r3,r8	1	
adc	r4,r5	1	
st	X+,r2	2	$w_{16} \leftarrow \mathsf{A}[0]$

	Die Berechnung von w_{17}			
154	`mul`	`r21,r11`	2	$\mathbf{r}_{1:0} \leftarrow u_{15}v_2$
155	`movw`	`r7:r6,r1:r0`	1	$\mathsf{B} \leftarrow u_{15}v_2$
156	`clr`	`r8`	1	
157	`mul`	`r20,r12`	2	$\mathbf{r}_{1:0} \leftarrow u_{14}v_3$
158	`add`	`r6,r0`	1	$\mathsf{B} \leftarrow \mathsf{B} + u_{14}v_3$
159	`adc`	`r7,r1`	1	
160	`adc`	`r8,r5`	1	
161	`mul`	`r19,r13`	2	$\mathbf{r}_{1:0} \leftarrow u_{13}v_4$
162	`add`	`r6,r0`	1	$\mathsf{B} \leftarrow \mathsf{B} + u_{13}v_4$, d.h. $\mathsf{B}[0] \leftarrow z_{17}^{\langle 0\rangle}$
163	`adc`	`r7,r1`	1	$\mathsf{B}[1] \leftarrow z_{17}^{\langle 1\rangle}$
164	`adc`	`r8,r5`	1	$\mathsf{B}[2] \leftarrow z_{17}^{\langle 2\rangle}$
165	`add`	`r6,r3`	1	$\mathsf{B} \leftarrow \mathsf{B} + \mathsf{A}[1] + \mathsf{A}[2]\beta$
166	`adc`	`r7,r4`	1	
167	`adc`	`r8,r5`	1	
168	`st`	`X+,r6`	2	$w_{17} \leftarrow \mathsf{B}[0]$
	Die Berechnung von w_{18}			
169	`mul`	`r21,r12`	2	$\mathbf{r}_{1:0} \leftarrow u_{15}v_3$
170	`movw`	`r3:r2,r1:r0`	1	$\mathsf{A} \leftarrow u_{15}v_3$
171	`clr`	`r4`	1	
172	`mul`	`r20,r13`	2	$\mathbf{r}_{1:0} \leftarrow u_{14}v_4$
173	`add`	`r2,r0`	1	$\mathsf{A} \leftarrow \mathsf{A} + u_{14}v_4$, d.h. $\mathsf{A}[0] \leftarrow z_{18}^{\langle 0\rangle}$
174	`adc`	`r3,r1`	1	$\mathsf{A}[1] \leftarrow z_{18}^{\langle 1\rangle}$
175	`adc`	`r4,r5`	1	$\mathsf{A}[2] \leftarrow z_{18}^{\langle 2\rangle}$
176	`add`	`r2,r7`	1	$\mathsf{A} \leftarrow \mathsf{A} + \mathsf{B}[1] + \mathsf{B}[2]\beta$
177	`adc`	`r3,r8`	1	
178	`adc`	`r4,r5`	1	
179	`st`	`X+,r2`	2	$w_{18} \leftarrow \mathsf{A}[0]$
	Die Berechnung von w_{19}			
180	`mul`	`r21,r13`	1	$\mathbf{r}_{1:0} \leftarrow u_{15}v_4$
181	`movw`	`r7:r6,r1:r0`	1	$\mathsf{B} \leftarrow u_{15}v_4$
182	`clr`	`r8`	1	
183	`add`	`r6,r3`	1	$\mathsf{B} \leftarrow \mathsf{B} + \mathsf{A}[1] + \mathsf{A}[2]\beta$
184	`adc`	`r7,r4`	1	
185	`st`	`X+,r6`	2	$w_{19} \leftarrow \mathsf{B}[0]$
	Die Berechnung von w_{20}			
186	`st`	`X+,r7`	2	$w_{20} \leftarrow \mathsf{B}[1]$
	Restauration von **X** und Rücksprung			
187	`sbiw`	`r27:r26,21`	2	
188	`ret`		4	

Der Einsprung in das Unterprogramm erfolgt in Zeile *51*. Die beiden Makros in den Zeilen *1–50* dienen nur dazu, den Programmtext nicht ausufern zu lassen, der von ihnen erzeugte Code unterscheidet sich nicht von den übrigen Codeabschnitten des Unterprogramms.

Das Unterprogramm verwendet die Register $\mathbf{r_0}$ bis $\mathbf{r_{13}}$ und $\mathbf{r_{16}}$ bis $\mathbf{r_{21}}$. Weil sicher nicht die Werte all dieser Register über den Unterprogrammaufruf hinweg erhalten werden müssen, werden überhaupt keine Registerwerte restauriert (von den Adressregistern abgesehen). Das rufende Programm muß daher selbst für die Registererhaltung sorgen. Diese Vorgehensweise empfiehlt sich auch schon deshalb, weil das Unterprogramm gar nicht für den Allgemeingebrauch gedacht ist, sondern auf einen speziellen Aufruf hin zugeschnitten ist.

Die z_κ sind hier bei $n = 15$ und $m = 4$ folgendermaßen aus Summen von Produkten von u_ν und v_μ zusammengesetzt:

$$
\begin{aligned}
z_0 &= u_0v_0\\
z_1 &= u_1v_0 + u_0v_1\\
z_2 &= u_2v_0 + u_1v_1 + u_0v_2\\
z_3 &= u_3v_0 + u_2v_1 + u_1v_2 + u_0v_3\\
z_4 &= u_4v_0 + u_3v_1 + u_2v_2 + u_1v_3 + u_0v_4\\
z_5 &= u_5v_0 + u_4v_1 + u_3v_2 + u_2v_3 + u_1v_4\\
z_6 &= u_6v_0 + u_5v_1 + u_4v_2 + u_3v_3 + u_2v_4\\
z_7 &= u_7v_0 + u_6v_1 + u_5v_2 + u_4v_3 + u_3v_4\\
z_8 &= u_8v_0 + u_7v_1 + u_6v_2 + u_5v_3 + u_4v_4\\
z_9 &= u_9v_0 + u_8v_1 + u_7v_2 + u_6v_3 + u_5v_4\\
z_{10} &= u_{10}v_0 + u_9v_1 + u_8v_2 + u_7v_3 + u_6v_4\\
z_{11} &= u_{11}v_0 + u_{10}v_1 + u_9v_2 + u_8v_3 + u_7v_4\\
z_{12} &= u_{12}v_0 + u_{11}v_1 + u_{10}v_2 + u_9v_3 + u_8v_4\\
z_{13} &= u_{13}v_0 + u_{12}v_1 + u_{11}v_2 + u_{10}v_3 + u_9v_4\\
z_{14} &= u_{14}v_0 + u_{13}v_1 + u_{12}v_2 + u_{11}v_3 + u_{10}v_4\\
z_{15} &= u_{15}v_0 + u_{14}v_1 + u_{13}v_2 + u_{12}v_3 + u_{13}v_4\\
z_{16} &= u_{15}v_1 + u_{14}v_2 + u_{13}v_3 + u_{12}v_4\\
z_{17} &= u_{15}v_2 + u_{14}v_3 + u_{13}v_4\\
z_{18} &= u_{15}v_3 + u_{14}v_4\\
z_{19} &= u_{15}v_4
\end{aligned}
$$

Die Zeilen des Schemas werden in der angegebenen Reihenfolgt unmittelbar in Codeabschnitte übertragen. Die u_ν werden dabei in ihrer natürlichen Reihenfolge eingesetzt, d.h. von $\nu = 0$ an aufzählend, das erleichtert die Verwendung von Registern für die u_ν (Zeilen *57–66* und Zeilen *123–128*). Bei geradem κ wird der Akkumulator $\mathsf{A} = \mathbf{r_{4:3:2}}$ benutzt, bei ungeradem κ der Akkumulator $\mathsf{B} = \mathbf{r_{8:7:6}}$.

Die Codeabschnitte für die z_κ unterscheiden sich nur durch die Anzahl und Auswahl der Produkte $u_\nu v_\mu$, es genügt deshalb, einen solchen Codeabschnitt zu erläutern, etwa den für z_2 ab Zeile *83*.

In den Zeilen *83–85* wird der Akkumulator **A** mit dem Produkt u_2v_0 geladen. Anschließend wird das Produkt u_1v_1 (Zeilen *86–89*) und dann auch das Produkt u_0v_2 (Zeilen *90–93*) hinzuaddiert. Danach enthält der Akkumulator z_2. Insbesondere enthält $\mathbf{r_2}$ also w_2. Gemäß Formel (†) werden in den Zeilen *94–96* noch $z^{\langle 1\rangle}_{\kappa-1}$ und $z^{\langle 2\rangle}_{\kappa-2}$ hinzuaddiert, die sich noch von der Berechnung von z_1 her im Akkumulator **B** befinden. Schließlich wird in der letzten Zeile des Codeabschnittes w_2 in den Produktvektor geschrieben.

Die Laufzeit des Unterprogramms beträgt 709 Takte, Ein- und Rücksprung mitgezählt.

Das Unterprogramm ist auf den speziellen Fall $n = 15$, $m = 4$ zugeschnitten, damit konnte es extensiv optimiert werden. Eine Anpassung an andere Fälle ist dennoch recht einfach. Es ist auch nicht schwierig, das Unterprogramm für allgemeineren Gebrauch umzugestalten. Allerdings müßten dafür einige Optimierungen zurückgenommen werden. Das hier verwendete Implementierungsschema steht einer allgemeinen Verwendung jedenfalls nicht entgegen.

9.2.4. Entschlüsselung

Bei der Verschlüsselung gab es wenig Möglichkeiten zur Optimierung, weil im Wesentlichen nur Additionen durchzuführen waren. Bei der Entschlüsselung hat man jedoch zwischen zwei Möglichkeiten der Implementierung zu wählen, die zu drastisch verschiedenen Laufzeiten führen. Es geht darum, die beiden Zahlen

$$h = \sum_{\kappa=0}^{15} h_\kappa \boldsymbol{\beta}^\kappa \quad \text{und} \quad \boldsymbol{k}_\nu = \sum_{\kappa=0}^{15} k_\kappa^{\langle\nu\rangle} \boldsymbol{\beta}^\kappa$$

zu vergleichen und die Differenz $h - \boldsymbol{k}_\nu$ zu bilden, falls sich $h \geq \boldsymbol{k}_\nu$ ergeben hat. Dabei ist $\boldsymbol{\beta} = 2^8$ und $h_\kappa, k_\kappa^{\langle\nu\rangle} \in \{0, \ldots, \boldsymbol{\beta} - 1\}$, d.h. h und $\boldsymbol{k}_\nu$ sind mit Ziffern zur Basis $\boldsymbol{\beta}$ gegeben.

Die eine Implementierungsmöglichkeit besteht darin, zu versuchen, direkt die Differenz

$$q = h - \boldsymbol{k}_\nu = \sum_{\kappa=0}^{15} q_\kappa \boldsymbol{\beta}^\kappa$$

zu berechnen. Man rechnet wie folgt. Gilt $h_0 \geq k_0^{\langle\nu\rangle}$, dann ist $q_0 = h_0 - k_0^{\langle\nu\rangle}$ mit einem Übertrag $u = 0$. Bei $h_0 < k_0^{\langle\nu\rangle}$ hat man $q_0 = \boldsymbol{\beta} + h_0 - k_0^{\langle\nu\rangle}$ mit einem Übertrag $u = -1$. Gilt weiter $h_1 - k_1^{\langle\nu\rangle} + u \geq 0$, dann ist $q_1 = h_1 - k_1^{\langle\nu\rangle} + u$ mit dem Übertrag $u = 0$, andernfalls ist hier $q_1 = \boldsymbol{\beta} + h_1 - k_1^{\langle\nu\rangle} + u$ mit dem Übertrag $u = -1$. Man fährt so fort bis zur Bestimmung von q_{15}. Erhält man dabei einen Übertrag $u = 0$, dann gilt $h \geq \boldsymbol{k}_\nu$ und es ist $q = h - \boldsymbol{k}_\nu$. Ergibt sich jedoch der Übertrag $u = -1$, dann ist $h < \boldsymbol{k}_\nu$, d.h. die Bildung der Differenz ist nicht erlaubt. Wird bei der Implementierung h durch die Subtraktion verändert, etwa weil h mit der versuchten Differenz $h - \boldsymbol{k}_\nu$ überschrieben wurde, dann ist der vorige Wert von h zu rekonstruieren.

Die andere Möglichkeit besteht natürlich darin, zu testen, ob $h \geq \boldsymbol{k}_\nu$ gilt und nur dann zu subtrahieren, wenn die Ungleichung erfüllt ist. Man nutzt dazu die folgende Eigenschaft eines Ziffernsystems zu einer Basis $\boldsymbol{\beta}$:

> Für $u = \sum_{\nu=0}^{n} u_\nu \boldsymbol{\beta}^\nu$ und $v = \sum_{\nu=0}^{n} v_\nu \boldsymbol{\beta}^\nu$ mit $u_\nu, v_\nu \in \{0, \ldots, \boldsymbol{\beta} - 1\}$ gilt
>
> $$u_n < v_n \implies u < v$$
>
> Um $u < v$ zu testen genügt es also, die höchste Ziffer von u mit der höchsten Ziffer von v zu vergleichen.

Aus $v_n - u_n > 0$ folgt wegen der Ganzzahligkeit $v_n - u_n \geq 1$ und daraus $v_n \boldsymbol{\beta}^n - u_n \boldsymbol{\beta}^n \geq \boldsymbol{\beta}^n$. Weil die u_ν und v_ν Ziffern zur Basis $\boldsymbol{\beta}$ sind hat man

$$\tilde{u} = \sum_{\nu=0}^{n-1} u_\nu \boldsymbol{\beta}^\nu < \boldsymbol{\beta}^n \quad \text{und} \quad \tilde{v} = \sum_{\nu=0}^{n-1} v_\nu \boldsymbol{\beta}^\nu < \boldsymbol{\beta}^n$$

und daher $|\tilde{v} - \tilde{u}| < \boldsymbol{\beta}^n$. Zusammen mit $v_n \boldsymbol{\beta}^n - u_n \boldsymbol{\beta}^n \geq \boldsymbol{\beta}^n$ folgt daraus die Behauptung:

$$v - u = v_n \boldsymbol{\beta}^n - u_n \boldsymbol{\beta}^n + \tilde{v} - \tilde{u} > 0$$

Zum Testen von $h \geq \boldsymbol{k}_\nu$ beginnt man daher mit h_{15} und $k_{15}^{\langle\nu\rangle}$. Denn gilt $h_{15} < k_{15}^{\langle\nu\rangle}$, dann ist schon $h < \boldsymbol{k}_\nu$, und ist $h_{15} > k_{15}^{\langle\nu\rangle}$, dann ist bereits $h > \boldsymbol{k}_\nu$. Gilt jedoch $h_{15} = k_{15}^{\langle\nu\rangle}$, dann wird h_{14} mit $k_{14}^{\langle\nu\rangle}$ verglichen. Im allerschlimmsten Fall muß h_0 mit $k_0^{\langle\nu\rangle}$ verglichen werden. Betrachtet man nun die Zahlen des Schlüssels aus Abschnitt 9.2.1, dann kann man zu der Vermutung gelangen, daß mit einiger Wahrscheinlichkeit bereits $h_{15} \neq k_{15}^{\langle\nu\rangle}$ gilt. Die Wahrscheinlichkeit, daß $h_{14} \neq k_{14}^{\langle\nu\rangle}$ auf $h_{15} = k_{15}^{\langle\nu\rangle}$ folgt dürfte noch größer sein. Der Vergleich ist daher schneller beendet als die Subtraktion. Folglich sollte nicht die Subtraktion $h - \boldsymbol{k}_\nu$ ausgeführt sondern $h \geq \boldsymbol{k}_\nu$ getestet werden. Wie sich später herausstellen wird, ist diese Vermutung richtig! Die folgende Implementierung der Entschlüsselung verwendet jedoch zunächst die Subtraktionsmethode.

Unterprogramm `mcRckEnts`

Es wird der Klartext (Bitvektor) $\mathsf{x} = (\mathsf{x}_1, \ldots, \mathsf{x}_{96})$ eines Geheimtextes $g = \sum_{m=1}^{96} \mathsf{x}_m \boldsymbol{e}_m$ berechnet, und zwar ist $\mathsf{x} = \sum_{\kappa=0}^{11} x_\kappa \boldsymbol{\beta}^\kappa$ und $g = \sum_{k=0}^{16} g_k \boldsymbol{\beta}^k$, mit $\boldsymbol{\beta} = 2^8$ und $x_\kappa, g_k \in \{0, \ldots, \boldsymbol{\beta} - 1\}$.

Input

$\mathbf{r}_{29:28}$ Die Adresse eines Geheimtextes g

Output

$\mathbf{r}_{27:26}$ Die Adresse des Klartextes x

Es werden **keine** Registerinhalte über den Aufruf des Unterprogramms hinweg erhalten.

```
                .dseg
vbdRckEntsP:    .byte   21                                    Produktvektor p
                .cseg
Hier der Einsprung in das Unterprogramm
mcRckEnts:      ldd     r16,Y+15                   2          g ← ϱ_d(g)
                push3   r26,r27,r16                3×2
                andi    r16,0b00111111             1
                std     Y+15,r16                   2
Die Berechnung von ϱ_d(g)c^-1
                ldi     r30,LOW(vbdRckCi)          1          Z ← A(c^-1)
                ldi     r31,HIGH(vbdRckCi)         1
                ldi     r26,LOW(vbdRckEntsP)       1          X ← A(p)
                ldi     r27,HIGH(vbdRckEntsP)      1
                rcall   mcRckMul16x5               3+         p ← ϱ_d(g)c^-1
                pop     r16                        2          g restaurieren
                std     Y+15,r16                   2
r15 : r14 : ··· : r0 ← h = ϱ_d(ϱ_d(g)c^-1) = ϱ_d(ϱ_d(g)ϱ_d(c^-1)) = ϱ_d(gc^-1)
                ldi     r30,0x00                   1          Z ← A(r0)
                ldi     r31,0x00                   1
                ldi     r16,16                     1          r16 ← k̃ = (16 − k) = 16, d.h. k ← 0
mcRckEnts04:    ld      r17,X+                     2          r17 ← p_k
                st      Z+,r17                     2          rk ← p_k
```

	`dec`	`r16`	1	$k \leftarrow k+1$
	`brne`	`mcRckEnts04`	1/2	Falls $k < 15$ zum Schleifenanfang
	`ldi`	`r16,0b00111111`	1	$d = 2^{126} = 2^{6+120}$
	`and`	`r15,r16`	1	also $\mathbf{r_{15}} : \cdots : \mathbf{r_0} \leftarrow \varrho_d(\varrho_d(g)c^{-1})$
	`pop2`	`r27,r26`	2×2	$\mathbf{X}$ restaurieren
	`adiw`	`r27:r26,12`	2	

Die Schleife zur Bestimmung der Bits x_m, $m = 1 + 8\kappa + \lambda$, $\kappa \in \{0, \ldots, 11\}$ und $\lambda \in \{0, \ldots, 7\}$

	`ldi`	`r30,LOW(vbdRckEnts+16*95)`	1	$\mathbf{Z} \leftarrow \mathcal{A}(\boldsymbol{k}_{96})$
	`ldi`	`r31,HIGH(vbdRckEnts+16*95)`	1	
	`clr`	`r20`	1	Zur Übertragsaddition
	`ldi`	`r16,12`	1	$\mathbf{r_{16}} \leftarrow 12 = \kappa + 1$, d.h. $\kappa \leftarrow 11$

Der Beginn der äußeren Schleife

`mcRckEnts08:`	`ldi`	`r17,0b10000000`	1	$\mathbf{r_{17}} \leftarrow b = 2^7$, d.h. $\lambda \leftarrow 7$
	`clr`	`r19`	1	$\mathbf{r_{19}} \leftarrow x_\kappa = 0$

Die Subtraktion $h \leftarrow h - \boldsymbol{k}_m$ und Beginn der inneren Schleife zur Bestimmung der Bits von x_κ

`mcRckEnts0C:`	`ldd`	`r18,Z+0`	2	$\mathbf{r_{18}} \leftarrow h_0 - k_0^{\langle m\rangle}$
	`sub`	`r0,r18`	1	$u \leftarrow h_0 - k_0^{\langle m\rangle}$, $h_0 \leftarrow \varrho_\beta(u)$, $t \leftarrow \left\lfloor \frac{u}{\beta} \right\rfloor$
	`ldd`	`r18,Z+1`	2	$\mathbf{r_{18}} \leftarrow h_1 - k_1^{\langle m\rangle}$
	`sbc`	`r1,r18`	1	$u \leftarrow h_1 - k_1^{\langle m\rangle} + t$, $h_1 \leftarrow \varrho_\beta(u)$, $t \leftarrow \left\lfloor \frac{u}{\beta} \right\rfloor$
	`ldd`	`r18,Z+2`	2	$\mathbf{r_{18}} \leftarrow h_2 - k_2^{\langle m\rangle}$
	`sbc`	`r2,r18`	1	$u \leftarrow h_2 - k_2^{\langle m\rangle} + t$, $h_2 \leftarrow \varrho_\beta(u)$, $t \leftarrow \left\lfloor \frac{u}{\beta} \right\rfloor$
	`ldd`	`r18,Z+3`	2	$\mathbf{r_{18}} \leftarrow h_3 - k_3^{\langle m\rangle}$
	`sbc`	`r3,r18`	1	$u \leftarrow h_3 - k_3^{\langle m\rangle} + t$, $h_3 \leftarrow \varrho_\beta(u)$, $t \leftarrow \left\lfloor \frac{u}{\beta} \right\rfloor$
	`ldd`	`r18,Z+4`	2	$\mathbf{r_{18}} \leftarrow h_4 - k_4^{\langle m\rangle}$
	`sbc`	`r4,r18`	1	$u \leftarrow h_4 - k_4^{\langle m\rangle} + t$, $h_4 \leftarrow \varrho_\beta(u)$, $t \leftarrow \left\lfloor \frac{u}{\beta} \right\rfloor$
	`ldd`	`r18,Z+5`	2	$\mathbf{r_{18}} \leftarrow h_5 - k_5^{\langle m\rangle}$
	`sbc`	`r5,r18`	1	$u \leftarrow h_5 - k_5^{\langle m\rangle} + t$, $h_5 \leftarrow \varrho_\beta(u)$, $t \leftarrow \left\lfloor \frac{u}{\beta} \right\rfloor$
	`ldd`	`r18,Z+6`	2	$\mathbf{r_{18}} \leftarrow h_6 - k_6^{\langle m\rangle}$
	`sbc`	`r6,r18`	1	$u \leftarrow h_6 - k_6^{\langle m\rangle} + t$, $h_6 \leftarrow \varrho_\beta(u)$, $t \leftarrow \left\lfloor \frac{u}{\beta} \right\rfloor$
	`ldd`	`r18,Z+7`	2	$\mathbf{r_{18}} \leftarrow h_7 - k_7^{\langle m\rangle}$
	`sbc`	`r7,r18`	1	$u \leftarrow h_7 - k_7^{\langle m\rangle} + t$, $h_7 \leftarrow \varrho_\beta(u)$, $t \leftarrow \left\lfloor \frac{u}{\beta} \right\rfloor$
	`ldd`	`r18,Z+8`	2	$\mathbf{r_{18}} \leftarrow h_8 - k_8^{\langle m\rangle}$
	`sbc`	`r8,r18`	1	$u \leftarrow h_8 - k_8^{\langle m\rangle} + t$, $h_8 \leftarrow \varrho_\beta(u)$, $t \leftarrow \left\lfloor \frac{u}{\beta} \right\rfloor$
	`ldd`	`r18,Z+9`	2	$\mathbf{r_{18}} \leftarrow h_9 - k_9^{\langle m\rangle}$
	`sbc`	`r9,r18`	1	$u \leftarrow h_9 - k_9^{\langle m\rangle} + t$, $h_9 \leftarrow \varrho_\beta(u)$, $t \leftarrow \left\lfloor \frac{u}{\beta} \right\rfloor$
	`ldd`	`r18,Z+10`	2	$\mathbf{r_{18}} \leftarrow h_{10} - k_{10}^{\langle m\rangle}$
	`sbc`	`r10,r18`	1	$u \leftarrow h_{10} - k_{10}^{\langle m\rangle} + t$, $h_{10} \leftarrow \varrho_\beta(u)$, $t \leftarrow \left\lfloor \frac{u}{\beta} \right\rfloor$
	`ldd`	`r18,Z+11`	2	$\mathbf{r_{18}} \leftarrow h_{11} - k_{11}^{\langle m\rangle}$
	`sbc`	`r11,r18`	1	$u \leftarrow h_{11} - k_{11}^{\langle m\rangle} + t$, $h_{11} \leftarrow \varrho_\beta(u)$, $t \leftarrow \left\lfloor \frac{u}{\beta} \right\rfloor$
	`ldd`	`r18,Z+12`	2	$\mathbf{r_{18}} \leftarrow h_{12} - k_{12}^{\langle m\rangle}$
	`sbc`	`r12,r18`	1	$u \leftarrow h_{12} - k_{12}^{\langle m\rangle} + t$, $h_{12} \leftarrow \varrho_\beta(u)$, $t \leftarrow \left\lfloor \frac{u}{\beta} \right\rfloor$
	`ldd`	`r18,Z+13`	2	$\mathbf{r_{18}} \leftarrow h_{13} - k_{13}^{\langle m\rangle}$
	`sbc`	`r13,r18`	1	$u \leftarrow h_{13} - k_{13}^{\langle m\rangle} + t$, $h_{13} \leftarrow \varrho_\beta(u)$, $t \leftarrow \left\lfloor \frac{u}{\beta} \right\rfloor$
	`ldd`	`r18,Z+14`	2	$\mathbf{r_{18}} \leftarrow h_{14} - k_{14}^{\langle m\rangle}$
	`sbc`	`r14,r18`	1	$u \leftarrow h_{14} - k_{14}^{\langle m\rangle} + t$, $h_{14} \leftarrow \varrho_\beta(u)$, $t \leftarrow \left\lfloor \frac{u}{\beta} \right\rfloor$

62		ldd	r18,Z+15	**2** $r_{18} \leftarrow h_{15} - k_{15}^{\langle m \rangle}$
63		sbc	r15,r18	**1** $u \leftarrow h_{15} - k_{15}^{\langle m \rangle} + t,\ h_{15} \leftarrow \varrho_\beta(u),\ t \leftarrow \left\lfloor \frac{u}{\beta} \right\rfloor$
64		brcc	mcRckEnts10	**1/2** Falls kein Übertrag: $x_m = 1$

Bei Übertrag $x_m = 0$, Rückaddition $h \leftarrow h + \boldsymbol{k}_m$

65		ldd	r18,Z+0	**2** $r_{18} \leftarrow k_0^{\langle m \rangle}$
66		add	r0,r18	**1** $u \leftarrow h_0 + k_0^{\langle m \rangle},\ h_0 \leftarrow u^\perp,\ t \leftarrow u^\top$
67		ldd	r18,Z+1	**2** $r_{18} \leftarrow k_1^{\langle m \rangle}$
68		adc	r1,r18	**1** $u \leftarrow h_1 + k_0^{\langle m \rangle} + t,\ h_1 \leftarrow u^\perp,\ t \leftarrow u^\top$
69		ldd	r18,Z+2	**2** $r_{18} \leftarrow k_2^{\langle m \rangle}$
70		adc	r2,r18	**1** $u \leftarrow h_2 + k_0^{\langle m \rangle} + t,\ h_2 \leftarrow u^\perp,\ t \leftarrow u^\top$
71		ldd	r18,Z+3	**2** $r_{18} \leftarrow k_3^{\langle m \rangle}$
72		adc	r3,r18	**1** $u \leftarrow h_3 + k_0^{\langle m \rangle} + t,\ h_3 \leftarrow u^\perp,\ t \leftarrow u^\top$
73		ldd	r18,Z+4	**2** $r_{18} \leftarrow k_4^{\langle m \rangle}$
74		adc	r4,r18	**1** $u \leftarrow h_4 + k_0^{\langle m \rangle} + t,\ h_4 \leftarrow u^\perp,\ t \leftarrow u^\top$
75		ldd	r18,Z+5	**2** $r_{18} \leftarrow k_5^{\langle m \rangle}$
76		adc	r5,r18	**1** $u \leftarrow h_5 + k_0^{\langle m \rangle} + t,\ h_5 \leftarrow u^\perp,\ t \leftarrow u^\top$
77		ldd	r18,Z+6	**2** $r_{18} \leftarrow k_6^{\langle m \rangle}$
78		adc	r6,r18	**1** $u \leftarrow h_6 + k_0^{\langle m \rangle} + t,\ h_6 \leftarrow u^\perp,\ t \leftarrow u^\top$
79		ldd	r18,Z+7	**2** $r_{18} \leftarrow k_7^{\langle m \rangle}$
80		adc	r7,r18	**1** $u \leftarrow h_7 + k_0^{\langle m \rangle} + t,\ h_7 \leftarrow u^\perp,\ t \leftarrow u^\top$
81		ldd	r18,Z+8	**2** $r_{18} \leftarrow k_8^{\langle m \rangle}$
82		adc	r8,r18	**1** $u \leftarrow h_8 + k_0^{\langle m \rangle} + t,\ h_8 \leftarrow u^\perp,\ t \leftarrow u^\top$
83		ldd	r18,Z+9	**2** $r_{18} \leftarrow k_9^{\langle m \rangle}$
84		adc	r9,r18	**1** $u \leftarrow h_9 + k_0^{\langle m \rangle} + t,\ h_9 \leftarrow u^\perp,\ t \leftarrow u^\top$
85		ldd	r18,Z+10	**2** $r_{18} \leftarrow k_{10}^{\langle m \rangle}$
86		adc	r10,r18	**1** $u \leftarrow h_{10} + k_0^{\langle m \rangle} + t,\ h_{10} \leftarrow u^\perp,\ t \leftarrow u^\top$
87		ldd	r18,Z+11	**2** $r_{18} \leftarrow k_{11}^{\langle m \rangle}$
88		adc	r11,r18	**1** $u \leftarrow h_{11} + k_0^{\langle m \rangle} + t,\ h_{11} \leftarrow u^\perp,\ t \leftarrow u^\top$
89		ldd	r18,Z+12	**2** $r_{18} \leftarrow k_{12}^{\langle m \rangle}$
90		adc	r12,r18	**1** $u \leftarrow h_{12} + k_0^{\langle m \rangle} + t,\ h_{12} \leftarrow u^\perp,\ t \leftarrow u^\top$
91		ldd	r18,Z+13	**2** $r_{18} \leftarrow k_{13}^{\langle m \rangle}$
92		adc	r13,r18	**1** $u \leftarrow h_{13} + k_0^{\langle m \rangle} + t,\ h_{13} \leftarrow u^\perp,\ t \leftarrow u^\top$
93		ldd	r18,Z+14	**2** $r_{18} \leftarrow k_{14}^{\langle m \rangle}$
94		adc	r14,r18	**1** $u \leftarrow h_{14} + k_0^{\langle m \rangle} + t,\ h_{14} \leftarrow u^\perp,\ t \leftarrow u^\top$
95		ldd	r18,Z+15	**2** $r_{18} \leftarrow k_{15}^{\langle m \rangle}$
96		adc	r15,r18	**1** $u \leftarrow h_{15} + k_0^{\langle m \rangle} + t,\ h_{15} \leftarrow u^\perp$
97		rjmp	mcRckEnts14	**2** Das Setzen von x_m überspringen
98	mcRckEnts10:	or	r19,r17	**1** $x_\kappa \leftarrow x_\kappa + 2^\lambda$, d.h. $x_m \leftarrow 1$
99	mcRckEnts14:	sbiw	r31:r30,16	**2** $Z \leftarrow \mathcal{A}(\boldsymbol{k}_{m-1})$
100		lsr	r17	**1** $\lambda \leftarrow \lambda - 1,\ b \leftarrow 2^\lambda$
101		cpse	r17,r20	**1/2** $b = 1/2?$, d.h. $\lambda = -1?$
102		rjmp	mcRckEnts0C	**2** Falls $\lambda \geq 0$: $x_{1+8\kappa+\lambda}$ bestimmen

Hier jenseits der inneren Schleife

103		st	-X,r19	**2** x_κ speichern, $X \leftarrow \mathcal{A}(x_{\kappa-1})$
104		dec	r16	**1** $\kappa \leftarrow \kappa - 1$
105		cpse	r16,r20	**1/2** Falls $\kappa \geq 0$:

```
106          rjmp   mcRckEnts08          2    Bits von xκ bestimmen
      Hier jenseits der äußeren Schleife
107          ret                         4
```

Das Verfahren wäre recht einfach als Programmcode zu realisieren, wenn auf den Bitvektor $\mathtt{x} = (\mathtt{x}_1, \ldots, \mathtt{x}_{96})$ als solcher zugegriffen werden könnte. Tatsächlich muß auf ihn als Bytevektor $\boldsymbol{x} = (x_0, \ldots, x_{11})$ zugegriffen werden, d.h. der Bitvektor wird als eine im Ziffernsystem zur Basis $\boldsymbol{\beta} = 2^8$ dargestellte natürliche Zahl $\sum_{\kappa=0}^{11} x_\kappa \boldsymbol{\beta}^\kappa$ interpretiert. Und zwar ist

$$x_0 = \mathtt{x}_8 2^7 + \cdots + \mathtt{x}_1 \quad x_1 = \mathtt{x}_{16} 2^7 + \cdots + \mathtt{x}_2 \quad \text{bis} \quad x_{11} = \mathtt{x}_{96} 2^7 + \cdots + \mathtt{x}_{89}$$

Man sieht, wie die Bits in x_κ gesetzt werden können. Für $\kappa = 1$ beispielsweise setzt man $x_1 = 0$. Soll dann das Bit $\mathtt{x}_{16}$ gesetzt werden, wird $x_1 \leftarrow x_1 + 2^7$ ausgeführt.

Die x_κ werden in der inneren Schleife in den Zeilen *32–102* berechnet. Die Zweierpotenzen werden in Register $\mathbf{r_{17}}$ bereit gehalten, der Anfangswert 80_{16} entspricht dabei 2^7. Nach jedem Durchlauf der inneren Schleife wird $\mathbf{r_{17}}$ rechtsgeshiftet. Dieser Shift wird auch dazu benutzt, festzustellen, wann die Schleife verlassen werden muß, nämlich genau dann, wenn das Bit in $\mathbf{r_{17}}$ ganz aus $\mathbf{r_{17}}$ hinausgeschoben wird. Der Test, ob $\mathbf{r_{17}}$ den Wert 00_{16} enthält und der Rücksprung an den Schleifenanfang werden mit den Befehlen `cpse` und `rjmp` realisiert, weil der Schleifenanfang für den bedingten Sprungbefehl `breq` zu weit entfernt ist.

Auch der Schleifenanfang der äußeren Schleife (Zeilen *30–106*) ist für einen bedingten Sprungbefehl am Schleifenende zu weit entfernt, weshalb auch hier die Befehle `cpse` und `rjmp` verwendet werden.

Die Berechnung von $\varrho_d(gc^{-1})$ erfolgt in zwei Phasen, dabei wird von $\varrho_d(gc^{-1}) = \varrho_d\big((\varrho_d(g)\varrho_d(c^{-1})\big)$ Gebrauch gemacht (zu den Eigenschaften der Restefunktion ϱ_d siehe Abschnitt A.1), wobei natürlich $\varrho_d(c^{-1}) = c^{-1}$ wegen $c^{-1} \in \mathbb{Z}_d$.

- Der Geheimtext g ist ein Bytevektor der Länge 17, d.h. er hat in der Zahlendarstellung zur Basis $\boldsymbol{\beta}$ die Ziffern g_0 bis g_{16}. Um zur Berechnung von $\varrho_d(gc^{-1})$ das Unterprogramm aus Abschnitt 9.2.3 verwenden zu können, das nur 16-ziffrige Zahlen multplizieren kann, wird g zunächst modulo d reduziert, d.h. es wird $\varrho_d(g)$ gebildet. Das ist wegen $d = 2^{126}$ besonders einfach: Die Ziffer g_{16} ist zu ignorieren und die beiden oberen Bits in g_{15} sind zu löschen. Das Löschen findet in den Zeilen *4–7* statt, das Ignorieren ist automatisch, weil das Multiplikationunterprogramm in Zeile *12* nur die Ziffern g_0 bis g_{15} verwendet.
- Nach dem Aufruf des Unterprogramms enthält die Variable $\boldsymbol{p}$ das Produkt $\varrho_d(g)c^{-1}$. Es ist jetzt $\varrho_d\big(\varrho_d(g)c^{-1}\big)$ zu berechnen. Das wird so erreicht, daß zum einen nur die unteren 16 Bytes des Produktes aus Zeile *12* in die Register $\mathbf{r_0}$ bis $\mathbf{r_{15}}$ kopiert werden (Zeilen *15–21*), und zum anderen die beiden oberen Bit der 16ten Ziffer des Produktes (d.h. des Inhaltes von $\mathbf{r_{15}}$) gelöscht werden (Zeilen *22–23*).

Wie das Verschlüsselungsprogramm verwendet auch das Entschlüsselungsprogramm eine große Zahl von Registern des Prozessors, weshalb hier ebenfalls keine Rettung von Registerinhalten über den Unterprogrammaufruf hinweg stattfindet. Eventuell notwendige Rettungsaktionen sind vom rufenden Programm vorzunehmen.

Das Unterprogramm benötigt zur Entschlüsselung des oben als Beispiel gewählten Klartextes $\mathtt{x} = \mathtt{1112131415161718191A1B1C}_{16}$ mit Ein- und Rücksprung 9212 Prozessortakte.

Es folgt nun eine Version des Entschlüsselungsunterprogramms, die mit der oben beschriebenen Vergleichsmethode arbeitet, bei welcher $h \leftarrow h - \boldsymbol{k}_m$ nur dann berechnet wird, wenn feststeht, daß $h \geq \boldsymbol{k}_m$ gilt. Weil das Testen dieser Bedingung mit großer Wahrscheinlichkeit weniger Aufwand erfordert als die gesamte Subtraktion, kann einerseit ein schnelleres Unterprogramm erwartet werden. Andererseits sind viele (bedingte) Sprünge nötig, die vermutlich für ein längeres und komplizierteres Unterprogramm sorgen. Tatsächlich trifft beides zu.

	`.dseg`			
`vbdRckEntsP:`	`.byte`	`21`		Produktvektor $\boldsymbol{p}$
	`.cseg`			

Hier der Einsprung in das Unterprogramm

`mcRckEnts:`	`ldd`	`r16,Y+15`	2	$g \leftarrow \boldsymbol{\varrho}_d(g)$
	`push3`	`r26,r27,r16`	3×2	
	`andi`	`r16,0b00111111`	1	
	`std`	`Y+15,r16`	2	

Die Berechnung von $\boldsymbol{\varrho}_d(g)c^{-1}$

	`ldi`	`r30,LOW(vbdRckCi)`	1	$\mathbf{Z} \leftarrow \mathcal{A}(c^{-1})$
	`ldi`	`r31,HIGH(vbdRckCi)`	1	
	`ldi`	`r26,LOW(vbdRckEntsP)`	1	$\mathbf{X} \leftarrow \mathcal{A}(\boldsymbol{p})$
	`ldi`	`r27,HIGH(vbdRckEntsP)`	1	
	`rcall`	`mcRckMul16x5`	3+	$\boldsymbol{p} \leftarrow \boldsymbol{\varrho}_d(g)c^{-1}$
	`pop`	`r16`	2	g restaurieren
	`std`	`Y+15,r16`	2	

$\mathbf{r_{15}} : \mathbf{r_{14}} : \cdots : \mathbf{r_0} \leftarrow h = \boldsymbol{\varrho}_d(\boldsymbol{\varrho}_d(g)c^{-1}) = \boldsymbol{\varrho}_d(\boldsymbol{\varrho}_d(g)\boldsymbol{\varrho}_d(c^{-1})) = \boldsymbol{\varrho}_d(gc^{-1})$

	`ldi`	`r30,0x00`	1	$\mathbf{Z} \leftarrow \mathcal{A}(\mathbf{r_0})$
	`ldi`	`r31,0x00`	1	
	`ldi`	`r16,16`	1	$\mathbf{r_{16}} \leftarrow \tilde{k} = (16 - k) = 16$, d.h. $k \leftarrow 0$
`mcRckEnts04:`	`ld`	`r17,X+`	2	$\mathbf{r_{17}} \leftarrow p_k$
	`st`	`Z+,r17`	2	$\mathbf{r_k} \leftarrow p_k$
	`dec`	`r16`	1	$k \leftarrow k + 1$
	`brne`	`mcRckEnts04`	1/2	Falls $k < 15$ zum Schleifenanfang
	`ldi`	`r16,0b00111111`	1	$d = 2^{126} = 2^{6+120}$
	`and`	`r15,r16`	1	also $\mathbf{r_{15}} : \cdots : \mathbf{r_0} \leftarrow \boldsymbol{\varrho}_d(\boldsymbol{\varrho}_d(g)c^{-1})$
	`pop2`	`r27,r26`	2×2	$\mathbf{X}$ restaurieren
	`adiw`	`r27:r26,12`	2	

Die Schleife zur Bestimmung der Bits x_m, $m = 1 + 8\kappa + \lambda$, $\kappa \in \{0, \ldots, 11\}$ und $\lambda \in \{0, \ldots, 7\}$

	`ldi`	`r30,LOW(vbdRckEnts+16*95)`	1	$\mathbf{Z} \leftarrow \mathcal{A}(\boldsymbol{k}_{96})$
	`ldi`	`r31,HIGH(vbdRckEnts+16*95)`	1	
	`clr`	`r20`	1	Zur Übertragsaddition
	`ldi`	`r16,12`	1	$\mathbf{r_{16}} \leftarrow 12 = \kappa + 1$, d.h. $\kappa \leftarrow 11$

Der Beginn der äußeren Schleife

`mcRckEnts08:`	`ldi`	`r17,0b10000000`	1	$\mathbf{r_{17}} \leftarrow b = 2^7$, d.h. $\lambda \leftarrow 7$
	`clr`	`r19`	1	$\mathbf{r_{19}} \leftarrow x_\kappa = 0$

Beginn der inneren Schleife zur Bestimmung der Bits von x_κ

`mcRckEnts0C:`	`ldd`	`r18,Z+15`	2	$\mathbf{r_{18}} \leftarrow k_{15}^{\langle m \rangle}$
	`cp`	`r15,r18`	1	$h_{15} < k_{15}^{\langle m \rangle}$?
	`brlo`	`mcRckEnts14`	1/2	Falls $h_{15} < k_{15}^{\langle m \rangle}$: $\mathsf{x}_m = 0$
	`brne`	`mcRckEnts10`	1/2	Falls $h_{15} > k_{15}^{\langle m \rangle}$: $h \leftarrow h - k_{15}^{\langle m \rangle}$
	`ldd`	`r18,Z+14`	2	$\mathbf{r_{18}} \leftarrow k_{14}^{\langle m \rangle}$
	`cp`	`r14,r18`	1	$h_{14} < k_{14}^{\langle m \rangle}$?
	`brlo`	`mcRckEnts14`	1/2	Falls $h_{14} < k_{14}^{\langle m \rangle}$: $\mathsf{x}_m = 0$
	`brne`	`mcRckEnts10`	1/2	Falls $h_{14} > k_{14}^{\langle m \rangle}$: $h \leftarrow h - k_{14}^{\langle m \rangle}$
	`ldd`	`r18,Z+13`	2	$\mathbf{r_{18}} \leftarrow k_{13}^{\langle m \rangle}$

41		cp	r13,r18	**1**	$h_{13} < k_{13}^{\langle m\rangle}$?
42		brlo	mcRckEnts14	**1/2**	Falls $h_{13} < k_{13}^{\langle m\rangle}$: $\mathsf{x}_m = 0$
43		brne	mcRckEnts10	**1/2**	Falls $h_{13} > k_{13}^{\langle m\rangle}$: $h \leftarrow h - k_{13}^{\langle m\rangle}$
44		rjmp	mcRckEnts18	**2**	Zu den übrigen Vergleichen

Die Subtraktion $h \leftarrow h - \boldsymbol{k}_m$

45	mcRckEnts10:	ldd	r18,Z+0	**2**	$\mathbf{r_{18}} \leftarrow k_0^{\langle m\rangle}$
46		sub	r0,r18	**1**	$u \leftarrow h_0 - k_0^{\langle m\rangle}$, $h_0 \leftarrow \varrho_{\boldsymbol\beta}(u)$, $t \leftarrow \lfloor u/\boldsymbol\beta\rfloor$
47		ldd	r18,Z+1	**2**	$\mathbf{r_{18}} \leftarrow k_1^{\langle m\rangle}$
48		sbc	r1,r18	**1**	$u \leftarrow h_1 - k_1^{\langle m\rangle} + t$, $h_1 \leftarrow \varrho_{\boldsymbol\beta}(u)$, $t \leftarrow \lfloor u/\boldsymbol\beta\rfloor$
49		ldd	r18,Z+2	**2**	$\mathbf{r_{18}} \leftarrow k_2^{\langle m\rangle}$
50		sbc	r2,r18	**1**	$u \leftarrow h_2 - k_2^{\langle m\rangle} + t$, $h_2 \leftarrow \varrho_{\boldsymbol\beta}(u)$, $t \leftarrow \lfloor u/\boldsymbol\beta\rfloor$
51		ldd	r18,Z+3	**2**	$\mathbf{r_{18}} \leftarrow k_3^{\langle m\rangle}$
52		sbc	r3,r18	**1**	$u \leftarrow h_3 - k_3^{\langle m\rangle} + t$, $h_3 \leftarrow \varrho_{\boldsymbol\beta}(u)$, $t \leftarrow \lfloor u/\boldsymbol\beta\rfloor$
53		ldd	r18,Z+4	**2**	$\mathbf{r_{18}} \leftarrow k_4^{\langle m\rangle}$
54		sbc	r4,r18	**1**	$u \leftarrow h_4 - k_4^{\langle m\rangle} + t$, $h_4 \leftarrow \varrho_{\boldsymbol\beta}(u)$, $t \leftarrow \lfloor u/\boldsymbol\beta\rfloor$
55		ldd	r18,Z+5	**2**	$\mathbf{r_{18}} \leftarrow k_5^{\langle m\rangle}$
56		sbc	r5,r18	**1**	$u \leftarrow h_5 - k_5^{\langle m\rangle} + t$, $h_5 \leftarrow \varrho_{\boldsymbol\beta}(u)$, $t \leftarrow \lfloor u/\boldsymbol\beta\rfloor$
57		ldd	r18,Z+6	**2**	$\mathbf{r_{18}} \leftarrow k_6^{\langle m\rangle}$
58		sbc	r6,r18	**1**	$u \leftarrow h_6 - k_6^{\langle m\rangle} + t$, $h_6 \leftarrow \varrho_{\boldsymbol\beta}(u)$, $t \leftarrow \lfloor u/\boldsymbol\beta\rfloor$
59		ldd	r18,Z+7	**2**	$\mathbf{r_{18}} \leftarrow k_7^{\langle m\rangle}$
60		sbc	r7,r18	**1**	$u \leftarrow h_7 - k_7^{\langle m\rangle} + t$, $h_7 \leftarrow \varrho_{\boldsymbol\beta}(u)$, $t \leftarrow \lfloor u/\boldsymbol\beta\rfloor$
61		ldd	r18,Z+8	**2**	$\mathbf{r_{18}} \leftarrow k_8^{\langle m\rangle}$
62		sbc	r8,r18	**1**	$u \leftarrow h_8 - k_8^{\langle m\rangle} + t$, $h_8 \leftarrow \varrho_{\boldsymbol\beta}(u)$, $t \leftarrow \lfloor u/\boldsymbol\beta\rfloor$
63		ldd	r18,Z+9	**2**	$\mathbf{r_{18}} \leftarrow k_9^{\langle m\rangle}$
64		sbc	r9,r18	**1**	$u \leftarrow h_9 - k_9^{\langle m\rangle} + t$, $h_9 \leftarrow \varrho_{\boldsymbol\beta}(u)$, $t \leftarrow \lfloor u/\boldsymbol\beta\rfloor$
65		ldd	r18,Z+10	**2**	$\mathbf{r_{18}} \leftarrow k_{10}^{\langle m\rangle}$
66		sbc	r10,r18	**1**	$u \leftarrow h_{10} - k_{10}^{\langle m\rangle} + t$, $h_{10} \leftarrow \varrho_{\boldsymbol\beta}(u)$, $t \leftarrow \lfloor u/\boldsymbol\beta\rfloor$
67		ldd	r18,Z+11	**2**	$\mathbf{r_{18}} \leftarrow k_{11}^{\langle m\rangle}$
68		sbc	r11,r18	**1**	$u \leftarrow h_{11} - k_{11}^{\langle m\rangle} + t$, $h_{11} \leftarrow \varrho_{\boldsymbol\beta}(u)$, $t \leftarrow \lfloor u/\boldsymbol\beta\rfloor$
69		ldd	r18,Z+12	**2**	$\mathbf{r_{18}} \leftarrow k_{12}^{\langle m\rangle}$
70		sbc	r12,r18	**1**	$u \leftarrow h_{12} - k_{12}^{\langle m\rangle} + t$, $h_{12} \leftarrow \varrho_{\boldsymbol\beta}(u)$, $t \leftarrow \lfloor u/\boldsymbol\beta\rfloor$
71		ldd	r18,Z+13	**2**	$\mathbf{r_{18}} \leftarrow k_{13}^{\langle m\rangle}$
72		sbc	r13,r18	**1**	$u \leftarrow h_{13} - k_{13}^{\langle m\rangle} + t$, $h_{13} \leftarrow \varrho_{\boldsymbol\beta}(u)$, $t \leftarrow \lfloor u/\boldsymbol\beta\rfloor$
73		ldd	r18,Z+14	**2**	$\mathbf{r_{18}} \leftarrow k_{14}^{\langle m\rangle}$
74		sbc	r14,r18	**1**	$u \leftarrow h_{14} - k_{14}^{\langle m\rangle} + t$, $h_{14} \leftarrow \varrho_{\boldsymbol\beta}(u)$, $t \leftarrow \lfloor u/\boldsymbol\beta\rfloor$
75		ldd	r18,Z+15	**2**	$\mathbf{r_{18}} \leftarrow k_{15}^{\langle m\rangle}$
76		sbc	r15,r18	**1**	$u \leftarrow h_{15} - k_{15}^{\langle m\rangle} + t$, $h_{15} \leftarrow \varrho_{\boldsymbol\beta}(u)$
77		or	r19,r17	**1**	$x_\kappa \leftarrow x_\kappa + 2^\lambda$, d.h. $\mathsf{x}_m \leftarrow 1$

In der inneren Schleife Übergang zum nächsten Bit von x_κ

78	mcRckEnts14:	sbiw	r31:r30,16	**2**	$\mathbf{Z} \leftarrow \mathcal{A}(\boldsymbol{k}_{m-1})$
79		lsr	r17	**1**	$\lambda \leftarrow \lambda - 1$, $b \leftarrow 2^\lambda$
80		cpse	r17,r20	**1/2**	$b = 1/2$?, d.h. $\lambda = -1$?
81		rjmp	mcRckEnts0C	**2**	Falls $\lambda \geq 0$: $\mathsf{x}_{1+8\kappa+\lambda}$ bestimmen

Hier jenseits der inneren Schleife

82		st	-X,r19	**2**	x_κ speichern, $\mathbf{X} \leftarrow \mathcal{A}(x_{\kappa-1})$
83		dec	r16	**1**	$\kappa \leftarrow \kappa - 1$

84		cpse	r16,r20	1/2 Falls $\kappa \geq 0$:
85		rjmp	mcRckEnts08	2 Bits von x_κ bestimmen

Hier jenseits der äußeren Schleife

86		ret		4

Vergleiche von h_{12} mit $k_{12}^{\langle m \rangle}$ bis h_0 mit $k_0^{\langle m \rangle}$

87	mcRckEnts18:	ldd	r18,Z+12	2 $\mathbf{r_{18}} \leftarrow k_{12}^{\langle m \rangle}$
88		cp	r12,r18	1 $h_{12} < k_{12}^{\langle m \rangle}$?
89		brlo	mcRckEnts14	1/2 Falls $h_{12} < k_{12}^{\langle m \rangle}$: $\mathsf{x}_m = 0$
90		brne	mcRckEnts10	1/2 Falls $h_{12} > k_{12}^{\langle m \rangle}$: $h \leftarrow h - \boldsymbol{k}_m$
91		ldd	r18,Z+11	2 $\mathbf{r_{18}} \leftarrow k_{11}^{\langle m \rangle}$
92		cp	r11,r18	1 $h_{11} < k_{11}^{\langle m \rangle}$?
93		brlo	mcRckEnts14	1/2 Falls $h_{11} < k_{11}^{\langle m \rangle}$: $\mathsf{x}_m = 0$
94		brne	mcRckEnts10	1/2 Falls $h_{11} > k_{11}^{\langle m \rangle}$: $h \leftarrow h - \boldsymbol{k}_m$
95		ldd	r18,Z+10	2 $\mathbf{r_{18}} \leftarrow k_{10}^{\langle m \rangle}$
96		cp	r10,r18	1 $h_{10} < k_{10}^{\langle m \rangle}$?
97		brlo	mcRckEnts14	1/2 Falls $h_{10} < k_{10}^{\langle m \rangle}$: $\mathsf{x}_m = 0$
98		brne	mcRckEnts10	1/2 Falls $h_{10} > k_{10}^{\langle m \rangle}$: $h \leftarrow h - \boldsymbol{k}_m$
99		ldd	r18,Z+9	2 $\mathbf{r_{18}} \leftarrow k_9^{\langle m \rangle}$
100		cp	r9,r18	1 $h_9 < k_9^{\langle m \rangle}$?
101		brlo	mcRckEnts14	1/2 Falls $h_9 < k_9^{\langle m \rangle}$: $\mathsf{x}_m = 0$
102		brne	mcRckEnts10	1/2 Falls $h_9 > k_9^{\langle m \rangle}$: $h \leftarrow h - \boldsymbol{k}_m$
103		ldd	r18,Z+8	2 $\mathbf{r_{18}} \leftarrow k_8^{\langle m \rangle}$
104		cp	r8,r18	1 $h_8 < k_8^{\langle m \rangle}$?
105		brlo	mcRckEnts14	1/2 Falls $h_8 < k_8^{\langle m \rangle}$: $\mathsf{x}_m = 0$
106		brne	mcRckEnts10	1/2 Falls $h_8 > k_8^{\langle m \rangle}$: $h \leftarrow h - \boldsymbol{k}_m$
107		ldd	r18,Z+7	2 $\mathbf{r_{18}} \leftarrow k_7^{\langle m \rangle}$
108		cp	r7,r18	1 $h_7 < k_7^{\langle m \rangle}$?
109		brlo	mcRckEnts14	1/2 Falls $h_7 < k_7^{\langle m \rangle}$: $\mathsf{x}_m = 0$
110		brne	mcRckEnts1C	1/2 Falls $h_7 > k_7^{\langle m \rangle}$: $h \leftarrow h - \boldsymbol{k}_m$
111		ldd	r18,Z+6	2 $\mathbf{r_{18}} \leftarrow k_6^{\langle m \rangle}$
112		cp	r6,r18	1 $h_6 < k_6^{\langle m \rangle}$?
113		brlo	mcRckEnts14	1/2 Falls $h_6 < k_6^{\langle m \rangle}$: $\mathsf{x}_m = 0$
114		brne	mcRckEnts1C	1/2 Falls $h_6 > k_6^{\langle m \rangle}$: $h \leftarrow h - \boldsymbol{k}_m$
115		ldd	r18,Z+5	2 $\mathbf{r_{18}} \leftarrow k_5^{\langle m \rangle}$
116		cp	r5,r18	1 $h_5 < k_5^{\langle m \rangle}$?
117		brlo	mcRckEnts14	1/2 Falls $h_5 < k_5^{\langle m \rangle}$: $\mathsf{x}_m = 0$
118		brne	mcRckEnts1C	1/2 Falls $h_5 > k_5^{\langle m \rangle}$: $h \leftarrow h - \boldsymbol{k}_m$
119		ldd	r18,Z+4	2 $\mathbf{r_{18}} \leftarrow k_4^{\langle m \rangle}$
120		cp	r4,r18	1 $h_4 < k_4^{\langle m \rangle}$?
121		brlo	mcRckEnts14	1/2 Falls $h_4 < k_4^{\langle m \rangle}$: $\mathsf{x}_m = 0$
122		brne	mcRckEnts1C	1/2 Falls $h_4 > k_4^{\langle m \rangle}$: $h \leftarrow h - \boldsymbol{k}_m$
123		ldd	r18,Z+3	2 $\mathbf{r_{18}} \leftarrow k_3^{\langle m \rangle}$
124		cp	r3,r18	1 $h_3 < k_3^{\langle m \rangle}$?
125		brlo	mcRckEnts14	1/2 Falls $h_3 < k_3^{\langle m \rangle}$: $\mathsf{x}_m = 0$
126		brne	mcRckEnts1C	1/2 Falls $h_3 > k_3^{\langle m \rangle}$: $h \leftarrow h - \boldsymbol{k}_m$
127		ldd	r18,Z+2	2 $\mathbf{r_{18}} \leftarrow k_2^{\langle m \rangle}$

```
             cp    r2,r18          1    h_2 < k_3^{<m>}?
             brlo  mcRckEnts14     1/2  Falls h_2 < k_2^{<m>}: x_m = 0
             brne  mcRckEnts1C     1/2  Falls h_2 > k_2^{<m>}: h <- h - k_m
             ldd   r18,Z+1         2    r18 <- k_1^{<m>}
             cp    r1,r18          1    h_1 < k_1^{<m>}?
             brlo  mcRckEnts14     1/2  Falls h_1 < k_1^{<m>}: x_m = 0
             brne  mcRckEnts1C     1/2  Falls h_1 > k_1^{<m>}: h <- h - k_m
             ldd   r18,Z+0         2    r18 <- k_0^{<m>}
             cp    r0,r18          1    h_0 < k_0^{<m>}?
             brlo  mcRckEnts14     1/2  Falls h_0 < k_0^{<m>}: x_m = 0
mcRckEnts1C: rjmp  mcRckEnts10     2    h <- h - k_0^{<m>}
```

Die Kommentarspalte reicht zum Verständnis des Programmablaufes sicherlich aus. Bezüglich der Kommentare zur Subtraktion siehe Abschnitt B.1, und der Gebrauch der Operatoren $\perp$ und $\top$ in den Kommentaren zur Rückaddition siehe Abschnitt 9.3.2.

Im Programm macht sich ein Nachteil des AVR-Befehlssatzes bemerkbar, daß nämlich die bedingten Sprunbefehle nur einen sehr eingeschränkten Sprungbereich besitzen. Das führt dazu, daß auf viele bedingte Sprünge noch ein absoluter Sprung folgen muß.

Dieses Unterprogramm benötigt nur noch 6537 Prozessortakte, eine wesentliche Verbesserung gegenüber den 9212 Takten des vorangehenden Unterprogramms.

9.3. Implementierung für dsPIC

Im Gegensatz zur Implementierung für AVR gibt es hier keine Beschränkungen für den Schlüsselteil c, und der Mikrocontroller kann sowohl den privaten als auch den öffentlichen Schlüssel selbst berechnen. Geblieben ist allerdings die Beschränkung auf $d = 2^{128}$. Diese Beschränkung kann zwar falls erforderlich aufgehoben werden, aber das dazu benötigte Unterprogamm zur Berechnung von $\varrho_d(cu)$ für beliebiges (aber passendes) d muß vom Leser selbst realisiert werden.

Es folgt ein einfaches Unterprogramm zum Testen von Initialisierung, Verschlüsselung und Entschlüsselung. Auf das Hochfahren des Mikrocontrollers wird hier nicht eingegangen, weil es von der Peripherie des Controllers abhängt, auf die im ganzen Buch aber nirgendwo Bezug genommen wird. Oder anders gesagt daß nur der Befehlssatz der CPU benutzt wird.

```
          .section  .bss, bss
vwdSms:
vwdE:     .space    96*8*2             k und e
vbdT:     .space    12                 x
vbdG:     .space    18                 g
          .text
          .global   mcRck
```

Initialisiere, erzeuge den privaten Schlüssel $\boldsymbol{k}$ und überschreibe $\boldsymbol{k}$ mit dem öffentlichen Schlüssel $\boldsymbol{e}$

```
mcVersch: rcall     mcRckInit        2
          mov       #vwdSms,w5       1
          rcall     mcRckErzSms      2
          rcall     mcRckErzE        2
```

Erzeuge einen Klartext x = 1112131415161718191A1B1C$_{16}$ als Wortvektor $\boldsymbol{x}$

```
          mov       #vbdT,w0         1
          mov.b     #0x11,w1         1
          mov       #12,w2           1
1:        mov.b     w1,[w0++]        1
          inc.b     w1,w1            1
          dec       w2,w2            1
          bra       nz,1b            1/2
```

Erzeuge den Geheimtext g als Wortvektor $\boldsymbol{g}$

```
          mov       #vbdT,w0         1
          mov       #vwdE,w1         1
          mov       #vbdG,w2         1
          rcall     mcRckVersch      2
          return                     3
```

Initialisiere und erzeuge den privaten Schlüssel $\boldsymbol{k}$

```
mcEntsch: rcall     mcRckInit        2
          mov       #vwdSms,w5       1
          rcall     mcRckErzSms      2
```

Erzeuge aus einem Geheimtext g als Wortvektor $\boldsymbol{g}$ einen Klartext x als Wortvektor $\boldsymbol{x}$

```
          mov       #vbdT,w0         1
          mov       #vwdE,w1         1
          mov       #vbdG,w8         1
          mov       #vbdCuInvC+16,w9 1
```

```
            rcall     mcRckEntsch      2
            return                     3
   Globales Unterprogramm zum Test von Ver- und Entschlüsselung
mcRck:      rcall     mcVersch         2
            rcall     mcEntsch         2
            return                     3
            .end
```

Die Laufzeiten der bereitgestellten Unterprogramme können der Tabelle entnommen werden. Sie sind natürlich von den verwendeten Daten abhängig. Der Grund ist natürlich, daß sowohl bei der Erzeugung des öffentlichen Schlüssels als auch bei der Dechiffrierung zwei große Zahlen miteinander zu multiplizieren sind. Man sieht, daß die Entschlüsselung beträchtlich mehr Aufwand

Tabelle 9.1.: Laufzeiten in Prozessortakten

Unterprogramm	Takte
`mcRckInit`	468
`mcRckErzSms`	6331
`mcRckErzE`	29683
`mcRckVersch`	1469
`mcRckEntsch`	11866

erfordert als die Verschlüsselung. Auch die Erzeugung des öffentlichen Schlüssels zur Chiffrierung ist sehr viel aufwendiger als die Erzeugung des privaten Schlüssels zur Dechiffrierung. Tatsächlich sind zur Bildung des öffentlichen Schlüssels 96 Multiplikationen nötig, und ein Aufruf von `mcRckMul8x8m` dauert 225 Takte (der von `mcRckMul8x8` etwa das Doppelte, nämlich 439 Takte). Dagegen ist bei der Entschlüsselung nur einmal zu multiplizieren, es kann also nicht an der Multiplikation liegen, daß die Entschlüsselung so sehr viel länger dauert als die Verschlüsselung. Die tatsächliche Ursache läßt sich mühelos dem Pseudoprogramm auf Seite 182 entnehmen.

9.3.1. Schnelle Multiplikation großer Zahlen

Die Erläuterungen aus Abschnitt 9.2.3 gelten auch für diesen Abschnitt, wenn beachtet wird, daß die Zahlenbasis hier als $\boldsymbol{\beta} = 2^{16}$ gewählt ist und $n = m = 7$ gilt. Berechnet wird also das Produkt

$$uv = \sum_{\nu=0}^{7} u_\nu \boldsymbol{\beta}^\nu \sum_{\mu=0}^{7} v_\mu \boldsymbol{\beta}^\mu = \sum_{\kappa=0}^{15} w_\kappa \boldsymbol{\beta}^\kappa = w \qquad (\star)$$

Wie schon in Abschnitt 9.2.3 wird das Produkt berechnet, indem die beiden Summen auf der linken Seite von $(\star)$ ausmultipliziert und die erhalten Produkte, die zu derselben Basispotenz gehören, zusammengefasst werdem. Man erhält damit

$$\sum_{\nu=0}^{7} u_\nu \boldsymbol{\beta}^\nu \sum_{\mu=0}^{7} v_\mu \boldsymbol{\beta}^\mu = \sum_{\kappa=0}^{14} z_\kappa \boldsymbol{\beta}^\kappa$$

Die z_κ sind keine Ziffern zur Basis $\boldsymbol{\beta}$, sondern sind Summen von Produkten $u_\nu v_\mu$. Die Zahl der Summanden von z_κ schwankt zwischen 1 und 8. Jeder Summand ist als ein Produkt zweier einziffriger Zahlen zur Basis $\boldsymbol{\beta}$ eine zweiziffrige Zahl zur Basis $\boldsymbol{\beta}$. Weil nun bei der Addition der Produkte ein Übertrag entstehen kann, sind die z_κ jedoch dreiziffrige Zahlen zur Basis $\boldsymbol{\beta}$:

$$z_\kappa = z_\kappa^{\langle 2\rangle} \boldsymbol{\beta}^2 + z_\kappa^{\langle 1\rangle} \boldsymbol{\beta} + z_\kappa^{\langle 0\rangle}$$

Die z_κ sind hier folgendermaßen aus Summen von Produkten von u_ν und v_μ zusammengesetzt:

$$\begin{aligned}
z_0 &= u_0v_0\\
z_1 &= u_1v_0 + u_0v_1\\
z_2 &= u_2v_0 + u_1v_1 + u_0v_2\\
z_3 &= u_3v_0 + u_2v_1 + u_1v_2 + u_0v_3\\
z_4 &= u_4v_0 + u_3v_1 + u_2v_2 + u_1v_3 + u_0v_4\\
z_5 &= u_5v_0 + u_4v_1 + u_3v_2 + u_2v_3 + u_1v_4 + u_0v_5\\
z_6 &= u_6v_0 + u_5v_1 + u_4v_2 + u_3v_3 + u_2v_4 + u_1v_5 + u_0v_6\\
z_7 &= u_7v_0 + u_6v_1 + u_5v_2 + u_4v_3 + u_3v_4 + u_2v_5 + u_1v_6 + u_0v_7\\
z_8 &= u_7v_1 + u_6v_2 + u_5v_3 + u_4v_4 + u_3v_5 + u_2v_6 + u_1v_7\\
z_9 &= u_7v_2 + u_6v_3 + u_5v_4 + u_4v_5 + u_3v_6 + u_2v_7\\
z_{10} &= u_7v_3 + u_6v_4 + u_5v_5 + u_4v_6 + u_3v_7\\
z_{11} &= u_7v_4 + u_6v_5 + u_5v_6 + u_4v_7\\
z_{12} &= u_7v_5 + u_6v_6 + u_5v_7\\
z_{13} &= u_7v_6 + u_6v_7\\
z_{14} &= u_7v_7
\end{aligned}$$

Die z_κ werden in einem Akkumulator addiert, der drei Ziffern zur Basis $\boldsymbol{\beta}$ aufnehmen kann. Wegen $\boldsymbol{\beta} = 2^{16}$ besteht eine Ziffer zu dieser Basis programmtechnisch aus genau einem 16-Bit-Speicherwort, d.h. ein solcher Akkumulator wird aus drei Registern des Controllers zusammengesetzt. Drei Register sind natürlich deshalb nötig, weil bei der Addition der 32-Bit-Faktoren $u_\nu v_\mu$ eines z_κ Überläufe entstehen können, die mit dem dritten Register aufgefangen werden. Die gegenseitige Lage der z_κ bei ihrer Addition zum Wortvektor w illustriert die folgende Skizze:

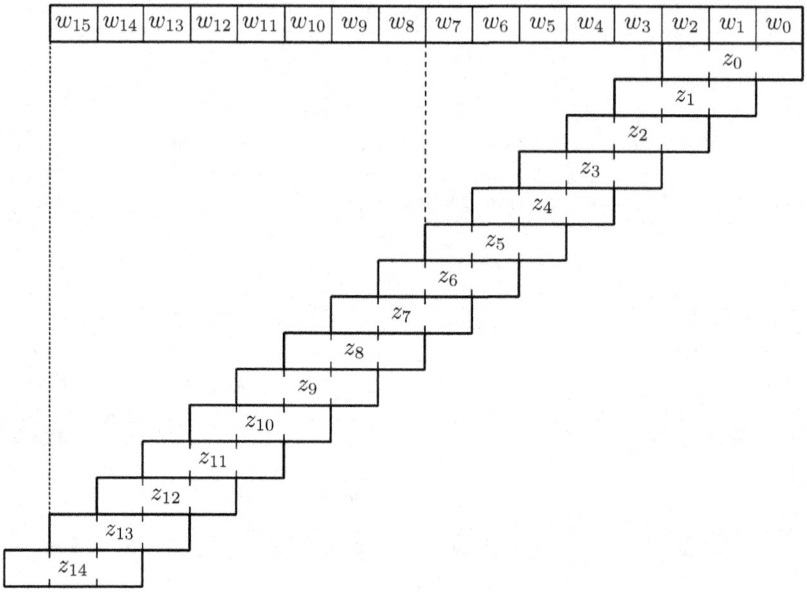

Weil das Produkt w aus 16 Ziffern zur Basis $\boldsymbol{\beta}$ besteht, kann in $z_{14}^{\langle 2\rangle}$ natürlich kein Überlauf entstehen, das ist durch die gepunktete senkrechte Linie angedeutet.

Man kann nun so vorgehen, daß die z_κ mit z_0 beginnend sukzessive berechnet und an passender Stelle zum entstehenden Produkt w addiert werden. Die Skizze macht deutlich, daß bei der Addition von z_κ keine Überträge über $w^{\kappa+2}$ hinaus entstehen können. Beispielsweise wird bei der Addition von z_2 kein Übertrag nach w_5 hin erzeugt, weil der Übertrag, der bei der Bildung von $z_2^{\langle 1\rangle}+z_1^{\langle 2\rangle}+w_3$ entstehen kann, zu $w_4 = 0$ hinzuaddiert wird. Das ist eine für eine Implementierung wichtige Information.

In Abschnitt 9.2.3 wurde angestrebt, mit möglichst wenig Schreib- und Lesezugriffen auf das RAM auszukommen, weil ein Zugriff auf das RAM doppelt so lange dauert wie ein Zugriff auf eines der Register $\mathbf{r_0}$ bis $\mathbf{r_{31}}$. Beim dsPIC dauern Zugriffe auf das RAM jedoch ebenso lange wie ein Registerzugriff, von Spezialfällen einmal abgesehen. Folglich werden in dem folgenden Unterprogramm die z_κ jeweils vollständig an passender Stelle zum Wortvektor w addiert.

Ein weiterer Unterschied besteht noch zu Abschnitt 9.2.3: Das Unterprogramm dieses Abschnittes enthält Programmschleifen. Sie werden allerdings mit den Schleifenbefehlen des Prozessors aufgebaut, d.h. daß die Manipulationen der Schleifenzähler und die Rücksprünge an den Schleifenanfang ohne Zeitverlust parallel zu den Befehlen des eigentlichen Schleifenkörpers ausgeführt werden. Nun müssen in den Schleifen jedoch Adressregister hoch- oder heruntergezählt werden. Das geschieht zwar parallel zur Abarbeitung des Prozessorbefehls, doch müssen diese Register für die nachfolgende Schleife wieder mit Anfangswerten geladen werden. Nicht jeder für den Unterprogrammaufbau wesentliche Befehl trägt also unmittelbar zur Produktbestimmung bei, weil es einige Befehle zum Aufbau und Unterhalt einer bestimmten Programmorganisation gibt (also eben Schleifen usw.).

Unterprogramm `mcRckMul8x8`

Es wird das Produkt $w = \sum_{\kappa=0}^{15} w_\kappa \boldsymbol{\beta}^\kappa = \left(\sum_{\nu=0}^{7} u_\nu \boldsymbol{\beta}^\nu\right)\left(\sum_{\mu=0}^{7} v_\mu \boldsymbol{\beta}^\mu\right) = uv$ berechnet.

Input

$\mathbf{w}_8$ Die Adresse von u

$\mathbf{w}_9$ Die Adresse von v

Output

$\mathbf{w}_{10}$ Die Adresse von w

Es ist $\boldsymbol{\beta} = 2^{16}$ und $u_\nu, v_\mu, w_\kappa \in \{0, \ldots, \boldsymbol{\beta} - 1\}$.

```
            .equ       IN_RUCK,1
            .equ       __33FJ256GP710, 1
            .include   "p33FJ256GP710ruck.inc"
            .include   "makros.inc"
            .include   "ruck.inc"
            .text
            .global    mcRckMul8x8
```

Ein Makro zur Berechnung der oberen Summanden z_k, $k = 2, 3, 4, 5, 6, 7$, des Schemas auf Seite 166

```
            .macro     koefo k                  k Anzahl der Summanden in z_k
            add        #(&k&+1)*2,w8        1   w8 ← A(u) + k + 1
            mov        [-w8],w0             1   w0 ← u_k
            mul.uu     w0,[w9++],w2         1   w4:3:2 ← u_k v_0
            clr        w4                   1
            do         #&k&-1,mcKoefo&k&    2   w4:3:2 ← u_k v_0 + ··· + u_0 v_k
            mov        [-w8],w0             1     w0 ← u_i
            mul.uu     w0,[w9++],w0         1     w1:0 ← u_i v_j
            add        w0,w2,w2             1     w4:3:2 ← u_k v_0 + ··· + u_i v_j
            addc       w1,w3,w3             1
mcKoefo&k&: addc       #0,w4                1
            sub        #(&k&+1)*2,w9        1   w9 ← A(v_0)
            add        w2,[w10],[w10++]     1   w_k ← z_k^<0> + z_{k-1}^<1> + z_{k-2}^<2>
            addc       w3,[w10],[w10]       1   z_k^<1> + z_{k-1}^<2>
            mov        w4,[w10+2]           1   z_k^<2>
            .endm
```

Ein Makro zur Berechnung der unteren Summanden z_k, $k = 8, 9, 10, 11, 12, 13$, des Schemas

```
            .macro     koefu l                  l Anzahl der Summanden in z_k
            mov        [w8-],w0             1   w0 ← u_7
            mul.uu     w0,[w9++],w2         1   w4:3:2 ← u_7 v_{k-7}
            clr        w4                   1
            do         #&l&-2,mcKoefu&l&    2   w4:3:2 ← u_7 v_{k-7} + ··· + u_{k-7} v_7
```

	mov	[w8-],w0	1	$\mathbf{w_8} \leftarrow u_i$
	mul.uu	w0,[w9++],w0	1	$\mathbf{w_{1:0}} \leftarrow u_i v_j$
	add	w0,w2,w2	1	$\mathbf{w_{4:3:2}} \leftarrow u_7 v_{k-7} + \cdots + u_i v_j$
	addc	w1,w3,w3	1	
mcKoefu&l&:	addc	#0,w4	1	
	add	#(&l&)*2,w8	1	$\mathbf{w_8} \leftarrow \mathcal{A}(u_7)$
	sub	#(&l&-1)*2,w9	1	$\mathbf{w_9} \leftarrow \mathcal{A}(v_{k+1-7})$
	add	w2,[w10],[w10++]	1	$w_k \leftarrow z_k^{\langle 0\rangle} + z_{k-1}^{\langle 1\rangle} + z_{k-2}^{\langle 2\rangle}$
	addc	w3,[w10],[w10]	1	$z_k^{\langle 1\rangle} + z_{k-1}^{\langle 2\rangle}$
	mov	w4,[w10+2]	1	$z_k^{\langle 2\rangle}$
	.endm			
mcRckMul8x8:	push5	w0,w1,w2,w3,w4	5×1	

Die Initialisierung der Produktvarible w mit Nullziffern 0000_{16}

	repeat	#15	1	16 Iterationen:
	clr	[w10++]	1	$w_i \leftarrow 0000_{16}$
	sub	#32,w10	1	$\mathbf{w_{10}} \leftarrow \mathcal{A}(w)$

Die Berechnung und Addition von z_0

	mov	[w8],w0	1	$\mathbf{w_0} \leftarrow u_0$
	mul.uu	w0,[w9],w0	1	$\mathbf{w_{1:0}} \leftarrow u_0 v_0$
	mov	w0,[w10++]	1	$w_0 \leftarrow z_0^{\langle 0\rangle}$
	mov	w1,[w10]	1	$z_0^{\langle 1\rangle}$

Die Berechnung und Addition von z_1

	mov	[w8+2],w0	1	$\mathbf{w_0} \leftarrow u_1$
	mul.uu	w0,[w9],w2	1	$\mathbf{w_{3:2}} \leftarrow u_1 v_0$
	mov	[w9+2],w0	1	$\mathbf{w_0} \leftarrow v_1$
	mul.uu	w0,[w8],w0	1	$\mathbf{w_{1:0}} \leftarrow u_0 v_1$
	clr	w4	1	$\mathbf{w_4} \leftarrow 0000_{16}$
	add	w0,w2,w2	1	$\mathbf{w_2} \leftarrow z_1^{\langle 0\rangle}$
	addc	w1,w3,w3	1	$\mathbf{w_3} \leftarrow z_1^{\langle 1\rangle}$
	addc	#0,w4	1	$\mathbf{w_4} \leftarrow z_1^{\langle 2\rangle}$
	add	w2,[w10],[w10++]	1	$w_1 \leftarrow z_1^{\langle 0\rangle} + z_0^{\langle 1\rangle}$
	addc	w3,[w10],[w10]	1	$z_1^{\langle 1\rangle}$
	mov	w4,[w10+2]	1	$z_1^{\langle 2\rangle}$

Die Berechnung und Addition von z_2 bis z_7

	koefo	2		$k = 2$
	koefo	3		$k = 3$
	koefo	4		$k = 4$
	koefo	5		$k = 5$
	koefo	6		$k = 6$
	koefo	7		$k = 7$
	add	#7*2,w8	1	$\mathbf{w_8} \leftarrow \mathcal{A}(u_7)$
	add	#1*2,w9	1	$\mathbf{w_9} \leftarrow \mathcal{A}(v_1)$

Die Berechnung und Addition von z_8 bis z_{13}

	koefu	7		$k = 8, l = 7$
	koefu	6		$k = 9, l = 6$
	koefu	5		$k = 10, l = 5$

```
        koefu      4                               k = 11, l = 4
        koefu      3                               k = 12, l = 3
        koefu      2                               k = 13, l = 2
Die (partielle) Berechnung und Addition von z14
        mov        [w8],w0                   1     w0 ← u7
        mov        [w9],w1                   1     w1 ← v7
        mul.uu     w0,w1,w0                  1     w1:0 ← u7v7
        add        w0,[w10],[w10++]          1     w14 ← z14<0> + z13<1> + z12<2>
        addc       w1,[w10],[w10]            1     w^15 ← z14<1> + z13<2>
Die Restauration der verwendeten Register und Rücksprung
        sub        #7*2,w8                   1     w8 ← A(u)
        sub        #7*2,w9                   1     w9 ← A(v)
        sub        #15*2,w10                 1     w10 ← A(w)
        pop5       w0,w1,w2,w3,w4            5×1
        return                               3
        .end
```

Um den Programmtext nicht zu lang werden zu lassen werden die Berechnung der z_κ und ihre Aufaddierung auf den Produktvektor w mit Makros ausgeführt, und zwar für $\kappa \in \{2, \ldots, 7\}$ mit dem Makro **koefo** und für $\kappa \in \{8, \ldots, 13\}$ mit dem Makro **koefu**. Der Makroparameter **k** ist in beiden Fällen die Anzahl der Summanden $u_i v_j$ von z_κ.

Zum besseren Verständnis der Makros kann die Skizze auf Seite 147 herangezogen werden, die zwar eine Multiplikation mit anderen Faktoren illustriert, die Bestimmung der w_κ aus den z_κ wird dort natürlich auf dieselbe Weise durchgeführt wie hier. Die hier tatsächlich gültige Lage der z_κ bezüglich der w_κ zeigt die Skizze auf Seite 166.

Die additive Zusammensetzung der z_κ aus Produkten $u_i v_j$ ist auf Seite 165 angegeben. Man erkennt eine Einteilung in zwei Gruppen. Für z_2 bis z_7 hat man

$$z_\kappa = \sum_{\tau=0}^{\kappa} u^{\kappa-\tau} v^{\tau}$$

und z_8 bis z_{13} sind wie folgt zusammengesetzt:

$$z_\kappa = \sum_{\tau=\kappa-7}^{7} u^{\kappa-\tau} v^{\tau}$$

Mit Hilfe dieser beiden Summenformeln ist leicht nachzuvollziehen, wie in den Makros vorgegangen wird. Der Unterschied besteht offenbar darin, wie die Adressenregister $\mathbf{w_8}$ für den Zugriff auf die Komponenten u_i und $\mathbf{w_9}$ für den Zugriff auf die Komponenten v_j für die Summierung der $u_i v_j$ initialisiert und durchlaufen werden.

Weil nur Partialsummen oder überhaupt keine Summen zu berechnen sind werden die Makros für z_0, z_1, z_{13} und z_{14} nicht verwendet. Welche Partialsummen zur Berechnung von w_0, w_1, w_{14} und w_{15} benötigt werden kann der Skizze auf Seite 166 entnommen werden.

Man beachte, daß das Unterprogramm den do-Befehl des Prozessors verwendet. Gilt das auch für das aufrufende Programm, dann muß das dort berücksichtigt werden. Wie man dazu vorzugehen hat wird ausführlich in [Mss3] beschrieben.

Nun wird allerdings im Verschlüsselungsverfahren gar nicht das Produkt uv selbst sondern vielmehr $\varrho_d(uv)$ verwendet. Für die spezielle Wahl $d = 2^{128}$ bedeutet das natürlich, daß nur ein Teil der w_κ zu berechnen ist, nämlich wie in der Skizze auf Seite 166 durch die gestrichelte senkrechte

Linie vermerkt ist, nur w_0 bis w_7 und damit auch nur z_0 bis z_7. Das folgende Unterprogramm berechnet $\varrho_d(uv)$.

Unterprogramm `mcRckMul8x8m`

Es wird das Produkt $w = \sum_{\kappa=0}^{7} w_\kappa \beta^\kappa = \left(\sum_{\nu=0}^{7} u_\nu \beta^\nu\right) \otimes \left(\sum_{\mu=0}^{7} v_\mu \beta^\mu\right) = u \otimes v$ berechnet.

Input
  w_8 Die Adresse von u
  w_9 Die Adresse von v
Output
  w_{10} Die Adresse von w

Es ist $\beta = 2^{16}$ und $u_\nu, v_\mu, w_\kappa \in \{0, \ldots, \beta - 1\}$ sowie $u \otimes v = \varrho_{\beta^8}(uv) = \varrho_{2^{128}}(uv)$.

1		`.equ`	`IN_RUCK,1`	
2		`.equ`	`__33FJ256GP710, 1`	
3		`.include`	`"p33FJ256GP710ruck.inc"`	
4		`.include`	`"makros.inc"`	
5		`.include`	`"ruck.inc"`	
6		`.text`		
7		`.global`	`mcRckMul8x8m`	

Ein Makro zur Berechnung der oberen Summanden z_k, $k = 2, 3, 4, 5$, des Schemas auf Seite 166

8		`.macro`	`koef k`		k Anzahl der Summanden in z_k
9		`add`	`#(&k&+1)*2,w8`	1	$w_8 \leftarrow \mathcal{A}(u) + k + 1$
10		`mov`	`[-w8],w0`	1	$w_0 \leftarrow u_k$
11		`mul.uu`	`w0,[w9++],w2`	1	$w_{4:3:2} \leftarrow u_k v_0$
12		`clr`	`w4`	1	
13		`do`	`#&k&-1,mcKoef&k&`	2	$w_{4:3:2} \leftarrow u_k v_0 + \cdots + u_0 v_k$
14		`mov`	`[-w8],w0`	1	$w_8 \leftarrow u_i$
15		`mul.uu`	`w0,[w9++],w0`	1	$w_{1:0} \leftarrow u_i v_j$
16		`add`	`w0,w2,w2`	1	$w_{4:3:2} \leftarrow u_k v_0 + \cdots + u_i v_j$
17		`addc`	`w1,w3,w3`	1	
18	`mcKoef&k&:`	`addc`	`#0,w4`	1	
19		`sub`	`#(&k&+1)*2,w9`	1	$w_9 \leftarrow \mathcal{A}(v_0)$
20		`add`	`w2,[w10],[w10++]`	1	$w_k \leftarrow z_k^{\langle 0 \rangle} + z_{k-1}^{\langle 1 \rangle} + z_{k-2}^{\langle 2 \rangle}$
21		`addc`	`w3,[w10],[w10]`	1	$z_k^{\langle 1 \rangle} + z_{k-1}^{\langle 2 \rangle}$
22		`mov`	`w4,[w10+2]`	1	$z_k^{\langle 2 \rangle}$
23		`.endm`			
24	`mcRckMul8x8m: push5`		`w0,w1,w2,w3,w4`	5×1	

Die Initialisierung der Produktvarible w mit Nullziffern 0000_{16}

25		`repeat`	`#7`	1	9 Iterationen:
26		`clr`	`[w10++]`	1	$w_i \leftarrow 0000_{16}$
27		`sub`	`#32,w10`	1	$w_{10} \leftarrow \mathcal{A}(w)$

Die Berechnung und Addition von z_0

28		mov	[w8],w0	1	$\mathbf{w_0} \leftarrow u_0$
29		mul.uu	w0,[w9],w0	1	$\mathbf{w_{1:0}} \leftarrow u_0 v_0$
30		mov	w0,[w10++]	1	$w_0 \leftarrow z_0^{\langle 0 \rangle}$
31		mov	w1,[w10]	1	$z_0^{\langle 1 \rangle}$

Die Berechnung und Addition von z_1

32		mov	[w8+2],w0	1	$\mathbf{w_0} \leftarrow u_1$
33		mul.uu	w0,[w9],w2	1	$\mathbf{w_{3:2}} \leftarrow u_1 v_0$
34		mov	[w9+2],w0	1	$\mathbf{w_0} \leftarrow v_1$
35		mul.uu	w0,[w8],w0	1	$\mathbf{w_{1:0}} \leftarrow u_0 v_1$
36		clr	w4	1	$\mathbf{w_4} \leftarrow 0000_{16}$
37		add	w0,w2,w2	1	$\mathbf{w_2} \leftarrow z_1^{\langle 0 \rangle}$
38		addc	w1,w3,w3	1	$\mathbf{w_3} \leftarrow z_1^{\langle 1 \rangle}$
39		addc	#0,w4	1	$\mathbf{w_4} \leftarrow z_1^{\langle 2 \rangle}$
40		add	w2,[w10],[w10++]	1	$w_1 \leftarrow z_1^{\langle 0 \rangle} + z_0^{\langle 1 \rangle}$
41		addc	w3,[w10],[w10]	1	$z_1^{\langle 1 \rangle}$
42		mov	w4,[w10+2]	1	$z_1^{\langle 2 \rangle}$

Die Berechnung und Addition von z_2 bis z_5

43		koef	2		$k = 2$
44		koef	3		$k = 3$
45		koef	4		$k = 4$
46		koef	5		$k = 5$

Die (partielle) Berechnung und Addition von z_6

47		add	#7*2,w8	1	$\mathbf{w_8} \leftarrow \mathcal{A}(u_7)$
48		mov	[-w8],w0	1	$\mathbf{w_0} \leftarrow u_6$
49		mul.uu	w0,[w9++],w2	1	$\mathbf{w_{4:3:2}} \leftarrow u_6 v_0$
50		clr	w4	1	
51		do	#5,mcKoef6	1	$\mathbf{w_{4:3:2}} \leftarrow u_6 v_0 + \cdots + u_0 v_6$
52		mov	[-w8],w0	1	$\mathbf{w_0} \leftarrow u_i$
53		mul.uu	w0,[w9++],w0	1	$\mathbf{w_{1:0}} \leftarrow u_i v_j$
54		add	w0,w2,w2	1	$\mathbf{w_{4:3:2}} \leftarrow u_6 v_0 + \cdots + u_i v_j$
55	mcKoef6:	addc	w1,w3,w3	1	
56		sub	#7*2,w9	1	$\mathbf{w_9} \leftarrow \mathcal{A}(v_0)$
57		add	w2,[w10],[w10++]	1	$w_6 \leftarrow z_6^{\langle 0 \rangle} + z_5^{\langle 1 \rangle} + z_4^{\langle 2 \rangle}$
58		addc	w3,[w10],[w10]	1	$z_6^{\langle 1 \rangle} + z_5^{\langle 2 \rangle}$

Die (partielle) Berechnung und Addition von z_7

59		add	#8*2,w8	1	$\mathbf{w_8} \leftarrow \mathcal{A}(u_8)$
60		mov	[-w8],w0	1	$\mathbf{w_0} \leftarrow u_7$
61		mul.uu	w0,[w9++],w2	1	$\mathbf{w_{4:3:2}} \leftarrow u_7 v_0$
62		clr	w4	1	
63		do	#6,mcKoef7	2	$\mathbf{w_{4:3:2}} \leftarrow u_7 v_0 + \cdots + u_0 v_7$
64		mov	[-w8],w0	1	$\mathbf{w_0} \leftarrow u_i$
65		mul.uu	w0,[w9++],w0	1	$\mathbf{w_{1:0}} \leftarrow u_i v_j$
66	mcKoef7:	add	w0,w2,w2	1	$\mathbf{w_{4:3:2}} \leftarrow u_6 v_0 + \cdots + u_i v_j$
67		sub	#8*2,w9	1	$\mathbf{w_9} \leftarrow \mathcal{A}(v_0)$
68		add	w2,[w10],[w10]	1	$w_7 \leftarrow z_7^{\langle 0 \rangle} + z_6^{\langle 1 \rangle} + z_5^{\langle 2 \rangle}$

Die Restauration der verwendeten Register und Rücksprung

```
        sub      #7*2,w10              1     w10 ← A(w)
        pop5     w0,w1,w2,w3,w4        5×1
        return                         3
        .end
```

Dieses Unterprogramm entsteht aus dem vorangehenden Unterprogramm zum allergrößten Teil durch Weglassen. Das Makro `koefo` kann ohne Änderungen übernommen werden. Änderungen müssen im Wesentlichen nur bei der Berechnung der Spezialfälle z_6 und z_7 vorgenommen werden, sie können der Skizze auf Seite 166 entnommen werden.

Die Laufzeiten der beiden Unterprogramme des Abschnittes sind (siehe auch Abschnitt 9.3) 225 und 439 Prozessortakte. Diese (gemessenen) Laufzeiten sind nicht von den Übergabeparametern der Unterprogramme abhängig, weil in beiden Unterprogrammen keine bedingten Sprünge vorkommen und alle Anzahlen von Schleifendurchläufen Konstanten sind.

9.3.2. Initialisierung

Der Initialisierungsmodul enthält zwei Unterprogramme: Eines, um eine stark mononton ansteigende Zahlenfolge $\boldsymbol{k} = (k_1, \ldots, k_{96})$, einen privaten Schlüssel, zu erzeugen; ein anderes, um einen privaten Schlüssel $\boldsymbol{k}$ in einen öffentlichen Schlüssel $\boldsymbol{e}$ zu transformieren. Um letzteres zu ermöglichen, werden zehn Zahlen c_0 bis c_9 aus $\mathbb{Z}_d^\star$ mit der Eigenschaft $\mathrm{ggT}(c_i, d) = 1$ bereit gestellt, natürlich mit ihren Inversen c_0^{-1} bis c_9^{-1} (bezüglich $\mathbb{Z}_d$).

Die Produkte $c_i \otimes c_j$ sind ebenfalls invertierbar, mit $(c_i \otimes c_j)^{-1} = c_i^{-1} \otimes c_j^{-1}$. Beide Produkte können mit dem Unterprogramm `mcRckMul8x8m` aus Abschnitt 9.3.1 berechnet werden. Die Tabelle der c_i liefert daher 100 weitere c mit $\mathrm{ggT}(c, d) = 1$ und ihre Inversen c^{-1}. Während der Initialsierung des Rucksackpaketes wird mit Hilfe der Tabelle ein c bestimmt und samt seinem inversen Element in das Ram kopiert. Realisiert wird hier eine sehr einfache Variante, es wird nämlich einfach c_9 ausgewählt.

```
            .section  .konst, psv
vbcRndIni:  .byte     0x21,0x43,0x65,0x87,0x00,0x00,0x00,0x00   seed = 87654321_16
vbcCuInvC:  .byte     0xA1,0x12,0x38,0x90,0xEE,0x17,0x7A,0x68   c_0
            .byte     0x97,0x3F,0xEA,0xF4,0xEC,0x96,0x66,0x44
            .byte     0x61,0x51,0x5C,0x0B,0x46,0x5E,0x10,0xFE   c_0^-1
            .byte     0xBE,0x37,0x4D,0xD1,0x6D,0x00,0xCA,0x6E
            .byte     0xF9,0xCE,0x02,0xF6,0x66,0x62,0xBB,0xF3   c_1
            .byte     0xAF,0xF9,0x72,0x13,0x24,0xD4,0x6E,0x63
            .byte     0x49,0x93,0xAA,0xE3,0xDC,0xD8,0x80,0xDC   c_1^-1
            .byte     0x73,0x4C,0x66,0xEC,0x38,0x86,0x87,0x79
            .byte     0xE7,0x43,0x8C,0x59,0xFC,0x1A,0xAC,0x18   c_2
            .byte     0xCD,0x67,0x2C,0x9A,0x2A,0x88,0xA1,0x1E
            .byte     0xD7,0x1F,0xF6,0x19,0x02,0x80,0xD8,0xBB   c_2^-1
            .byte     0xEB,0xBB,0x5B,0x08,0xBA,0xBE,0xE1,0x5A
            .byte     0xC5,0xC9,0xA5,0xB7,0xC2,0x93,0xC6,0x44   c_3
            .byte     0x5B,0x2C,0x47,0xBC,0xE0,0x23,0x9A,0x8E
            .byte     0x0D,0xCD,0x1A,0x7C,0x3F,0x7E,0xCD,0x69   c_3^-1
            .byte     0x72,0xED,0x9D,0x60,0x5F,0xC1,0x3A,0x29
            .byte     0x13,0x14,0x47,0x73,0x38,0x0A,0x03,0x00   c_4
            .byte     0xD9,0x06,0x2C,0x34,0xC6,0x80,0x73,0x0A
            .byte     0x1B,0xD6,0x83,0x1D,0xF3,0x31,0xBB,0xCC   c_4^-1
            .byte     0x41,0x1C,0xF8,0x01,0xBC,0x2A,0xC6,0x26
            .byte     0x51,0xD2,0x55,0x4A,0xDE,0x87,0xB8,0xB4   c_5
            .byte     0xC7,0x12,0x89,0x9E,0x5C,0x24,0x7F,0xFC
            .byte     0xB1,0xB6,0xE4,0x17,0xD1,0xE8,0x80,0xA2   c_5^-1
            .byte     0xEA,0x99,0x8A,0xC8,0x7C,0xC4,0x4F,0x19
            .byte     0x9D,0x94,0x68,0xC6,0xBA,0xFA,0xE7,0xC5   c_6
            .byte     0xF3,0x38,0x39,0x3D,0x98,0xF1,0xA9,0x27
            .byte     0xB5,0x91,0xCA,0x98,0xA6,0x27,0x19,0x03   c_6^-1
            .byte     0x83,0x6F,0x9D,0x5F,0x1F,0x1D,0xBE,0x37
            .byte     0xAB,0xC3,0x82,0xD5,0xF0,0x5E,0x51,0x61   c_7
            .byte     0x31,0x36,0xEB,0x6E,0x3E,0xE2,0x4B,0xFA
            .byte     0x03,0x1F,0x52,0xF7,0xF2,0x99,0x8B,0x00   c_7^-1
```

```
34              .byte    0x19,0xF1,0xB3,0xCF,0x0C,0xA1,0xCB,0x0D
35              .byte    0xA9,0x7C,0x57,0x00,0x56,0x68,0x0C,0x34   c8
36              .byte    0xDF,0xEA,0x91,0xB7,0x94,0x67,0xA5,0x53
37              .byte    0x99,0xE7,0xAA,0xC2,0x2A,0x90,0xD8,0xBA   c8^-1
38              .byte    0x6B,0x1E,0x83,0x08,0x24,0x6F,0x1B,0x69
39 vbcC9:       .byte    0x43,0x42,0x6E,0x25,0xA8,0x76,0xEB,0xD4   c9
40              .byte    0x89,0x8C,0x3C,0xEC,0xB6,0x7E,0x28,0xCC
41              .byte    0x6B,0x9A,0xDA,0x5E,0xE9,0xB2,0xB3,0xC1   c9^-1
42              .byte    0xB4,0xC2,0x2B,0x2F,0xA2,0xA1,0x06,0x4E
43              .section .bss, bss
44 vwdX:        .space   2*2                    x_n = x_n^⊤ · 2^16 + x_n^⊥
45 vbdCuInvC:   .space   2*16                   c gefolgt von c^-1
46              .text
47              .global  mcRckInit
48              .global  mcRckErzSms
49              .global  mcRckErzE
50 mcRand:      mul.uu   w1,[w0],w2         1   w3:2 ← 0DCD16 · x_n^⊤
51              mov      w2,[w0-]           1   w1 ← (0DCD16 · x_n^⊤)^⊥, w0 ← A(w0)
52              mov      [w0++],w2          1   w2 ← x_n^⊥, w0 ← A(w1)
53              add      w2,[w0],[w0]       1   w1 ← w1 + x_n^⊥
54              mul.uu   w1,w2,w2           1   w3:2 ← 0DCD16 · x_n^⊥
55              add      w3,[w0],[w0-]      1   w1 ← w1 + (0DCD16 · x_n^⊥)^⊤, w0 ← A(w0)
56              mov      w2,[w0]            1   w0 ← (0DCD16 · x_n^⊥)^⊥
57              inc      [w0],[w0++]        1   x_{n+1}^⊥ ← (1 + w0)^⊥, w0 ← A(w1)
58              mov      [w0],w2            1   w2 ← w1
59              addc     w2,#0,[w0]         1   x_{n+1}^⊤ ← w1 + (1 + w0)^⊤
60              return                      3
61 mcRckInit:   push5    w0,w1,w2,w3,w4     1
62              mov      #vbcRndIni,w1      1   w1 ← A(seed)
63              mov      #vwdX,w2           1   w2 ← A(x0)
64              mov      [w1++],[w2++]      1   x_0^⊥ ← seed^⊥
65              mov      [w1++],[w2++]      1   x_0^⊤ ← seed^⊤
66              mov      #vbcC9,w1          1   w1 ← A(c9)
67              repeat   #15                1   c ← c9 und c^-1 ← c9^-1
68              mov      [w1++],[w2++]      1
69              mov      #vwdX+2,w0         1   w0 ← A(x_0^⊤)
70              mov      #0x0DCD,w1         1   w1 ← (69069)^⊥
71              mov      #21,w4             1   Warmlaufen von mcRand:
72 0:           rcall    mcRand             2   21 Aufrufe
73              dec      w4,w4              1
74              bra      nz,0b              1/2
75              pop5     w0,w1,w2,w3,w4     5×1
76              return                      3
```

Die stark mononton ansteigenden Zahlenfolgen $\boldsymbol{k} = (k_1, \ldots, k_{96})$, welche der Initialisierungsmodul erzeugen kann, werden mit Hilfe eines 32-Bit-Zufallszahlengenerators aufgebaut. Ein fester Startwert (*seed*) ist in Zeile *2*, d.h. im ROM, enthalten, er wird während der Initialisierung in das RAM kopiert. Dieser

Vorgang kann vom Leser durch einen anderen ersetzt werden, der einen selbst zufälligen Startwert liefert, etwa das laufende Datum samt Uhrzeit. Der Zufallszahlengenerator ist gegeben als

$$x_{n+1} = \boldsymbol{\varrho}_{2^{32}}(x_n \cdot 69069 + 1) \qquad \textit{seed } x_0$$

über dessen Eigenschaften man sich in [Knu] Abschnitt **3.3.4.E.** informieren kann. Zusätzlich zu den dort angegebenen schönen Eigenschaften kommt hier hinzu, daß $69069 = \mathtt{10DCD}_{16}$ gilt. Zunächst gilt mit $\boldsymbol{\beta} = 2^{16}$ und $u_0, u_1, v_0, v_1, w_0, w_1, w_2, w_3 \in \{0, \ldots, \boldsymbol{\beta} - 1\}$

$$(u_1\boldsymbol{\beta} + u_0)(v_1\boldsymbol{\beta} + v_0) = u_1v_1\boldsymbol{\beta}^2 + (u_0v_1 + u_1v_0)\boldsymbol{\beta} + u_0v_0) = w_3\boldsymbol{\beta}^3 + w_2\boldsymbol{\beta}^2 + w_1\boldsymbol{\beta} + w_0$$

also speziell mit $u = x_n = x_n^{\top}\boldsymbol{\beta} + x_n^{\perp}$ und $v = 69069 = \mathtt{0001}_{16}\boldsymbol{\beta} + \mathtt{0DCD}_{16}$

$$w = x_n \cdot 69069 = x_n^{\top} \cdot \boldsymbol{\beta}^2 + (x_n^{\perp} \cdot \mathtt{0001}_{16} + x_n^{\top} \cdot \mathtt{0DCD}_{16})\boldsymbol{\beta} + x_n^{\perp} \cdot \mathtt{0DCD}_{16}$$

Die gegenseitige Lage der Koeffizienten der Entwicklung von w nach $\boldsymbol{\beta}^i$ und der Teilprodukte von $x_n{\cdot}69069$ zeigt die nachfolgende Skizze:

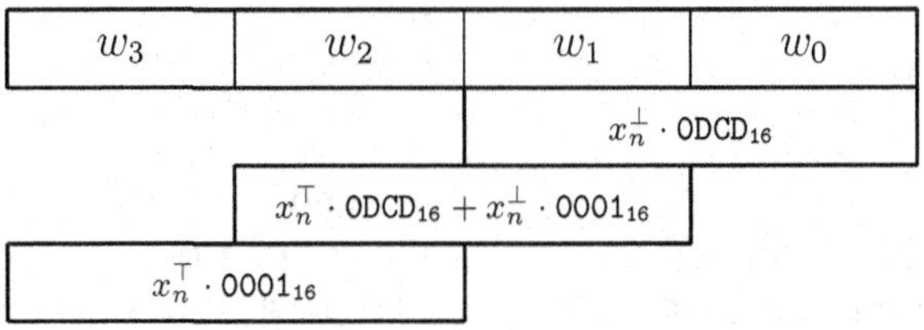

Aus dieser Skizze kann mühelos die folgende Entwicklung von $\boldsymbol{\varrho}_{2^{32}}(x_n \cdot 69069)$ abgelesen werden:

$$\boldsymbol{\varrho}_{2^{32}}(x_n \cdot 69069) = w_1\boldsymbol{\beta} + w_0 = x_n^{\perp} \cdot \mathtt{0DCD}_{16} + (x_n^{\top} \cdot \mathtt{0DCD}_{16} + x_n^{\perp})^{\perp}$$

Bei etwas näherer Betrachtung der Skizze wird auch klar, daß bei geschickter Realisierung keinerlei Überträge zu beachten sind! Das gilt allerdings nicht bei der Addition der Eins, die *nach* der Berechnung von $\boldsymbol{\varrho}_{2^{32}}(x_n \cdot 69069)$ erfolgen kann, denn man hat

$$\boldsymbol{\varrho}_{2^{32}}(x_n \cdot 69069 + 1) = \boldsymbol{\varrho}_{2^{32}}\big(\boldsymbol{\varrho}_{2^{32}}(x_n \cdot 69069) + \boldsymbol{\varrho}_{2^{32}}(1)\big) = \boldsymbol{\varrho}_{2^{32}}\big(\boldsymbol{\varrho}_{2^{32}}(x_n \cdot 69069) + 1\big)$$

Das Unterprogramm `mcRand` (ab Zeile *50*) zur Berechnung von x_{n+1} aus x_n wird mit $\mathcal{A}(x_n^{\top})$ in $\mathbf{w_0}$ und $\mathtt{0DCD}_{16}$ in $\mathbf{w_1}$ aufgerufen. Zu berechnen ist dann folgendes:

$$\begin{aligned} w_0 &= (x_n^{\perp} \cdot \mathtt{0DCD}_{16})^{\perp} \\ w_1 &= (x_n^{\perp} \cdot \mathtt{0DCD}_{16})^{\top} + x_n^{\perp} + (x_n^{\top} \cdot \mathtt{0DCD}_{16})^{\perp} \\ x_{n+1}^{\perp} &= (w_0 + 1)^{\perp} \\ x_{n+1}^{\top} &= (w_0 + 1)^{\top} \end{aligned}$$

Darin ist natürlich $(w_0 + 1)^{\top}$ der Übertrag bei der Berechnung von $w_0 + 1$.

Es kommt nun darauf an, in welcher Reihenfolge die Multiplikationen und Additionen ausgeführt werden. Das Ziel ist, mit so wenig Operationen wie möglich auszukommen. Bei Eintritt in das Unterprogramm ist $w_0 = x_n^{\perp}$, $w_1 = x_n^{\top}$ und Register $\mathbf{w_0}$ enthält die Adresse von w_1.

In Zeile *50* wird als erstes das Produkt $\mathtt{0DCD}_{16} \cdot x_n^{\top}$ berechnet, danach enthält $\mathbf{w_0}$ die Adresse von w_0. Dann wird w_1 mit $(\mathtt{0DCD}_{16} \cdot x_n^{\top})^{\perp}$ überschrieben, wobei Register $\mathbf{w_0}$ auf die Adresse von w_0 gesetzt wird. Weil w_0 noch $x_n^{\perp}$ enthält, wird in Zeile *52* Register $\mathbf{w_2}$ mit $x_n^{\perp}$ geladen, gleichzeitig erhält Register $\mathbf{w_0}$

die Adresse von w_1. In der nachfolgenden Zeile wird $x_n^\perp$ zu w_1 addiert, der eventuelle Übertrag dieser Addition kann ignoriert werden. In Zeile *54* wird nun das Produkt $\mathtt{0DCD}_{16} \cdot x_n^\perp$ berechnet. In der nächsten Zeile werden die oberen 16 Bit des Produktes zu w_1 addiert, auch hier kann der Übertrag ignoriert werden, damit hat w_1 seinen Endwert vor der Addition der Eins erreicht. Gleichzeitig wird $\mathbf{w_0}$ mit der Adresse von w_0 geladen. Folglich werden in Zeile *56* die unteren 16 Bit des Produktes in w_0 geschrieben, womit auch w_0 seinen Wert vor der Addition der Eins erreicht hat. Schließlich wird in Zeile *57* w_0 mit den unteren 16 Bit von $w_0 + 1$, d.h. $x_{n+1}^\perp$, überschrieben, Register $\mathbf{w_0}$ wird dabei auf die Adresse von w_1 gesetzt. Folglich wird in den Zeilen *58–59* der Übertrag der Addition $w_0 + 1$ zu w_1 addiert, um das Endergebnis $x_{n+1}^\top$ zu ergeben.

Das Unterprogramm zur Initialisierung des Rucksackmoduls ab Zeile *61* ist sehr einfach aufgebaut. Zunächst wird der Anfangswert des Zufallszahlengenerators in x_0 geladen, ein Paar c, c^{-1} wird in das RAM geladen und der Zufallszahlengenerator wird einige Male aufgerufen.

Das Unterprogramm zur Erzeugung eines stark monoton ansteigendend Vektors $\boldsymbol{k}(k_1, \ldots, k_{96})$ mit der Summe s kann wie folgt in Pseudocode beschrieben werden:

$$
\begin{aligned}
&1 \quad k_1 \leftarrow x \\
&2 \quad s \leftarrow x \\
&3 \quad \textbf{for } \kappa = 2 \textbf{ to } 96 \textbf{ do} \\
&4 \quad\quad k_\kappa \leftarrow x + s \\
&5 \quad\quad s \leftarrow s + k_\kappa \\
&6 \quad \textbf{end}
\end{aligned}
$$

Dabei ist x eine 32-Bit-Zufallszahl, s und die k_κ sind Elemente aus $\mathbb{Z}_d$, d.h. nicht negative natürliche Zahlen mit $0 \leq s < d$ und $0 \leq k_\kappa < d$. Tatsächlich sind alle diese Zahlen positiv. Hier ist nun die Umsetzung des Pseudoprogramms in ein Assemblerprogramm für dsPIC:

Unterprogramm `mcRckErzSms`

Es wird ein stark monoton ansteigender Vektor $\boldsymbol{k} = (k_1, \ldots, k_{96})$ erzeugt.

Input
$\mathbf{w_5}$ Die Adresse von $\boldsymbol{k}$

Das Unterprogramm verwendet 16 Bytes aus dem Stapelbereich.

1	`mcRckErzSms:`	`lnk`	`#16`	1	$\mathbf{w_{14}} \leftarrow \mathcal{A}(s)$
2		`push5`	`w0,w1,w2,w3,w4`	5×1	
3		`mov`	`#vwdX+2,w0`	1	Vorbereitungen für den Zufallszahlengenerator
4		`mov`	`#0x0DCD,w1`	1	
5		`rcall`	`mcRand`	2	Erzeuge Zufallszahl x
6		`mov`	`[-w0],w2`	1	$\mathbf{w_2} \leftarrow x^\perp$
7		`mov`	`w2,[w5++]`	1	$k_1[0] \leftarrow x^\perp$
8		`mov`	`[++w0],w2`	1	$\mathbf{w_2} \leftarrow x^\top$
9		`mov`	`w2,[w5++]`	1	$k_1[1] \leftarrow x^\top$
10		`repeat`	`#5`	1	$\textbf{for } \nu = 2 \textbf{ to } 7 \textbf{ do}$
11		`clr`	`[w5++]`	1	$k_1[\nu] \leftarrow 0$
12		`sub`	`#8*2,w5`	1	$\mathbf{w_5} \leftarrow \mathcal{A}(k_0)$
13		`repeat`	`#7`	1	$\textbf{for } \nu = 0 \textbf{ to } 7 \textbf{ do}$

14		mov	[w5++],[w14++]	1	$s[\nu] \leftarrow k_1[\nu]$, $\mathbf{w_5} \leftarrow \mathcal{A}(k_1[\nu])$
15		sub	#8*2,w14	1	$\mathbf{w_{14}} \leftarrow \mathcal{A}(s)$
16		mov	#95,w4	1	$\kappa \leftarrow 2$
17	0:	rcall	mcRand	2	Erzeuge Zufallszahl x
18		mov	[-w0],w2	1	$\mathbf{w_2} \leftarrow x^\perp$
19		add	w2,[w14++],[w5++]	1	$k_\kappa[0] \leftarrow (x^\perp + s[0])^\perp$
20		mov	[++w0],w2	1	$\mathbf{w_2} \leftarrow x^\top$
21		addc	w2,[w14++],[w5++]	1	$u = x^\top + s[1] + (x^\perp + s[0])^\top)$, $k_\kappa[1] \leftarrow u^\perp$
22		mov	[w14++],w2	1	$\mathbf{w_2} \leftarrow s[2]$
23		addc	w2,#0,[w5++]	1	$u = s[2] + u^\top$, $k_\kappa[2] \leftarrow u^\perp$
24		do	#4,1f	2	**for** $\nu = 3$ **to** 7 **do**
25		mov	[w14++],w2	1	$\mathbf{w_2} \leftarrow s[\nu]$
26	1:	addc	w2,#0,[w5++]	1	$u = s[\nu] + u^\top$, $k_\kappa[\nu] \leftarrow u^\perp$
27		sub	#8*2,w5	1	$\mathbf{w_5} \leftarrow \mathcal{A}(k_\kappa)$
28		sub	#8*2,w14	1	$\mathbf{w_{14}} \leftarrow \mathcal{A}(s)$
29		mov	[w14],w2	1	$\mathbf{w_2} \leftarrow s[0]$
30		add	w2,[w5++],[w14++]	1	$u = s[0] + k_\kappa[0]$, $s[0] \leftarrow u^\perp$
31		do	#6,2f	2	**for** $\nu = 1$ **to** 7 **do**
32		mov	[w14],w2	1	$\mathbf{w_2} \leftarrow s[\nu]$
33	2:	addc	w2,[w5++],[w14++]	1	$u = s[\nu] + k_\kappa[\nu] + u^\top$, $s[\nu] \leftarrow u^\perp$
34		sub	#8*2,w14	1	$\mathbf{w_{14}} \leftarrow \mathcal{A}(s)$
35		dec	w4,w4	1	$\kappa \leftarrow \kappa + 1$
36		bra	nz,0b	1/2	Falls $\kappa \leq 96$: k_κ bestimmen
37		sub	#96*8,w5	1	$\mathbf{w_5} \leftarrow \mathcal{A}(k_0)$
38		sub	#96*8,w5	1	
39		pop5	w0,w1,w2,w3,w4	5×1	
40		ulnk		1	s entfernen
41		return		3	

Die Variable s enthält vor der Berechnung von k_κ die Summe $k_1 + \cdots + k_{\kappa-1}$. Sie ist eine Hilfsgröße, die außerhalb des Unterprogramms keine Bedeutung hat. Ihre Lebensdauer sollte deshalb die Aufrufzeit des

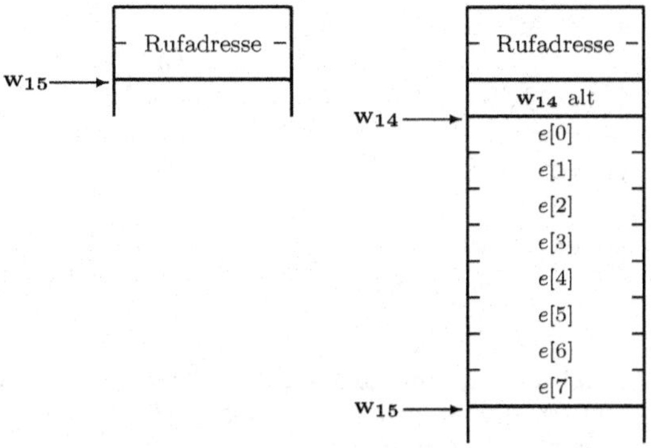

Unterprogramms nicht überschreiten. Das gelingt, indem die Variable im Stapelbereich angelegt wird, und zwar als ein mit dem Befehlspaar lnk und ulnk erzeugter und wieder entfernter *stack frame*. Auf der

linken Seite der vorangehenden Skizze ist der Stapelbereich direkt nach dem Aufruf des Unterprogramms dargestellt. Auf der rechten Seite ist gezeigt, wie der Stapelbereich nach dem Befehl `lnk #16` aussieht. In diesem Zusammenhang ist nur wichtig, daß nach dem Befehl Register $\mathbf{w_{14}}$ auf den Anfang eines Speicherbereiches von acht Worten zeigt, welcher die Variable e aufnehmen kann. Nach dem Befehl `ulnk` ist dann die Situation auf der linken Seite der Skizze wieder hergestellt.

Zum Gebrauch der Operatoren $\perp$ und $\top$: Mit $\boldsymbol{\beta} = 2^{16}$ seien $u, v \in \{0, \ldots, \boldsymbol{\beta} - 1\}$, dann ist

$$(v\boldsymbol{\beta} + u)^{\perp} = u \qquad (v\boldsymbol{\beta} + u)^{\top} = v$$

$$(u + v)^{\perp} = \boldsymbol{\varrho}_{\boldsymbol{\beta}}(u + v) \qquad (u + v)^{\top} = \left\lfloor \frac{u + v}{\boldsymbol{\beta}} \right\rfloor$$

Offensichtlich ist $(u+v)^{\top}$ der Übertrag in die nächsthöhere Ziffer, der entsteht, wenn u und v im Zahlensystem zur Basis $\boldsymbol{\beta}$ addiert werden. Insbesondere ist $(u + v)^{\top} \in \{0, 1\}$.

Ein öffentlicher Schlüssel $\boldsymbol{e} = (e_1, \ldots, e_{96})$ entsteht aus einem privaten Schlüssel $\boldsymbol{k} = (k_1, \ldots, k_{96})$ durch Multiplikation mit c: $e_\kappa = c \otimes k_\kappa$, was zu einem kurzen, einfachen Unterprogramm führt:

Unterprogramm `mcRckErzE`

Es wird der öffentliche Schlüssel $\boldsymbol{\Theta}(\boldsymbol{k}) = \boldsymbol{e} = (e_1, \ldots, e_{96})$ erzeugt.

Input

$\mathbf{w_5}$ Die Adresse von $\boldsymbol{k}$

Es wird $\boldsymbol{k}$ mit $\boldsymbol{e}$ überschrieben. Das Unterprogramm verwendet 16 Bytes aus dem Stapelbereich.

```
mcRckErzE: lnk     #16              1    Erzeuge t als stackframe
           push4   w0,w8,w9,w10     4x1
           mov     w5,w8            1    w8 ← A(k1)
           mov     #vbcC9,w9        1    w9 ← A(c)
           mov     w14,w10          1    w10 ← A(t)
           mov     #96,w0           1    for κ = 1 to 96 do
0:         rcall   mcRckMul8x8m     2      t ← c ⊗ kκ
           repeat  #7               1      for ν = 0 to 7 do
           mov     [w10++],[w8++]   1        kκ[ν] ← t[ν]
           sub     #8*2,w10         1      w10 ← A(t)
           dec     w0,w0            1      κ ← κ + 1
           bra     nz,0b            1/2  end
           pop4    w0,w8,w9,w10     4x1
           ulnk                     1    Entferne t
           return                   3
```

Multipliziert wird natürlich mit dem Unterprogramm `mcRckMul8x8m`. Dessen Outputvektor darf allerdings mit keinem der Inputvektoren identisch sein, weshalb das Produkt $c \otimes k_\kappa$ in einer temporären Variablen t im Stapelbereich erzeugt und dann nach k_κ kopiert wird.

9.3.3. Verschlüsselung

Gegeben sind ein Klartext $\mathsf{x} = (\mathsf{x}_1, \ldots, \mathsf{x}_{96}) \in \{0,1\}^{96}$, d.h. ein Bitvektor der Länge 96, der im Programm die Gestalt eines Wortvektors $\boldsymbol{x} = (x_1, \ldots, x_6) \in \{0, \ldots, 2^{16}-1\}^6$ annimmt. Weiter ist gegeben ein öffentlicher Schlüssel $\boldsymbol{e} = (e_1, \ldots, e_{96}) \in \{0, \ldots, 2^{128}-1\}^{96}$. Der Geheimtext ist die Summe

$$g = \sum_{\nu=1}^{96} \mathsf{x}_\nu e_\nu$$

also eine natürliche Zahl, die im Programm ebenfalls als ein Wortvektor $\boldsymbol{g}$ darzustellen ist. Welche Länge muß diesem Vektor gegeben werden, d.h. wie groß kann g maximal werden? Natürlich erreicht die Summe ihr Maximum für $\mathsf{x}_\nu = 1$ und $e_\nu = 2^{128}-1$, mit der Abschätzung

$$g \leq 96(2^{128}-1) = 3 \cdot 2^{133} - 96 < 8 \cdot 2^{133} = 2^{136} = (2^8)^{17}$$

Der Wortvektor $\boldsymbol{g}$ hat daher die Länge 9 (17 Byte würden genügen).

Unterprogramm `mcRckVersch`

Es wird der Geheimtext $g = \sum_{\nu=1}^{96} \mathsf{x}_\nu e_\nu$ eines Klartextes $\mathsf{x} = (\mathsf{x}_1, \ldots, \mathsf{x}_{96}) \in \mathbb{K}_2^{96}$ berechnet.

Input

- $\mathbf{w_0}$ Die Adresse eines Klartexttes x
- $\mathbf{w_1}$ Die Adresse eines öffentlichen Schlüssels $\boldsymbol{e}$
- $\mathbf{w_2}$ Die Adresse eines Vektors $\boldsymbol{g} = (g_1, \ldots, g_9) \in \{0, \ldots, 2^{16}-1\}^9$

Der Vektor $\boldsymbol{g}$ wird mit dem Geheimtext g des Klartextes überschrieben.

```
mcRckVersch: push3   w3,w4,w5           3×1
             repeat  #8                 1    for μ = 1 to 9 do
             clr     [w2++]             1      g_μ ← 0000_16
             sub     #9*2,w2            1    w2 ← A(g)
             mov     #6,w3              1    κ ← 1, d.h. w3 ← κ̃ = 7 − κ
1:           mov     [w0++],w4          1    w4 ← u = x_κ
             mov     #16,w5             1    λ ← 1, d.h. w5 ← λ̃ = 17 − λ
2:           lsr     w4,w4              1    t ← ϱ2(u), u ← ⌊u/2⌋
             bra     nc,4f              1/2  Falls t = 1: e_ν addieren:
             mov     [w1++],w6          1      w6 ← e_ν[1]
             add     w6,[w2],[w2++]     1      s ← (g1 + e_ν[1])^⊤, g1 ← (g1 + e_ν[1])^⊥
             do      #6,3f              2      for μ = 2 to 8 do
             mov     [w1++],w6          1        w6 ← e_ν[μ]
3:           addc    w6,[w2],[w2++]     1        v ← g_μ + e_ν[μ] + s, s ← v^⊤, g_μ ← v^⊥
             mov     [w2],w6            1      w6 ← g9
             addc    w6,#0,[w2]         1      g9 ← g9 + s
             sub     #8*2,w2            1      w2 ← A(g1)
             bra     5f                 1/2    Hier w1 = A(e_ν+1)
4:           add     #8*2,w1            1    Falls t = 0: w1 ← A(e_ν+1)
```

20	5:	dec	w5,w5	1	$\lambda \leftarrow \lambda + 1$
21		bra	nz,2b	1/2	Falls $\lambda \leq 16$: neues t und u
22		dec	w3,w3	1	$\kappa \leftarrow \kappa + 1$
23		bra	nz,1b	1/2	Falls $\kappa \leq 6$: arbeite x_κ ab
24		sub	#6*2,w0	1	$\mathbf{w_0} \leftarrow \mathcal{A}(\mathbf{x})$
25		sub	#96*8,w1	1	$\mathbf{w_1} \leftarrow \mathcal{A}(e)$
26		sub	#96*8,w1	1	
27		pop3	w3,w4,w5	3×1	
28		return		3	

Der Programmfluß läßt sich leichter beschreiben und auch nachvollziehen, wenn eine Variante des Unterprogramms in Pseudocode zur Verfügung steht:

```
1  ν ← 1
2  for μ = 1 to 9 do
3      g_μ ← 0
4      end
5  for κ = 1 to 6 do
6      u ← x_κ
7      for λ = 1 to 16 do
8          t ← ϱ_2(u)
9          u ← ⌊u/2⌋
10         if t = 1 then
11             s ← 0
12             for μ = 1 to 8 do
13                 v ← g_μ + e_ν[μ] + s
14                 s ← v^⊤
15                 g_μ ← v^⊥
16                 end
17             g_9 ← (g_9 + s)^⊥
18             end
19         ν ← ν + 1
20         end
21     end
```

Die hier relevante Bedeutung der Operatoren $^\perp$ und $^\top$ wird in Abschnitt 9.3.2 erläutert. Natürlich wird der Pseudocode nicht absolut strikt umgesetzt. Beispielsweise ist in den Zeilen 8–9 der Prozessorbefehl

```
lsr    w4,w4
```

in Zeile *8* algebraisch beschrieben, nämlich als

$$t \leftarrow \varrho_2(u) \quad u \leftarrow \lfloor u/2 \rfloor$$

dabei steht die Größe t für das Überlaufbit des Statusregisters. Auch wird bei den Vektoren nicht mit Indizes, sondern mit Adressen gearbeitet. So wird beispielsweise bei $t = 1$ die Adresse in $\mathbf{w_1}$ während der Addition von $\boldsymbol{g}$ und e_ν in den Zeilen *10–16* automatisch auf $e_{\nu+1}$ weitergeschaltet und muß folglich bei $t = 0$ explizit erhöht werden (Zeile *19*). Natürlich ist der Index ν, mit dem der öffentliche Schlüssel durchlaufen wird, im Unterprogramm nur indirekt gegenwärtig.

Nach der Addition der acht Ziffern von e_ν zu den ersten acht Ziffern von $\boldsymbol{g}$ (zur Basis $\boldsymbol{\beta} = 2^{16}$) wird der dabei entstehende Übertrag in den Zeilen *15–16* zur Ziffer g_9 addiert. Siehe dazu auch die obige Abschätzung der Länge von $\boldsymbol{g}$.

9.3.4. Entschlüsselung

Gegeben ist ein Geheimtext g, d.h. eine natürliche Zahl $g \in \{0, \ldots, 2^{136} - 1\}$. Sie wird dem Unterprogramm als ein Wortvektor $\boldsymbol{g} = (g_1, \ldots, g_9) \in \{0, \ldots, 2^{16} - 1\}^9$ präsentiert. Der Geheimtext wurde mit einem öffentlichen Schlüssel $\boldsymbol{e} = (e_1, \ldots, e_{96}) \in \{0, \ldots, 2^{128} - 1\}^{96}$ verschlüsselt, der aus einem privaten Schlüssel $\boldsymbol{k} = (k_1, \ldots, k_{96})$ mittels einer natürlichen Zahl c erzeugt wurde (siehe dazu Abschnitt 9.1). Das Unterprogramm erzeugt den zu g gehörigen Klartext $\mathsf{x} = (\mathsf{x}_1, \ldots, \mathsf{x}_{96}) \in \mathbb{K}_2^{96}$ in Gestalt eines Wortvektors $\boldsymbol{x} = (x_1, \ldots, x_6) \in \{0, \ldots, 2^{16} - 1\}^6$. Dazu wird das (private) inverse Element c^{-1} von c im Ring $\mathbb{Z}_{2^{128}}$ benötigt.

Unterprogramm `mcRckEntsch`

Es wird der Klartext $\mathsf{x} = (\mathsf{x}_1, \ldots, \mathsf{x}_{96}) \in \mathbb{K}_2^{96}$ eines Geheimtextes $g \in \{0, \ldots, 2^{16} - 1\}^9$ berechnet.

Input

- $\mathtt{w_0}$ Die Adresse eines Wortvektors $\boldsymbol{x} = (x_1, \ldots, x_6) \in \{0, \ldots, 2^{16} - 1\}^6$
- $\mathtt{w_1}$ Die Adresse eines privaten Schlüssels $\boldsymbol{k}$
- $\mathtt{w_8}$ Die Adresse eines Geheimtextes g als Wortvektor $\boldsymbol{g} \in \{0, \ldots, 2^{16} - 1\}^9$
- $\mathtt{w_9}$ Die Adresse von c^{-1} (siehe Text)

Der Vektor $\boldsymbol{x}$ wird mit dem Klartext x des Geheimtextes g überschrieben.

`mcRckEntsch:`	`lnk`	`#16`	1	Erzeuge $\boldsymbol{h}$ als *stackframe*
	`push4`	`w3,w4,w5,w10`	4×1	
	`mov`	`w14,w10`	1	$\mathtt{w_{10}} \leftarrow \mathcal{A}(\boldsymbol{h})$
	`rcall`	`mcRckMul8x8m`	2	$\boldsymbol{h} \leftarrow \varrho_{2^{128}}(c^{-1}g)$
	`repeat`	`#5`	1	**for** $\mu = 1$ **to** 6 **do**
	`clr`	`[w0++]`	1	$x_\mu \leftarrow 0000_{16}$
	`add`	`#95*8,w1`	1	$\mathtt{w_1} \leftarrow \mathcal{A}(k_{96})$
	`add`	`#95*8,w1`	1	
	`dec2`	`w0,w0`	1	$\mathtt{w_0} \leftarrow \mathcal{A}(x_\mu)$
	`mov`	`#6,w2`	1	$\mu \leftarrow 6$
`1:`	`mov`	`#0x8000,w3`	1	$\mathtt{w_3} \leftarrow 2^{15}$
	`mov`	`#16,w4`	1	$n \leftarrow 15$
`2:`	`mov`	`[w14],w5`	1	$\mathtt{w_5} \leftarrow h_1$
	`sub`	`w5,[w1++],[w14++]`	1	$u \leftarrow h_1 - k_{\nu,1},\ h_1 \leftarrow \varrho_\beta(u),\ t \leftarrow \lfloor u/\beta \rfloor$
	`do`	`#6,3f`	2	**for** $\kappa = 2$ **to** 8 **do**
	`mov`	`[w14],w5`	1	$\mathtt{w_5} \leftarrow h_\kappa$
`3:`	`subb`	`w5,[w1++],[w14++]`	1	$u \leftarrow h_\kappa - k_{\nu,\kappa},\ h_\kappa \leftarrow \varrho_\beta(u),\ t \leftarrow \lfloor u/\beta \rfloor$
	`bra`	`c,5f`	1/2	**if** $t = -1$
	`sub`	`#8*2,w14`	1	$\mathtt{w_{14}} \leftarrow \mathcal{A}(\boldsymbol{h})$
	`sub`	`#8*2,w1`	1	$\mathtt{w_1} \leftarrow \mathcal{A}(\boldsymbol{k}_\nu)$
	`mov`	`[w14],w5`	1	$\mathtt{w_5} \leftarrow h_1$
	`add`	`w5,[w1++],[w14++]`	1	$u \leftarrow h_1 + h_\nu,\ h_1 \leftarrow u^\perp,\ t \leftarrow u^\top$
	`do`	`#6,4f`	2	**for** $\kappa = 2$ **to** 8 **do**
	`mov`	`[w14],w5`	1	$\mathtt{w_5} \leftarrow h_\kappa$
`4:`	`addc`	`w5,[w1++],[w14++]`	1	$u \leftarrow h_\kappa + h_\nu,\ h_\kappa \leftarrow u^\perp,\ t \leftarrow u^\top$

26		bra	6f	1/2	else
27	5:	ior	w3,[w0],[w0]	1	$x_\mu \leftarrow x_\mu + 2^n$
28	6:	sub	#8*2,w14	1	$\mathbf{w_{14}} \leftarrow \mathcal{A}(\boldsymbol{h})$
29		sub	#16*2,w1	1	$\mathbf{w_1} \leftarrow \mathcal{A}(\boldsymbol{k}_{\nu-1})$, d.h. $\nu \leftarrow \nu - 1$
30		lsr	w3,w3	1	$\mathbf{w_3} \leftarrow 2^{n-1}$
31		dec	w4,w4	1	$n \leftarrow n - 1$
32		bra	nz,2b	1/2	Falls $n \geq 0$ x_ν bestimmen
33		dec	w2,w2	1	$\mu \leftarrow \mu - 1$
34		bra	nz,1b	1/2	Falls $\mu \geq 1$ bestimme x_μ
35		pop4	w3,w4,w5,w10	4×1	
36		ulnk		1	Entferne $\boldsymbol{h}$
37		return		3	

Der Programmfluss der Entschlüsselung ist etwas verwickelter als derjenige der Verschlüsselung, aber auch hier kann das Verständnis durch ein Programm in Pseudocode erleichtert werdem:

```
1  ν ← 96
2  h ← ϱ_{2^128}(c^{-1}g)
3  for ν = 1 to 6 do
4        x_ν ← 0
5        end
6  for μ = 6 downto 1 do
7        for n = 15 downto 0 do
8              h ← h − k_ν
9              if h ≥ 0 then
10                   x_μ ← x_μ + 2^n
11                   else
12                   h ← h + k_ν
13                   end
14             ν ← ν − 1
15             end
16       end
```

Der Laufindex ν von $\boldsymbol{k}$ ist im Unterprogramm nur implizit vorhanden, weil statt $\boldsymbol{k}_\nu$ die Adresse $\mathcal{A}(\boldsymbol{k}_\nu)$ (in $\mathbf{w_1}$) verwendet wird. Die Hauptschleife ist die in den Zeilen 6–16, mit der die x_μ, also x_6 bis x_1, durchlaufen werden. In der inneren Schleife in den Zeilen 7–15 werden die 16 Bits von x_μ bestimmt, und zwar beginnend mit x_{96} bis x_{81} in x_6 und endend mit x_{16} bis x_1 in x_1.

Im Unterprogramm selbst besteht die äußere Schleife aus den Zeilen *11–34*, die innere Schleife aus den Zeilen *13–32*. Die innere Schleife enthält noch eine Schleife zur Subtraktion $h - k_\nu$ in den Zeilen *13–17* und eine Schleife zur Rückaddition $h + k_\nu$ in den Zeilen *21–25*. Genaueres zur Kommentierung der Subtraktionsschleife findet man in Abschnitt B.1. Zum Gebrauch der Operatoren $^\perp$ und $^\top$ in der Additionsschleife siehe Abschnitt 9.3.2.

Die Zahl $h = \varrho_d(g)c^{-1}$ wird nur während des Unterprogrammaufrufs gebraucht, sie wird deshalb wie in Abschnitt 9.3.2 im Stapel als Wortvektor $\boldsymbol{h} = (h_1, \ldots, h_8)$ zur Verfügung gestellt.

9.4. Nachrede

Der Prozess der Berechnung des öffentlichen Schlüssels $\boldsymbol{e} = (e_1, \ldots, e_{96})$ aus dem privaten Schlüssel, d.h. aus der stark monoton ansteigenden Folge $\boldsymbol{k} = (k_1, \ldots, k_{96})$, ist natürlich umkehrbar:

$$\boldsymbol{k} = (c^{-1} \otimes e_1, \ldots, c^{-1} \otimes e_{96}) = \big(\varrho_d(c^{-1}e_1), \ldots, \varrho_d(c^{-1}e_1)\big)$$

Kennt man also d und c, dann kann jeder mit $\boldsymbol{k}$ verschlüsselte Geheimtext entschlüsselt werden. Tatsächlich ist es gar nicht nötig, d und c zu kennen. Denn kann man irgendein Zahlenpaar $(\tilde{d}, \tilde{c})$ finden, das die Eigenschaften von (d, c) hat, und zwar so, daß

$$\tilde{\boldsymbol{k}} = (\tilde{c}^{-1} \otimes e_1, \ldots, \tilde{c}^{-1} \otimes e_{96}) = \big(\varrho_{\tilde{d}}(\tilde{c}^{-1}e_1), \ldots, \varrho_{\tilde{d}}(\tilde{c}^{-1}e_1)\big)$$

eine stark monoton ansteigende Folge ist, dann kann mit $\tilde{\boldsymbol{k}}$ jeder mit $\boldsymbol{k}$ chiffrierte Geheimtext dechiffriert werden.

Im Jahre 1984 veröffentlichte A. Shamir einen Aufsatz, in dem eine Methode vorgestellt wird, ein solches Zahlenpaar $(\tilde{d}, \tilde{c})$ zu bestimmen. Verschlüsselungen mit dem Rucksackproblem sind daher nicht sicher. Zwar wurden verbesserte Verschlüsselungssysteme nach dem Rucksackproblem ersonnen, doch auch diese entpuppten sich als nicht sicher.

Allerdings ist diese Methode kompliziert, was bedeutet, daß sie für Normalmenschen schwer zugänglich ist (als Algorithmus und als Computerprogramm), und sie ist von „polynomialer Komplexität“ (siehe [Sha]), was bedeutet, daß sie nur für kleine Schlüssel praktikabel ist. Ob das Rucksackverfahren genügend sicher ist, muß in der Praxis von Fall zu Fall entschieden werden.

Unabhängig davon, ob das Rucksackverfahren als solches sicher ist oder nicht, kann schon **die Anwendung** des Rucksackverfahrens unsicher sein. Angenommen nämlich, **ein** Klartext $\mathsf{x} \in \mathbb{K}_2^{96}$ wird mit 96 öffentlichen Schlüsseln $\boldsymbol{e}^{\langle r \rangle}$, $r \in \{1, \ldots, 96\}$ zu Geheimtexten g_r chiffriert:

$$\sum_{\nu=1}^{96} e_\nu^{\langle r \rangle} \mathsf{x}_\nu = g_r$$

Das ist offensichtlich ein lineares Gleichungssystem für die unbekannnten x_ν!

Allerdings ist die Wahrscheinlichkeit, dieses System lösen zu können, sehr sehr klein. Schon die schiere Größe ist problematisch. Es kommt dazu, daß ein Programm zum Lösen verwendet werden muß, das die g_r und $e_\nu^{\langle r \rangle}$ **exakt**, d.h. ohne Runden, verarbeiten kann. Die heute üblichen leicht zugänglichen Programme, die IEE-Fließkommaarithmetik verwenden, sind natürlich nicht geeignet. Aber selbst wenn ein passendes Programm gefunden werden kann, dürfte man der Lösung nicht näher gekommen sein. Denn das System ist offensichtlich sehr schlecht konditioniert. Die Lösungen des Systems sind verglichen mit seinen Koeffizienten und den Gleichungskonstanten **winzig**, d.h. um zu den Lösungen zu gelangen sind viele Differenzen von großen Fließkommazahlen zu bilden. Solche Differenzenbildungen sind aber die haupsächliche Fehlerquelle bei der Lösung linearer Gleichungen! Und Fehler aus diesen Quellen sind stets groß.

Daß ein Programm zur Lösung linearer Gleichungssysteme, das mit Fließkommaarithmetik arbeitet, obiges Gleichungssystem lösen kann, ist so gut wie ausgeschlossen. Ein Programm mit *rationaler Arithmetik* könnte eine Lösung bringen, doch die Erfahrung mit solchen Programmen zeigt, daß mit Brüchen von Zählern und Nennern gigantischer Größe zu rechnen ist.

Erstaunlich ist, wie gut sich 8-Bit-AVR gegenüber 16-Bit-dsPIC behaupten kann. Dem aufmerksamen Leser wird nicht entgangen sein, daß den AVR-Mikrocontrollern nicht allzuviel zugemutet werden sollte. Beispielsweise ist die Größe von c^{-1} auf fünf Ziffern zur Zahlenbasis $\beta = 2^8$ beschränkt worden, auch können weder der private noch der öffentliche Schlüssel vom Mikrocontroller selbst berechnet werden. Der interessierte Leser wird sicher keine Schwierigkeiten haben, diese Beschränkungen zu beseitigen, die Realisierungen für dsPIC-Mikrocontroller können dabei als Vorbild dienen.

Allerdings kommt das relativ gute Abschneiden von AVR nicht von ungefähr, der Programmcode ist aufwendig optimiert worden. Neben vielen kleineren nicht so sehr auffallenden Optimierungen wurde in der Hauptsache darauf hingearbeitet, die Schreib- und Lesezugriffe auf das RAM so gering zu halten wie möglich, und Schleifen durch Codevervielfachung zu vermeiden. Die Vermeidung von Speicherzugriffen wird durch die große Anzahl von Registern der AVR-CPU erleichtert, und selbst kleinere AVR-Controller haben inzwischen recht große ROM-Speicher, die beträchtliche Codevervielfältigungen möglich machen.

Im Gegenteil dazu sind bei dsPIC-Prozessoren die Zugriffe auf Arbeitsregister und das RAM gleich schnell, hier ist keine wesentliche Optimierung möglich, folglich wurden diesbezüglich auch keine Optimierungen vorgenommen. Und Codevervielfältigungen im Inneren geschachtelter Schleifen (also da, wo sie am meisten Ertrag bringen) können durch den Einsatz der Befehle `do` und `repeat`, die verlustfreie Schleifen ermöglichen, vermieden werden.

Und natürlich sind die Unterprogramme bei den dsPIC-Prozessoren kürzer und knapper als bei AVR-Prozessoren, hier zeigt sich die beträchtliche Überlegenheit des Befehlssatzes bei dsPIC gegenüber dem Befehlssatz bei AVR.

Es ist jedenfalls erfreulich, daß ein Chiffrierverfahren mit öffentlichem Schlüssel mit gutem Erfolg auch mit Mikrocontrollern am unteren Ende des Leistungsspektrum realisiert werden kann.

10. Implementierung der Arithmetik von $\mathbb{K}_{2^8}$

Es gibt verschiedene Methoden, die Arithmetik eines endlichen Körpers zu realisieren.[1] Im vorliegenden Fall liegt die Betonung natürlich auf der Multiplikation, denn Addition und Subtraktion (die im Körper $\mathbb{K}_{2^8}$ übereinstimmen) sind als bitweise Addition modulo 2 die Einfachheit selbst, und die Division erfordert nach der Implementierung der Multiplikation zur ihrer Realisierung nur noch eine relativ kleine Tabelle, um die inversen Elemente des Körpers bereitzustellen.

Die einfachste und schnellste Methode besteht darin, eine Multiplikationstabelle zu verwenden. Eine solche Tabelle besteht aus $2^8 \times 2^8 = 2^{16}$ Bytes, stellt also möglicherweise kein großes Problem beim Einsatz eines **ATmega128** oder **ATmega1284** dar, erst recht nicht bei dem viermal größeren ROM eines **Atmega2560**.[2]

Das Kryptosystem soll allerdings auch mit Mikrocontrollern nutzbar sein, die mit weniger großzügigem ROM ausgestattet sind. Hier wird deshalb ein anderes Verfahren gewählt, das mit deutlich weniger Speicherplatz auskommt, allerdings auch etwas mehr Rechenzeit erfordert. Es stützt sich darauf, daß jeder endliche Körper ein primitives Element enthält. Das bedeutet hier, daß es ein $a \in \mathbb{K}_{2^8}^\star = \mathbb{K}_{2^8} \setminus \{0\}$ gibt mit der Eigenschaft, daß es zu jedem $u \in \mathbb{K}_{2^8}^\star$ **genau ein** $\nu \in Q = \{0, \ldots, 2^8 - 2\}$ gibt mit $u = a^\nu$. Die von Null verschiedenen Elemente eines endlichen Körpers (speziell hier die Elemente von $\mathbb{K}_{2^8}^\star$) sind also eindeutig als Potenzen eines solchen primitiven Elementes darstellbar.

Ein primitives Element a erfüllt immer $a^{2^8-1} = 1$. Geht man allerdings von Q zu der Exponentenmenge $\{0, \ldots, 2^8 - 1\}$ über, dann erhält man zwar wieder eine Exponentendarstellung, doch geht die Eindeutigkeit der Exponentendarstellung verloren, denn es ist natürlich auch $a^0 = 1$.

In dieser Exponentendarstellung besteht die Multiplikation der Elemente von $\mathbb{K}_{2^8}^\star$ aus der Addition ihrer Exponenten:

$$uv = a^\nu a^\mu = a^{\nu+\mu}$$

Es ist jedoch noch $\nu + \mu \notin Q$ möglich, weshalb die Summe $\nu + \mu$ auf die Menge Q zu reduzieren ist. Man sieht nun ganz leicht, daß die Abbildung

$$\Lambda\colon \mathbb{K}_{2^8}^\star \longrightarrow Q \quad \text{mit } \Lambda(u) = \nu \text{ falls } u = a^\nu \tag{10.1}$$

die folgende Eigenschaft besitzt und daher so etwas wie eine Logarithmusfunktion darstellt:

$$\Lambda(uv) = \varrho_{2^8-1}\big(\Lambda(u) + \Lambda(v)\big) \tag{10.2}$$

Man addiert also die Exponenten und reduziert die Summe dann modulo $2^8 - 1 = 255$. So ist beispielsweise

$$a^{150}a^{151} = a^{301 \bmod 255} = a^{301-255} = a^{55}$$

Wie man ein primitives Element bestimmt, kann in [HSMS] **2.4.** nachgelesen werden. Dort wird als primitives Element $a = \mathtt{B2}_{16}$ gefunden, das auch hier verwendet wird. Jedes Element von $\mathbb{K}_{2^8}^\star$ ist also eindeutig als eine Potenz $(\mathtt{B2}_{16})^\nu$ darstellbar, wobei $\nu \in Q$.

[1] Siehe hierzu [HSMS] **2.4.** und **6.13.**

[2] Dem Leser wird eine solche Tabelle für Programmierungszwecke zur Verfügung gestellt.

Die nachfolgende Tabelle beschreibt die auf $\texttt{B2}_{16}$ basierende Abbildung Λ, und zwar ist $\Lambda(\texttt{YX}_{16})$ zu finden im Schnittpunkt von Zeile Y mit der Spalte X.

Tabellendarstellung der Abbildung Λ

								X								
Y	0	1	2	3	4	5	6	7	8	9	A	B	C	D	E	F
0		00	5F	DA	BE	B5	3A	45	1E	20	15	E8	99	77	A4	90
1	7D	6B	7F	F7	74	8A	48	52	F8	9A	D6	FA	04	C3	EF	FE
2	DC	D9	CA	BC	DE	28	57	9E	D3	EA	E9	75	A7	D5	B1	96
3	58	2E	F9	46	36	D2	5A	C6	63	2D	23	FC	4F	AB	5E	65
4	3C	40	39	93	2A	D1	1C	86	3E	A6	87	08	B6	D7	FD	DF
5	33	EE	4A	09	49	21	D4	C7	07	A1	35	F1	11	44	F5	AD
6	B7	0A	8D	B4	59	97	A5	6C	95	79	32	CF	B9	B3	26	03
7	C2	71	8C	F3	82	ED	5C	B0	AE	3D	0B	C5	BD	50	C4	60
8	9B	3B	9F	64	98	0C	F2	2B	89	C0	31	18	7B	A0	E5	56
9	9D	CD	06	4C	E6	CE	67	73	16	8B	37	76	5D	7A	3F	C8
A	92	42	4E	E4	A9	8F	68	C1	A8	47	80	78	34	E0	27	72
B	66	DD	01	F0	94	12	51	8E	70	1A	A3	54	55	AA	0D	38
C	17	2C	69	1B	EC	6E	14	6F	B8	61	F6	41	05	DB	CB	AC
D	F4	BA	D8	4B	91	7E	2F	B2	19	E7	13	81	85	E2	62	30
E	22	88	D0	83	EB	5B	53	1F	E1	02	4D	7C	BB	CC	10	0F
F	0E	43	9C	C9	6A	E3	25	84	1D	A2	AF	6D	24	29	BF	FB

Es ist also beispielsweise $\Lambda(\texttt{5C}_{16}) = \texttt{1A}_{16} = 26$ und $\Lambda(\texttt{55}_{16}) = \texttt{F0}_{16} = 240$. Damit ist das Produkt der beiden Körperelemente gegeben als

$$\texttt{5C}_{16}\texttt{55}_{16} = (\texttt{B2}_{16})^{26}(\texttt{B2}_{16})^{240} = (\texttt{B2}_{16})^{266 \bmod 255} = (\texttt{B2}_{16})^{266-255} = (\texttt{B2}_{16})^{11}$$

Was aber ist $(\texttt{B2}_{16})^{11}$? D.h. für welches $\texttt{YX}_{16}$ aus $\mathbb{K}^\star_{2^8}$ gilt $\texttt{YX}_{16} = (\texttt{B2}_{16})^{11}$? Die Antwort ist natürlich: Man suche die Zeile $\texttt{Y}_{16}$ und die Spalte $\texttt{X}_{16}$ der Tabelle, in deren Schnittpunt $11 = \texttt{0B}_{16}$ steht. Man findet Zeile $\texttt{0}_{16}$ und Spalte $\texttt{6}_{16}$, folglich gilt

$$\texttt{5C}_{16}\texttt{55}_{16} = \texttt{06}_{16}$$

Nun ist das Aufsuchen von $\texttt{0B}_{16}$ in obiger Tabelle nichts anderes als die Bestimmung von $\Lambda^{-1}(\texttt{0B}_{16})$ oder von $\Lambda^{-1}(11)$ für $11 \in Q$.. Dabei ist

$$\Upsilon\colon Q \longrightarrow \mathbb{K}^\star_{2^8} \quad \text{mit } \Upsilon(\nu) = u \text{ falls } u = (\texttt{B2}_{16})^\nu \tag{10.3}$$

also die Umkehrabbildung von Λ. Es gilt daher für $u \in \mathbb{K}^\star_{2^8}$ und $\nu \in Q$

$$\Upsilon\bigl(\Lambda(u)\bigr) = u \qquad \Lambda\bigl(\Upsilon(\nu)\bigr) = \nu \tag{10.4}$$

Weil die Abbildung Λ ähnliche Eigenschaften wie die reelle Logarithmusfunktion hat kann man vermuten, daß ihre Umkehrabbildung Υ über ähnliche Eigenschaften wie die reelle Exponentialfunktion verfügt. Das ist auch tatsächlich der Fall, es gilt nämlich

$$\Upsilon\bigl(\varrho_{2^8-1}(\nu + \mu)\bigr) = a^\nu a^\mu = \Upsilon(\nu)\Upsilon(\mu) \tag{10.5}$$

Der Unterschied zur reellen Exponentialfunktion besteht lediglich darin, daß die Argumentsumme $\nu + \mu$ von Υ mit der Teilerrestfunktion ϱ_{255} auf ein Element von Q reduziert wird.

Aus obiger Tabelle von Λ läßt sich mit etwas Mühe eine Tabelle der Umkehrfunktion Υ herstellen. Die nachfolgende Tabelle beschreibt die auf $\texttt{B2}_{16}$ basierende Abbildung Υ, und zwar ist $\Upsilon(\texttt{QP}_{16})$ zu finden im Schnittpunkt von Zeile Q mit der Spalte P.

Tabellendarstellung der Abbildung Υ

Q \ P	0	1	2	3	4	5	6	7	8	9	A	B	C	D	E	F
0	01	B2	E9	6F	1C	CC	92	58	4B	53	61	7A	85	BE	F0	EF
1	EE	5C	B5	DA	C6	0A	98	C0	8B	D8	B9	C3	46	F8	08	E7
2	09	55	E0	3A	FC	F6	6E	AE	25	FD	44	87	C1	39	31	D6
3	DF	8A	6A	50	AC	5A	34	9A	BF	42	06	81	40	79	48	9E
4	41	CB	A1	F1	5D	07	33	A9	16	54	52	D3	93	EA	A2	3C
5	7D	B6	17	E6	BB	BC	8F	26	30	64	36	E5	76	9C	3E	02
6	7F	C9	DE	38	83	3F	B0	96	A6	C2	F4	11	67	FB	C5	C7
7	B8	71	AF	97	14	2B	9B	0D	AB	69	9D	8C	EB	10	D5	12
8	AA	DB	74	E3	F7	DC	47	4A	E1	88	15	99	72	62	B7	A5
9	0F	D4	A0	43	B4	68	2F	65	84	0C	19	80	F2	90	27	82
A	8D	59	F9	BA	0E	66	49	2C	A8	A4	BD	3D	CF	5F	78	FA
B	77	2E	D7	6D	63	05	4C	60	C8	6C	D1	EC	23	7C	04	FE
C	89	A7	70	1D	7E	7B	37	57	9F	F3	22	CE	ED	91	95	6B
D	E2	45	35	28	56	2D	1A	4D	D2	21	03	CD	20	B1	24	4F
E	AD	E8	DD	F5	A3	8E	94	D9	0B	2A	29	E4	C4	75	51	1E
F	B3	5B	86	73	D0	5E	CA	13	18	32	1B	FF	3B	4E	1F	

Mit diesen beiden Abbildungen kann die Multiplikation jetzt wie folgt ausgeführt werden:

$$uv = \Upsilon\Big(\varrho_{2^8-1}\big(\Lambda(u) + \Lambda(v)\big)\Big) = w \tag{10.6}$$

oder auch ausführlich ausgeschrieben als

$$uv \mapsto \Lambda(uv) \mapsto \Lambda(u) + \Lambda(v) \mapsto \Upsilon\Big(\varrho_{2^8-1}\big(\Lambda(u) + \Lambda(v)\big)\Big) = w \tag{10.7}$$

Um also das Produkt w von $u, v \in \mathbb{K}^{\star}_{2^8}$ zu berechnen, bestimmt man zunächst die Exponenten $\Lambda(u)$ und $\Lambda(v)$ bezüglich des primitiven Elementes $\texttt{B2}_{16}$, etwa aus obiger Tabelle, reduziert dann deren Summe modulo $2^8 - 1$ und wendet auf das Ergebnis die Abbildung Υ an, beispielsweise mit der angegebenen Tabelle.

Als Beispiel soll das Produkt von $\texttt{9C}_{16}$ und $\texttt{EE}_{16}$ bestimmt werden. Der Tabelle entnimmt man $\Lambda(\texttt{9C}_{16}) = \texttt{05}_{16} = 5$ und $\Lambda(\texttt{EE}_{16}) = \texttt{FE}_{16} = 254$. Die Reduktion der Summe $5 + 254 = 259$ modulo 255 ist $259 - 255 = 4 = \texttt{04}_{16}$. Die Tabelle liefert nun das gesuchte Produkt als $\Upsilon(\texttt{04}_{16}) = \texttt{F0}_{16}$.

Es bleibt nun noch, zu $u, v \in \mathbb{K}^{\star}_{2^8}$ den Quotienten uv^{-1} zu berechnen. Dazu wird natürlich zu jedem $v \in \mathbb{K}^{\star}_{2^8}$ das inverse Element v^{-1} berechnet und in einer Tabelle abgelegt. Zur Bestimmung des Quotienten wird dann das Produkt von u und v^{-1} gebildet.

Weil die inversen Elemente nur einmal zum Aufbau der Tabelle zu berechnen sind, kommt es auf die Effizienz der Rechenmethode nicht an. Die einfachste Rechenmethode ist, zu gegebenem u so lange Produkte uv zu berechnen, bis man ein v mit $uv = 1 = \texttt{01}_{16}$ gefunden hat. Man hat dabei sicherlich nicht mehr als 255^2 Produkte zu berechnen, eine bei den heutigen Rechenkapazitäten vernachlässigbare Größe. Gleichgültig, welchen Weg man wählt, man kommt auf jeden Fall zur folgenden Inversentabelle:

Tabellendarstellung der Abbildung $u \mapsto u^{-1}$

	X															
Y	0	1	2	3	4	5	6	7	8	9	A	B	C	D	E	F
0	00	01	8D	F6	CB	52	7B	D1	E8	4F	29	C0	B0	E1	E5	C7
1	74	B4	AA	4B	99	2B	60	5F	58	3F	FD	CC	FF	40	EE	B2
2	3A	6E	5A	F1	55	4D	A8	C9	C1	0A	98	15	30	44	A2	C2
3	2C	45	92	6C	F3	39	66	42	F2	35	20	6F	77	BB	59	19
4	1D	FE	37	67	2D	31	F5	69	A7	64	AB	13	54	25	E9	09
5	ED	5C	05	CA	4C	24	87	BF	18	3E	22	F0	51	EC	61	17
6	16	5E	AF	D3	49	A6	36	43	F4	47	91	DF	33	93	21	3B
7	79	B7	97	85	10	B5	BA	3C	B6	70	D0	06	A1	FA	81	82
8	83	7E	7F	80	96	73	BE	56	9B	9E	95	D9	F7	02	B9	A4
9	DE	6A	32	6D	D8	8A	84	72	2A	14	9F	88	F9	DC	89	9A
A	FB	7C	2E	C3	8F	B8	65	48	26	C8	12	4A	CE	E7	D2	62
B	0C	E0	1F	EF	11	75	78	71	A5	8E	76	3D	BD	BC	86	57
C	0B	28	2F	A3	DA	D4	E4	0F	A9	27	53	04	1B	FC	AC	E6
D	7A	07	AE	63	C5	DB	E2	EA	94	8B	C4	D5	9D	F8	90	6B
E	B1	0D	D6	EB	C6	0E	CF	AD	08	4E	D7	E3	5D	50	1E	B3
F	5B	23	38	34	68	46	03	8C	DD	9C	7D	A0	CD	1A	41	1C

Das multiplikative Inverse von $\mathtt{YX}_{16}$ ist genau so wie bei den vorangehenden Tabellen im Schnittpunkt der Zeile Y mit der Spalte X zu finden.

Eigentlich besitzt das Nullelement $0 = \mathtt{00}_{16}$ kein multiplikatives Inverses, es ist jedoch oft bequem, $0^{-1} = 0$ zu setzen, wie es auch in der Tabelle geschieht.

10.1. Implementierung für AVR

Die Realisierung der Multiplikation und Division des Körpers $\mathbb{K}_{2^8}$ ist nur deshalb mit zufriedenstellender Effizienz möglich, weil, wie in Abschnitt 10 gezeigt, beide Operationen im Wesentlichen auf das Auslesen einer Tabelle reduziert werden können. Diese Tabellen sind klein genug, um noch AVR-Mikrocontroller aus dem mittleren Leistungsspektrum einsetzen zu können. Allerdings müssen die Tabellen dann in das ROM gelegt werden. Zwar erfordert ein Zugriff auf das ROM nur einen Prozessortakt mehr als ein Zugriff auf das (interne) RAM, doch kann das den Durchsatz eines Programmes spürbar dämpfen, wenn die Multiplikation in einer inneren Programmschleife aufgerufen wird.

Wenn daher maximale mit einem AVR-Mikrocontroller erzielbare Effizienz angestrebt wird, dann ist die Multiplikation aus Abschnitt 10.1.2 einzusetzen und daher ein Controller zu wählen, der mit dazu ausreichendem RAM ausgestattet ist. Was „ausreichendes“ RAM bedeutet, hängt natürlich davon ab, welche Forderung an das RAM des Controllers das Programm stellt, welches das Multiplikationsunterprogramm aufruft.

Einige AVR-Mikrocontroller sind mit beträchtlichem ROM ausgestattet, so beispielsweise ein **Atmega2560** mit 256 kByte. Mit solch einem Mikrocontroller könnte die Multiplikation unmittelbar als eine einfache Tabellenoperation ausgeführt werden. Dazu ist eine Tabelle der Größe 64 kByte erforderlich. Zu jedem Paar $(u, v) \in \mathbb{K}_{2^8} \times \mathbb{K}_{2^8}$ kann das Produkt uv direkt einer entsprechend präparierten Tabelle entnommen werden, eine Umwandlung in eine andere Zahlendarstellung ist nicht erforderlich. Auf diese Weise ist die Multiplikation so einfach zu realisieren, daß hier nicht weiter darauf eingegangen wird.

10.1.1. Multiplikation

Die am Anfang des Kapitels beschriebene Realisierung der Multiplikation von $\mathbb{K}_{2^8}$ ist nicht schwer umzusetzen, wenn einmal die beiden Tabellen zur Verfügung stehen. Es muß allerdings die Division mit 255 vermieden werden, sie wird durch zwei Additionen ersetzt. Ferner ist das Ergebnis 255 der Additionen als 0 modulo 255 zu interpretieren.

Unterprogramm `K28Mul`

Es wird das Produkt uv zweier Elemente $u, v \in \mathbb{K}_{2^8}$ berechnet.

Input

r₁₆ u

r₁₇ v

Output

r₁₈ uv

Bei $u = 0$ oder $v = 0$ wird das Nullbit $\mathbf{S}.\mathfrak{z}$ gesetzt, das Produkt ist 00_{16}.

```
vbK28Lam: .db    0x00,0x00,0x5F,0xDA,0xBE,0xB5,0x3A,0x45 Die Abbildung Λa
          .db    0x1E,0x20,0x15,0xE8,0x99,0x77,0xA4,0x90
          .db    0x7D,0x6B,0x7F,0xF7,0x74,0x8A,0x48,0x52
          .db    0xF8,0x9A,0xD6,0xFA,0x04,0xC3,0xEF,0xFE
          .db    0xDC,0xD9,0xCA,0xBC,0xDE,0x28,0x57,0x9E
          .db    0xD3,0xEA,0xE9,0x75,0xA7,0xD5,0xB1,0x96
          .db    0x58,0x2E,0xF9,0x46,0x36,0xD2,0x5A,0xC6
          .db    0x63,0x2D,0x23,0xFC,0x4F,0xAB,0x5E,0x65
          .db    0x3C,0x40,0x39,0x93,0x2A,0xD1,0x1C,0x86
          .db    0x3E,0xA6,0x87,0x08,0xB6,0xD7,0xFD,0xDF
          .db    0x33,0xEE,0x4A,0x09,0x49,0x21,0xD4,0xC7
          .db    0x07,0xA1,0x35,0xF1,0x11,0x44,0xF5,0xAD
          .db    0xB7,0x0A,0x8D,0xB4,0x59,0x97,0xA5,0x6C
          .db    0x95,0x79,0x32,0xCF,0xB9,0xB3,0x26,0x03
          .db    0xC2,0x71,0x8C,0xF3,0x82,0xED,0x5C,0xB0
          .db    0xAE,0x3D,0x0B,0xC5,0xBD,0x50,0xC4,0x60
          .db    0x9B,0x3B,0x9F,0x64,0x98,0x0C,0xF2,0x2B
          .db    0x89,0xC0,0x31,0x18,0x7B,0xA0,0xE5,0x56
          .db    0x9D,0xCD,0x06,0x4C,0xE6,0xCE,0x67,0x73
          .db    0x16,0x8B,0x37,0x76,0x5D,0x7A,0x3F,0xC8
          .db    0x92,0x42,0x4E,0xE4,0xA9,0x8F,0x68,0xC1
          .db    0xA8,0x47,0x80,0x78,0x34,0xE0,0x27,0x72
          .db    0x66,0xDD,0x01,0xF0,0x94,0x12,0x51,0x8E
          .db    0x70,0x1A,0xA3,0x54,0x55,0xAA,0x0D,0x38
          .db    0x17,0x2C,0x69,0x1B,0xEC,0x6E,0x14,0x6F
          .db    0xB8,0x61,0xF6,0x41,0x05,0xDB,0xCB,0xAC
          .db    0xF4,0xBA,0xD8,0x4B,0x91,0x7E,0x2F,0xB2
          .db    0x19,0xE7,0x13,0x81,0x85,0xE2,0x62,0x30
          .db    0x22,0x88,0xD0,0x83,0xEB,0x5B,0x53,0x1F
          .db    0xE1,0x02,0x4D,0x7C,0xBB,0xCC,0x10,0x0F
          .db    0x0E,0x43,0x9C,0xC9,0x6A,0xE3,0x25,0x84
          .db    0x1D,0xA2,0xAF,0x6D,0x24,0x29,0xBF,0xFB
```

```
vbK28Yps: .db   0x01,0xB2,0xE9,0x6F,0x1C,0xCC,0x92,0x58 Die Abbildung Υa
          .db   0x4B,0x53,0x61,0x7A,0x85,0xBE,0xF0,0xEF
          .db   0xEE,0x5C,0xB5,0xDA,0xC6,0x0A,0x98,0xC0
          .db   0x8B,0xD8,0xB9,0xC3,0x46,0xF8,0x08,0xE7
          .db   0x09,0x55,0xE0,0x3A,0xFC,0xF6,0x6E,0xAE
          .db   0x25,0xFD,0x44,0x87,0xC1,0x39,0x31,0xD6
          .db   0xDF,0x8A,0x6A,0x50,0xAC,0x5A,0x34,0x9A
          .db   0xBF,0x42,0x06,0x81,0x40,0x79,0x48,0x9E
          .db   0x41,0xCB,0xA1,0xF1,0x5D,0x07,0x33,0xA9
          .db   0x16,0x54,0x52,0xD3,0x93,0xEA,0xA2,0x3C
          .db   0x7D,0xB6,0x17,0xE6,0xBB,0xBC,0x8F,0x26
          .db   0x30,0x64,0x36,0xE5,0x76,0x9C,0x3E,0x02
          .db   0x7F,0xC9,0xDE,0x38,0x83,0x3F,0xB0,0x96
          .db   0xA6,0xC2,0xF4,0x11,0x67,0xFB,0xC5,0xC7
          .db   0xB8,0x71,0xAF,0x97,0x14,0x2B,0x9B,0x0D
          .db   0xAB,0x69,0x9D,0x8C,0xEB,0x10,0xD5,0x12
          .db   0xAA,0xDB,0x74,0xE3,0xF7,0xDC,0x47,0x4A
          .db   0xE1,0x88,0x15,0x99,0x72,0x62,0xB7,0xA5
          .db   0x0F,0xD4,0xA0,0x43,0xB4,0x68,0x2F,0x65
          .db   0x84,0x0C,0x19,0x80,0xF2,0x90,0x27,0x82
          .db   0x8D,0x59,0xF9,0xBA,0x0E,0x66,0x49,0x2C
          .db   0xA8,0xA4,0xBD,0x3D,0xCF,0x5F,0x78,0xFA
          .db   0x77,0x2E,0xD7,0x6D,0x63,0x05,0x4C,0x60
          .db   0xC8,0x6C,0xD1,0xEC,0x23,0x7C,0x04,0xFE
          .db   0x89,0xA7,0x70,0x1D,0x7E,0x7B,0x37,0x57
          .db   0x9F,0xF3,0x22,0xCE,0xED,0x91,0x95,0x6B
          .db   0xE2,0x45,0x35,0x28,0x56,0x2D,0x1A,0x4D
          .db   0xD2,0x21,0x03,0xCD,0x20,0xB1,0x24,0x4F
          .db   0xAD,0xE8,0xDD,0xF5,0xA3,0x8E,0x94,0xD9
          .db   0x0B,0x2A,0x29,0xE4,0xC4,0x75,0x51,0x1E
          .db   0xB3,0x5B,0x86,0x73,0xD0,0x5E,0xCA,0x13
          .db   0x18,0x32,0x1B,0x00,0x3B,0x4E,0x1F,0x00
K28Mul:   clr   r18                        1    r18 ← 00, für die 16-Bit-Addition
          tst   r16                        1    u = 0?
          breq  K28MulEx                   1/2  Falls u = 0 mit S.3 = 1 zurück
          tst   r17                        1    v = 0?
          breq  K28MulEx                   1/2  Falls v = 0 mit S.3 = 1 zurück
          push4 r19,r20,r30,r31            4×2
          ldi   r30,LOW(2*vbK28Lam)        1    Z ← 2A(Λa), für lpm
          ldi   r31,HIGH(2*vbK28Lam)       1
          add   r30,r16                    1    Z ← 2A(Λa) + u
          adc   r31,r18                    1
          lpm   r20,Z                      3    r20 ← r = Λa(u)
          ldi   r30,LOW(2*vbK28Lam)        1    Z ← 2A(Λa), für lpm
          ldi   r31,HIGH(2*vbK28Lam)       1
          add   r30,r17                    1    Z ← 2A(Λa) + v
```

79		adc	r31,r18	1	
80		lpm	r19,Z	3	$r_{19} \leftarrow s = \Lambda_a(v)$
81		add	r19,r20	1	$r_{19} \leftarrow (r+s)^\perp$, $S.c \leftarrow (r+s)^\top$
82		adc	r19,r18	1	$r_{19} \leftarrow t = (r+s)^\perp + (r+s)^\top$
83		cpi	r19,255	1	$t = 255?$
84		sklo		1/2	Falls $t = 255$:
85		clr	r19	1	$\varrho_{255}(r+s) = 0$
86		clr	r18	1	$r_{18} \leftarrow 00$, für die 16-Bit-Addition
87		ldi	r30,LOW(2*vbK28Yps)	1	$Z \leftarrow 2\mathcal{A}(\Upsilon_a)$, für lpm
88		ldi	r31,HIGH(2*vbK28Yps)	1	
89		add	r30,r19	1	$Z \leftarrow 2\mathcal{A}(\Upsilon_a) + \varrho_{255}(r+s)$
90		adc	r31,r18	1	$r_{31} \neq 00$, d.h. $S.\mathfrak{z} \leftarrow 0$
91		lpm	r18,Z	3	$r_{18} \leftarrow uv = \Upsilon_a\big(\varrho_{255}(r+s)\big)$
92		pop4	r31,r30,r20,r19	4×2	
93	K28MulEx:	ret		4	

Das Unterprogramm ist eine direkte Umsetzung von (10.7) in AVR-Assemblercode. Die beiden Abbildungen sind als Tabellen im ROM realisiert, u, v und $t = \varrho_{255}\big(\Lambda_a(u) + \Lambda_a(v)\big)$ werden als Tabellenindizes eingesetzt. Die Tabellenadressen sind für den Befehl lpm um eine Bitposition nach links zu shiften. Warum das für den dann zu addierenden Index nicht gilt wird ausführlich in [Mss1] Kapitel 12 erläutert.

Einzig die Ausführung der Addition modulo 255 ist erklärungsbedürftig. Seien dazu $r, s \in \{0, 1, \ldots, 254\}$ und $r + s = d2^8 + c = 255d + c + d$, mit $c, d \in \{0, 1, \ldots, 255\}$. Es sei $t = c + d$.
Falls $t < 255$ ist offensichtlich $t = \varrho_{255}(r+s)$.
Falls $t = 255$ ist $r + s = 255(d+1)$, also $\varrho_{255}(r+s) = 0$.
Die dritte Alternative, also $t > 255$, ist nicht möglich. Denn aus $r + s \leq 254 + 254 = 256 + 252$ folgt $d \in \{0, 1\}$ und daraus $t = c + d \leq 254 + 1 = 255$.

Hier muß nun allerdings gesagt werden, daß diese Implementierung ausgesprochen naiv angelegt ist. Tatsächlich kann die Anzahl der verbrauchten Prozessortakte drastisch vermindert werden. **Siehe dazu den Abschnitt 10.1.2.**

10.1.2. Optimierte Multiplikation

Die 40214 Prozessortakte, die eine Verschlüsselung in Abschnitt 5.5 benötigt, sind sicherlich nicht zufriedenstellend, eine Verbesserung ist dringend angesagt. Eine Durchsicht aller Programme zeigt auch sofort einen Kandidaten für eine Reduktion der Taktezahl, nämlich das Unterprogramm, mit welchem in Abschnitt 10.1.1 die Multiplikation des Körpers $\mathbb{K}_{2^8}$ realisiert wird. Dieses Unterprogramm wird durch das folgende ersetzt.

Unterprogramm `K28Mul`

Es wird das Produkt uv zweier Elemente $u, v \in \mathbb{K}_{2^8}$ berechnet.

Input

$\mathbf{r_{16}}$ u

$\mathbf{r_{17}}$ v

Output

$\mathbf{r_{18}}$ uv

Bei $u = 0$ oder $v = 0$ wird das Nullbit $\mathbf{S}.\mathfrak{z}$ gesetzt, das Produkt ist 00_{16}.

```
vbcK28Lam: .db   0x00,0x00,0x5F,0xDA,0xBE,0xB5,0x3A,0x45   Die Abbildung Λa
           .db   0x1E,0x20,0x15,0xE8,0x99,0x77,0xA4,0x90
           .db   0x7D,0x6B,0x7F,0xF7,0x74,0x8A,0x48,0x52
           .db   0xF8,0x9A,0xD6,0xFA,0x04,0xC3,0xEF,0xFE
           .db   0xDC,0xD9,0xCA,0xBC,0xDE,0x28,0x57,0x9E
           .db   0xD3,0xEA,0xE9,0x75,0xA7,0xD5,0xB1,0x96
           .db   0x58,0x2E,0xF9,0x46,0x36,0xD2,0x5A,0xC6
           .db   0x63,0x2D,0x23,0xFC,0x4F,0xAB,0x5E,0x65
           .db   0x3C,0x40,0x39,0x93,0x2A,0xD1,0x1C,0x86
           .db   0x3E,0xA6,0x87,0x08,0xB6,0xD7,0xFD,0xDF
           .db   0x33,0xEE,0x4A,0x09,0x49,0x21,0xD4,0xC7
           .db   0x07,0xA1,0x35,0xF1,0x11,0x44,0xF5,0xAD
           .db   0xB7,0x0A,0x8D,0xB4,0x59,0x97,0xA5,0x6C
           .db   0x95,0x79,0x32,0xCF,0xB9,0xB3,0x26,0x03
           .db   0xC2,0x71,0x8C,0xF3,0x82,0xED,0x5C,0xB0
           .db   0xAE,0x3D,0x0B,0xC5,0xBD,0x50,0xC4,0x60
           .db   0x9B,0x3B,0x9F,0x64,0x98,0x0C,0xF2,0x2B
           .db   0x89,0xC0,0x31,0x18,0x7B,0xA0,0xE5,0x56
           .db   0x9D,0xCD,0x06,0x4C,0xE6,0xCE,0x67,0x73
           .db   0x16,0x8B,0x37,0x76,0x5D,0x7A,0x3F,0xC8
           .db   0x92,0x42,0x4E,0xE4,0xA9,0x8F,0x68,0xC1
           .db   0xA8,0x47,0x80,0x78,0x34,0xE0,0x27,0x72
           .db   0x66,0xDD,0x01,0xF0,0x94,0x12,0x51,0x8E
           .db   0x70,0x1A,0xA3,0x54,0x55,0xAA,0x0D,0x38
           .db   0x17,0x2C,0x69,0x1B,0xEC,0x6E,0x14,0x6F
           .db   0xB8,0x61,0xF6,0x41,0x05,0xDB,0xCB,0xAC
           .db   0xF4,0xBA,0xD8,0x4B,0x91,0x7E,0x2F,0xB2
           .db   0x19,0xE7,0x13,0x81,0x85,0xE2,0x62,0x30
           .db   0x22,0x88,0xD0,0x83,0xEB,0x5B,0x53,0x1F
           .db   0xE1,0x02,0x4D,0x7C,0xBB,0xCC,0x10,0x0F
           .db   0x0E,0x43,0x9C,0xC9,0x6A,0xE3,0x25,0x84
```

32		.db	0x1D,0xA2,0xAF,0x6D,0x24,0x29,0xBF,0xFB	
33	vbcK28Yps:	.db	0x01,0xB2,0xE9,0x6F,0x1C,0xCC,0x92,0x58	Die Abbildung Υ_a
34		.db	0x4B,0x53,0x61,0x7A,0x85,0xBE,0xF0,0xEF	
35		.db	0xEE,0x5C,0xB5,0xDA,0xC6,0x0A,0x98,0xC0	
36		.db	0x8B,0xD8,0xB9,0xC3,0x46,0xF8,0x08,0xE7	
37		.db	0x09,0x55,0xE0,0x3A,0xFC,0xF6,0x6E,0xAE	
38		.db	0x25,0xFD,0x44,0x87,0xC1,0x39,0x31,0xD6	
39		.db	0xDF,0x8A,0x6A,0x50,0xAC,0x5A,0x34,0x9A	
40		.db	0xBF,0x42,0x06,0x81,0x40,0x79,0x48,0x9E	
41		.db	0x41,0xCB,0xA1,0xF1,0x5D,0x07,0x33,0xA9	
42		.db	0x16,0x54,0x52,0xD3,0x93,0xEA,0xA2,0x3C	
43		.db	0x7D,0xB6,0x17,0xE6,0xBB,0xBC,0x8F,0x26	
44		.db	0x30,0x64,0x36,0xE5,0x76,0x9C,0x3E,0x02	
45		.db	0x7F,0xC9,0xDE,0x38,0x83,0x3F,0xB0,0x96	
46		.db	0xA6,0xC2,0xF4,0x11,0x67,0xFB,0xC5,0xC7	
47		.db	0xB8,0x71,0xAF,0x97,0x14,0x2B,0x9B,0x0D	
48		.db	0xAB,0x69,0x9D,0x8C,0xEB,0x10,0xD5,0x12	
49		.db	0xAA,0xDB,0x74,0xE3,0xF7,0xDC,0x47,0x4A	
50		.db	0xE1,0x88,0x15,0x99,0x72,0x62,0xB7,0xA5	
51		.db	0x0F,0xD4,0xA0,0x43,0xB4,0x68,0x2F,0x65	
52		.db	0x84,0x0C,0x19,0x80,0xF2,0x90,0x27,0x82	
53		.db	0x8D,0x59,0xF9,0xBA,0x0E,0x66,0x49,0x2C	
54		.db	0xA8,0xA4,0xBD,0x3D,0xCF,0x5F,0x78,0xFA	
55		.db	0x77,0x2E,0xD7,0x6D,0x63,0x05,0x4C,0x60	
56		.db	0xC8,0x6C,0xD1,0xEC,0x23,0x7C,0x04,0xFE	
57		.db	0x89,0xA7,0x70,0x1D,0x7E,0x7B,0x37,0x57	
58		.db	0x9F,0xF3,0x22,0xCE,0xED,0x91,0x95,0x6B	
59		.db	0xE2,0x45,0x35,0x28,0x56,0x2D,0x1A,0x4D	
60		.db	0xD2,0x21,0x03,0xCD,0x20,0xB1,0x24,0x4F	
61		.db	0xAD,0xE8,0xDD,0xF5,0xA3,0x8E,0x94,0xD9	
62		.db	0x0B,0x2A,0x29,0xE4,0xC4,0x75,0x51,0x1E	
63		.db	0xB3,0x5B,0x86,0x73,0xD0,0x5E,0xCA,0x13	
64		.db	0x18,0x32,0x1B,0xFF,0x3B,0x4E,0x1F,0x01	$\Upsilon_a[255] = 01_{16}$
65		.dseg		
66		.org	0x800	Beispielsweise (siehe Text)
67	vbdK28Lam:	.byte	256	Die Abbildung Λ_a
68	vbdK28Yps:	.byte	256	Die Abbildung Υ_a
69		.cseg		

Die Initialisierung der Multiplikation (vor der ersten Multiplikation)

70	mcK28Ini:	ldi	r30,LOW(2*vbcK28Lam)	1	
71		ldi	r31,HIGH(2*vbcK28Lam)	1	
72		ldi	r28,LOW(vbdK28Lam)	1	
73		ldi	r29,HIGH(vbdK28Lam)	1	
74		ldi	r16,0	1	$512 = 2 \cdot 256$
75	mcK28Ini04:	lpm	r17,Z+	3	
76		st	Y+,r17	2	

77		`lpm`	`r17,Z+`	3	
78		`st`	`Y+,r17`	2	
79		`dec`	`r16`	1	
80		`brne`	`mcK28Ini04`	1/2	
81		`ret`		4	
	Das Multiplikationsunterprogramm				
82	`mcK28Mul:`	`clr`	`r18`	1	$\mathbf{r_{18}} \leftarrow w = \mathbf{00}$ (vorläufig)
83		`tst`	`r17`	1	$v = 0?$
84		`skeq9`		1/2	Falls $v = 0$ mit $w = 0$ und $\mathbf{S}.\mathfrak{z} = 1$ zurück
85		`ldi`	`r27,HIGH(vbdK28Lam)`	1	$\mathbf{r_{27}} \leftarrow \mathcal{A}(\Lambda_a[u])^\top$
86		`mov`	`r26,r16`	1	$\mathbf{r_{26}} \leftarrow u = \mathcal{A}(\Lambda_a[u])^\perp$
87		`ld`	`r18,X`	2	$\mathbf{r_{18}} \leftarrow p = \Lambda_a[u]$
88		`mov`	`r26,r17`	1	$\mathbf{r_{26}} \leftarrow v = \mathcal{A}(\Lambda_a[v])^\perp$
89		`ld`	`r26,X`	2	$\mathbf{r_{26}} \leftarrow q = \Lambda_a[v]$
90		`add`	`r26,r18`	1	$\mathbf{r_{26}} \leftarrow \mathcal{A}(\Upsilon_a[(p+q) \bmod 255])^\perp$
91		`adc`	`r26,r6`	1	$\mathbf{r_6}$ enthält hier $\mathtt{00}_{16}$
92		`ldi`	`r27,HIGH(vbdK28Yps)`	1	$\mathbf{r_{27}} \leftarrow \mathcal{A}(\Upsilon_a[(p+q) \bmod 255])^\top$
93		`ld`	`r18,X`	2	$\mathbf{r_{18}} \leftarrow w = \Upsilon_a[(p+q) \bmod 255]$
94		`ret`		4	

Von der neuen Version des Multiplikationsunterprogramms wird angenommen, daß es nur noch vom Spaltenmischungsunterprogramm in Abschnitt 5.3 aufgerufen wird. In diesem Fall kann aber noch ein weiterer Nebeneffekt ausgenutzt werden, der durch die spezielle Gestalt der 4×4-Konstantenmatrix der Mischung hervorgerufen wird. Die Koeffizienten dieser Matrix sind nämlich sämtlich von $\mathtt{00}_{16}$ verschieden. Daraus folgt, daß der hier als erster Parameter in $\mathbf{r_{16}}$ übergebene Wert nicht daraufhin getestet werden muß, von $\mathtt{00}_{16}$ verschieden zu sein. Durch Berücksichtigung dieses Nebeneffektes können zwei Befehle und damit zwei, gelegentlich auch drei, Takte eingespart werden.

Als erste Optimierungsmaßnahme wird der Gebrauch des Stapels eingeschränkt. Dazu wird angenommen, daß der Inhalt von Register **X** beim Verlassen des Unterprogramms nicht restauriert werden muß.

Um das Bereitstellen einer Null $\mathtt{00}_{16}$ bei jedem Aufruf des Unterprogramms zu vermeiden, wird angenommen, daß Register $\mathbf{r_6}$ beim Aufruf den Inhalt $\mathtt{00}_{16}$ besitzt.

Die hauptsächliche Maßnahme besteht natürlich darin, die beiden Tabellen vom ROM in das RAM zu verlegen. Das macht allerdings eine Initialisierung nötig, mit welcher die Tabellen vom ROM in das RAM kopiert werden. Das wird von dem simplen Unterprogramm erledigt, das in Zeile *70* beginnt.

Befinden sich die Tabellen aber einmal im RAM, dann kann man auch ihre Startadressen so festlegen, daß jegliche Arithmetik bei der Bestimmung der Zugriffsadressen von $\Lambda_a[u]$ und $\Upsilon_a[v]$ vermieden wird. Das ist natürlich dann der Fall, wenn die Startadressen der Tabellen die Gestalt $\mathtt{XX00}_{16}$ besitzen. Wie das erreicht werden kann hängt vom Programmkontext ab, in welchem das Unterprogramm abläuft. Hier liegen beide Tabellen direkt hintereinander mit der beliebig herausgegriffenen Startadresse $\mathtt{800}_{16}$ für die erste Tabelle (Zeilen *66–68*).

Mit den Namen der beiden Abbildungen werden bei den folgenden Überlegungen auch die Tabellen bezeichnet, mit welchen die Abbildungen realisiert werden.

Der Index $\Lambda_a[u]$ für u in Register $\mathbf{r_{16}}$ wird nun so erhalten, daß Register $\mathbf{r_{27}}$ mit dem oberen Byte der Startadresse der Tabelle geladen wird, konkret also mit dem Wert $\mathtt{08}_{16}$ (Zeile *87*). Anschließend wird u in das untere Byte $\mathbf{r_{26}}$ von Register **X** geladen. Folglich enthält **X** jetzt die Adresse von $r = \Lambda_a[u]$, r kann direkt in Zeile *89* in das Register $\mathbf{r_{18}}$ ausgelesen werden. Entsprechend wird auch $s = \Lambda_a[v]$ bestimmt, aber in das Register $\mathbf{r_{26}}$ ausgelesen. Dann werden r und s in den Zeilen *92–93* addiert, mit der Summe in Register $\mathbf{r_{26}}$ und im Übertragsbit. In der nächsten Zeile wird zum unteren Byte der Summe in $\mathbf{r_{26}}$ der Übertrag addiert, also entweder $\mathtt{00}_{16}$ oder $\mathtt{01}_{16}$.

Das bedeutet also, daß Register $\mathbf{r_{26}}$ nun $(r+s) \bmod 255$ enthält. Allerdings gibt es die eine Ausnahme, nämlich $r+s=255$. In diesem Fall enthält Register $\mathbf{r_{26}}$ zwar nicht den Wert 00_{16} als Teilerrest, aber doch 00_{16} modulo 255. Dieser Sonderfall wird jedoch nicht wie in Abschnitt 10.1.1 extra abgefangen, der Wert $w=1$ wird vielmehr über die Tabelle mit $\Upsilon_a[255] = 01_{16}$ direkt in Register $\mathbf{r_{18}}$ geladen.

Der Einsatz der Optimierungsmaßnahmen kann als voller Erfolg bezeichnet werden, das Unterprogramm benötigt nämlich nur noch 20643 Takte, die Anzahl der Prozessortakte ist also in etwa halbiert worden.

Erkauft wird dieser Erfolg allerdings durch das Einführen von Nebeneffekten. Die RAM-Tabellen müssen an bestimmten Adressen liegen, der Inhalt von Register **X** wird verändert und von Register $\mathbf{r_6}$ wird angenommen, daß es beim Aufruf den Wert 00_{16} hat. Das ist natürlich kein Problem, wenn das Unterprogramm nur in Abschnitt 5.3 aufgerufen wird und die Nebeneffekte dort dokumentiert sind. Der Zweck heiligt hier sicherlich die Mittel.

10.1.3. Division

Tatsächlich wird die Division nicht unmittelbar implementiert, sie wird vielmehr in zwei Stufen realisiert. Zunächst wird ein Unterprogramm vorgestellt, das zu jedem $v \in \mathbb{K}^{\star}_{2^8}$ das bezüglich der Multiplikation inverse Element v^{-1} bestimmt. Ein weiteres Unterprogramm berechnet dann zu allen $u, v \in \mathbb{K}^{\star}_{2^8}$ den „Quotienten" $u/v = uv^{-1}$.

Unterprogramm `K28Inv`

Es wird das multiplikative Inverse u^{-1} eines Elementes $u \in \mathbb{K}^{\star}_{2^8}$ berechnet.

Input

r₁₇ u, $u \neq 0$

Output

r₁₈ u^{-1}

Die Bedingung $u \neq 0$ wird **nicht** geprüft, es werden keine Statusbits zurückgegeben.

```
vbK28Inv: .db    0x00,0x01,0x8D,0xF6,0xCB,0x52,0x7B,0xD1 Die Tabelle I
          .db    0xE8,0x4F,0x29,0xC0,0xB0,0xE1,0xE5,0xC7
          .db    0x74,0xB4,0xAA,0x4B,0x99,0x2B,0x60,0x5F
          .db    0x58,0x3F,0xFD,0xCC,0xFF,0x40,0xEE,0xB2
          .db    0x3A,0x6E,0x5A,0xF1,0x55,0x4D,0xA8,0xC9
          .db    0xC1,0x0A,0x98,0x15,0x30,0x44,0xA2,0xC2
          .db    0x2C,0x45,0x92,0x6C,0xF3,0x39,0x66,0x42
          .db    0xF2,0x35,0x20,0x6F,0x77,0xBB,0x59,0x19
          .db    0x1D,0xFE,0x37,0x67,0x2D,0x31,0xF5,0x69
          .db    0xA7,0x64,0xAB,0x13,0x54,0x25,0xE9,0x09
          .db    0xED,0x5C,0x05,0xCA,0x4C,0x24,0x87,0xBF
          .db    0x18,0x3E,0x22,0xF0,0x51,0xEC,0x61,0x17
          .db    0x16,0x5E,0xAF,0xD3,0x49,0xA6,0x36,0x43
          .db    0xF4,0x47,0x91,0xDF,0x33,0x93,0x21,0x3B
          .db    0x79,0xB7,0x97,0x85,0x10,0xB5,0xBA,0x3C
          .db    0xB6,0x70,0xD0,0x06,0xA1,0xFA,0x81,0x82
          .db    0x83,0x7E,0x7F,0x80,0x96,0x73,0xBE,0x56
          .db    0x9B,0x9E,0x95,0xD9,0xF7,0x02,0xB9,0xA4
          .db    0xDE,0x6A,0x32,0x6D,0xD8,0x8A,0x84,0x72
          .db    0x2A,0x14,0x9F,0x88,0xF9,0xDC,0x89,0x9A
          .db    0xFB,0x7C,0x2E,0xC3,0x8F,0xB8,0x65,0x48
          .db    0x26,0xC8,0x12,0x4A,0xCE,0xE7,0xD2,0x62
          .db    0x0C,0xE0,0x1F,0xEF,0x11,0x75,0x78,0x71
          .db    0xA5,0x8E,0x76,0x3D,0xBD,0xBC,0x86,0x57
          .db    0x0B,0x28,0x2F,0xA3,0xDA,0xD4,0xE4,0x0F
          .db    0xA9,0x27,0x53,0x04,0x1B,0xFC,0xAC,0xE6
          .db    0x7A,0x07,0xAE,0x63,0xC5,0xDB,0xE2,0xEA
          .db    0x94,0x8B,0xC4,0xD5,0x9D,0xF8,0x90,0x6B
          .db    0xB1,0x0D,0xD6,0xEB,0xC6,0x0E,0xCF,0xAD
          .db    0x08,0x4E,0xD7,0xE3,0x5D,0x50,0x1E,0xB3
          .db    0x5B,0x23,0x38,0x34,0x68,0x46,0x03,0x8C
          .db    0xDD,0x9C,0x7D,0xA0,0xCD,0x1A,0x41,0x1C
K28Inv:   push2  r30,r31                  2×2
```

```
           clr    r18                    1    r18 ← 00, für die 16-Bit-Addition
           ldi    r30,LOW(2*vbK28Inv)    1    Z ← 2A(I), für lpm
           ldi    r31,HIGH(2*vbK28Inv)   1
           add    r30,r17                1    Z ← 2A(I) + u
           adc    r31,r18                1
           lpm    r18,Z                  3    r18 ← u^-1
           pop2   r31,r30                2×2
           ret                           4
```

Das Unterprogramm ist sehr einfach aufgebaut, es besteht im Wesentlichen darin, u^{-1} mit u als Index aus einer Tabelle auszulesen.

Das Divisionsunterprogramm, das $u/v = uv^{-1}$ berechnet, ruft nicht das vorangehende Unterprogramm zur Bestimmung von v^{-1} auf. Letzteres ist so kurz, daß der Tabellenzugriff auf v^{-1} direkt implementiert wurde.

Unterprogramm K28Div

Es wird das Produkt uv^{-1} zweier Elemente $u, v \in \mathbb{K}_{2^8}$ berechnet.

Input

r_{16} u

r_{17} v

Output

r_{18} uv^{-1}

Ist $v = 0$ so wird das Überlaufbit $\mathbf{S}.\mathfrak{v}$ gesetzt.
Ist das Ergebnis der Multiplikation **00** so wird das Nullbit $\mathbf{S}.\mathfrak{z}$ gesetzt.

```
K28Div:    tst    r17                    1    v = 0?
           breq   K28DivOf               1/2  Falls v = 0 mit S.v = 1 zurück
           push3  r17,r30,r31            3×2
           clr    r18                    1    r18 ← 00, für die 16-Bit-Addition
           ldi    r30,LOW(2*vbK28Inv)    1    Z ← 2A(I), für lpm
           ldi    r31,HIGH(2*vbK28Inv)   1
           add    r30,r17                1    Z ← 2A(I) + u
           adc    r31,r18                1
           lpm    r17,Z                  3    r17 ← u^-1
           pop2   r31,r30                2×2
           rcall  K28Mul                 3+   r18 ← uv^-1
           pop    r17                    2
           ret                           4
K28DivOf:  sev                           1    S.v ← 1
           ret                           4
```

Die Division kann natürlich ebenso wie die Multiplikation in Abschnitt 10.1.2 nach der dort beschriebenen Vorgehensweise optimiert werden. Weil AES aber von der Division keinen Gebrauch macht, wird eine solche Optimierung dem interessierten Leser überlassen.

10.2. Implementierung für dsPIC

10.2.1. Multiplikation und Division

Im Gegensatz zur Realisierung mit AVR-Mikrocontrollern kann die multiplikative Arithmetik des Körpers $\mathbb{K}_{2^8}$ ohne Effizienzverlust nahezu direkt in Assemblercode umgesetzt werden. Hier ist zunächst das Interface des Unterprogramms für die Multiplikation:

Unterprogramm `mcK28Mul`

Es wird das Produkt uv zweier Elemente $u, v \in \mathbb{K}_{2^8}$ berechnet.

Input

w0 u
w1 v

Output

w2 uv^{-1}

Ist das Ergebnis der Multiplikation 00_{16} so wird das Nullbit **S**.𝔷 gesetzt.

Man beachte, daß die Übergabeparameter und der Rückgabeparameter, obwohl Bitoktetts (Bytes), Inhalte von Wortregistern sind. Das wird deshalb gefordert, weil **u** und **v** im Unterprogramm zur Adresserzeugung eingesetzt werden. Selbstverständlich wäre es möglich, im Unterprogramm Byteparameter in Wortregister zu erweitern, doch wie die Implementierung der Verschlüsselung für AVR gezeigt hat, beruht die Effizienz der Implementierung in sehr starkem Maße von der Realisierung der Arithmetik des Körpers ab. Alle Vorgänge, die außerhalb des Unterprogramm ablaufen *können*, *müssen* daher außerhalb dessen ablaufen.

Das Interface des Unterprogramms zur Division ist natürlich ähnlich aufgebaut wie das des Unterprogramms zur Multiplikation. Allerdings muß hier zusätzlich auf die Division durch 00_{16} geachtet werden, die mit einer Überlaufmeldung abgefangen wird. Es ist jedoch gelegentlich nützlich, $u \cdot 0^{-1} = 0$ zur Verfügung zu haben. Die obigen Bermerkungen zu den Übergabeparametern in Wortregistern gelten natürlich auch hier.

Unterprogramm `mcK28Div`

Es wird das Produkt uv^{-1} zweier Elemente $u, v \in \mathbb{K}_{2^8}$ berechnet.

Input

w0 u
w1 v

Output

w2 uv^{-1}

Ist $v = 0$ so wird das Überlaufbit **S**.𝔳 gesetzt.
Ist das Ergebnis der Division 00_{16} so wird das Nullbit **S**.𝔷 gesetzt.
Bei Überlauf wird **w2** mit 00_{16} geladen.

Die Division beruht auf einer Invertierung mit nachfolgender Multiplikation, sie wird auch so implementiert. Daraus folgt, daß die Invertierung als solche sehr einfach aus dem Divisionsunterprogramnm herausgelöst werden kann, sollte sie einmal in direkter Ausführung nötig werden. Weil die Invertierung für die Implementierung des AES-Verfahrens nicht benötigt wird, kann ihre Umsetzung in Code dem Leser als einfache Übungsaufgabe überlassen bleiben. Falls die Umstände ergeben, daß die Division durch Null nicht eintreten kann, auf das Abfangen eines Überlaufs also verzichtet werden kann, so kann die Invertierung auf zwei Befehle reduziert werden. Treten in diesem Kontext dann Laufzeitprobleme auf, dann wird man die Invertierung nicht als Unterprogramm realisieren, sondern als Makro, etwa wie folgt:

```
.macro K28Inv wa,wb
mov    #vbdInv,\wb
mov.b  [\wb+\wa],\wb
.endm
```

Dann hätte der Arithmetikmodul allerdings auch die Inversentabelle `vbcInv` zu exportieren. Wie schon gesagt können solche Einzelheiten dem Leser überlassen bleiben.

Es folgt nun der gesamte Modul zur Implementierung der multiplikativen Arithmetik des Körpers $\mathbb{K}_{2^8}$.

```
         .include "makros.inc"
         .include "aes.inc"
         .section .konst, psv
vbcLam:  .byte    0x00,0x00,0x5F,0xDA,0xBE,0xB5,0x3A,0x45 Die Abbildung Λa
         .byte    0x1E,0x20,0x15,0xE8,0x99,0x77,0xA4,0x90
         .byte    0x7D,0x6B,0x7F,0xF7,0x74,0x8A,0x48,0x52
         .byte    0xF8,0x9A,0xD6,0xFA,0x04,0xC3,0xEF,0xFE
         .byte    0xDC,0xD9,0xCA,0xBC,0xDE,0x28,0x57,0x9E
         .byte    0xD3,0xEA,0xE9,0x75,0xA7,0xD5,0xB1,0x96
         .byte    0x58,0x2E,0xF9,0x46,0x36,0xD2,0x5A,0xC6
         .byte    0x63,0x2D,0x23,0xFC,0x4F,0xAB,0x5E,0x65
         .byte    0x3C,0x40,0x39,0x93,0x2A,0xD1,0x1C,0x86
         .byte    0x3E,0xA6,0x87,0x08,0xB6,0xD7,0xFD,0xDF
         .byte    0x33,0xEE,0x4A,0x09,0x49,0x21,0xD4,0xC7
         .byte    0x07,0xA1,0x35,0xF1,0x11,0x44,0xF5,0xAD
         .byte    0xB7,0x0A,0x8D,0xB4,0x59,0x97,0xA5,0x6C
         .byte    0x95,0x79,0x32,0xCF,0xB9,0xB3,0x26,0x03
         .byte    0xC2,0x71,0x8C,0xF3,0x82,0xED,0x5C,0xB0
         .byte    0xAE,0x3D,0x0B,0xC5,0xBD,0x50,0xC4,0x60
         .byte    0x9B,0x3B,0x9F,0x64,0x98,0x0C,0xF2,0x2B
         .byte    0x89,0xC0,0x31,0x18,0x7B,0xA0,0xE5,0x56
         .byte    0x9D,0xCD,0x06,0x4C,0xE6,0xCE,0x67,0x73
         .byte    0x16,0x8B,0x37,0x76,0x5D,0x7A,0x3F,0xC8
         .byte    0x92,0x42,0x4E,0xE4,0xA9,0x8F,0x68,0xC1
         .byte    0xA8,0x47,0x80,0x78,0x34,0xE0,0x27,0x72
         .byte    0x66,0xDD,0x01,0xF0,0x94,0x12,0x51,0x8E
         .byte    0x70,0x1A,0xA3,0x54,0x55,0xAA,0x0D,0x38
```

```
          .byte   0x17,0x2C,0x69,0x1B,0xEC,0x6E,0x14,0x6F
          .byte   0xB8,0x61,0xF6,0x41,0x05,0xDB,0xCB,0xAC
          .byte   0xF4,0xBA,0xD8,0x4B,0x91,0x7E,0x2F,0xB2
          .byte   0x19,0xE7,0x13,0x81,0x85,0xE2,0x62,0x30
          .byte   0x22,0x88,0xD0,0x83,0xEB,0x5B,0x53,0x1F
          .byte   0xE1,0x02,0x4D,0x7C,0xBB,0xCC,0x10,0x0F
          .byte   0x0E,0x43,0x9C,0xC9,0x6A,0xE3,0x25,0x84
          .byte   0x1D,0xA2,0xAF,0x6D,0x24,0x29,0xBF,0xFB
vbcYps:   .byte   0x01,0xB2,0xE9,0x6F,0x1C,0xCC,0x92,0x58 Die Abbildung Υa
          .byte   0x4B,0x53,0x61,0x7A,0x85,0xBE,0xF0,0xEF
          .byte   0xEE,0x5C,0xB5,0xDA,0xC6,0x0A,0x98,0xC0
          .byte   0x8B,0xD8,0xB9,0xC3,0x46,0xF8,0x08,0xE7
          .byte   0x09,0x55,0xE0,0x3A,0xFC,0xF6,0x6E,0xAE
          .byte   0x25,0xFD,0x44,0x87,0xC1,0x39,0x31,0xD6
          .byte   0xDF,0x8A,0x6A,0x50,0xAC,0x5A,0x34,0x9A
          .byte   0xBF,0x42,0x06,0x81,0x40,0x79,0x48,0x9E
          .byte   0x41,0xCB,0xA1,0xF1,0x5D,0x07,0x33,0xA9
          .byte   0x16,0x54,0x52,0xD3,0x93,0xEA,0xA2,0x3C
          .byte   0x7D,0xB6,0x17,0xE6,0xBB,0xBC,0x8F,0x26
          .byte   0x30,0x64,0x36,0xE5,0x76,0x9C,0x3E,0x02
          .byte   0x7F,0xC9,0xDE,0x38,0x83,0x3F,0xB0,0x96
          .byte   0xA6,0xC2,0xF4,0x11,0x67,0xFB,0xC5,0xC7
          .byte   0xB8,0x71,0xAF,0x97,0x14,0x2B,0x9B,0x0D
          .byte   0xAB,0x69,0x9D,0x8C,0xEB,0x10,0xD5,0x12
          .byte   0xAA,0xDB,0x74,0xE3,0xF7,0xDC,0x47,0x4A
          .byte   0xE1,0x88,0x15,0x99,0x72,0x62,0xB7,0xA5
          .byte   0x0F,0xD4,0xA0,0x43,0xB4,0x68,0x2F,0x65
          .byte   0x84,0x0C,0x19,0x80,0xF2,0x90,0x27,0x82
          .byte   0x8D,0x59,0xF9,0xBA,0x0E,0x66,0x49,0x2C
          .byte   0xA8,0xA4,0xBD,0x3D,0xCF,0x5F,0x78,0xFA
          .byte   0x77,0x2E,0xD7,0x6D,0x63,0x05,0x4C,0x60
          .byte   0xC8,0x6C,0xD1,0xEC,0x23,0x7C,0x04,0xFE
          .byte   0x89,0xA7,0x70,0x1D,0x7E,0x7B,0x37,0x57
          .byte   0x9F,0xF3,0x22,0xCE,0xED,0x91,0x95,0x6B
          .byte   0xE2,0x45,0x35,0x28,0x56,0x2D,0x1A,0x4D
          .byte   0xD2,0x21,0x03,0xCD,0x20,0xB1,0x24,0x4F
          .byte   0xAD,0xE8,0xDD,0xF5,0xA3,0x8E,0x94,0xD9
          .byte   0x0B,0x2A,0x29,0xE4,0xC4,0x75,0x51,0x1E
          .byte   0xB3,0x5B,0x86,0x73,0xD0,0x5E,0xCA,0x13
          .byte   0x18,0x32,0x1B,0xFF,0x3B,0x4E,0x1F,0x01
vbcInv:   .byte   0x00,0x01,0x8E,0xF4,0x47,0xA7,0x7A,0xBA Die Tabelle I
          .byte   0xAD,0x9D,0xDD,0x98,0x3D,0xAA,0x5D,0x96
          .byte   0xD8,0x72,0xC0,0x58,0xE0,0x3E,0x4C,0x66
          .byte   0x90,0xDE,0x55,0x80,0xA0,0x83,0x4B,0x2A
          .byte   0x6C,0xED,0x39,0x51,0x60,0x56,0x2C,0x8A
          .byte   0x70,0xD0,0x1F,0x4A,0x26,0x8B,0x33,0x6E
```

```
74              .byte       0x48,0x89,0x6F,0x2E,0xA4,0xC3,0x40,0x5E
75              .byte       0x50,0x22,0xCF,0xA9,0xAB,0x0C,0x15,0xE1
76              .byte       0x36,0x5F,0xF8,0xD5,0x92,0x4E,0xA6,0x04
77              .byte       0x30,0x88,0x2B,0x1E,0x16,0x67,0x45,0x93
78              .byte       0x38,0x23,0x68,0x8C,0x81,0x1A,0x25,0x61
79              .byte       0x13,0xC1,0xCB,0x63,0x97,0x0E,0x37,0x41
80              .byte       0x24,0x57,0xCA,0x5B,0xB9,0xC4,0x17,0x4D
81              .byte       0x52,0x8D,0xEF,0xB3,0x20,0xEC,0x2F,0x32
82              .byte       0x28,0xD1,0x11,0xD9,0xE9,0xFB,0xDA,0x79
83              .byte       0xDB,0x77,0x06,0xBB,0x84,0xCD,0xFE,0xFC
84              .byte       0x1B,0x54,0xA1,0x1D,0x7C,0xCC,0xE4,0xB0
85              .byte       0x49,0x31,0x27,0x2D,0x53,0x69,0x02,0xF5
86              .byte       0x18,0xDF,0x44,0x4F,0x9B,0xBC,0x0F,0x5C
87              .byte       0x0B,0xDC,0xBD,0x94,0xAC,0x09,0xC7,0xA2
88              .byte       0x1C,0x82,0x9F,0xC6,0x34,0xC2,0x46,0x05
89              .byte       0xCE,0x3B,0x0D,0x3C,0x9C,0x08,0xBE,0xB7
90              .byte       0x87,0xE5,0xEE,0x6B,0xEB,0xF2,0xBF,0xAF
91              .byte       0xC5,0x64,0x07,0x7B,0x95,0x9A,0xAE,0xB6
92              .byte       0x12,0x59,0xA5,0x35,0x65,0xB8,0xA3,0x9E
93              .byte       0xD2,0xF7,0x62,0x5A,0x85,0x7D,0xA8,0x3A
94              .byte       0x29,0x71,0xC8,0xF6,0xF9,0x43,0xD7,0xD6
95              .byte       0x10,0x73,0x76,0x78,0x99,0x0A,0x19,0x91
96              .byte       0x14,0x3F,0xE6,0xF0,0x86,0xB1,0xE2,0xF1
97              .byte       0xFA,0x74,0xF3,0xB4,0x6D,0x21,0xB2,0x6A
98              .byte       0xE3,0xE7,0xB5,0xEA,0x03,0x8F,0xD3,0xC9
99              .byte       0x42,0xD4,0xE8,0x75,0x7F,0xFF,0x7E,0xFD
100             .section .bss, bss
101  vbdLam:    .space      256            Die Abbildung $\Lambda_a$
102  vbdYps:    .space      256            Die Abbildung $\Upsilon_a$
103  vbdK28Inv: .space      256            Die Tabelle $I$
104             .text
105             .global     mcK28Ini
106             .global     mcK28Mul
107             .global     mcK28Div
```

Das Initialisierungsunterprogramm

```
108  mcK28Ini:  push3    w0,w1,w2       3×1
109             mov      #(3*256)/2,w0  1     Es werden 16-Bit-Worte kopiert
110             mov      #vbcLam,w1     1
111             mov      #vbdLam,w2     1
112  0:         mov      [w1++],[w2++]  1
113             dec      w0,w0          1
114             bra      nz,0b          1/2
115             pop3     w0,w1,w2       3×1
116             return                  3
```

Das Multiplikationsunterprogramm

```
117  mcK28Mul:  clr      w2             1     $w_2 \leftarrow w = 00$ (vorläufig)
```

```
118              cp0.b    w0                 1    u = 0?
119              bra      z,.+24             1/2  Falls u = 0 mit w = 0 und S.z = 1 zurück
120              cp0.b    w1                 1    v = 0?
121              bra      z,.+20             1/2  Falls v = 0 mit w = 0 und S.z = 1 zurück
122              push     w3                 1
123              mov      #vbdLam,w3         1    w3 ← A(Λa)
124              mov.b    [w3+w0],w2         1    w2 ← p = Λa[u]
125              mov.b    [w3+w1],w3         1    w3 ← q = Λa[v]
126              add.b    w2,w3,w2           1    w2 ← (p + q)^⊥
127              addc.b   #0,w2              1    w2 ← (p + q) mod 255 = (p + q)^⊥ + (p + q)^⊤
128              mov      #vbdYps,w3         1    w3 ← A(Υa)
129              mov.b    [w3+w2],w2         1    w2 ← w = Υa[(p + q) mod 255]
130              pop      w3                 1
131              return                      3
```

Das Divisionsunterprogramm

```
132  mcK28Div:   cp0.b    w1                 1    v = 0?
133              bra      z,0f               1/2  Falls v = 0 mit w = 0 und S.v = 1 zurück
134              mov      #vbdK28Inv,w2      1    w2 ← A(I)
135              push     w1                 1
136              mov.b    [w2+w1],w1         1    w1 ← v^-1 = I[v]
137              rcall    mcK28Mul           2    w2 ← uv^-1
138              pop      w1                 1
139              return                      3
140  0:          bset     SR,#OV             1    S.v ← 1
141              clr      w2                 1    v ← 00_16
142              return                      3
143              .end
```

Das Programm zur Initialisierung des Moduls, das dazu dient, die drei Tabellen im ROM (die dritte wird für AES gar nicht benötigt) in das RAM zu kopieren, ist so einfach aufgebaut, daß sich eine Kommentierung sicher erübrigt.

Alles Wesentliche zur Implementierung der Multiplikation kann in den Abschnitten 10.1.1 und 10.1.2 nachgelesen werden. Zwei Bemerkungen sind jedoch angebracht.

Das Laden von Register $\mathbf{w_2}$ in Zeile *117* mit 00_{16} dient nicht nur dazu, das vorläufige Ergebnis $w = 0$ festzulegen, sondern auch dazu, das obere Byte von $\mathbf{w_2}$ zu löschen. Denn enthält das obere Byte von $\mathbf{w_2}$ nicht 00_{16}, dann erhält man in Zeile *129* ein falsches Ergebnis.

Weil das Multiplikationsunterprogramm zur Optimierung in ein Makro umgewandelt wird, darf es keine absolute Programmmarke als Sprungziel enthalten. Die Sprungziele in Zeile *119* und in Zeile *121* sind deshalb relativ zum Befehlszähler angegeben.

Das Divisionsunterprogramm besteht aus einem Zugriff auf die Tabelle I mit nachfolgender Multiplikation, die Randkommentare sind zum Verständnis sicherlich hinreichend.

Es sei noch einmal explizit darauf hingewiesen, daß für die Chiffrierung und Dechiffrierung mit AES die Tabelle I und das Divisionsunterprogramm nicht benötigt werden und aus dem Modul herausgenommen werden können. Optimierungen des Multiplikationsunterprogramms sind möglich. Ist es z.B. möglich, bei der Chiffrierung (und Dechiffrierung) zwei Register zur Aufnahme der Adressen von Λ und Υ bereitzustellen, dann können Zeile *123* und Zeile *128* aus dem Unterprogramm entfernt werden, um so zwei Prozessortakte einzusparen.

10.3. Nachrede

Die Unterprogramme dieses Kapitels sind auch zur Berechnung der Multiplikation der Körper $\mathbb{K}_{2^2}$ und $\mathbb{K}_{2^4}$ geeignet, d.h. für solche Körper $\mathbb{K}_q$, für die q ein Teiler von 2^8 ist. Der triviale Fall $q = 2$ gehört zwar dazu, erfordert aber natürlich kein Unterprogramm.

Bei der Konzipierung der Unterprogramme wurde davon ausgegangen, daß sie speziell für AES eingesetzt werden. Das muß zumindest bei der optimierten Multiplikation für AVR-Mikrocontroller beachtet werden. Sollten die Unterprogramme daher ganz allgemein eingesetzt werden, empfielt es sich, die Programmbeschreibung in Abschnitt 10.1.2 sorgfältig zu lesen. Alternativ können auch die Unterprogramme in [HSMS] verwendet werden.

Leser, die (noch) keine Kenntnissee im Bereich der Algebra der endlichen Körper besitzen, seien auf das Buch [LiNi] verwiesen. Es ist jedoch recht schwierig zu lesen und behandelt viele spezielle Anwendungsgebiete endlicher Körper. Zu diesen Anwendungsgebieten gehört das Verschlüsselungsverfahren AES natürlich nicht, das in den 1980er Jahren bis zu seiner Konzipierung noch einige Jahrzehnte vor sich hatte.

Alternativ kann auch der mathematische Anhang von [HSMS] zur Einarbeitung in endliche Körper benutzt werden, der eine Einführung in die Theorie endlicher Körper enthält. Das Buch enthält auch Anwendungen des Körpers $\mathbb{K}_{2^8}$ auf die Polynomarithmetik und das Lösen linearer Gleichungssysteme mit entsprechenden AVR-Programmen.

A. Mathematischer Anhang

Zum Verständnis der Inhalte einiger Abschnitte des Buches sind mathematische Kenntnisse nötig, die über den Standardstoff von Reeller Analysis und Linearer Algebra hinausgehen. Das ist natürlich hauptsächlich der Tatsache geschuldet, daß beim Verschlüsselungsverfahren AES die Theorie endlicher Körper eingesetzt wird. Will man AES wirklich verstehen, kommt man nicht umhin, sich mit diesem Stoff auseinanderzusetzen, falls er noch unbekannt ist.

Welche Dimensionen ein mathematischer Anhang annimmt, der diesen Stoff in nachvollziehbarer Weise darstellt, kann in [HSMS] nachgesehen werden. Es geht weit über das hinaus, was in einem Buch angebracht ist, das sich nur teilweise mit dem inneren Aufbau von AES beschäftigt. Das soll also heißen, daß der vorliegende mathematische Anhang bei weitem nicht erschöpfend sondern im Gegenteil recht fragmentarisch ist. Für Leser mit schon vorhandenen Kenntnissen in Algebra und rudimentärer Zahlentheorie mag es allerdings ausreichen.

Leider kann die Lektüre des Standardwerkes über dieses Gebiet, nämlich [LiNi], nur mit lauwarmem Enthusiasmus empfohlen werden. Tatsächlich war der vom Autor benutzte Band, der nur über die Fernleihe einer Universitätsbibliothek beschafft werden konnte, viele Jahre nicht ausgeliehen worden. Das Problem mit [LiNi] ist allerdings nicht der Inhalt, sondern die Präsentation.

Selbstverständlich können Leser, die nur am Algorithmus und seiner Realisierung als Computerprogramm interessiert sind, diesen mathematischen Anhang vollständig ignorieren. Der praktische Teil des Buches, der auf Implementierungen abzielt, ist vom theoretischen Teil soweit wie möglich entkoppelt.

A.1. Die Teilerrestfunktion

Einer der in der Kryptographie am häufigsten erscheinenden Begriffe ist derjenige der *Teilerrestfunktion*, allerdings meist indirekt als Moduloarithmetik. Es empfiehlt sich deshalb, ein einführendes Kapitel damit zu beginnen, um bei späteren Überlegungen schon eine klare Vorstellung davon zu besitzen. Es seien daher a eine natürliche und b eine positive natürliche Zahl, kurz $a \in \mathbb{N}$ und $b \in \mathbb{N}_+$. Es gibt dann *eindeutig bestimmte* natürliche Zahlen q und r, kurz wieder $q, r \in \mathbb{N}$, mit folgender Eigenschaft:

$$a = bq + r \quad \text{und} \quad r < b \tag{A.1}$$

Offenbar ist q der Quotient und r der Teilerrest, wenn a durch b dividiert wird. Beispielsweise erhält man für die Wahl $a = 7$ und $b = 3$ den Quotienten $q = 2$ und den Teilerrest $r = 1$, d.h. es ist $7 = 3 \cdot 2 + 1$. Wie man den Quotient und den Teilerrest eine Division konkret berechnet ist dem Leser gewiß noch von der Schule her bekannt (Algorithmen und ihre Implementierung für AVR findet man in [Mss2]).

Wichtig ist, daß bei gegebenen a und b der Quotient q und der Teilerrest r eindeutig bestimmt sind. Daher kann bei festem $m \in \mathbb{N}_+ = \mathbb{N} \setminus \{0\}$ jedem $u \in \mathbb{N}$ der Teilerrest zugeordnet werden, den man erhält, wenn u durch m dividiert wird, also das r in $u = mq + r$. Man erhält so wegen $r < m$ eine Funktion $\varrho_m : \mathbb{N} \longrightarrow \{0, \ldots, m-1\}$, eben die Teilerrestfunktion. Beispielsweise ist $\varrho_3(7) = 1$ wegen $7 = 3 \cdot 2 + 1$.

Die klassische Bezeichnung dieser Funktion ist $\varrho_m(u) = u \bmod m$, sie ist aber nicht gut anwendbar, wenn der Teilerrest als eine für alle natürlichen Zahlen gegebene Funktion eingesetzt werden soll. Beispielsweise gibt es bei der klassischen Bezeichnung keine Möglichkeit, die Funktion $u \mapsto u \bmod m$, also in der hier verwendeten Bezeichnung ϱ_m, als solche zu benennen.

Ein größeres Beispiel für die Division mit Teilerrest: Für die beiden Zahlen $v = 987654321$ und $u = 123456789$ erhält man

$$987654321 = 8 \cdot 123456789 + 9 \qquad \varrho_{123456789}(987654321) = 987654321 \bmod 123456789 = 9$$

Einige der folgenden Eigenschaften der Teilerrestfunktion sind besonders nützlich, wenn der Teilerrest großer Zahlen berechnet werden soll. Es seien also $u, v \in \mathbb{N}$ und $m \in \mathbb{N}+$. Dann gilt

$$\varrho_m(u) = \varrho_m(u + vm) \tag{A.2a}$$

$$\varrho_m(u) = \varrho_m\big(\varrho_m(u)\big) \tag{A.2b}$$

$$\varrho_m(u+v) = \varrho_m\big(\varrho_m(u) + \varrho_m(v)\big) \tag{A.2c}$$

$$\varrho_m(uv) = \varrho_m\big(\varrho_m(u)\varrho_m(v)\big) \tag{A.2d}$$

$$\varrho_m(u^n) = \varrho_m\big(\varrho_m(u)^n\big) \tag{A.2e}$$

Gleichung (A.2c) gilt auch für beliebige endliche Summen und (A.2d) für beliebige endliche Produkte natürlicher Zahlen.

Beispielsweise können mit (A.2e) die Teilerreste von Potenzen von ganzen Zahlen mit wenig Rechenaufwand bestimmt werden. So ist etwa $\varrho_9(10) = \varrho_3(10) = 1$, folglich gilt $\varrho_9(10^n) = \varrho_3(10^n) = 1$. Ebenso ist $\varrho_{111}(1000^n) = 1$ wegen $\varrho_{111}(1000) = 1$.

Hier ist anzumerken, daß die *Zahl* $u \bmod m$ nicht mit der *Kongruenzrelation* $\bmod m$ verwechselt werden darf. Und zwar ist $u \equiv v \bmod m$ für $u, v \in \mathbb{N}$ definiert als $\varrho_m(u) = \varrho_m(v)$. Auch aus diesem Grund ist die Funktionsschreibweise für den Teilerrest praktischer.

Die Teilerrestfunktion kann auch auf für ganze Zahlen definiert werden. Denn zu jeder ganzen Zahl u, kurz $u \in \mathbb{Z} = \{\ldots, -2, -1, 0, 1, 2, \ldots\}$ und jedem $v \in \mathbb{N}_+$ gibt es eindeutig bestimmte $q, r \in \mathbb{Z}$ mit

$$u = qv + r \quad \text{und} \quad 0 \leq r < v \tag{A.3}$$

Es ist also $\boldsymbol{\varrho}_v(u) = r$. Beispielsweise ist $-7 = -3 \cdot 3 + 2$, daher $\boldsymbol{\varrho}_3(-7) = 2$.

Mit Hilfe der Teilerrestfunktion kann man sich eine unendliche Menge von endlichen kommutativen Ringen mit Einselement verschaffen. Man hat dazu für $m \in \mathbb{N} \setminus \{0, 1\}$ und $u, v \in \mathbb{Z}_m = \{0, 1, \ldots, m-1\}$ eine additive Verknüpfung $\oplus$ und eine multiplikative Verknüpfung $\odot$ zu definieren durch

$$u \oplus v = \boldsymbol{\varrho}_m(u + v) \qquad u \odot v = \boldsymbol{\varrho}_m(uv)$$

Diese Verknüpfungen sind also assoziativ, kommutativ und distributiv. Das Nullelement ist 0, das Einselement 1. Für $m = 3$ erhält man so den folgenden Ring:

Additions- und Multiplikationstabelle für $\mathbb{Z}_3$

$\oplus$	0	1	2	$\odot$	0	1	2
0	0	1	2	0	0	0	0
1	1	2	0	1	0	**1**	**2**
2	2	0	1	2	0	**2**	**1**

Zum Vergleich hier noch die Verknüpfungstabellen für den Ring der mit $m = 4$ erhalten wird:

Additions- und Multiplikationstabelle für $\mathbb{Z}_4$

$\oplus$	0	1	2	3	$\odot$	0	1	2	3
0	0	1	2	3	0	0	0	0	0
1	1	2	3	0	1	0	**1**	**2**	**3**
2	2	3	0	1	2	0	**2**	**0**	**2**
3	3	0	1	2	3	0	**3**	**2**	**1**

A.2. Die Eulersche ϕ-Funktion

Bei einigen Verfahren der Kryptologie, die mit großen ganzen Zahlen arbeiten, spielt die EULERsche ϕ-Funktion eine wichtige Rolle. Sie kann wie folgt definiert werden. Es sei m eine positive natürliche Zahl, kurz $m \in \mathbb{N}_+$, und es sei

$$\mathbb{Z}_m^\perp = \{ u \in \mathbb{Z}_m^\star \mid \text{ggT}(u, m) \}$$

die Menge der zu m relativ primen Elemente des Ringes $\mathbb{Z}_m$. Damit wird definiert

$$\phi(m) = \#(\mathbb{Z}_m^\perp)$$

Die Funktion ϕ ist also als die Anzahl der Menge der zu m relativ primen Elemente von $\mathbb{Z}_m$ definiert. Die Menge $\mathbb{Z}_m^\perp$ ist wegen $\{1\} \subset \mathbb{Z}_m^\perp$ nicht leer. Aus pragmatischen Gründen wird

$$\phi(1) = 1$$

gesetzt, eine zwingende Definition von $\phi(1)$ gibt es nicht.

Die Funktion kann für Produkte von Primzahlpotenzen sehr leicht bestimmt werden. Es sei nämlich p eine Primzahl, kurz $p \in \mathbb{P}$. Dann ist kein Element von $\mathbb{Z}_p^\star = \{1, \ldots, p-1\}$ ein echter Teiler von p, d.h. es ist

$$\phi(p) = p - 1$$

Welche Elemente von $\mathbb{Z}_{p^2}^\star$ *haben* einen echten Teiler mit p^2 gemeinsam? Das sind offenbar die Elemente p, $2p$ usw. bis $p(1-p)$, also genau p Elemente. Der Ring $\mathbb{Z}_{p^2}^\star$ hat $p^2 - 1$ Elemente, folglich gibt es $p^2 - 1 - p = p(p-1)$ Elemente in $\mathbb{Z}_{p^2}^\star$, die keinen echten Teiler mit p^2 gemeinsam haben, und das heißt

$$\phi(p^2) = p(p-1)$$

Es sei weiter q eine von p verschiedene Primzahl. Die Elemente aus $\mathbb{Z}_{pq}^\star$, die einen echten Teiler mit pq gemeinsam haben sind p, $2p$ usw. bis $(q-1)p$ und q, $2q$ usw. bis $(p-1)q$. Das sind $p+q$ Elemente. Es gibt daher $pq - 1 - p - q = (p-1)(q-1)$ Elemente in $\mathbb{Z}_{pq}^\star$, die keinen echten Teiler mit pq gemeinsam haben, also

$$\phi(pq) = (p-1)(q-1)$$

falls $p \neq q$ (siehe hierzu Abschnitt 2.3). Für allgemeine Produkte von Primzahlpotenzen erhält man die folgende Aussage:

> Es seien $p_1, \ldots, p_n$ *verschiedene* Primzahlen, und es seien $\epsilon_1, \ldots, \epsilon_n \in \mathbb{N}_+$. Dann gilt
>
> $$\phi\Big(\prod_{\nu=1}^{n} p_\nu^{\epsilon_\nu}\Big) = \prod_{\nu=1}^{n} (p_\nu - 1) p_\nu^{\epsilon_\nu - 1}$$
>
> Insbesondere hat man $\phi(p^n) = (p-1)p^{n-1} = p^n - p^{n-1}$ für eine Primzahl p und als weiteren Spezialfall (siehe oben) $\phi(pq) = (p-1)(q-1)$ für verschieden Primzahlen p und q.

Nach dieser Aussage kann man $\phi(m)$ für ein beliebiges $m \in \mathbb{N}_+$ über die Primzahlzerlegung von m bestimmen, die allerdings für großes m nur mit großem Aufwand und für sehr großes m

überhaupt nicht mehr zu berechnen ist.

Es gibt jedoch natürliche Zahlen m, deren Primzahlzerlegung sehr leicht berechnet werden kann. Eine solche Zahl ist z.B. 123!, eine Zahl mit 91 Dezimalziffern:

30414093201713378043612608166064768844377641568960512000000000000121
46304367025329675766243241881295855454217088483382315328918161829235
89236216766883115696061264020217073583522129404778259109157041165147
218602951990626164673073390741981495296000000000000000000000000000000

Zur Vorbereitung der Berechnung von $\phi(c!)$ dient die folgende Aussage zur Berechnung einer speziellen Zahl $n_{c,p}$.

Sind $p \in \mathbb{P}$ und $c \in \mathbb{N} \setminus \{0,1\}$, dann gibt ein $n_{c,p} \in \mathbb{N}$ mit folgenden Eigenschaften:

$$m \in \mathbb{N} \wedge m > n_{c,p} \implies \left\lfloor \frac{c}{p^m} \right\rfloor = 0$$

$$\sum_{n=1}^{n_{c,p}} n\left(\left\lfloor \frac{c}{p^n} \right\rfloor - \left\lfloor \frac{c}{p^{n+1}} \right\rfloor\right) = \sum_{n=1}^{n_{c,p}} \left\lfloor \frac{c}{p^n} \right\rfloor$$

Die folgende Aussage nutzt diese Zahl und liefert die angekündigte Primfaktorzerlegung von $c!$, indem eine Formel zur Berechnung der Exponenten der Primzahlfaktoren bereit gestellt wird.

Es sei c eine natürliche Zahl mit $c \geq 2$, kurz $c \in \mathbb{N} \setminus \{0,1\}$. Dann gilt die folgende Aussage über c:

$$c! = \prod_{p \in \mathbb{P} \wedge p \leq c} p^{\epsilon_p} \quad \text{mit} \quad \epsilon_p = \sum_{n=1}^{n_{c,p}} \left\lfloor \frac{c}{p^n} \right\rfloor$$

Als Beispiel wird die Primfaktorzerlegung von $30! = 265252859812191058636308480000000$ bestimmt. Die Primzahlen unter 30 sind 2, 3, 5, 7, 11, 13, 17, 19, 23 und 29. Es ist $2^4 \leq 30$, aber $2^5 > 30$, also $n_{30,2} = 4$, daher

$$\epsilon_2 = \left\lfloor \frac{30}{2} \right\rfloor + \left\lfloor \frac{30}{4} \right\rfloor + \left\lfloor \frac{30}{8} \right\rfloor + \left\lfloor \frac{30}{16} \right\rfloor = 15 + 7 + 3 + 1 = 26$$

Wegen $3^3 \leq 30$ aber $3^4 > 30$ ist $n_{30,3} = 3$ und damit

$$\epsilon_3 = \left\lfloor \frac{30}{3} \right\rfloor + \left\lfloor \frac{30}{9} \right\rfloor + \left\lfloor \frac{30}{27} \right\rfloor = 10 + 3 + 1 = 14$$

Für $p = 5$ bekommt man $\epsilon_5 = \lfloor 30/5 \rfloor + \lfloor 30/25 \rfloor = 6 + 1 = 7$. Ab $p = 7$ ist schon $p^2 > 30$. Damit wird $\epsilon_7 = \lfloor 30/7 \rfloor = 4$, $\epsilon_{11} = \lfloor 30/11 \rfloor = 2$ und $\epsilon_{13} = \lfloor 30/13 \rfloor = 2$. Die restlichen Exponenten sind $\epsilon_{17} = \epsilon_{19} = \epsilon_{23} = \epsilon_{29} = 1$. Die Primfaktorzerlegung von 30! ist daher

$$30! = 2^{26}3^{14}5^7 11^2 13^2 17^1 19^1 23^1 29^1$$

Man erkennt nachträglich, daß die Primzahlzerlegung von 30! auch sehr schnell auf konventionellem Wege hätte gefunden werden können, nämlich durch Ausprobieren, d.h durch Dividieren, ob die ersten Primzahlen der Primzahlfolge Teiler von 30! sind. Und nachträglich wird es auch offensichtlich, warum 30! nur kleine Primteiler enthalten kann!

Die oben versprochene Primzahlzerlegung von 123! wird man besser einem Computerprogramm überlassen. Ein solches Programm ist leicht zu entwickeln, es liefert dann die Zerlegung

$$2^{117}3^{59}5^{28}7^{19}11^{12}13^{9}17^{7}19^{6}23^{5}29^{4}31^{3}37^{3}41^{3}43^{2}47^{2}53^{2}59^{2}61^{2}67^{1}71^{1}73^{1}79^{1}83^{1}89^{1}97^{1}101^{1}103^{1}107^{1}109^{1}113^{1}$$

Die Primfaktorenzerlegung von 20! ist nach der oben vorgestellten Methode schnell berechnet, man erhält

$$20! = 2^{18}3^{8}5^{4}7^{2}11^{1}13^{1}17^{1}19^{1}$$

Daraus ergibt sich mit etwas Rechnen

$$\phi(20!) = 416084687585280000$$

Die nächste Aussage ist der berühmte Satz von EULER, er wird hier in einer etwas abgewandelten Gestalt angeboten, d.h. ohne die Kongruenzrelation zu verwenden.

> Zu jeder natürlichen Zahl $u \in \mathbb{N}_+$ und jeder natürlichen Zahl $m \in \mathbb{N} \setminus \{0,1\}$ gibt es eine ganze Zahl $k \in \mathbb{Z}$ mit
>
> $$\mathrm{ggT}(u,m) = 1 \implies u^{\phi(m)} = km + 1$$
>
> Insbesondere gilt also $\varrho_m(u^{\phi(m)}) = 1$ falls $\mathrm{ggT}(u,m) = 1$.

Beispielsweise lassen sich mit diesem Satz das Inverse u^{-1} von $u \in \mathbb{Z}_m$ bestimmen, falls es existiert, d.h. falls $\mathrm{ggT}(u,m) = 1$, denn man hat

$$1 = \varrho_m(1) = \varrho_m(u^{\phi(m)}) = \varrho_m(uu^{\phi(m)-1})$$

Hier kann es hilfreich sein, daß ϕ multiplikativ ist, d.h. für $n, m \in \mathbb{N}_+$ gilt

$$\mathrm{ggT}(n,m) = 1 \implies \phi(nm) = \phi(n)\phi(m)$$

Man wird zur Berechnung von u^{-1} aber bei großem m, das nicht als Produkt von Primzahlpotenzen gegeben ist, doch eher den verallgemeinerten Algorithmus von EUKLID verwenden (siehe dazu auch Abschnitt 2.3).

A.3. Polynome

In diesem Abschnitt werden spezielle Abbildungen $f\colon \mathbb{N} \longrightarrow \mathsf{R}$ betrachtet, dabei ist R ein kommutativer Ring mit Einselement. Diese speziellen Abbildungen werden aus der Menge aller Abbildungen $\mathbb{N} \longrightarrow \mathsf{R}$ durch ihren **Träger** hervorgehoben, und zwar ist der Träger $\mathbb{T}_f$ einer Abbildung $f\colon \mathbb{N} \longrightarrow \mathsf{R}$ die Menge aller Elemente von $\mathbb{N}$, auf welchen die Abbildung nicht verschwindet, d.h. aller Elemente, die nicht auf das Nullelement des Ringes abgebildet werden:

$$\mathbb{T}_f = \{\, n \in \mathbb{N} \mid f(n) \neq 0 \,\}$$

Träger können endliche oder unendliche Teilmengen von $\mathbb{N}$ sein, hier interessieren jedoch nur die Abbildungen mit endlichem Träger:

Ein **Polynom** $\boldsymbol{f}$ über R ist eine Abbildung $\boldsymbol{f}\colon \mathbb{N} \longrightarrow \mathsf{R}$ mit endlichem Träger.

Offensichtlich gibt es nur ein Polynom $\boldsymbol{f}$ mit $\mathbb{T}_{\boldsymbol{f}} = \emptyset$, nämlich die Abbildung $\mathbb{N} \longrightarrow \mathsf{R}$, die auf jedem $n \in \mathbb{N}$ verschwindet. Dieses Polynom wird mit $\mathbf{0}$ bezeichnet. Die nächsteinfacheren Polynome sind die **charakteristischen Funktionen** von Einerteilmengen von $\mathbb{N}$:

$$\chi_m(n) = \begin{cases} 1 & \text{falls } n = m \\ 0 & \text{falls } n \neq m \end{cases} \qquad \mathbb{T}_{\chi_m} = \{m\}$$

Natürlich ist in dieser Definition 1 das Einselement und 0 das Nullelement von R. Aus traditionellen Gründen werden die Polynome χ_m auch als $\boldsymbol{X}^m$ bezeichnet. Das ist hier erst einmal eine Bezeichnung und keine Potenzierung. Insbesondere ist $\boldsymbol{X}^1 = \chi_1$, dieses Polynom wird einfach als $\boldsymbol{X}$ geschrieben. Ebenfalls aus traditionellen Gründen wird die Menge aller Polynome über R mit $\mathsf{R}[\boldsymbol{X}]$ bezeichnet.

Es liegt nun nahe, eine Addition in der Menge $\mathsf{R}[\boldsymbol{X}]$ einzuführen, denn die Abbildungswerte von Polynomen gehören zum Ring R und können daher addiert werden. Für $\boldsymbol{f},\boldsymbol{g} \in \mathsf{R}[\boldsymbol{X}]$ definiert man also $\boldsymbol{f}+\boldsymbol{g}\colon \mathbb{N} \longrightarrow \mathsf{R}$ als

$$(\boldsymbol{f}+\boldsymbol{g})(n) = \boldsymbol{f}(n) + \boldsymbol{g}(n)$$

Dabei bezeichnet das Pluszeichen auf der linken Seite die neue Addition von Polynomen, dagegen repräsentiert das Pluszeichen auf der rechten Seite die Addition des Ringes R. Verwechselungen sind nicht zu befürchten. Offensichtlich ist $\boldsymbol{f}+\boldsymbol{g}$ eine Abbildung mit endlichem Träger, also ein Polynom.

Mit Ringelementen $u \in \mathsf{R}$ lassen sich auf einfache Weise Polynome über R bilden, und zwar definiert man das Polynom $\boldsymbol{p}_u$ als

$$\boldsymbol{p}_u(n) = \begin{cases} u & \text{falls } n = 0 \\ 0 & \text{falls } n \neq 0 \end{cases}$$

Mit der Zuordnung $u \mapsto \boldsymbol{p}_u$ erhält man eine Abbildung $\mathsf{R} \longrightarrow \mathsf{R}[\boldsymbol{X}]$. Diese Abbildung ist offenbar **injektiv**, d.h. eine Einbettung des Ringes R in die bisher noch nur mit einer Addition versehen Menge $\mathsf{R}[\boldsymbol{X}]$. Man kann daher die Ringelemente $u \in \mathsf{R}$ in gewisser Weise mit den speziellen Polynomen $\boldsymbol{p}_u$ identifizieren. Aber Vorsicht: beispielsweise ist und bleibt 0 ein Ringelement, dagegen ist $\mathbf{0}$ etwas sehr Verschiedenes, nämlich eine spezielle Folge von Ringelementen.

Es gibt noch eine einfache Abbildung $\mathsf{R} \longrightarrow \mathsf{R}[\boldsymbol{X}]$, nämlich die Multiplikation eines Polynoms mit einem Ringelement, definiert als

$$(u\boldsymbol{f})(n) = u\boldsymbol{f}(n) \quad \text{für alle } u \in \mathsf{R} \text{ und alle } n \in \mathbb{N}$$

Diese Abbildung $u \mapsto u\boldsymbol{f}$ ist offensichtlich additiv, d.h. es gilt $u + v \mapsto u\boldsymbol{f} + v\boldsymbol{f}$, oder anders als linksseitiges Distributivgesetz geschrieben $(u+v)\boldsymbol{f} = u\boldsymbol{f} + v\boldsymbol{f}$. Natürlich ist auch das rechtsseitige Distributivgesetz wahr, d.h. es gilt $u(\boldsymbol{f}+\boldsymbol{g}) = u\boldsymbol{f}+u\boldsymbol{g}$. Die Abbildung ist allerdings nicht injektiv, denn es ist beispielsweise $u\mathbf{0} = \mathbf{0}$ für jedes $u \in \mathsf{R}$.

Als kleine Abschweifung sei hier angemerkt, daß die Menge $\mathsf{R}[\boldsymbol{X}]$ mit der oben definierten Addition und der soeben definierten **Skalarmultiplikation** $(u, \boldsymbol{f}) \mapsto u\boldsymbol{f}$ zu einem Modul wird, also zu einem Vektorraum über R, falls der Ring R ein Körper ist.

Es sei nun $\boldsymbol{f} \in \mathsf{R}[\boldsymbol{X}]$. Weil endlich besitzt der Träger $\mathbb{T}_{\boldsymbol{f}}$ ein größtes Element, d.h. ein $k \in \mathbb{T}_{\boldsymbol{f}}$ mit $\boldsymbol{f}(n) = 0$ für $n > k$. Diese offenbar eindeutig bestimmte natürliche Zahl wird mit $\partial(\boldsymbol{f})$ bezeichnet und heißt der **Grad** des Polynoms:

$$\partial(\boldsymbol{f}) = \max(\mathbb{T}_{\boldsymbol{f}})$$

Im Spezialfall $\mathbb{T}_{\mathbf{0}} = \emptyset$ soll $\partial(\mathbf{0}) = -\infty$ gelten. Als einfaches Beispiel hat man $\partial(\boldsymbol{X}^m) = m$. Es sei nun $\boldsymbol{f} \in \mathsf{R}[\boldsymbol{X}]$. Definiert man $\tilde{\boldsymbol{f}} \in \mathsf{R}[\boldsymbol{X}]$ als

$$\tilde{\boldsymbol{f}} = \sum_{k=0}^{\partial(\boldsymbol{f})} \boldsymbol{f}(k)\boldsymbol{X}^k \quad \text{also} \quad \tilde{\boldsymbol{f}}(n) = \sum_{k=0}^{\partial(\boldsymbol{f})} \boldsymbol{f}(k)\boldsymbol{X}^k(n) \text{ für alle } n \in \mathbb{N}$$

und berücksichtigt man

$$\boldsymbol{f}(k)\boldsymbol{X}^k(n) = \begin{cases} \boldsymbol{f}(k) & \text{falls } n = k \\ 0 & \text{falls } n \neq k \end{cases}$$

dann hat man $\tilde{\boldsymbol{f}} = \boldsymbol{f}$ erhalten. Jedes Polynom $\boldsymbol{f} \in \mathsf{R}[\boldsymbol{X}]$ läßt sich also als eine Linearkombination der $\boldsymbol{X}^m$ darstellen:

$$\boldsymbol{f} = \sum_{k=0}^{\partial(\boldsymbol{f})} \boldsymbol{f}(k)\boldsymbol{X}^k = \sum_{k \in \mathbb{T}_{\boldsymbol{f}}} \boldsymbol{f}(k)\boldsymbol{X}^k$$

Sind umgekehrt $u_0, \ldots, u_k \in \mathsf{R}$ gegeben, dann ist durch

$$\boldsymbol{u} = \sum_{\kappa=0}^{k} u_\kappa \boldsymbol{X}^\kappa$$

ein Polynom $\boldsymbol{u}$ gegeben mit $\boldsymbol{u}(\kappa) = u_\kappa$ für $\kappa \in \{0, \ldots, k\}$ und $\boldsymbol{u}(\kappa) = 0$ für $\kappa \in \mathbb{N} \setminus \{0, \ldots, k\}$, und es ist $\partial(\boldsymbol{u}) = k$ falls $u_k \neq 0$. Damit steht auch die traditionelle Schreibweise für Polynome zur Verfügung, in welcher die $\boldsymbol{X}^\kappa$ allerdings echte Polynome sind und nicht ominöse „Unbestimmte“. Wie sich sogleich herausstellen wird, sind die $\boldsymbol{X}^\kappa$ sogar echte Potenzen des Polynoms $\boldsymbol{X}$.

Damit das überhaupt erst möglich wird muss ein Produkt von Polynomen eingeführt werden. Um solch ein Produkt so natürlich wie möglich zu gestalten, kann wie folgt vorgegangen werden.

Zunächst wird das Produkt von Monomen auf natürliche Weise definiert, nämlich als

$$(u\boldsymbol{X}^m)(v\boldsymbol{X}^n) = uv\boldsymbol{X}^{m+n}$$

für $u, v \in \mathsf{R}$ und $n, m \in \mathbb{N}$. Der nächste Schritt ist dann, das Polynomprodukt

$$\boldsymbol{f}\boldsymbol{g} = \Big(\sum_{k=0}^{\partial(\boldsymbol{f})} \boldsymbol{f}(k)\boldsymbol{X}^k\Big)\Big(\sum_{l=0}^{\partial(\boldsymbol{g})} \boldsymbol{g}(l)\boldsymbol{X}^l\Big)$$

so auszumultiplizieren, als seien die Gültigkeit des Assoziativgesetzes, des Kommutativgesetzes und des Distributivgesetzes bezüglich der oben eingeführten Polynomaddition und der zu definierenden Polynommultiplikation bereits gegeben. Dazu ein Beispiel:

$$\begin{aligned}
&\big(\boldsymbol{f}(2)\boldsymbol{X}^2 + \boldsymbol{f}(1)\boldsymbol{X} + \boldsymbol{f}(0)\big)\big(\boldsymbol{g}(1)\boldsymbol{X} + \boldsymbol{g}(0)\big) = \\
&\quad \boldsymbol{f}(2)\boldsymbol{g}(1)\boldsymbol{X}^3 + \boldsymbol{f}(1)\boldsymbol{g}(1)\boldsymbol{X}^2 + \boldsymbol{f}(0)\boldsymbol{g}(1)\boldsymbol{X} + \boldsymbol{f}(2)\boldsymbol{g}(0)\boldsymbol{X}^2 + \boldsymbol{f}(1)\boldsymbol{g}(0)\boldsymbol{X} + \boldsymbol{f}(0)\boldsymbol{g}(0) = \\
&\qquad \boldsymbol{f}(2)\boldsymbol{g}(1)\boldsymbol{X}^3 + \big(\boldsymbol{f}(1)\boldsymbol{g}(1) + \boldsymbol{f}(2)\boldsymbol{g}(0)\big)\boldsymbol{X}^2 + \big(\boldsymbol{f}(0)\boldsymbol{g}(1) + \boldsymbol{f}(1)\boldsymbol{g}(0)\big)\boldsymbol{X} + \boldsymbol{f}(0)\boldsymbol{g}(0)
\end{aligned}$$

Es fällt nicht schwer, dieses Beispiel zu verallgemeinern. Man erhält

$$(\boldsymbol{f}\boldsymbol{g})(n) = \sum_{\substack{k,l\in\mathbb{N}\\ k+l=n}} \boldsymbol{f}(k)\boldsymbol{g}(l) = \sum_{\substack{k\in\mathbb{T}_{\boldsymbol{f}},l\in\mathbb{T}_{\boldsymbol{g}}\\ k+l=n}} \boldsymbol{f}(k)\boldsymbol{g}(l)$$

Man kann durch Nachrechnen zeigen, daß dieses Produkt die geforderten Eigenschaften besitzt, also Assoziativität, Kommutativität und Distributivität, doch ist das so, wie zur Definition gelangt wird, eigentlich überflüssig. Jedenfalls sind die Monome bezüglich dieser Multiplikation echte Potenzen, denn man sieht unmittelbar, daß $\boldsymbol{X}^{n+m} = \boldsymbol{X}^n\boldsymbol{X}^m$ gilt. Auch ist $\boldsymbol{f}\big(\partial(\boldsymbol{f})\big)\boldsymbol{g}\big(\partial(\boldsymbol{g})\big)$ der Koeffizient von $\boldsymbol{X}^{\partial(\boldsymbol{f})+\partial(\boldsymbol{g})}$ und $\boldsymbol{f}(0)\boldsymbol{g}(0)$ der Koeffizient von $\boldsymbol{X}^0$.

Offensichtlich respektiert die Abbildung $u \mapsto \boldsymbol{p}_u$ neben der Addition auch die Multiplikation der beiden Ringe R und $\mathsf{R}[\boldsymbol{X}]$, d.h. es gilt $uv \mapsto \boldsymbol{p}_u\boldsymbol{p}_v$. Die Abbildung ist daher ein injektiver Ringhomomorphismus und die Mengeneinbettung $\mathsf{R} \subset \mathsf{R}[\boldsymbol{X}]$ ist sogar eine Ringeinbettung: R kann in gewisser Weise als Unterring von $\mathsf{R}[\boldsymbol{X}]$ aufgefasst werden. Wie die nächste Überlegung zeigt, kann man zwar die Ringnull 0 als die Polynomnull $\mathbf{0} = \boldsymbol{p}_0$ auffassen, jedoch nicht umgekehrt!

Es ist wichtig zu wissen, wie sich die Gradfunktion der Polynome bei der Addition und Multiplikation von Polynome verhält. Die Regeln sind einfach. Für $\boldsymbol{f}, \boldsymbol{g} \in \mathsf{R}[\boldsymbol{X}]$ gilt nämlich

$$\begin{aligned}
\partial(\boldsymbol{f} + \boldsymbol{g}) &\leq \max\{\partial(\boldsymbol{f}), \partial(\boldsymbol{g})\} \\
\partial(\boldsymbol{f}\boldsymbol{g}) &\leq \partial(\boldsymbol{f}) + \partial(\boldsymbol{g}) \\
\partial(\boldsymbol{f}\boldsymbol{g}) &= \partial(\boldsymbol{f}) + \partial(\boldsymbol{g}) \text{ falls } \boldsymbol{f}\big(\partial(\boldsymbol{f})\big)\boldsymbol{g}\big(\partial(\boldsymbol{g})\big) \neq 0
\end{aligned}$$

Dabei ist $(-\infty) + (-\infty)) = -\infty)$ angenommen. Es addieren sich bei der Multiplikation also die Grade von Polynomen, wenn der Grundring ein Integritätsbereich ist.

Man kann vermuten, daß einige Eigenschaften eines Ringes auf seinen Polynomring übertragen werden. Das ist z.B. bei der Existenz von Nullteilern der Fall:

Mit R ist auch $\mathsf{R}[\boldsymbol{X}]$ Integritätsbereich

Denn angenommen, es gibt $\boldsymbol{f}, \boldsymbol{g} \in \mathsf{R}[\boldsymbol{X}]$ mit $\partial(\boldsymbol{f}) \geq 1$ und $\partial(\boldsymbol{g}) \geq 1$, also mit $\boldsymbol{f}(\partial(\boldsymbol{f})) \neq 0$ und $\boldsymbol{g}(\partial(\boldsymbol{g})) \neq 0$, für die $\boldsymbol{fg} = \boldsymbol{0}$ gilt. Das bedeutet $(\boldsymbol{fg})(n) = 0$ für alle $n \in \mathbb{N}$, insbesondere $\boldsymbol{f}(\partial(\boldsymbol{f}))\boldsymbol{f}(\partial(\boldsymbol{f})) = 0$. Aber das ist unmöglich, denn R besitzt nach Voraussetzung keine Nullteiler.

Es sei R ein Integritätsbereich mit Einselement. Dann gilt wegen der Einbettung $\mathsf{R}^\bullet \subset \mathsf{R}[\boldsymbol{X}]$. Tatsächlich existieren in $\mathsf{R}[\boldsymbol{X}]$ keine weiteren Einheiten, d.h. es ist $\mathsf{R}^\bullet = \mathsf{R}[\boldsymbol{X}]^\bullet$: Die Einheiten von $\mathsf{R}[\boldsymbol{X}]$ sind genau die Einheiten von R. Diese Aussage folgt unmittelbar aus der Gradformel für ein Polynomprodukt. Aus $\boldsymbol{f}, \boldsymbol{g} \in \mathsf{R}[\boldsymbol{X}]$ mit $\partial(\boldsymbol{f}) \geq 1$ und $\partial(\boldsymbol{g}) \geq 1$ folgt nämlich

$$\partial(\boldsymbol{1}) = 0 < 2 \leq \partial(\boldsymbol{f}) + \partial(\boldsymbol{g}) = \partial(\boldsymbol{fg})$$

Eine Gleichung $\boldsymbol{fg} = \boldsymbol{1}$ für echte Polynome ist daher nicht möglich. Insbesondere ist $\mathsf{R}[\boldsymbol{X}]$ niemals ein Körper.

Es gibt in $\mathsf{R}[\boldsymbol{X}]$ also keine Division, d.h. zu keinem $\boldsymbol{g} \in \mathsf{R}[\boldsymbol{X}]^\star \setminus \mathsf{R}^\bullet$ gibt es ein $\boldsymbol{g}^{-1} \in \mathsf{R}[\boldsymbol{X}]^\star$ mit $\boldsymbol{gg}^{-1} = \boldsymbol{1}$. Oder anders gesagt, es gibt kein $\boldsymbol{1}/\boldsymbol{g}$ und damit auch keinen Quotienten $\boldsymbol{f}/\boldsymbol{g}$. Beim Polynomring $\mathsf{R}[\boldsymbol{X}]$ hat man nun eine analoge Situation, auch dort gibt es keine Quotienten. Es gibt aber einen Ersatz, nämlich die Division mit Rest (siehe Abschnitt A.1), und diese Division mit Rest kann im Polynomring nachgeahmt werden. Allerdings besitzt der Polynomring keine kanonische Ordnungsrelation, aber die Division mit Rest in $\mathbb{Z}$ kann auch mit Hilfe des Absolutbetrages formuliert werden. Bei der Übertragung des Konzeptes von $\mathbb{Z}$ auf einen Polynomring ist dann der Absolutbetrag durch die Gradfunktion zu ersetzen.

> Es seien R ein Integritätsbereich mit Einselement und $\boldsymbol{f}, \boldsymbol{g} \in \mathsf{R}[\boldsymbol{X}]$. Der führende Koeffizient $\boldsymbol{g}(\partial(\boldsymbol{g}))$ von $\boldsymbol{g}$ sei invertierbar. Dann gibt es zwei **eindeutig bestimmte** Polynome $\boldsymbol{q}, \boldsymbol{r} \in \mathsf{R}[\boldsymbol{X}]$ mit
>
> $$\boldsymbol{f} = \boldsymbol{qg} + \boldsymbol{r} \quad \text{und} \quad \partial(\boldsymbol{r}) < \partial(\boldsymbol{g})$$
>
> $\boldsymbol{q}$ ist der **Quotient** und $\boldsymbol{r}$ der **Teilerrest** der Division. Der Teilerrest wird auch mit $\varrho_{\boldsymbol{g}}(\boldsymbol{f})$ bezeichnet, man erhält so die **Teilerrestabbildung** $\varrho_{\boldsymbol{g}} : \mathsf{R}[\boldsymbol{X}] \longrightarrow \mathsf{R}[\boldsymbol{X}]$ bezüglich $\boldsymbol{g}$.

Für jeden Polynomring $\mathsf{K}[\boldsymbol{X}]$ über einem Körper K ist die Voraussetzung, einen invertierbaren führenden Koeffizienten zu besitzen, für jedes $\boldsymbol{g} \in \mathsf{K}[\boldsymbol{X}]^\star$ gegeben. Im Fall $\partial(\boldsymbol{f}) < \partial(\boldsymbol{g})$ ist trivialerweise $\boldsymbol{q} = \boldsymbol{0}$ und $\boldsymbol{r} = \boldsymbol{f}$.

In manchen Fällen können Quotient und Teilerrest unmittelbar angegeben werden. Ein solches Beispiel ergibt sich für $\boldsymbol{g} = \boldsymbol{X}$ und $\partial(\boldsymbol{f}) = n > 1$. Es ist nämlich

$$\boldsymbol{f} = \sum_{\nu=0}^{n} \boldsymbol{f}(\nu)\boldsymbol{X}^\nu = \boldsymbol{X}\sum_{\nu=1}^{n} \boldsymbol{f}(\nu)\boldsymbol{X}^{\nu-1} + \boldsymbol{f}(0)$$

Wegen der Eindeutigkeit von Rest und Quotient ist also $\boldsymbol{q} = \sum_{\nu=1}^{n} \boldsymbol{f}(\nu)\boldsymbol{X}^{\nu-1}$ und $\boldsymbol{r} = \boldsymbol{f}(0)$.

Wählt man als Integritätsbereich einen Körper K, dann lassen sich Quotient und Rest als Lösung eines linearen Gleichungssystems bestimmen. Sei dazu $\partial(\boldsymbol{f}) = n \geq m = \partial(\boldsymbol{g})$. Dann sind die m unbekannten Koeffizienten $\boldsymbol{r}(m-1)$ bis $\boldsymbol{r}(0)$ von $\boldsymbol{r}$ und die $n-m$ unbekannten Koeffizienten $\boldsymbol{q}(n-m)$ bis $\boldsymbol{q}(0)$ von $\boldsymbol{q}$ zu bestimmen. Multipliziert man das Produkt in $\boldsymbol{qg} + \boldsymbol{r}$ aus und fasst dann die Monome nach Potenzen von $\boldsymbol{X}^\nu$ zusammen, steht auf beiden Seiten der Gleichung $\boldsymbol{f} = \boldsymbol{qg} + \boldsymbol{r}$ dasselbe Polynom entwickelt nach den Potenzen $\boldsymbol{X}^\nu$. Die Faktoren der

$\boldsymbol{X}^\nu$ müssen daher identisch sein. Es ist leicht zu sehen, daß man auf diese Weise ein lineares Gleichungssystem für die unbekannten Polynomkoeffizienten erhält. Als Beispeil dafür wird die Berechnung für $\boldsymbol{g} = \boldsymbol{X} + 1$ und $\partial(\boldsymbol{f}) = n \geq 1$ durchgeführt. Die Entwicklung von $\boldsymbol{qg} + \boldsymbol{r}$ nach Potenzen von $\boldsymbol{X}$ ergibt

$$\begin{gathered}
\boldsymbol{f}(n)\boldsymbol{X}^n + \cdots + \boldsymbol{f}(0) = \big(\boldsymbol{q}(n-1)\boldsymbol{X}^{n-1} + \cdots + \boldsymbol{q}(0)\big)(\boldsymbol{X}+1) + \boldsymbol{r}(0) = \\
\boldsymbol{q}(n-1)\boldsymbol{X}^n + \cdots + \boldsymbol{q}(0)\boldsymbol{X} + \boldsymbol{q}(n-1)\boldsymbol{X}^{n-1} + \cdots + \boldsymbol{q}(0) + \boldsymbol{r}(0) = \\
\boldsymbol{q}(n-1)\boldsymbol{X}^n + \big(\boldsymbol{q}(n-1) + \boldsymbol{q}(n-2)\big)\boldsymbol{X}^{n-1} + \cdots + \big(\boldsymbol{q}(1) + \boldsymbol{q}(0)\big)\boldsymbol{X} + \boldsymbol{q}(0) + \boldsymbol{r}(0)
\end{gathered}$$

Man erhält hier ein sehr einfach aufgebautes lineares Gleichungssystem, dessen Unbekannte durch sukzessives Einsetzen ermittelt werden können:

$$\begin{aligned}
\boldsymbol{f}(n) &= \boldsymbol{q}(n-1) \\
\boldsymbol{f}(n-1) &= \boldsymbol{q}(n-1) + \boldsymbol{q}(n-2) \\
&\vdots \\
\boldsymbol{f}(1) &= \boldsymbol{q}(1) + \boldsymbol{q}(0) \\
\boldsymbol{f}(0) &= \boldsymbol{q}(0) + \boldsymbol{r}(0)
\end{aligned}$$

Beispielsweise erhält man für das Polynom $\boldsymbol{f} = 2\boldsymbol{X}^4 + \boldsymbol{X}^3 + 2\boldsymbol{X} + 2 \in \mathbb{K}_3[\boldsymbol{X}]$ die folgende Gleichungskette (mit $-1 = 2$ und $-2 = 1$ in $\mathbb{K}_3$):

$$\begin{aligned}
\boldsymbol{q}(3) &= \boldsymbol{f}(4) = 2 \\
\boldsymbol{q}(2) &= \boldsymbol{f}(3) - \boldsymbol{q}(3) = 1 - 2 = 1 + 1 = 2 \\
\boldsymbol{q}(1) &= \boldsymbol{f}(2) - \boldsymbol{q}(2) = 0 - 2 = 1 \\
\boldsymbol{q}(0) &= \boldsymbol{f}(1) - \boldsymbol{q}(1) = 2 - 1 = 1 \\
\boldsymbol{r}(0) &= \boldsymbol{f}(0) - \boldsymbol{q}(0) = 2 - 1 = 1
\end{aligned}$$

Das Quotientenpolynom ist daher $\boldsymbol{q} = 2\boldsymbol{X}^3 + 2\boldsymbol{X}^2 + \boldsymbol{X} + 1$, das Restpolynom ist $\boldsymbol{r} = \mathbf{1}$. Ausmultiplizieren bestätigt das Ergebnis.

Für beliebige Polynome $\boldsymbol{f}$ und $\boldsymbol{g}$ ist die Methode, Quotient und Rest über ein lineares Gleichungssystem zu bestimmen, zu aufwendig, jedenfalls dann, wenn mit Papier und Bleistift gearbeitet werden muss. Ein gewöhnlich schneller zum Ziel führendes Verfahren besteht darin, so lange Vielfache von $\boldsymbol{g}$ von $\boldsymbol{f}$ zu subtrahieren, bis $\boldsymbol{q}$ und $\boldsymbol{r}$ direkt abgelesen werden könnnen. Es sei dazu $\partial(\boldsymbol{f}) = n$ und $\partial(\boldsymbol{g}) = m$, mit $n \geq m$, und $k = n - m$. Zur Bestimmung von $\boldsymbol{r}$ und $\boldsymbol{q}$ berechnet man eine Folge von Polynomen $\boldsymbol{r}_n$ bis $\boldsymbol{r}_{m-1}$ mit der Eigenschaft $\partial(\boldsymbol{r}_l) \leq l$. Der Startwert ist $\boldsymbol{r}_n = \boldsymbol{f}$. Die erste Iteration erhält man als

$$\boldsymbol{r}_{n-1} = \boldsymbol{r}_n - \boldsymbol{r}_n(n)\boldsymbol{g}(m)^{-1}\boldsymbol{X}^k\boldsymbol{g}$$

Damit wird $\boldsymbol{r}_n(n)\boldsymbol{X}^n$ aus $\boldsymbol{r}_n$ heraussubtrahiert und es gilt $\partial(\boldsymbol{r}_{n-1}) \leq n - 1$. Der nächste Schritt ist dann

$$\boldsymbol{r}_{n-2} = \boldsymbol{r}_{n-1} - \boldsymbol{r}_{n-1}(n-1)\boldsymbol{g}(m)^{-1}\boldsymbol{X}^{k-1}\boldsymbol{g}$$

mit dem $\boldsymbol{r}_{n-1}(n-1)\boldsymbol{X}^{n-1}$ aus $\boldsymbol{r}_{n-1}$ heraussubtrahiert wird, mit der Folge $\partial(\boldsymbol{r}_{n-2}) \leq n - 2$.

Das Verfahren wird so fortgesetzt. Im k-ten und vorletzten Verfahrensschritt gelangt man zu der Gleichung

$$\boldsymbol{r}_m = \boldsymbol{r}_{m+1} - \boldsymbol{r}_{m+1}(m+1)\boldsymbol{g}(m)^{-1}\boldsymbol{X}\boldsymbol{g}$$

mit $\partial(\boldsymbol{r}_m) \leq m$. Schließlich führt der letzte und $(k+1)$-te Schritt auf

$$\boldsymbol{r}_{m-1} = \boldsymbol{r}_m - \boldsymbol{r}_m(m)\boldsymbol{g}(m)^{-1}\boldsymbol{g}$$

mit $\partial(\boldsymbol{r}_{m-1}) \leq m-1 < m = \partial(\boldsymbol{g})$. Addiert man die erhaltenen $k+1$ Gleichungen, bekommt man

$$\boldsymbol{r}_{m-1} + \sum_{\kappa=1}^{k} \boldsymbol{r}_{n-\kappa} = \boldsymbol{r}_n - \sum_{\kappa=0}^{k} \boldsymbol{r}_{m+\kappa}(m+\kappa)\boldsymbol{g}(m)^{-1}\boldsymbol{X}^\kappa\boldsymbol{g} + \sum_{\kappa=1}^{k} \boldsymbol{r}_{n-\kappa}$$

und daraus nach einigen offensichtlichen Umformungen

$$\boldsymbol{f} = \big(\boldsymbol{g}(m)^{-1} \sum_{\kappa=0}^{k} \boldsymbol{r}_{m+\kappa}(m+\kappa)\boldsymbol{X}^\kappa\big)\boldsymbol{g} + \boldsymbol{r}_{m-1} = \boldsymbol{q}\boldsymbol{g} + \boldsymbol{r}$$

Hier können also der Quotient und der Teilerrest unmittelbar abgelesen werden. Man kann noch $\partial(\boldsymbol{q}) = n-m$ erkennen, denn nach Konstruktion ist $\boldsymbol{q}(n-m) = \boldsymbol{f}(n)\boldsymbol{g}(m)^{-1} \neq 0$.

Für obiges Beispiel, also für das Polynom $\boldsymbol{f} = 2\boldsymbol{X}^4 + \boldsymbol{X}^3 + 2\boldsymbol{X} + 2 \in \mathbb{K}_3[\boldsymbol{X}]$ und das Polynom $\boldsymbol{g} = \boldsymbol{X} + 1 \in \mathbb{K}_3[\boldsymbol{X}]$, sieht die Ausführung des Verfahrens wie folgt aus:

$$\begin{aligned}
&\boldsymbol{r}_4 = 2\boldsymbol{X}^4 + \boldsymbol{X}^3 + 2\boldsymbol{X} + 2 && && \boldsymbol{q}(3) = 2\\
&\boldsymbol{r}_3 = 2\boldsymbol{X}^4 + \boldsymbol{X}^3 + 2\boldsymbol{X} + 2 - 2\boldsymbol{X}^3(\boldsymbol{X}+1) && = 2\boldsymbol{X}^3 + 2\boldsymbol{X} + 2 && \boldsymbol{q}(2) = 2\\
&\boldsymbol{r}_2 = 2\boldsymbol{X}^3 + 2\boldsymbol{X} + 2 - 2\boldsymbol{X}^2(\boldsymbol{X}+1) && = \boldsymbol{X}^2 + 2\boldsymbol{X} + 2 && \boldsymbol{q}(1) = 1\\
&\boldsymbol{r}_1 = \boldsymbol{X}^2 + 2\boldsymbol{X} + 2 - \boldsymbol{X}(\boldsymbol{X}+1) && = \boldsymbol{X} + 2 && \boldsymbol{q}(0) = 1\\
&\boldsymbol{r}_0 = \boldsymbol{X} + 2 - (\boldsymbol{X}+1) && = 1 &&
\end{aligned}$$

Ist ein Polynom über einem Ring nach den Mononmen $\boldsymbol{X}^\nu$ entwickelt, dann kann rein formal die „Unbestimmte" $\boldsymbol{X}$ durch irgendein Objekt ersetzt werden, das mit den Ringelementen verträglich ist. Diese **Substitution** kann auf exakte Weise wie folgt eingeführt werden.

Es sei $\mathsf{R} \subset \mathsf{S}$ ein Teilring eines Ringes S. Dann gibt es zu jedem $s \in \mathsf{S}$ einen eindeutig bestimmten Ringhomomorphismus $\boldsymbol{\sigma}_s : \mathsf{R}[\boldsymbol{X}] \longrightarrow \mathsf{S}$ mit der Eigenschaft

$$\boldsymbol{\sigma}_s(\boldsymbol{X}) = s \quad \text{und} \quad \boldsymbol{\sigma}_s(r) = r \text{ für alle } r \in \mathsf{R}$$

und zwar ist dieser Homomorphismus gegeben durch

$$\boldsymbol{\sigma}_s\Big(\sum_{m\in\mathbb{T}_{\boldsymbol{f}}} \boldsymbol{f}(m)\boldsymbol{X}^m\Big) = \sum_{m\in\mathbb{T}_{\boldsymbol{f}}} \boldsymbol{f}(m)s^m$$

Dieser Homomorphismus läßt also die Elemente von R fest und bildet $\boldsymbol{X}$ auf s ab.

Natürlich ist auch $\mathsf{R} = \mathsf{S}$ möglich. In diesem Fall werden also in ein Polynom Elemente des Basisringes eingesetzt. Man erhält so mit Hilfe des für $r \in \mathsf{R}$ gegebenen Substitutionshomomorphismus

σ_r zu jedem Polynom $f \in \mathsf{R}[X]$ eine Abbildung $f^\star : \mathsf{R} \longrightarrow \mathsf{R}$, die gegeben ist durch

$$f^\star(r) = \sigma_r(f) = \sum_{m \in \mathbb{T}_f} f(m) r^m$$

Es sei etwa $f = 2X^3 + X + 2$ aus $\mathbb{Z}_3[X]$. Die Abbildung $f^\star : \mathbb{Z}_3 \longrightarrow \mathbb{Z}_3$ ist hier gegeben durch

$$(2X^3 + X + 2)^\star(r) = 2r^3 + r + 2 = \begin{cases} r & \text{falls } r \in \mathbb{Z}_3^\star \\ 2 & \text{falls } r = 0 \end{cases}$$

Daß Polynome aus $\mathsf{R}[X]$ nicht mit Abbildungen $\mathsf{R} \longrightarrow \mathsf{R}$ identifiziert werden dürfen ergibt sich daraus, daß die Zuordnung $f \mapsto f^\star$ im Allgemeinen nicht injektiv ist. Es seien z.B. $f = X + 1$ und $g = X^2 + 1$ Polynome aus $\mathbb{Z}_2[X]$. Hier ist $f^\star(z) = z + 1$, aber auch $g^\star(z) = z^2 + 1 = z + 1$, also ergibt sich bei der Substitution beider Polynome dieselbe Abbildung von $\mathbb{Z}_2$ in $\mathbb{Z}_2$: $f^\star = g^\star$.

Es sei R ein Integritätsbereich mit Einselement, es sei $f \in \mathsf{R}[X]$ und endlich sei $u \in \mathsf{R}$. Dann sind die beiden folgenden Aussagen äquivalent:

$$f^\star(u) = 0$$

$$\text{Es gibt ein } h \in \mathsf{R}[X] \text{ mit } f = (X - u)h$$

Ein solches u heißt eine **Nullstelle** von f. Es ist also u genau dann Nullstelle von f, wenn $X - u$ Teiler von f ist.

Das Polynom $f = X^2 + 1$ besitzt eine Nullstelle in $\mathbb{K}_2[X]$, wie man durch Ausprobieren feststellen kann: Es ist $f^\star(0) = 1$ und $f^\star(1) = 0$. Also ist 1 eine Nullstelle. Dann muß es aber ein $h \in \mathbb{K}_2[X]$ geben mit $X^2 + 1 = (X - 1)h$. Nach der Gradgleichung muß h linear sein, d.h. es ist $h = X - 0$ oder $h = X - 1$. Der erste Fall ist nicht möglich, denn andernfalls wäre 0 Nullstelle. Also ist 1 eine doppelte Nullstelle: $f = (X - 1)^2 = (X + 1)^2$.

Wie man durch Ausprobieren bestätigt, besitzt das Polynom $g = X^2 + X + 1 \in \mathbb{K}_2[X]$ keine Nullstelle, jedenfalls keine Nullstelle im Körper $\mathbb{K}_2$. Doch jedes Polynom über einem Ring R ist natürlich auch ein Polynom über jedem Erweiterungsring S von R. So ist das Polynom g über dem Körper $\mathbb{K}_2$ auch ein Polynom über dem Erweiterungskörper $\mathbb{K}_{2^2}$ von $\mathbb{K}_2$.

Additions- und Multiplikationstabelle für den Körper $\mathbb{K}_{2^2}$

+	0	1	a	b	·	0	1	a	b
0	0	1	a	b	0	0	0	0	0
1	1	0	b	a	1	0	1	a	b
a	a	b	0	1	a	0	a	b	1
b	b	a	1	0	b	0	b	1	a

In diesem Erweiterungskörper besitzt das Polynom g nun tatsächlich zwei Nullstellen:

$$g^\star(a) = a^2 + a + 1 = b + a + 1 = 1 + 1 = 0$$

$$g^\star(b) = b^2 + b + 1 = a + b + 1 = 1 + 1 = 0$$

Folglich gilt $g = (X - a)(X - b) = (X + a)(X + b)$ für g **als Polynom in** $\mathbb{K}_{2^2}[X]$. Tatsächlich gibt es zu jedem Polynom über einem Körper einen Erweiterungkörper, über welchem das Polynom vollständig in Linearfaktoren zerfällt und der daher Zerfällungkörper genannt wird. Er ist zwar nicht eindeutig bestimmt, weil es verschiedene Methoden seiner Konstruktion gibt, aber alle Zerfällungskörper sind isomorph.

Wie soeben gesehen ist das Polynom $\boldsymbol{f} = \boldsymbol{X}^2 + 1 \in \mathbb{K}_2[\boldsymbol{X}]$ ein Produkt zweier Polynome aus $\mathbb{K}_2[\boldsymbol{X}] \setminus \{\mathbb{K}_2\}$. Diese beiden Polynome, hier zweimal $\boldsymbol{X} - 1$, sind keine Einheiten des Ringes $\mathbb{K}_2[\boldsymbol{X}]$. Eine solche Zerlegung in ein Produkt von Polynomen aus $\mathbb{K}_2[\boldsymbol{X}]$ ist bei dem Polynom $\boldsymbol{g} = \boldsymbol{X}^2 + \boldsymbol{X} + 1 \in \mathbb{K}_2[\boldsymbol{X}]$ jedoch nicht möglich, denn besäße es einen linearen Faktor, gäbe es eine Nullstelle in $\mathbb{K}_2$. Das motiviert die folgende Definition:

> Es sei R ein Ring mit Einselement. Ein Polynom $\boldsymbol{f} \in \mathsf{R}[\boldsymbol{X}]$ heißt **reduzibel**, wenn es Polynome $\boldsymbol{g}, \boldsymbol{h} \in \mathsf{R}[\boldsymbol{X}] \setminus \mathsf{R}^\bullet$ gibt mit $\boldsymbol{f} = \boldsymbol{g}\boldsymbol{h}$. Andernfalls heißt das Polynom **irreduzibel**.

Die Betonung liegt hier auf $\boldsymbol{g}, \boldsymbol{h} \notin \mathsf{R}^\bullet$, denn andernfalls gäbe es immer die Zerlegung $\boldsymbol{f} = \boldsymbol{1}\boldsymbol{f}$.

Beispiele wurden schon gegeben. So ist $\boldsymbol{X}^2 + 1 \in \mathbb{K}_2[\boldsymbol{X}]$ reduzibel und $\boldsymbol{X}^2 + \boldsymbol{X} + 1 \in \mathbb{K}_2[\boldsymbol{X}]$ ist irreduzibel. Dagegen ist $\boldsymbol{X}^2 + \boldsymbol{X} + 1 \in \mathbb{K}_{2^2}[\boldsymbol{X}]$ reduzibel. Reduzibel ist auch das Polynom $2\boldsymbol{X} + 2 \in \mathbb{Z}_4[\boldsymbol{X}]$, denn man kann es in $\boldsymbol{2}(\boldsymbol{X} + 1)$ zerlegen, und 2 ist wegen $2 \cdot 2 = 0$ keine Einheit in $\mathbb{Z}_4$. Es gilt aber

> In einem Integritätsbereich R mit Eins ist ein lineares Polynom $v\boldsymbol{X} + u \in \mathsf{R}[\boldsymbol{X}]$ irreduzibel, wenn die Polynomkoeffizienten u und v keinen (echten) gemeinsamen Teiler besitzen.

Ist K ein Körper, dann ist jedes lineare Polynom $v\boldsymbol{X} + u \in \mathsf{K}[\boldsymbol{X}]$ irreduzibel, denn die Einheiten u und v haben natürlich keinen gemeinsamen (echten) Teiler.

Es ist allerdings bei einem Polynom höheren Grades nicht ganz einfach, herauszufinden, ob es reduzibel ist und gegebenfalls eine Zerlegung zu finden. Zwar ist für einen *endlichen* Körper K auch der Polynomring $\mathsf{K}[\boldsymbol{X}]$ endlich, weshalb nach Produktfaktoren gesucht werden kann. Allerdings gibt es in einem Ring mit m Elementen m^n Polynome mit einem Grad kleiner als n, eine Suche mit Abdividieren ist also nur für sehr kleine Körper praktikabel. Die schnelleren Algorithmen sind jedoch so kompliziert, daß sie in dieser Einführung nicht dargestellt werden können. Für nicht allzuhohe Polynomgrade kann man Tabellen irreduzibler Polynome benutzen, z.B. in [LiNi].

A.4. Einiges zur Struktur endlicher Körper

Kryptographische oder andere Verfahren, die endliche Körper verwenden, müssen die Arithmetik dieser Körper realisieren, ultimativ also implementieren. Eine einfach anzuwendende Methode, Addition, Multiplikation und Division (d.h. Inversion) eines endlichen Körpers darzustellen, besteht darin, primitive Elemente zu verwenden. Zur Einführung solcher Elemente endlicher Körper wird zunächst festgestellt:

> In einem endlichen Körper K mit q Elementen gilt $u^{q-1} = 1$ für alle $u \in \mathsf{K}^\bullet$

Das kann für den Körper $\mathbb{K}_{2^2}$ (siehe Abschnitt A.3) leicht bestätigt werden: Es ist $a^3 = aaa = ba = 1$ und $b^3 = bbb = ab = 1$.

Es ist also $U = \{\, n \in \mathbb{N}_+ \mid u^n = 1 \,\} \neq \emptyset$, weshalb die folgende Definition sinnvoll ist:

> Seien K ein endlicher Körper mit q Elementen, $u \in \mathsf{K}^\bullet$ und $U = \{\, n \in \mathbb{N}_+ \mid u^n = 1 \,\}$.
> Die Zahl $\mho(u) = \min(U)$ heißt die **Ordnung** von u.

Die am Anfang des Abschnittes gemachte Aussage gibt eine obere Schranke für die Ordnung eines Körperelementes an.

Die Ordnungen der Elemente von $\mathbb{K}_{2^2}^\bullet$ sind leicht zu berechnen, man findet $\mho(1) = 1$, $\mho(a) = 3$ und $\mho(b) = 3$, aber man kann nicht viel daran entdecken. Es folgt deshalb die wesentliche Multiplikationstabelle des umfangreicheren Körpers $\mathbb{K}_{13}$:

$\cdot$	2	3	4	5	6	7	8	9	10	11	12
2	4	6	8	10	12	1	3	5	7	9	11
3	6	9	12	2	5	8	11	1	4	7	10
4	8	12	3	7	11	2	6	10	1	5	9
5	10	2	7	12	4	9	1	6	11	3	8
6	12	5	11	4	10	3	9	2	8	1	7
7	1	8	2	9	3	10	4	11	5	12	6
8	3	11	6	1	9	4	12	7	2	10	5
9	5	1	10	6	2	11	7	3	12	8	4
10	7	4	1	11	8	5	2	12	9	6	3
11	9	7	5	3	1	12	10	8	6	4	2
12	11	10	9	8	7	6	5	4	3	2	1

Mit etwas Geduld, besser aber mit einem kleinen Computerprogramm errechnet man mit dieser Tabelle die folgenden Ordnungen der Elemente von $\mathbb{K}_{13}$:

u	1	2	3	4	5	6	7	8	9	10	11	12
$\mho(u)$	1	12	3	6	4	12	12	4	3	6	12	2

Hier ist klar ersichtlich, welch einfachem Gesetz die Ordnungen von Körperelementen gehorchen:

> Es sei K ein endlicher Körper mit q Elementen. Für jedes $u \in \mathsf{K}^\bullet$ ist jeder Exponent n mit $u^n = 1$ ein Vielfaches der Ordnung von u. Insbesondere teilt jede Elementordung die Anzahl $q - 1$ der Elemente von $\mathsf{K}^\bullet$.

Die Menge der Ordnungen, welche die von Null verschiedenen Elemente eines Körpers mit q Elementen besitzen, ist also auf die Teiler von $q-1$ beschränkt. Man kann allerdings noch weitere

Aussagen über die Menge der Ordnungen machen, beispielsweise, daß mit zwei Ordnungen auch das kleinste gemeinsame Vielfache der Ordnungen wieder die Ordnung eines Körperelementes ist (siehe etwa [HSMS] **6.13.**.

Berechnet man in $\mathbb{K}_{13}$ alle Potenzen 11^n, $n \in \{1,\dots,12\}$, dann stellt man fest, daß jedes Element in $\mathbb{K}_{13}^\bullet$ unter den Potenzen genau einmal vorkommt:

n	1	2	3	4	5	6	7	8	9	10	11	12
11^n	11	4	5	3	7	12	2	9	8	10	6	1

Gemäß der nachfolgenden Definition ist 11 ein primitives Element von $\mathbb{K}_{13}$:

> Es sei $\mathbf{K}$ ein endlicher Körper. Ein $a \in \mathbf{K}^\bullet$ heißt **primitives Element** von $\mathbf{K}$, wenn jedes Element von $\mathbf{K}^\bullet$ als eine Potenz von a dargestellt werden kann.

Berechnet man die Potenzen u^2 bis u^{12} für jedes Element u von $\mathbb{K}_{13}^\bullet$, dann stellt man fest, daß auch 2, 6 und 7 primitive Elemente des Körpers sind. Tatsächlich besitzt jeder endliche Körper primitive Elemente, und es kann sogar ihre Anzahl genau angegeben werden:

> Ein endlicher Körper $\mathbf{K}$ mit q Elementen besitzt $\phi(q-1)$ primitive Elemente.

Darin ist ϕ die EULERsche ϕ-Funktion (siehe Abschnitt A.2). So erhält man für $\mathbb{K}_{13}$ nach Abschnitt A.2 $\phi(12) = \phi(2^2 3) = (2-1)2^1(3-1)3^0 = 4$ primitive Elemente. Der Körper $\mathbb{K}_{2^8}$ besitzt danach $(2-1)2^7 = 128$ primitive Elemente.

Wie nun können primitive Elemente eines endlichen Körpers gefunden werden? Kennt man die Ordungen aller Elemente des Körpers, wie die von $\mathbb{K}_{13}$ aus obiger Tabelle, dann sind primitive Elemente unmittelbar erkennbar:

> Es sei $\mathbf{K}$ ein endlicher Körper mit q Elementen. Ein Element aus $\mathbf{K}^\star$ ist genau dann primitiv, wenn seine Ordnung gleich der Anzahl $q-1$ der Elemente von $\mathbf{K}^\star$ ist.

Man kann allerdings auch die Multiplikativität von Ordnungen ausnutzen, um den Berechnungsaufwand zu verringern. Man verwendet dabei die folgende Eigenschaft von Ordnungen:

> Es seien u_1 bis u_k Elemente eines endlichen Körpers $\mathbf{K}$. Besitzen die Ordnungen $\mho(u_1)$ bis $\mho(u_k)$ keinen gemeinsamen Teiler, dann gilt
>
> $$\mho\Big(\prod_{\kappa=1}^{k} u_\kappa\Big) = \prod_{\kappa=1}^{k} \mho(u_\kappa)$$
>
> Relativ prime Ordnungen sind multiplikativ.

Beispielsweise findet man in $\mathbb{K}_{1621}$ (1621 ist Primzahl) nach rascher Suche die Ordnungen $\mho(166) = 4$, $\mho(184) = 3$ und $\mho(231) = 5$. Die drei Ordnungen sind natürlich relativ prim, nach dem vorangehenden Satz gilt daher

$$\mho(1072) = \mho(166 \odot 184 \odot 231) = 4 \cdot 3 \cdot 5 = 60$$

dabei ist $\odot$ die Multiplikation in $\mathbb{K}_{1621}$.

Wie man ein primitives Element dazu verwendet, die Arithmetik eines endlichen Körpers zu implementieren wird in Kapitel 10 gezeigt, der endliche Körper ist mit Blick auf AES natürlich $\mathbb{K}_{2^8}$.

Um nicht zu lange Rechnungen mit Elementen von $\mathbb{K}_{2^8}$ mit Papier und Bleistift durchzuführen können auch die Tabellen im Anhang (Abschnitt B.2) verwendet werden.

Endliche Körper sind durch die Angabe der Zahl ihrer Elemente vollständig bestimmt, denn endliche Körper mit derselben Elementezahl sind isomorph. Man kann auch sagen, daß es im Wesentlichen nur einen Körper mit einer vorgegebenen Zahl von Elementen gibt. Allerdings ist diese Elementezahl nicht beliebig, es sind nur Primzahlpotenzen p^n möglich. Diese stellen aber nicht nur eine Möglichkeit dar, tatsächlich gibt zu jedem $p \in \mathbb{P}$ und $n \in \mathbb{N}_+$ einen endlichen Körper mit p^n Elementen. Dieser bis auf Isomorphie eindeutig bestimmte Körper wird der GALOIS-Körper $\mathsf{GK}(p^n)$ genannt ($\mathsf{GF}(p^n)$ von *Galois field* im englischsprachigen Raum) und hier mit dem Symbol $\mathbb{K}_{p^n}$ bezeichnet.

Natürlich sind all diese Körper nicht unabhängig voneinander. Jeder Körper $\mathbb{K}_{p^n}$ enthält den Körper $\mathbb{K}_p$, das ist der im Sinne der Mengeninklusion $\subset$ kleinste Körper, der in $\mathbb{K}_{p^n}$ enthalten ist. Folglich gilt in $\mathbb{K}_{p^n}$

$$\underbrace{1+1+\cdots+1+1}_{p\text{-mal}}=0$$

d.h. die Körper $\mathbb{K}_{p^n}$ sind von der Charakteristik p. Und für jeden Teiler m von n enthält $\mathbb{K}_{p^n}$ den Teilkörper $\mathbb{K}_{p^m}$. Einen Eindruck dieser Organisation vermittelt die folgende Skizze der Teilkörperhierarchie von $\mathbb{K}_{2^{30}}$.

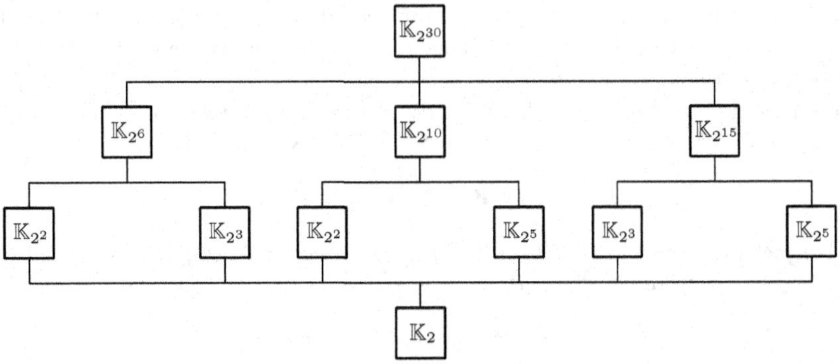

Im Hinblick auf den nächsten Abschnitt kann aus den vorangehenden Ausführungen folgendes geschlossen werden: Um den Körper $\mathbb{K}_{p^n}$ zu konstruieren, genügt es, mit einer beliebigen Methode einen Körper mit p^n Elementen zu erzeugen. Dieser Körper ist dann automatisch $\mathbb{K}_{p^n}$, oder präziser gesagt isomorph zu ihm, aber es spielt natürlich für den Gebrauch des Körpers keine Rolle, wie seine Elemente beschaffen sind, jedenfalls nicht theoretisch.

A.5. Die Konstruktion von Körpern mit einer Primzahlpotenz als Elementezahl

Im Zentrum des Verschlüsselungsverfahrens AES steht der endliche Körper $\mathbb{K}_{2^8}$, ein großer Teil der Berechnungen wird mit der Arithmetik dieses Körpers durchgeführt. Es liegt daher nahe, das Konstruktionsverfahren eines endlichen Körpers mit dem Aufbau von $\mathbb{K}_{2^8}$ vorzuführen.

Wie am Ende des vorangehenden Abschnittes bemerkt wurde, genügt es, irgendeinen Körper K mit 2^8 Elementen zu finden oder zu konstruieren. Ein guter Ausgangspunkt ist eine Menge mit genau 2^8 Elementen, die schon eine genügend reiche Struktur besitzt, um damit eine Körperarithmetik aufzubauen. Nun muß der zu konstruierende Körper $\mathbb{K}_2$ enthalten, es bietet sich also an, von einem mathematischen Objekt auszugehen, das den Primkörper $\mathbb{K}_2$ bereits enthält. Dieses mathematische Objekt ist natürlich der Ring $\mathbb{K}_2[\boldsymbol{X}]$, der $\mathbb{K}_2$ als Teilring enthält.

Der Ring $\mathbb{K}_2[\boldsymbol{X}]$ könnte für den angestrebten Zweck reich genug strukturiert sein, er ist allerdings zu groß, er ist tatsächlich nicht einmal endlich. Man kann es jedoch mit einer endlichen Teilmenge von 2^8 Elementen versuchen, die natürlich $\mathbb{K}_2$ enthalten muß. Solch eine Teilmenge ist leicht zu finden:

$$\mathsf{K} = \{\, \boldsymbol{f} \in \mathbb{K}_2[\boldsymbol{X}] \mid \partial(\boldsymbol{f}) < 8 \,\}$$

Es ist nicht schwer, sich davon zu überzeugen, daß die Menge K genau 2^8 Elemente besitzt, denn man hat bei acht Polynomkoeffizienten die (unabhängige) Wahl zwischen den beiden Elementen 0 und 1. Allerdings ist K bisher nur eine Menge, die noch mit einer passenden Addition $\oplus$ und Multiplikation $\odot$ versehen werden muß.

Ein möglicherweise geeigneter Kandidat für die Körperadditon fällt sofort ins Auge, nämlich die Addition des Ringes $\mathbb{K}_2[\boldsymbol{X}]$, denn diese führt nicht aus K hinaus, d.h. es gilt

$$\boldsymbol{f}, \boldsymbol{g} \in \mathsf{K} \implies \boldsymbol{f} + \boldsymbol{g} \in \mathsf{K}$$

Das folgt beispielsweise aus der Gradformel $\partial(\boldsymbol{f}+\boldsymbol{g}) \le \max\{\partial(\boldsymbol{f}), \partial(\boldsymbol{g})\}$. Die gesuchte Addition wird daher probeweise wie folgt definiert:

$$\boldsymbol{f} \oplus \boldsymbol{g} = \boldsymbol{f} + \boldsymbol{g} \quad \text{für alle } \boldsymbol{f}, \boldsymbol{g} \in \mathsf{K}$$

Eine möglicherweise geeignete Multiplikation läßt sich jedoch nicht so einfach finden, denn die Multiplikation in $\mathbb{K}_2[\boldsymbol{X}]$ führt aus K hinaus, wie die andere Gradformel zeigt: $\partial(\boldsymbol{fg}) = \partial(\boldsymbol{f}) + \partial(\boldsymbol{g})$. Hier kann nun eine analoge Konstruktion hilfreich sein.

> Es soll ein Ring mit sechs Elementen konstruiert werden. Man kann hier von der reichen und gut bekannten Struktur des Ringes $\mathbb{Z}$ ausgehen und als Basismenge die Teilmenge $\mathsf{R} = \{0, 1, 2, 3, 4, 5\}$ wählen. Allerdings führt die Multiplikation von $\mathbb{Z}$ offensichtlich aus K hinaus. Aber hier gibt es eine einfache Methode die Multiplikation von $\mathbb{Z}$ so zu verändern, daß eine brauchbare Multiplikation $\otimes$ von R herauskommt: Man definiert für $u, v \in \mathsf{R}$ einfach $u \otimes v = \varrho_6(uv)$. Definiert man so auch noch $u \oplus v = \varrho_6(u+v)$, dann bekommt man wie allbekannt tatsächlich einen Ring mit sechs Elementen, nämlich $\mathbb{Z}_6$.

Der Texteinschub legt also folgendes nahe: Man nehme ein geeignetes Polynom $\boldsymbol{m} \in \mathbb{K}_2[\boldsymbol{X}]$

mit $\partial(\boldsymbol{m}) = 8$ und definiere probeweise eine Multiplikation auf K durch

$$\boldsymbol{f} \odot \boldsymbol{g} = \varrho_{\boldsymbol{m}}(\boldsymbol{f}\boldsymbol{g}) \quad \text{für alle } \boldsymbol{f}, \boldsymbol{g} \in \mathsf{K}$$

Die Forderung $\partial(\boldsymbol{m}) = 8$ stellt wegen der Eigenschaften der Gradabbildung natürlich sicher, daß diese Multiplikation nicht aus K hinausführt. Allerdings ist nicht jedes beliebige Polynom vom Grad acht geeignet. So erhält man beispielsweise für $\boldsymbol{m} = \boldsymbol{X}^8$ für $\boldsymbol{X}^4 \in \mathsf{K}$

$$\boldsymbol{X}^4 \odot \boldsymbol{X}^4 = \varrho_{\boldsymbol{m}}(\boldsymbol{X}^4\boldsymbol{X}^4) = \varrho_{\boldsymbol{m}}(\boldsymbol{X}^8) = \varrho_{\boldsymbol{m}}(\boldsymbol{m}) = \boldsymbol{0}$$

d.h. erhielte man mit $\oplus$ und $\odot$ wirklich einen Ring K, so wäre dieser nicht einmal ein Integritätsbereich, denn sein Element $\boldsymbol{X}^4$ wäre ein Nullteiler. Hier kann jedoch noch einmal die Analogie helfen: Bei der Konstruktion von $\mathbb{Z}_m$ im obigen Einschub erhält man einen Körper, wenn man für m eine Primzahl wählt. Nun, was in $\mathbb{Z}$ eine Primzahl ist, ist in $\mathbb{K}_2[\boldsymbol{X}]$ ein **irreduzibles** Polynom. Und tatsächlich, ist $\boldsymbol{m} \in \mathbb{K}_2[\boldsymbol{X}]$ irreduzibel, dann ist K zusammen mit den Verknüpfungen $\oplus$ und $\odot$ ein Körper. Der Beweis besteht aus einfachen Rechnungen unter Ausnutzung der Eigenschaften der Teilerrestabbildung $\varrho_{\boldsymbol{m}}$.

Damit ist also $\mathbb{K}_{2^8}$ bereits gefunden. Natürlich ist es gleichgültig, welches irreduzible Polynom $\boldsymbol{m}$ gewählt wird, andernfalls es verschiedene Körper mit 2^8 Elementen gäbe. Im Verschlüsselungsverfahren AES wird folgendes Polynom gewählt:

$$\boldsymbol{m} = \boldsymbol{X}^8 + \boldsymbol{X}^4 + \boldsymbol{X}^3 + \boldsymbol{X} + 1$$

Allerdings ist die Berechnung von $\boldsymbol{f} \odot \boldsymbol{g}$ recht aufwendig, sie besteht aus einer Polynommultiplikation gefolgt von einer etwas schwieriger durchzuführenden Polynomdivision. Das spielt allerdings keine Rolle, wenn die Polynomarithmetik nur dazu benutzt wird, eine Multiplikationstabelle für $\mathbb{K}_{2^8}$ aufzustellen. Nachteilig ist dabei, daß diese Tabelle recht groß ist, sie besteht aus 2^{16} Bitoktetts oder 64 kByte. Siehe dazu Kapitel 10.

Tatsächlich wird diese Konstruktion in der Algebra nicht nur dazu verwendet, einen endlichen Körper mit einer vorgegebenen Anzahl von Elementen zu konstruieren, sondern vielmehr einen Erweiterungskörper K von (hier) $\mathbb{K}_2$ zu finden, in dem das irreduzible Polynom $\boldsymbol{m} \in \mathbb{K}_2[\boldsymbol{X}]$ (mindestens) eine Nullstelle und damit einen linearen Faktor besitzt. Durch nötigenfalls mehrfache Anwendung dieses Verfahrens soll ein *Zerfällungskörper* des Polynoms $\boldsymbol{m}$ erzeugt werden, also ein Körper, in dem $\boldsymbol{m}$ vollständig in ein Produkt von Linearfaktoren zerfällt.

Damit aber $\boldsymbol{m} \in \mathbb{K}_2[\boldsymbol{X}]$ eine Nullstelle in $\mathbb{K}_{2^8}$ besitzen kann, muß es als ein Polynom $\widetilde{\boldsymbol{m}}$ über dem Körper $\mathbb{K}_{2^8}$ aufgefasst werden. Um dabei keine Verwechselungen aufkommen zu lassen wird die „Unbestimmte“ des Polynomringes über $\mathbb{K}_{2^8}$ nicht auch mit $\boldsymbol{X}$ sondern mit $\boldsymbol{Y}$ bezeichnet, also $\widetilde{\boldsymbol{m}} \in \mathbb{K}_{2^8}[\boldsymbol{Y}]$, und man hat

$$\widetilde{\boldsymbol{m}} = \boldsymbol{Y}^8 + \boldsymbol{Y}^4 + \boldsymbol{Y}^3 + \boldsymbol{Y} + 1$$

Um es noch präziser zu formulieren: Das Polynom $\boldsymbol{m}$ ist eine Abbildung $\mathbb{N} \longrightarrow \mathbb{K}_2$, dagegen ist $\widetilde{\boldsymbol{m}}$ eine Abbildung $\mathbb{N} \longrightarrow \mathbb{K}_{2^8}$. Das sind formal verschiedene Abbildungen, wenn sie auch denselben Definitionsbereich und dieselben Bildelemente besitzen.

Nun ist in Abschnitt A.3 dargelegt worden, was es heißt, ein Element eines Ringes in ein Polynom über diesem Ring einzusetzen: man entwickelt das Polynom nach der Unbestimmten seines Polynomringes und ersetzt in der Entwicklung die Unbestimmte durch das Ringelement.

Speziell für $\widetilde{\boldsymbol{m}}$ bedeutet das, die Unbestimmte $\boldsymbol{Y}$ durch ein Element $\Omega \in \mathbb{K}_{2^8}$ zu ersetzen. Ein solches Element ist nun aber $\Omega = \boldsymbol{X}$, es ist eigentlich das einfachste Element von $\mathbb{K}_{2^8}$, das nicht zu $\mathbb{K}_2$ gehört. Sollte dieses Element schon eine Nullstelle sein? Tatsächlich:

$$\begin{aligned}
\mathbf{0} &= \varrho_{\boldsymbol{m}}(\boldsymbol{m}) \\
&= \varrho_{\boldsymbol{m}}(\boldsymbol{X}^8 + \boldsymbol{X}^4 + \boldsymbol{X}^3 + \boldsymbol{X} + 1) \\
&= \varrho_{\boldsymbol{m}}(\boldsymbol{X})^8 + \varrho_{\boldsymbol{m}}(\boldsymbol{X})^4 + \varrho_{\boldsymbol{m}}(\boldsymbol{X})^3 + \varrho_{\boldsymbol{m}}(\boldsymbol{X}) + \varrho_{\boldsymbol{m}}(\mathbf{1}) \\
&= \boldsymbol{X}^8 + \boldsymbol{X}^4 + \boldsymbol{X}^3 + \boldsymbol{X} + 1 \\
&= \widetilde{\boldsymbol{m}}^\star(\boldsymbol{X})
\end{aligned}$$

Im Körper $\mathbb{K}_{2^8}$ gilt also $\Omega^8 = \Omega^4 + \Omega^3 + \Omega + 1$, wobei hier, um es noch einmal zu betonen, der Term Ω^8 für das achtfache Produkt $\Omega \odot \cdots \otimes \Omega$ steht. Dagegen ist Ω^3 ein Element von $\mathbb{K}_{2^8}$, obwohl natürlich trivialerweise auch $\Omega^3 = \Omega \odot \Omega \odot \Omega$ gilt.

Auf jeden Fall kann man die Tatsache, daß Ω Nullstelle von $\boldsymbol{m}$ ist, dazu verwenden, Produkte von Elementen des Körpers $\mathbb{K}_{2^8}$ zu berechnen, ohne eine Polynomdivision mit $\boldsymbol{m}$ auszuführen. Man führt dazu die Multiplikation in $\mathbb{K}_2[\boldsymbol{X}]$ aus und reduziert Monome Ω^k mit $k \geq 8$ so lange mit $\widetilde{\boldsymbol{m}}^\star(\Omega) = \mathbf{0}$, bis das Produkt nur noch Monome Ω^k mit $k < 8$ enthält. Beispielsweise ergibt sich das Produkt von $\Omega^4 + 1$ und $\Omega^5 + 1$ wie folgt:

$$\begin{aligned}
(\Omega^4 + 1)(\Omega^5 + 1) &= \Omega^9 + \Omega^5 + \Omega^4 + 1 \\
&= \Omega^8\Omega + \Omega^5 + \Omega^4 + 1 \\
&= (\Omega^4 + \Omega^3 + \Omega + 1)\Omega + \Omega^5 + \Omega^4 + 1 \\
&= \Omega^5 + \Omega^4 + \Omega^2 + \Omega + \Omega^5 + \Omega^4 + 1 \\
&= \Omega^2 + \Omega + 1
\end{aligned}$$

B. Miszellen

Obwohl mit der rapide größer werdenden Zahl der elektronischen Helfer die Fähigkeit, die Grundrechenarten im Dezimalsystem mit Papier und Bleistift auszuführen, Rückzugstendenzen erkennen läßt, ist zumindestens solchen Personen, die ihre Schulzeit noch vor der Erfindung des Taschenrechners absolviert haben, noch weithin bekannt, wie die Differenz zweier positiver Dezimalzahlen zu bilden ist. Das mindert jedoch keineswegs die Schwierigkeit, welcher sich ein Programmierer gegebüber sieht, der eine solche Subtraktion in einer knappen Kommentarspalte zu erläutern hat, dazu noch in der Zahlenbasis $\beta = 2^{16}$ (siehe Abschnitt 9.3.4).

Wortreiche Kommentare sind also ausgeschlossen, einige knappe Formeln müssen genügen. Aber das bedeutet, die hinter dem Rechenverfahren liegende Theorie zu kennen. Der in solch einem Fall beinahe automatische Zugriff auf [Knu] ist hier leider vergeblich, es wird auch nur das Verfahren beschrieben. Es ist jedoch nicht schwierig, die elementare Theorie selbst zu entwickeln, wie der erste Abschnitt dieses Anhangkapitels zeigt.

Der für die AVR-Programme verwendete AVR-Assembler des *AVR Studio* ist zwar unmittelbar verfügbar und einfach zu benutzen, es ist damit jedoch nicht möglich, voneinander unabhängige module aus Maschinenbefehlen zu erzeugen, die dann von einem Linker zu einem lauffähigen Programm zusammengesetzt werden. Es ist nur ein Assemblerprogamm möglich, in dem es keine lokalen oder abgeschotteten Symbole gibt. Modulares Programmieren ist nur mit separaten Textdateien möglich, die beim Assemblieren eingezogen werden. Weil das aber nichts daran ändert, daß alle Symbole globalen Charakter haben, muß Lokalität durch geeignete Symbolisierung erzwungen werden. Der Erfolg einer solchen Strategie hängt allerdings von der Selbstdisziplin des Programmierers ab!

Das Problem der Lokalisierung von Symbolen wird in den AVR-Programmen des Buches so gelöst, daß jedem Programmtextmodul ein aus drei Zeichen bestehender Code zugeordnet wird. In jedes Symbol des Moduls, das „lokal" sein soll, wird dieser Code an geeigneter Stelle eingefügt. Wenn kein anderer Modul diesen Code verwendet, ist der Mehrfacheinsatz solcher „lokaler" Symbole in verschiedenen Modulen ausgeschlossen. Eine Ausnahme wird aus offensichtlichen Gründen beim Aufruf von Unterprogrammen eines Moduls gemacht.

Hinzu kommt, daß der Assembler (natürlich) keine Variablentypen kennt. Die Transparenz eines Assemblerprogramms wird jedoch durch Typisierung immens erhöht! Es ist beispielsweise sehr hilfreich, beim Gebrauch einer Adressenvariablen viele Seiten von ihrer Deklaration entfernt direkt erkennen zu können, ob sie die Adresse eines Bytes im RAM, einer Wortvariablen oder eines Unterprogramms im ROM enthält. Eine solche Typisierung wird hier durch die Verwendung bestimmter Präfixe bei der Symbolerzeugung erreicht.

Die Programme für den dsPIC-Mikrocontroller wurden mit dem MPLAB-Assembler ASM30 und dem MPLAB-Linker LINK30 geschrieben. Diese werden zwar von Microchip offiziell nicht mehr eingesetzt, sind aber über das Internet noch erhältlich.

B.1. Die Subtraktion großer positiver natürlicher Zahlen

Jedem Leser ist natürlich die Subtraktion zweier positiver Zahlen in der Darstellung zur Dezimalbasis $\boldsymbol{\beta} = 10$ geläufig. Die dabei implizit angewandten Schlüsse werden in diesem Abschnitt für eine beliebige Zahlenbasis $\boldsymbol{\beta} \in \mathbb{N} \setminus \{0, 1\}$ formalisiert. Gegeben seien dazu zwei positive Zahlen

$$u = \sum_{\nu=0}^{n} u_\nu \boldsymbol{\beta}^\nu \qquad v = \sum_{\nu=0}^{n} v_\nu \boldsymbol{\beta}^\nu$$

mit $u_\nu, v_\nu \in \{0, \ldots, \boldsymbol{\beta} - 1\}$, $u_\nu > 0$ für mindestens ein $\nu \in \{0, \ldots, n\}$ und ebenso $v_\nu > 0$ für ein solches ν. Zu berechnen ist die Differenz

$$u - v = \sum_{\nu=0}^{n} (u_\nu - v_\nu) \boldsymbol{\beta}^\nu$$

Wie man sich leicht klar macht, folgt aus $u_\nu, v_\nu \in \{0, \ldots, \boldsymbol{\beta} - 1\}$

$$-\boldsymbol{\beta} < u_\nu - v_\nu < \boldsymbol{\beta}$$

Der Algorithmus wird hier der Übersichtlicheit wegen für den Fall $n = 2$ abgeleitet, für den aber schon alle wesentlichen Schlüsse erforderlich sind und der daher mühelos auf beliebiges n verallgemeinert werden kann. Es ist also zu berechnen

$$u - v = (u_1 - v_1)\boldsymbol{\beta} + (u_0 - v_0)$$

Man betrachtet zunächst die Differenz $u_0 - v_0$. Es können zwei Fälle unterschieden werden.

Der Fall $u_0 - v_0 \geq 0$

Es ist $u_0 - v_0 = 0 \cdot \boldsymbol{\beta} + u_0 - v_0$ und $0 \leq u_0 - v_0 < \boldsymbol{\beta}$, folglich ist nach A.3 $q = 0$ und $r = u_0 - v_0$. Der ganzzahlige Anteil des Quotienten $(u_0 - v_0)/\boldsymbol{\beta}$ ist also 0 und es gilt

$$u_0 - v_0 = \left\lfloor \frac{u_0 - v_0}{\boldsymbol{\beta}} \right\rfloor \boldsymbol{\beta} + \varrho_{\boldsymbol{\beta}}(u_0 - v_0)$$

Der Fall $u_0 - v_0 < 0$

Hier hat man

$$u_0 - v_0 = -\boldsymbol{\beta} + \boldsymbol{\beta} + (u_0 - v_0) = -\boldsymbol{\beta} + (\boldsymbol{\beta} + u_0 - v_0)$$

Aus $-\boldsymbol{\beta} < u_1 - v_1$ folgt $0 < \boldsymbol{\beta} + u_1 - v_1$, und weil $u_1 - v_1$ negativ ist gilt natürlich $\boldsymbol{\beta} + u_0 - v_0 < \boldsymbol{\beta}$. In A.3 bedeutet das $q = -1$ und $r = \boldsymbol{\beta} + u_0 - v_0$, also gilt auch hier

$$u_0 - v_0 = \left\lfloor \frac{u_0 - v_0}{\boldsymbol{\beta}} \right\rfloor \boldsymbol{\beta} + \varrho_{\boldsymbol{\beta}}(u_0 - v_0)$$

In beiden Fällen kann also die Differenz $u_0 - v_0$ als die Summe des ganzzahligen Anteils des Quotienten $(u_0 - v_0)/\boldsymbol{\beta}$ und des Teilerrestes geschrieben werden, der entsteht, wenn $u_0 - v_0$ durch

β dividiert wird. Das ergibt

$$u - v = (u_1 - v_1)\beta + \left\lfloor \frac{u_0 - v_0}{\beta} \right\rfloor \beta + \varrho_\beta(u_0 - v_0) = (u_1 - v_1 + c_0)\beta + \varrho_\beta(u_0 - v_0)$$

dabei bedeutet $c_0 \in \{-1, 0\}$, daß ein *Borgen* von der nächst höheren Ziffernstelle (bezüglich der Zahlenbasis β) stattfindet, ganz so, wie man es von der Subtraktion im Dezimalsystem seit frühesten Schülerzeiten gewohnt ist.

Natürlich untersucht man als nächsten Schritt den Koeffizienten $u_1 - v_1 + c_0$ von β. Auch hier können zwei Fälle unterschieden werden.

Der Fall $u_1 - v_1 + c_0 \geq 0$
Aus $u_1 - v_1 < \beta$ folgt $u_1 - v_1 + c_0 < \beta + c_0 < \beta$ wegen $c_0 \in \{-1, 0\}$. Es ist daher

$$u_1 - v_1 + c_0 = 0 \cdot \beta + u_1 - v_1 + c_0 \qquad \text{mit} \qquad 0 \leq u_1 - v_1 + c_0 < \beta$$

Das bedeutet wieder nach A.3

$$u_1 - v_1 + c_0 = \left\lfloor \frac{u_1 - v_1 + c_0}{\beta} \right\rfloor \beta + \varrho_\beta(u_1 - v_1 + c_0)$$

Der Fall $u_1 - v_1 + c_0 < 0$
Aus $-\beta < u_1 - v_1$ folgt $-\beta \leq u_1 - v_1 + c_0$ wegen $c_0 \in \{-1, 0\}$, daher $0 \leq u_1 - v_1 + c_0 + \beta$.
Es sei einerseits $c_0 = 0$. Dann ist $u_1 - v_1 < 0$ und damit $u_1 - v_1 + \beta < \beta$. Durch Addition von $c_0 = 0$ wird daraus $u_1 - v_1 + c_0 + \beta < \beta$
Nun sei andererseits $c_0 = -1$. Das bedeutet $u_1 - v_1 < 1$ oder $u_1 - v_1 \leq 0$. Damit gilt $u_1 - v_1 + \beta \leq \beta$. Wegen $c_0 = -1$ ist $u_1 - v_1 + c_0 + \beta < u_1 - v_1 + \beta \leq \beta$. Deshalb kann man schreiben

$$u_1 - v_1 + c_0 = \beta - \beta + u_1 - v_1 + c_0 = (-1) \cdot \beta + (u_1 - v_1 + c_0 + \beta)$$

mit $0 \leq u_1 - v_1 + c_0 + \beta < \beta$. Wegen A.3 gilt also auch in diesem Fall

$$u_1 - v_1 + c_0 = \left\lfloor \frac{u_1 - v_1 + c_0}{\beta} \right\rfloor \beta + \varrho_\beta(u_1 - v_1 + c_0) = c_1\beta + \varrho_\beta(u_1 - v_1 + c_0)$$

mit $c_1 \in \{-1, 0\}$. Fasst man nun alles zusammen, erhält man

$$u - v = c_1\beta^2 + \varrho_\beta(u_1 - v_1 + c_0)\beta + \varrho_\beta(u_0 - v_0)$$

Ist in dieser Gleichung $c_1 = 0$, dann ist die Differenz $u - v$ als Ziffernentwicklung zur Basis β bestimmt, insbesondere ist $u - v \geq 0$:

$$u - v = \varrho_\beta(u_1 - v_1 + c_0)\beta + \varrho_\beta(u_0 - v_0)$$

Ist jedoch $c_1 = -1$, dann ist $u - v < 0$. Das folgt daraus, daß im β-Ziffernsystem die folgende Abschätzung wahr ist:

$$\sum_{\nu=0}^{n} x_\nu \beta^\nu < \beta^{n+1}$$

Darin ist also $x_\nu \in \{0, \ldots, \beta - 1\}$. Die Ungleichung läßt sich leicht durch vollständige Induktion bestätigen. Für $n = 0$ ist natürlich nichts zu zeigen. Gilt die Abschätzung für ein $n \geq 0$, dann hat man

$$\sum_{\nu=0}^{n+1} x_\nu \beta^\nu = \sum_{\nu=0}^{n} x_\nu \beta^\nu + x_{n+1}\beta^{n+1} < \beta^{n+1} + x_{n+1}\beta^{n+1} = (1 + x_{n+1})\beta^{n+1} \leq \beta\beta^{n+1} = \beta^{n+2}$$

In Verallgemeinerung auf beliebiges nicht negative n wird die Differenz $w = u - v$ nach dem Verfahren berechnet, das in Pseudocode folgendermaßen formuliert werden kann:

$t \leftarrow 0$
for $\nu = 0$ **to** n **do**
  $w_\nu \leftarrow \varrho_\beta(u_\nu - v_\nu + t)$
  $t \leftarrow \left\lfloor \dfrac{u_\nu - v_\nu + t}{\beta} \right\rfloor$
  end

Ist nach dem Durchlauf der Schleife $t = 0$, dann ist $w = u - v$ berechnet worden. Hat sich dagegen $t = -1$ ergeben, dann ist

$$u - v = -\beta^{n+1} + \sum_{\nu=0}^{n} w_\nu \beta^\nu < 0$$

und es wurde die Darstellung von $u - v$ im **β-Komplement** berechnet. Ist die Darstellung mit Absolutbetrag und Vorzeichen gewünscht, dann berechnet man $w = v - u$ mit dem obigen Verfahren und erhält $u - v = -w$.

B.2. Der Körper $\mathbb{K}_{2^8}$

Es ist $\mathbb{K}_{2^8} = \mathbb{K}_2[\boldsymbol{X}]_{\boldsymbol{X}^8+\boldsymbol{X}^4+\boldsymbol{X}^3+\boldsymbol{X}^2+1}$. Das Element $a = \boldsymbol{X}$, eine Nullstelle des erzeugenden Polynoms $\boldsymbol{X}^8 + \boldsymbol{X}^4 + \boldsymbol{X}^3 + \boldsymbol{X}^2 + 1$, ist, wie die Tabelle auf den beiden folgenden Seiten zeigt, ein primitives Element des Körpers. Natürlich gilt

$$\boldsymbol{m}_a = \boldsymbol{X}^8 + \boldsymbol{X}^4 + \boldsymbol{X}^3 + \boldsymbol{X}^2 + 1$$

Die Minimalpolynome der ersten ungeraden Primzahlpotenzen von a sind

$$\begin{aligned}
\boldsymbol{m}_{a^3} &= \boldsymbol{X}^8 + \boldsymbol{X}^6 + \boldsymbol{X}^5 + \boldsymbol{X}^4 + \boldsymbol{X}^2 + \boldsymbol{X} + 1\\
\boldsymbol{m}_{a^5} &= \boldsymbol{X}^8 + \boldsymbol{X}^7 + \boldsymbol{X}^6 + \boldsymbol{X}^5 + \boldsymbol{X}^4 + \boldsymbol{X} + 1\\
\boldsymbol{m}_{a^7} &= \boldsymbol{X}^8 + \boldsymbol{X}^6 + \boldsymbol{X}^5 + \boldsymbol{X}^3 + 1\\
\boldsymbol{m}_{a^{11}} &= \boldsymbol{X}^8 + \boldsymbol{X}^7 + \boldsymbol{X}^6 + \boldsymbol{X}^5 + \boldsymbol{X}^2 + \boldsymbol{X} + 1\\
\boldsymbol{m}_{a^{13}} &= \boldsymbol{X}^8 + \boldsymbol{X}^5 + \boldsymbol{X}^3 + \boldsymbol{X} + 1\\
\boldsymbol{m}_{a^{17}} &= \boldsymbol{X}^4 + \boldsymbol{X} + 1\\
\boldsymbol{m}_{a^{19}} &= \boldsymbol{X}^8 + \boldsymbol{X}^6 + \boldsymbol{X}^5 + \boldsymbol{X}^2 + 1
\end{aligned}$$

Ein Beispiel zum Einsatz der folgenden Tabellen bei einfachen Rechnungen in $\mathbb{K}_{2^8}$:
Zur Berechnung von $a^{32} + a^{232}$ entnimmt man der ersten Tabelle $a^{32} = a^7 + a^4 + a^3 + a^2 + 1$ und $a^{232} = a^7 + a^6 + a^5 + a^4 + a^2 + a + 1$. Man addiert nun

$$a^{32} + a^{232} = a^7 + a^4 + a^3 + a^2 + 1 + a^7 + a^6 + a^5 + a^4 + a^2 + a + 1 = a^6 + a^5 + a^3 + a$$

Mit der zweiten Tabelle kann man von der Basisdarstellung zur Exponentendarstellung zurückkehren. Man findet

$$a^{32} + a^{232} = a^{40}$$

Die Darstellung von a^n durch die Basis $(1, a, \ldots, a^7)$
(1. Teil)

n	a^n	n	a^n
0	1	64	$a^6 + a^4 + a^3 + a^2 + a + 1$
1	a	65	$a^7 + a^5 + a^4 + a^3 + a^2 + a$
2	a^2	66	$a^6 + a^5 + 1$
3	a^3	67	$a^7 + a^6 + a$
4	a^4	68	$a^7 + a^4 + a^3 + 1$
5	a^5	69	$a^5 + a^3 + a^2 + a + 1$
6	a^6	70	$a^6 + a^4 + a^3 + a^2 + a$
7	a^7	71	$a^7 + a^5 + a^4 + a^3 + a^2$
8	$a^4 + a^3 + a^2 + 1$	72	$a^6 + a^5 + a^2 + 1$
9	$a^5 + a^4 + a^3 + a$	73	$a^7 + a^6 + a^3 + a$
10	$a^6 + a^5 + a^4 + a^2$	74	$a^7 + a^3 + 1$
11	$a^7 + a^6 + a^5 + a^3$	75	$a^3 + a^2 + a + 1$
12	$a^7 + a^6 + a^3 + a^2 + 1$	76	$a^4 + a^3 + a^2 + a$
13	$a^7 + a^2 + a + 1$	77	$a^5 + a^4 + a^3 + a^2$
14	$a^4 + a + 1$	78	$a^6 + a^5 + a^4 + a^3$
15	$a^5 + a^2 + a$	79	$a^7 + a^6 + a^5 + a^4$
16	$a^6 + a^3 + a^2$	80	$a^7 + a^6 + a^5 + a^4 + a^3 + a^2 + 1$
17	$a^7 + a^4 + a^3$	81	$a^7 + a^6 + a^5 + a^2 + a + 1$
18	$a^5 + a^3 + a^2 + 1$	82	$a^7 + a^6 + a^4 + a + 1$
19	$a^6 + a^4 + a^3 + a$	83	$a^7 + a^5 + a^4 + a^3 + a + 1$
20	$a^7 + a^5 + a^4 + a^2$	84	$a^6 + a^5 + a^3 + a + 1$
21	$a^6 + a^5 + a^4 + a^2 + 1$	85	$a^7 + a^6 + a^4 + a^2 + a$
22	$a^7 + a^6 + a^5 + a^3 + a$	86	$a^7 + a^5 + a^4 + 1$
23	$a^7 + a^6 + a^3 + 1$	87	$a^6 + a^5 + a^4 + a^3 + a^2 + a + 1$
24	$a^7 + a^3 + a^2 + a + 1$	88	$a^7 + a^6 + a^5 + a^4 + a^3 + a^2 + a$
25	$a + 1$	89	$a^7 + a^6 + a^5 + 1$
26	$a^2 + a$	90	$a^7 + a^6 + a^4 + a^3 + a^2 + a + 1$
27	$a^3 + a^2$	91	$a^7 + a^5 + a + 1$
28	$a^4 + a^3$	92	$a^6 + a^4 + a^3 + a + 1$
29	$a^5 + a^4$	93	$a^7 + a^5 + a^4 + a^2 + a$
30	$a^6 + a^5$	94	$a^6 + a^5 + a^4 + 1$
31	$a^7 + a^6$	95	$a^7 + a^6 + a^5 + a$
32	$a^7 + a^4 + a^3 + a^2 + 1$	96	$a^7 + a^6 + a^4 + a^3 + 1$
33	$a^5 + a^2 + a + 1$	97	$a^7 + a^5 + a^3 + a^2 + a + 1$
34	$a^6 + a^3 + a^2 + a$	98	$a^6 + a + 1$
35	$a^7 + a^4 + a^3 + a^2$	99	$a^7 + a^2 + a$
36	$a^5 + a^2 + 1$	100	$a^4 + 1$
37	$a^6 + a^3 + a$	101	$a^5 + a$
38	$a^7 + a^4 + a^2$	102	$a^6 + a^2$
39	$a^5 + a^4 + a^2 + 1$	103	$a^7 + a^3$
40	$a^6 + a^5 + a^3 + a$	104	$a^3 + a^2 + 1$
41	$a^7 + a^6 + a^4 + a^2$	105	$a^4 + a^3 + a$
42	$a^7 + a^5 + a^4 + a^2 + 1$	106	$a^5 + a^4 + a^2$
43	$a^6 + a^5 + a^4 + a^2 + a + 1$	107	$a^6 + a^5 + a^3$
44	$a^7 + a^6 + a^5 + a^3 + a^2 + a$	108	$a^7 + a^6 + a^4$
45	$a^7 + a^6 + 1$	109	$a^7 + a^5 + a^4 + a^3 + a^2 + 1$
46	$a^7 + a^4 + a^3 + a^2 + a + 1$	110	$a^6 + a^5 + a^2 + a + 1$
47	$a^5 + a + 1$	111	$a^7 + a^6 + a^3 + a^2 + a$
48	$a^6 + a^2 + a$	112	$a^7 + 1$
49	$a^7 + a^3 + a^2$	113	$a^4 + a^3 + a^2 + a + 1$
50	$a^2 + 1$	114	$a^5 + a^4 + a^3 + a^2 + a$
51	$a^3 + a$	115	$a^6 + a^5 + a^4 + a^3 + a^2$
52	$a^4 + a^2$	116	$a^7 + a^6 + a^5 + a^4 + a^3$
53	$a^5 + a^3$	117	$a^7 + a^6 + a^5 + a^3 + a^2 + 1$
54	$a^6 + a^4$	118	$a^7 + a^6 + a^2 + a + 1$
55	$a^7 + a^5$	119	$a^7 + a^4 + a + 1$
56	$a^6 + a^4 + a^3 + a^2 + 1$	120	$a^5 + a^4 + a^3 + a + 1$
57	$a^7 + a^5 + a^4 + a^3 + a$	121	$a^6 + a^5 + a^4 + a^2 + a$
58	$a^6 + a^5 + a^3 + 1$	122	$a^7 + a^6 + a^5 + a^3 + a^2$
59	$a^7 + a^6 + a^4 + a$	123	$a^7 + a^6 + a^2 + 1$
60	$a^7 + a^5 + a^4 + a^3 + 1$	124	$a^7 + a^4 + a^2 + a + 1$
61	$a^6 + a^5 + a^3 + a^2 + a + 1$	125	$a^5 + a^4 + a + 1$
62	$a^7 + a^6 + a^4 + a^3 + a^2 + a$	126	$a^6 + a^5 + a^2 + a$
63	$a^7 + a^5 + 1$	127	$a^7 + a^6 + a^3 + a^2$

Die Darstellung von a^n durch die Basis $(1, a, \ldots, a^7)$
(2. Teil)

n	a^n	n	a^n
128	$a^7 + a^2 + 1$	192	$a^7 + a$
129	$a^4 + a^2 + a + 1$	193	$a^4 + a^3 + 1$
130	$a^5 + a^3 + a^2 + a$	194	$a^5 + a^4 + a$
131	$a^6 + a^4 + a^3 + a^2$	195	$a^6 + a^5 + a^2$
132	$a^7 + a^5 + a^4 + a^3$	196	$a^7 + a^6 + a^3$
133	$a^6 + a^5 + a^3 + a^2 + 1$	197	$a^7 + a^3 + a^2 + 1$
134	$a^7 + a^6 + a^4 + a^3 + a$	198	$a^2 + a + 1$
135	$a^7 + a^5 + a^3 + 1$	199	$a^3 + a^2 + a$
136	$a^6 + a^3 + a^2 + a + 1$	200	$a^4 + a^3 + a^2$
137	$a^7 + a^4 + a^3 + a^2 + a$	201	$a^5 + a^4 + a^3$
138	$a^5 + 1$	202	$a^6 + a^5 + a^4$
139	$a^6 + a$	203	$a^7 + a^6 + a^5$
140	$a^7 + a^2$	204	$a^7 + a^6 + a^4 + a^3 + a^2 + 1$
141	$a^4 + a^2 + 1$	205	$a^7 + a^5 + a^2 + a + 1$
142	$a^5 + a^3 + a$	206	$a^6 + a^4 + a + 1$
143	$a^6 + a^4 + a^2$	207	$a^7 + a^5 + a^2 + a$
144	$a^7 + a^5 + a^3$	208	$a^6 + a^4 + 1$
145	$a^6 + a^3 + a^2 + 1$	209	$a^7 + a^5 + a$
146	$a^7 + a^4 + a^3 + a$	210	$a^6 + a^4 + a^3 + 1$
147	$a^5 + a^3 + 1$	211	$a^7 + a^5 + a^4 + a$
148	$a^6 + a^4 + a$	212	$a^6 + a^5 + a^4 + a^3 + 1$
149	$a^7 + a^5 + a^2$	213	$a^7 + a^6 + a^5 + a^4 + a$
150	$a^6 + a^4 + a^2 + 1$	214	$a^7 + a^6 + a^5 + a^4 + a^3 + 1$
151	$a^7 + a^5 + a^3 + a$	215	$a^7 + a^6 + a^5 + a^3 + a^2 + a + 1$
152	$a^6 + a^3 + 1$	216	$a^7 + a^6 + a + 1$
153	$a^7 + a^4 + a$	217	$a^7 + a^4 + a^3 + a + 1$
154	$a^5 + a^4 + a^3 + 1$	218	$a^5 + a^3 + a + 1$
155	$a^6 + a^5 + a^4 + a$	219	$a^6 + a^4 + a^2 + a$
156	$a^7 + a^6 + a^5 + a^2$	220	$a^7 + a^5 + a^3 + a^2$
157	$a^7 + a^6 + a^4 + a^2 + 1$	221	$a^6 + a^2 + 1$
158	$a^7 + a^5 + a^4 + a^2 + a + 1$	222	$a^7 + a^3 + a$
159	$a^6 + a^5 + a^4 + a + 1$	223	$a^3 + 1$
160	$a^7 + a^6 + a^5 + a^2 + a$	224	$a^4 + a$
161	$a^7 + a^6 + a^4 + 1$	225	$a^5 + a^2$
162	$a^7 + a^5 + a^4 + a^3 + a^2 + a + 1$	226	$a^6 + a^3$
163	$a^6 + a^5 + a + 1$	227	$a^7 + a^4$
164	$a^7 + a^6 + a^2 + a$	228	$a^5 + a^4 + a^3 + a^2 + 1$
165	$a^7 + a^4 + 1$	229	$a^6 + a^5 + a^4 + a^3 + a$
166	$a^5 + a^4 + a^3 + a^2 + a + 1$	230	$a^7 + a^6 + a^5 + a^4 + a^2$
167	$a^6 + a^5 + a^4 + a^3 + a^2 + a$	231	$a^7 + a^6 + a^5 + a^4 + a^2 + 1$
168	$a^7 + a^6 + a^5 + a^4 + a^3 + a^2$	232	$a^7 + a^6 + a^5 + a^4 + a^2 + a + 1$
169	$a^7 + a^6 + a^5 + a^2 + 1$	233	$a^7 + a^6 + a^5 + a^4 + a + 1$
170	$a^7 + a^6 + a^4 + a^2 + a + 1$	234	$a^7 + a^6 + a^5 + a^4 + a^3 + a + 1$
171	$a^7 + a^5 + a^4 + a + 1$	235	$a^7 + a^6 + a^5 + a^3 + a + 1$
172	$a^6 + a^5 + a^4 + a^3 + a + 1$	236	$a^7 + a^6 + a^3 + a + 1$
173	$a^7 + a^6 + a^5 + a^4 + a^2 + a$	237	$a^7 + a^3 + a + 1$
174	$a^7 + a^6 + a^5 + a^4 + 1$	238	$a^3 + a + 1$
175	$a^7 + a^6 + a^5 + a^4 + a^3 + a^2 + a + 1$	239	$a^4 + a^2 + a$
176	$a^7 + a^6 + a^5 + a + 1$	240	$a^5 + a^3 + a^2$
177	$a^7 + a^6 + a^4 + a^3 + a + 1$	241	$a^6 + a^4 + a^3$
178	$a^7 + a^5 + a^3 + a + 1$	242	$a^7 + a^5 + a^4$
179	$a^6 + a^3 + a + 1$	243	$a^6 + a^5 + a^4 + a^3 + a^2 + 1$
180	$a^7 + a^4 + a^2 + a$	244	$a^7 + a^6 + a^5 + a^4 + a^3 + a$
181	$a^5 + a^4 + 1$	245	$a^7 + a^6 + a^5 + a^3 + 1$
182	$a^6 + a^5 + a$	246	$a^7 + a^6 + a^3 + a^2 + a + 1$
183	$a^7 + a^6 + a^2$	247	$a^7 + a + 1$
184	$a^7 + a^4 + a^2 + 1$	248	$a^4 + a^3 + a + 1$
185	$a^5 + a^4 + a^2 + a + 1$	249	$a^5 + a^4 + a^2 + a$
186	$a^6 + a^5 + a^3 + a^2 + a$	250	$a^6 + a^5 + a^3 + a^2$
187	$a^7 + a^6 + a^4 + a^3 + a^2$	251	$a^7 + a^6 + a^4 + a^3$
188	$a^7 + a^5 + a^2 + 1$	252	$a^7 + a^5 + a^3 + a^2 + 1$
189	$a^6 + a^4 + a^2 + a + 1$	253	$a^6 + a^2 + a + 1$
190	$a^7 + a^5 + a^3 + a^2 + a$	254	$a^7 + a^3 + a^2 + a$
191	$a^6 + 1$	255	1

Die Umkehrung der vorangehenden Tabelle
(1. Teil)

n	a^n	n	a^n
80	$a^7+a^6+a^5+a^4+a^3+a^2+1$	65	$a^7+a^5+a^4+a^3+a^2+a$
88	$a^7+a^6+a^5+a^4+a^3+a^2+a$	109	$a^7+a^5+a^4+a^3+a^2+1$
168	$a^7+a^6+a^5+a^4+a^3+a^2$	162	$a^7+a^5+a^4+a^3+a^2+a+1$
175	$a^7+a^6+a^5+a^4+a^3+a^2+a+1$	71	$a^7+a^5+a^4+a^3+a^2$
116	$a^7+a^6+a^5+a^4+a^3$	57	$a^7+a^5+a^4+a^3+a$
214	$a^7+a^6+a^5+a^4+a^3+1$	60	$a^7+a^5+a^4+a^3+1$
234	$a^7+a^6+a^5+a^4+a^3+a+1$	83	$a^7+a^5+a^4+a^3+a+1$
244	$a^7+a^6+a^5+a^4+a^3+a$	132	$a^7+a^5+a^4+a^3$
173	$a^7+a^6+a^5+a^4+a^2+a$	20	$a^7+a^5+a^4+a^2$
230	$a^7+a^6+a^5+a^4+a^2$	42	$a^7+a^5+a^4+a^2+1$
231	$a^7+a^6+a^5+a^4+a^2+1$	93	$a^7+a^5+a^4+a^2+a$
232	$a^7+a^6+a^5+a^4+a^2+a+1$	158	$a^7+a^5+a^4+a^2+a+1$
79	$a^7+a^6+a^5+a^4$	86	$a^7+a^5+a^4+1$
174	$a^7+a^6+a^5+a^4+1$	171	$a^7+a^5+a^4+a+1$
213	$a^7+a^6+a^5+a^4+a$	211	$a^7+a^5+a^4+a$
233	$a^7+a^6+a^5+a^4+a+1$	242	$a^7+a^5+a^4$
44	$a^7+a^6+a^5+a^3+a^2+a$	97	$a^7+a^5+a^3+a^2+a+1$
117	$a^7+a^6+a^5+a^3+a^2+1$	190	$a^7+a^5+a^3+a^2+a$
122	$a^7+a^6+a^5+a^3+a^2$	220	$a^7+a^5+a^3+a^2$
215	$a^7+a^6+a^5+a^3+a^2+a+1$	252	$a^7+a^5+a^3+a^2+1$
11	$a^7+a^6+a^5+a^3$	135	$a^7+a^5+a^3+1$
22	$a^7+a^6+a^5+a^3+a$	144	$a^7+a^5+a^3$
235	$a^7+a^6+a^5+a^3+a+1$	151	$a^7+a^5+a^3+a$
245	$a^7+a^6+a^5+a^3+1$	178	$a^7+a^5+a^3+a+1$
81	$a^7+a^6+a^5+a^2+a+1$	149	$a^7+a^5+a^2$
156	$a^7+a^6+a^5+a^2$	188	$a^7+a^5+a^2+1$
160	$a^7+a^6+a^5+a^2+a$	205	$a^7+a^5+a^2+a+1$
169	$a^7+a^6+a^5+a^2+1$	207	$a^7+a^5+a^2+a$
89	$a^7+a^6+a^5+1$	55	a^7+a^5
95	$a^7+a^6+a^5+a$	63	a^7+a^5+1
176	$a^7+a^6+a^5+a+1$	91	a^7+a^5+a+1
203	$a^7+a^6+a^5$	209	a^7+a^5+a
62	$a^7+a^6+a^4+a^3+a^2+a$	32	$a^7+a^4+a^3+a^2+1$
90	$a^7+a^6+a^4+a^3+a^2+a+1$	35	$a^7+a^4+a^3+a^2$
187	$a^7+a^6+a^4+a^3+a^2$	137	$a^7+a^4+a^3+a^2+a$
204	$a^7+a^6+a^4+a^3+a^2+1$	46	$a^7+a^4+a^3+a^2+a+1$
96	$a^7+a^6+a^4+a^3+1$	17	$a^7+a^4+a^3$
134	$a^7+a^6+a^4+a^3+a$	68	$a^7+a^4+a^3+1$
177	$a^7+a^6+a^4+a^3+a+1$	146	$a^7+a^4+a^3+a$
251	$a^7+a^6+a^4+a^3$	217	$a^7+a^4+a^3+a+1$
41	$a^7+a^6+a^4+a^2$	38	$a^7+a^4+a^2$
85	$a^7+a^6+a^4+a^2+a$	124	$a^7+a^4+a^2+a+1$
157	$a^7+a^6+a^4+a^2+1$	180	$a^7+a^4+a^2+a$
170	$a^7+a^6+a^4+a^2+a+1$	184	$a^7+a^4+a^2+1$
59	$a^7+a^6+a^4+a$	119	a^7+a^4+a+1
82	$a^7+a^6+a^4+a+1$	153	a^7+a^4+a
108	$a^7+a^6+a^4$	165	a^7+a^4+1
161	$a^7+a^6+a^4+1$	227	a^7+a^4
12	$a^7+a^6+a^3+a^2+1$	24	$a^7+a^3+a^2+a+1$
111	$a^7+a^6+a^3+a^2+a$	49	$a^7+a^3+a^2$
127	$a^7+a^6+a^3+a^2$	197	$a^7+a^3+a^2+1$
246	$a^7+a^6+a^3+a^2+a+1$	254	$a^7+a^3+a^2+a$
23	$a^7+a^6+a^3+1$	74	a^7+a^3+1
73	$a^7+a^6+a^3+a$	103	a^7+a^3
196	$a^7+a^6+a^3$	222	a^7+a^3+a
236	$a^7+a^6+a^3+a+1$	237	a^7+a^3+a+1
118	$a^7+a^6+a^2+a+1$	13	a^7+a^2+a+1
123	$a^7+a^6+a^2+1$	99	a^7+a^2+a
164	$a^7+a^6+a^2+a$	128	a^7+a^2+1
183	$a^7+a^6+a^2$	140	a^7+a^2
31	a^7+a^6	112	a^7+1
45	a^7+a^6+1	192	a^7+a
67	a^7+a^6+a	247	a^7+a+1
216	a^7+a^6+a+1	7	a^7

Die Umkehrung der vorangehenden Tabelle
(2. Teil)

n	a^n	n	a^n
87	$a^6 + a^5 + a^4 + a^3 + a^2 + a + 1$	77	$a^5 + a^4 + a^3 + a^2$
115	$a^6 + a^5 + a^4 + a^3 + a^2$	114	$a^5 + a^4 + a^3 + a^2 + a$
167	$a^6 + a^5 + a^4 + a^3 + a^2 + a$	166	$a^5 + a^4 + a^3 + a^2 + a + 1$
243	$a^6 + a^5 + a^4 + a^3 + a^2 + 1$	228	$a^5 + a^4 + a^3 + a^2 + 1$
78	$a^6 + a^5 + a^4 + a^3$	9	$a^5 + a^4 + a^3 + a$
172	$a^6 + a^5 + a^4 + a^3 + a + 1$	120	$a^5 + a^4 + a^3 + a + 1$
212	$a^6 + a^5 + a^4 + a^3 + 1$	154	$a^5 + a^4 + a^3 + 1$
229	$a^6 + a^5 + a^4 + a^3 + a$	201	$a^5 + a^4 + a^3$
10	$a^6 + a^5 + a^4 + a^2$	39	$a^5 + a^4 + a^2 + 1$
21	$a^6 + a^5 + a^4 + a^2 + 1$	106	$a^5 + a^4 + a^2$
43	$a^6 + a^5 + a^4 + a^2 + a + 1$	185	$a^5 + a^4 + a^2 + a + 1$
121	$a^6 + a^5 + a^4 + a^2 + a$	249	$a^5 + a^4 + a^2 + a$
94	$a^6 + a^5 + a^4 + 1$	29	$a^5 + a^4$
155	$a^6 + a^5 + a^4 + a$	125	$a^5 + a^4 + a + 1$
159	$a^6 + a^5 + a^4 + a + 1$	181	$a^5 + a^4 + 1$
202	$a^6 + a^5 + a^4$	194	$a^5 + a^4 + a$
61	$a^6 + a^5 + a^3 + a^2 + a + 1$	18	$a^5 + a^3 + a^2 + 1$
186	$a^6 + a^5 + a^3 + a^2 + a$	69	$a^5 + a^3 + a^2 + a + 1$
250	$a^6 + a^5 + a^3 + a^2$	130	$a^5 + a^3 + a^2 + a$
133	$a^6 + a^5 + a^3 + a^2 + 1$	240	$a^5 + a^3 + a^2$
40	$a^6 + a^5 + a^3 + a$	53	$a^5 + a^3$
58	$a^6 + a^5 + a^3 + 1$	142	$a^5 + a^3 + a$
84	$a^6 + a^5 + a^3 + a + 1$	147	$a^5 + a^3 + 1$
107	$a^6 + a^5 + a^3$	218	$a^5 + a^3 + a + 1$
72	$a^6 + a^5 + a^2 + 1$	15	$a^5 + a^2 + a$
110	$a^6 + a^5 + a^2 + a + 1$	33	$a^5 + a^2 + a + 1$
126	$a^6 + a^5 + a^2 + a$	36	$a^5 + a^2 + 1$
195	$a^6 + a^5 + a^2$	225	$a^5 + a^2$
30	$a^6 + a^5$	5	a^5
66	$a^6 + a^5 + 1$	47	$a^5 + a + 1$
163	$a^6 + a^5 + a + 1$	101	$a^5 + a$
182	$a^6 + a^5 + a$	138	$a^5 + 1$
56	$a^6 + a^4 + a^3 + a^2 + 1$	8	$a^4 + a^3 + a^2 + 1$
64	$a^6 + a^4 + a^3 + a^2 + a + 1$	76	$a^4 + a^3 + a^2 + a$
70	$a^6 + a^4 + a^3 + a^2 + a$	113	$a^4 + a^3 + a^2 + a + 1$
131	$a^6 + a^4 + a^3 + a^2$	200	$a^4 + a^3 + a^2$
19	$a^6 + a^4 + a^3 + a$	28	$a^4 + a^3$
92	$a^6 + a^4 + a^3 + a + 1$	105	$a^4 + a^3 + a$
210	$a^6 + a^4 + a^3 + 1$	193	$a^4 + a^3 + 1$
241	$a^6 + a^4 + a^3$	248	$a^4 + a^3 + a + 1$
143	$a^6 + a^4 + a^2$	52	$a^4 + a^2$
150	$a^6 + a^4 + a^2 + 1$	129	$a^4 + a^2 + a + 1$
189	$a^6 + a^4 + a^2 + a + 1$	141	$a^4 + a^2 + 1$
219	$a^6 + a^4 + a^2 + a$	239	$a^4 + a^2 + a$
54	$a^6 + a^4$	4	a^4
148	$a^6 + a^4 + a$	14	$a^4 + a + 1$
206	$a^6 + a^4 + a + 1$	100	$a^4 + 1$
208	$a^6 + a^4 + 1$	224	$a^4 + a$
16	$a^6 + a^3 + a^2$	27	$a^3 + a^2$
34	$a^6 + a^3 + a^2 + a$	75	$a^3 + a^2 + a + 1$
136	$a^6 + a^3 + a^2 + a + 1$	104	$a^3 + a^2 + 1$
145	$a^6 + a^3 + a^2 + 1$	199	$a^3 + a^2 + a$
37	$a^6 + a^3 + a$	3	a^3
152	$a^6 + a^3 + 1$	51	$a^3 + a$
179	$a^6 + a^3 + a + 1$	223	$a^3 + 1$
226	$a^6 + a^3$	238	$a^3 + a + 1$
48	$a^6 + a^2 + a$	2	a^2
102	$a^6 + a^2$	26	$a^2 + a$
221	$a^6 + a^2 + 1$	50	$a^2 + 1$
253	$a^6 + a^2 + a + 1$	198	$a^2 + a + 1$
6	a^6	0	1
98	$a^6 + a + 1$	1	a
139	$a^6 + a$	25	$a + 1$
191	$a^6 + 1$	255	1

B.3. AVR-Nomenklatur und AVR-Makros

In den Programmen werden die folgenden Präfixe für Assemblervariablen und Marken benutzt:

- `a` Absolute Adresse (Assemblervariable)
- `o` *Offset*, d.h. relative Adresse (Assemblervariable)
- `i` Index (Assemblervariable)
- `b` Byte (Marke)
- `w` Wort (Marke)
- `p` Adresse (Marke)

Die Präfixe `b`, `w` und `p` kennzeichnen Speicherelemente, im Gegensatz zu den Präfixen `a`, `o` und `i`, die im Konstantenfeld von Assembler- oder Maschinenbefehlen verwendet werden. Lokal werden weitere Präfixe eingesetzt, z.B. `cbc` für *callback chain*.
Beispiele:

```
        .equ  aXyz = b0pq
        .equ  oXyz = 2
        .equ  iXyz = 3
         sts  aXyz,r0           2   Bytezugriff absolut
         std  Z+oXyz,r1         2   Bytezugriff über offset
         std  Z+2*iXyz,r16      2   Wortzugriff über Index
         std  Z+2*iXyz+1,r17    2
        .dseg
b0pq:   .byte 1                     Bytevariable
w0pq:   .byte 2                     Wortvariable
        .cseg
p0pq:   .dw   b0pq                  Adressenvariable (ebenfalls Wort)
```

Ein anständiger Makroprozessor kann das Programmieren in jeder Assemblersprache zumindest erträglich machen. Beispielsweise kann der Zugriff auf Tabellen mit Makros nicht nur erleichtert, sondern auch transparenter gemacht werden. Überhaupt sollte es möglich sein, die Verwendung komplexerer Datenstrukturen als sie der Assembler selbst verarbeiten kann so zu gestalten, dass ein Programm auch nach längerer Zeit noch nachvollzogen werden kann. Als absolutes Minimum sollte die Fähigkeit vorhanden sein, öfter vorkommende Befehlsfolgen durch ein Makro zu ersetzen. Dieses Minimum stellt der AVR-Assembler zwar zur Verfügung, aber nur in rudimentärer Form. Soll z.B. eine Folge von fünf **push**-Befehlen abgekürzt werden, kann das mit dem Makro

```
.macro push5
 push  @0
 push  @1
 push  @2
 push  @3
 push  @4
.endm
```

geschehen. Dieses Makro gilt aber nur für genau fünf **push**-Befehle, für eine Folge mit sieben solcher Befehle muss ein Makro **push7** programmiert werden. Ein allgemeines Makro **mpush** für eine beliebig lange Folge von **push**-Befehlen kann nicht erzeugt werden, da die Möglichkeit fehlt, in einem Makro die tatsächliche Anzahl der dem Makro übergebenen Parameter festzustellen.[1] Ganz allgemein mangelt es an einer Verarbeitungsmöglichkeit von Texten, zu denen ja auch die Makroparameter gehören.

Hier ist jedenfalls noch das zu `push5` passende Makro. Man vergesse nicht, daß die Register von `push5` bei `pop5` dann in umgekehrter Reihenfolge anzugeben sind!

```
.macro pop5
 pop   @0
 pop   @1
 pop   @2
 pop   @3
 pop   @4
.endm
```

Selbstverständlich kann die umgekehrte Reihenfolge der `pop`-Befehle in das Makro selbst verlagert werden:

```
.macro popr5
 pop   @4
 pop   @3
 pop   @2
 pop   @1
 pop   @0
.endm
```

Solche Makros lassen sich natürlich auch mit anderen Befehlen bilden, sie können eine beträchtliche Einsparung an Programmzeilen bringen. Ein Beispiel:

```
.macro clr5
 clr   @0
 clr   @1
 clr   @2
 clr   @3
 clr   @4
.endm
```

Auch lange Sequenzen von Speicherbefehlen können mit einem Makro zusammengefasst werden. Der erste Parameter `@0` enthält das Adressregister **X** oder **Y**, der dritte `@2` das *offset* zur Adresse im Adressregister, und der zweite Parameter `@1` enthält das zu verwendende Quellenregister $\mathbf{r}_0$ bis $\mathbf{r}_{31}$.

```
.macro std80
 std   @0+0+@2,@1
 std   @0+1+@2,@1
 std   @0+2+@2,@1
 std   @0+3+@2,@1
```

[1] Jedenfalls erwähnt die Dokumentation keine solche Möglichkeit und auch einiges Herumprobieren enthüllte keine verborgenen Mechanismen.

```
 std   @0+4+@2,@1
 std   @0+5+@2,@1
 std   @0+6+@2,@1
 std   @0+7+@2,@1
.endm
```

Man beachte: Es heißt nicht `std80`, sondern `std8O`, mit dem Buchstaben „O" von *offset*. Z.B. liefert das Makro `std8O Y,r16,10` die Befehlsfolge von `std Y+0+10,r16` bis `std Y+7+10,r16`.

Die folgenden Makros sind allerdings subtiler als die bisher vorgestellten. Sie beruhen darauf, daß die relativen Sprungbefehle des Prozessors nicht die Zieladresse enthalten, sondern die Anzahl der Befehle, die übersprungen werden sollen. Der **Assembler** macht daraus jedoch *im Programmtext* absolute Sprünge an eine Marke. Relative Sprünge sind nur mit Assemblerbefehlen allein nicht durchführbar. Man kann aber den relativen Sprung über n Befehlsworte als Bitmuster berechnen und als Datum in das Programm einbringen.

```
#define skcc  .dw 0b1111010000001000
#define skcc2 .dw 0b1111010000010000
#define skcc3 .dw 0b1111010000011000
#define skcc4 .dw 0b1111010000100000
#define skcc5 .dw 0b1111010000101000
#define skcs  .dw 0b1111000000001000
#define skcs2 .dw 0b1111000000010000
#define skcs3 .dw 0b1111000000011000
#define skcs4 .dw 0b1111000000100000
#define skeq  .dw 0b1111000000001001
#define skeq1 .dw 0b1111000000001001
#define skeq2 .dw 0b1111000000010001
#define skeq3 .dw 0b1111000000011001
#define skeq4 .dw 0b1111000000100001
#define skeq5 .dw 0b1111000000101001
#define skeq6 .dw 0b1111000000110001
#define skeq7 .dw 0b1111000000111001
#define skeq8 .dw 0b1111000001000001
#define skeq9 .dw 0b1111000001001001
#define skge  .dw 0b1111010000001100
#define skge2 .dw 0b1111010000010100
#define skhc  .dw 0b1111010000001101
#define skhc2 .dw 0b1111010000010101
#define skhs  .dw 0b1111000000001101
#define skhs2 .dw 0b1111000000010101
#define skid  .dw 0b1111010000001111
#define skid2 .dw 0b1111010000010111
#define skie  .dw 0b1111000000001111
#define skie2 .dw 0b1111000000010111
#define sklo  .dw 0b1111000000001000
#define sklo2 .dw 0b1111000000010000
#define sklo3 .dw 0b1111000000011000
```

```
#define sklo4 .dw 0b1111000000100000
#define sklt  .dw 0b1111000000001100
#define sklt2 .dw 0b1111000000010100
#define skmi  .dw 0b1111000000001010
#define skmi2 .dw 0b1111000000010010
#define skmi3 .dw 0b1111000000011010
#define skmi4 .dw 0b1111000000100010
#define skmi5 .dw 0b1111000000101010
#define skmi6 .dw 0b1111000000110010
#define skmi7 .dw 0b1111000000111010
#define skmi8 .dw 0b1111000001000010
#define skmi9 .dw 0b1111000001001010
#define skne  .dw 0b1111010000001001
#define skne1 .dw 0b1111010000001001
#define skne2 .dw 0b1111010000010001
#define skne3 .dw 0b1111010000011001
#define skne4 .dw 0b1111010000100001
#define skne5 .dw 0b1111010000101001
#define skne6 .dw 0b1111010000110001
#define skpl  .dw 0b1111010000001010
#define skpl2 .dw 0b1111010000010010
#define skpl3 .dw 0b1111010000011010
#define skpl4 .dw 0b1111010000100010
#define sksh  .dw 0b1111010000001000
#define sksh1 .dw 0b1111010000001000
#define sksh2 .dw 0b1111010000010000
#define sksh3 .dw 0b1111010000011000
#define sktc  .dw 0b1111010000001110
#define sktc2 .dw 0b1111010000010110
#define skts  .dw 0b1111000000001110
#define skts2 .dw 0b1111000000010110
#define skvc  .dw 0b1111010000001011
#define skvc2 .dw 0b1111010000010011
#define skvs  .dw 0b1111000000001011
#define skvs2 .dw 0b1111000000010011
#define skip  .dw 0b1100000000000001
#define skip1 .dw 0b1100000000000001
#define skip2 .dw 0b1100000000000010
#define skip3 .dw 0b1100000000000011
#define skip4 .dw 0b1100000000000100
#define skip5 .dw 0b1100000000000101
```

Rückwärtige Sprünge sind selbstverständlich auch möglich, etwa

```
#define bjmp1 .dw 0xC000|(-3&0xFFF)
#define bjmp2 .dw 0xC000|(-4&0xFFF)
```

Die Bitmuster der Befehle können [Atm] entnommen werden, falls z.B. der Wunsch bestehen sollte, nach das Makro `skeq10` hinzuzufügen.

Die vorangehenden relativen Sprungbefehle können die Anzahl der nichtssagenden Sprungmarken eines Programmes beträchtlich senken. Tatsächlich erhöht sich auch die Lesbarkeit eines Assemblerprogrammes, jedenfalls nach etwas Eingewöhnung, denn der Sprungbefehl selbst enthält hier das mühelos aufzufindende Sprungziel.

$\mathbf{r_0}$ bis $\mathbf{r_{31}}$	Die 32 Register für allgemeinen Gebrauch (*GPR*)
$\mathbf{r_{1:0}}$ bis $\mathbf{r_{31:30}}$	Die aus den Registern $\mathbf{r_0}$ bis $\mathbf{r_{31}}$ zu bildenden Doppelregister
U	Das Doppelregister $\mathbf{r_{25:24}}$
X	Das Doppelregister und Adressenregister $\mathbf{r_{27:26}}$
Y	Das Doppelregister und Adressenregister $\mathbf{r_{29:28}}$
Z	Das Doppelregister und Adressenregister $\mathbf{r_{31:30}}$
$\mathbf{S}.\mathfrak{z}$	Das Nullbit des Statusregisters
$\mathbf{S}.\mathfrak{c}$	Das Übertragsbit des Statusregisters
$\mathbf{S}.\mathfrak{v}$	Das Überlaufbit des Statusregisters
$\mathcal{A}(\mathtt{v})$	Die Adresse der Variablen `v`
$\mathtt{w}^\top$	Das obere Byte eines 16-Bit-Wortes
$\mathtt{w}^\perp$	Das untere Byte eines 16-Bit-Wortes

B.4. Mathematische Symbole und Bezeichnungen

$\boldsymbol{f}\colon N \longrightarrow M$	Eine Folge von Elementen einer beliebigen Menge M, wobei $N \subset \mathbb{N}$. Statt $\boldsymbol{f}(n)$ für $n \in N$ wird gewöhnlich $\boldsymbol{f}_n$ geschrieben, oder die Folge wird direkt mit ihren Folgegliedern als $(f_n)_{n\in N}$ bezeichnet. Ist bei $N = \mathbb{N}$ ein **Polynom**.
$(f_n)_{n\in N}$	Eine Folge von Elementen einer beliebigen Menge M, wobei $N \subset \mathbb{N}$.
$\mathcal{F}_M$	Die Menge aller Folgen von Elementen einer Menge M.
$\mathcal{E}_M$	Die Menge aller *endlichen* Folgen von Elementen einer Menge M.
$\mathcal{E}_M^{16}$	Die Menge aller Folgen der Länge 16 von Elementen einer Menge M.
$\mathbf{I}\langle A, B\rangle$	Die Menge aller **injektiven** Abbildungen $\varphi\colon A \longrightarrow B$ für beliebige Mengen A und B. Aus $\varphi(a) = \varphi(\tilde{a})$ folgt also $a = \tilde{a}$, für alle $a, \tilde{a} \in A$.
T	Klartextalphabet eines Chiffriersysytems
$\mathcal{T}$	Klartextbereich $\mathcal{T} \subset \mathcal{E}_{\mathsf{T}}$ eines Chiffriersystems
G	Geheimtextalphabet eines Chiffriersysytems
$\mathcal{G}$	Geheimtextbereich $\mathcal{G} \subset \mathcal{E}_{\mathsf{T}}$ eines Chiffriersystems
$\mathcal{K}$	Schlüsselbereich eines Chiffriersysytems
$\boldsymbol{\Omega}$	Eine Abbildung $\boldsymbol{\Omega}\colon \mathcal{K} \longrightarrow \mathbf{I}\langle \mathcal{T}, \mathcal{G}\rangle$ eines Chiffriersystems, die jedem Schlüssel $\boldsymbol{k} \in \mathcal{K}$ eine injektive Abbildung $\boldsymbol{\Omega}(\boldsymbol{k})$ vom Klartextbereich $\mathcal{T}$ in den Geheimtextbereich $\mathcal{G}$ zuordnet, nämlich die **Verschlüsselungsabbildung** oder **Chiffrierabbildung** des Schlüssels $\boldsymbol{k}$.
$\mathcal{M}_M$	Die Menge der 4×4-Matrizen mit Koeffizienten in der Menge M:

$$\mathcal{M}_M = \left\{ \begin{pmatrix} m_{00} & m_{01} & m_{02} & m_{03} \\ m_{10} & m_{11} & m_{12} & m_{13} \\ m_{20} & m_{21} & m_{22} & m_{23} \\ m_{30} & m_{31} & m_{32} & m_{33} \end{pmatrix} \mid m_{\nu\mu} \in M \right\}$$

$\mathcal{M}$	Speziell $\mathcal{M} = \mathcal{M}_{\mathbb{K}_{2^8}}$.
$\boldsymbol{\Psi}_i$	Die elf Rundenabbildungen $\boldsymbol{\Psi}_i : \mathcal{M} \longrightarrow \mathcal{M}$, $i \in \{0, 1, \ldots, 10\}$, des Chiffrierverfahrens AES.
Σ	Die Abbildung $\Sigma\colon \mathbb{K}_{2^8} \longrightarrow \mathbb{K}_{2^8}$, welche die *S-Box* des Verfahrens AES erzeugt.
σ und τ	Bestandteile der Abbildung Σ.
$\boldsymbol{\Xi}_j$	Abbildungen von AES zur Addition von Rundenschlüsseln zu Rundentexten.
$\boldsymbol{\Theta}$	Abbildung von AES zur Elementesubstitution.
$\boldsymbol{\Pi}$	Abbildung von AES zur Reihenrotation.
$\boldsymbol{\Phi}$	Abbildung von AES zur Spaltenmischung.

$\mathbb{N}$	Die Menge $\{0, 1, \ldots\}$ der natürlichen Zahlen.
$\mathbb{N}_+$	Die Menge $\{1, \ldots\}$ der positiven natürlichen Zahlen.
$\mathbb{Z}$	Die Menge $\{\ldots, -1, 0, 1, \ldots\}$ der ganzen Zahlen.
ϱ_m	Die Teilerrestfunktion $\varrho_m : \mathbb{Z} \longrightarrow \{0, \ldots, m-1\}$, für $m \in \mathbb{N} \setminus \{0, 1\}$.
$\mathbb{Z}_m$	Der Ring der ganzen Zahlen modulo m.
ϕ	Die EULERsche ϕ-Funktion.
$\boldsymbol{f}, \boldsymbol{g}, \boldsymbol{h}$ usw.	Polynome mit Koeffizienten in einem Ring mit Einselement.
$\mathsf{R}[\boldsymbol{X}]$	Der Ring der Polynome über einem Ring R mit Einselement.
$\partial(\boldsymbol{f})$	Der Grad des Polynoms $\boldsymbol{f}$
$\boldsymbol{f}^\star(r)$	Der Wert des Polynoms $\boldsymbol{f}$ an der Stelle eines Ringelementes r.
$\mathbb{K}_{p^n}$	Der Körper mit p^n Elementen, mit Primzahl p und $n \in \mathbb{N}_+$

Literaturverzeichnis

[Atm] Atmel Corporation. 8-bit AVR Instruction Set. Rev. 0856D-AVR-08/02.

[DaRi] Daemen, J., Rijmen, V. (1998): The Design of Rijndael.
New York Heidelberg Berlin: Springer-Verlag

[Fips] Federal Information Processing Standards Publication 197 (2001): Advanced Encryption Standard (AES).
National Institute of Standards and Technology (NIST):
`http:\\csrc.nist.gov\publications\`

[Knu] Knuth, Donald E. (1973): The Art of Computer Programming, Vol.2. Reading, MA: Addison-Wesley.

[LiNi] Lidl, R., Niederreiter, H. (1986): Introduction to finite fields and their applications.
Cambride, London, New York: Cambridge University Press.

[Mss1] Schwabl-Schmidt, M. (2010): AVR-Programmierung Buch1.
Aachen: Elektor-Verlag.

[Mss1a] Schwabl-Schmidt, M. (2010): AVR-Programmierung Buch2.
Aachen: Elektor-Verlag.

[Mss2] Schwabl-Schmidt, M. (2011): Systemprogrammierung II für AVR-Mikrocontroller.
Aachen: Elektor-Verlag.

[Mss3] Schwabl-Schmidt, M. (2008): Softwareentwicklung für dsPic33F-Mikrocontroller.
Aachen: Elektor-Verlag.

[HSMS] Schmidt, H., Schwabl-Schmidt, M. (2016): Lineare Codes.
Wiesbaden: Springer Vieweg

[ASMW] Sgarro, A., Würmli, M. (1991): Geheimschriften. Verschlüsseln und Enträtseln von Geheimschriften.
Augsburg: Weltbild Verlag GmbH.

[Sha] Shamir, A. (1984): A polynomial-time algorithm for breaking the basic Merkle-Hellman cryptosystem.
IEEE Trans. Inform. Theory, **IT-30**, no 5, september 1984, 699-704.

[LUBB] van der Lubbe, J.C.A. (1998): Basic Methods of Cryphtography.
Cambridge University Press.

Printed in the United States
By Bookmasters